测试信号分析与信息处理

杨 平 沈 艳 陈中柘 编著

科 学 出 版 社

北 京

内 容 简 介

本书以测试信号分析与信息处理为主线，根据学科发展和研究生课程教学改革的要求，注重了测试理论、方法与应用的有机结合，突出了数学方法、物理内涵与工程实现的高度统一。在内容上将测试系统分析、信号分析与信息处理等方面与电子信息技术有机融合，旨在时域、频域及复频域内掌握测试信号分析与信息处理的理论基础、途径和方法，力求体现测试领域知识体系的科学性和完整性。本书内容主要包括：信号的数学特征、信号的数学分析、信号的离散化处理与分析、测试系统的组成与分析、信号调理电路、信号转换电路、频谱估计、现代信号分析方法等。

本书文字简练，内容充实，体现了测试信号与系统的建模与分析，测试硬件与软件相结合的特色。本书可作为高等院校仪器仪表类、机械类和机电类等专业高年级本科生、研究生和教师的教学用书，也可作为从事测试技术工作的工程技术人员的参考书。

图书在版编目(CIP)数据

测试信号分析与信息处理/杨平，沈艳，陈中柘编著. —北京：科学出版社，2016

ISBN 978-7-03-049741-3

Ⅰ. ①测… Ⅱ. ①杨… ②沈… ③陈… Ⅲ.①信号分析 ②信号处理 Ⅳ. ①TN911.6 ②TN911.7

中国版本图书馆 CIP 数据核字（2016）第 207157 号

责任编辑：裴 育 陈 婕 高慧元 / 责任校对：桂伟利
责任印制：徐晓晨 / 封面设计：蓝正设计

科 学 出 版 社 出版
北京东黄城根北街 16 号
邮政编码：100717
http://www.sciencep.com

北京中石油彩色印刷有限责任公司 印刷

科学出版社发行 各地新华书店经销

*

2016 年 8 月第 一 版 开本：720×1000 1/16
2021 年 1 月第五次印刷 印张：21 1/2
字数：420 000

定价:149.00元

（如有印装质量问题，我社负责调换）

前　言

本书得到“2013 年度电子科技大学研究生教研教改项目”资助，根据学科发展和研究生课程教学改革的要求，将测试系统分析、信号分析与信息处理等方面内容与电子信息技术有机融合，旨在时域、频域及复频域内掌握测试信号分析与信息处理的理论基础、途径和方法，力求体现测试领域知识体系的科学性和完整性，突出测试信号与系统的建模与分析、测试硬件与软件相结合的特色。

近年来，电子信息学科得到了飞速发展，根据研究生的培养目标和改革要求，如何在研究生课程学习阶段夯实学科理论基础、培养创新思维与能力、优化知识体系结构，立足于高起点、完整体系和富有特色，是本书探索的目标和努力的方向。在总结了多年科研和教学经验的基础上，参考同类优秀教材及相关文献，根据测试领域的最新发展趋势，本书以测试信号分析与信息处理为主线，着重探讨测试系统后端的信号分析与信息处理的理论与方法，内容涉及测控和信息领域中信号的后台理论与技术，注重加强测试系统的分析与建模、信号分析与信息处理的算法及硬件实现，突出测试信号分析的特殊性和针对性，加大测试信号处理的篇幅；在风格上，注重图文并茂，即公式演绎与图形解析相结合，加强对理论和方法的物理内涵诠释；在取材上，注重经典与新颖相结合，力求反映最新的测试技术理论和应用成果。本书主要内容包括：信号的数学特征、信号的数学分析、信号的离散化处理与分析、测试系统的组成与分析、信号调理电路、信号转换电路、频谱估计、现代信号分析方法等。

本书由杨平撰写第 1、4 章，崔伶俐撰写第 2 章，沈艳撰写第 3、7、8 章，陈中柘撰写第 5、6 章。全书由杨平统稿，肖茜整理书稿。

在撰写本书过程中，电子科技大学王厚军教授对本书进行了主审，并提出了许多宝贵的建议；四川大学廖俊必教授、电子科技大学程玉华教授给予了很多的指导和帮助，在此一并向他们表示诚挚的感谢！

限于作者水平，书中难免存在不妥之处，殷切希望广大读者及同行批评指正。

作　者

2016 年 4 月

目　录

第 1 章　信号的数学特征

信号与信息密不可分，信号、信息与系统是一个有机联系的整体。信息是表达人类社会和自然界事物运动的语言、文字、数据和图像等诸多消息的内容和抽象。而信号是包含信息的物理量，它可以用时间或空间的函数予以数学表达，当然有时还可以用图形或曲线的方式来描述。

信号与系统也是紧密相关的，信号作用于一个系统，将其称为系统的(输入)激励，系统则对这个输入信号实施相应的处理后进行输出，这个输出信号称为系统的(输出)响应。信号的传输、信息的加工都是在各种各样的系统中实现的，信号经过一个系统时具有十分明显的辩证关系，例如，对于一个确定的系统，不同的输入激励可以导致不同的输出响应；而对于一个确定的输入激励，想要得到所需的输出响应，就必须探究系统的特性，规定系统的模型，以满足输入/输出的对应关系。

人类早在史前时代就已经触及信号了，但是近代信号理论的发现则要追溯到 19 世纪。随着电报、电话和无线电波发送技术的发明，人们开始掌握信号的传递方法，在这期间，傅里叶(Fourier)提出了傅里叶解析方法学，维纳(Wiener)和辛钦(Khintchine)在随机过程的研究成果都使信号理论得到了实质性的发展。20 世纪中叶，香农(Shannon)提出的香农信息论、维纳提出的控制论以及库利(Cooley)和图基(Tukey)提出的基于计算机处理的离散傅里叶变换(DFT)的快速算法(后来称为快速傅里叶变换(fast Fourier transform，FFT))，都是信号理论发展过程中的重要里程碑，同时将信号理论推进到了数字信号分析的新阶段，使许多科学和技术领域从此焕然一新。

目前，信号理论与信息处理技术已是一个既成熟又不断发展的科学研究和工程应用领域，正广泛应用于军事、电子、通信、机械、医学和农业等几乎所有的领域，成为科研和生产中一个不可或缺的工具和手段。本章将着重介绍信号的分类、表示和运算规则，揭示信号的数学特征，为随后的信号分析打下数学基础。

1.1　信号的描述与分类

1.1.1　信号的描述

随着信息时代的到来，网络、电话(包括移动电话)、广播与电视等已广泛深入人们的日常工作、生活和学习之中。如果用信号理论的观点来看，它们都有一个共同的目的，那就是要把某些信息借助于一定形式的信号传送出去，使对方及时获得准确的信息。

因此，要理解什么是信号(signal)，首先要搞清楚什么是消息(message)和信息(information)。通常把语言、文字、数据或图像等统称为消息，而消息中则包含一定数量的信息，或者说信息是消息的内容，它赋予了预先不知道的新知识、新概念和新事件。值得注意的是，消息本身是不能直接传送的，它必须借助于某种运载手段，也就是借助于一定形式的信号(光信号、声信号和电信号等)，才能实现远距离和快速准确的传送，并且可以进行相应的处理。由此可见，信号是消息传送过程中所携带信息的物理表现。

信号可以用数学表达式、图形或曲线来表达，它们通常是时间或空间的函数，人们所观测到的信号通常是一个或一个以上独立变量的实值函数，或者说是时间或空间坐标的纯量函数。例如，通信过程中将语言变换得到的电信号，信号发生器所产生的正弦波和方波等信号是时间变量 t 的一维函数信号 $x(t)$；摄像机拍摄的静止黑白平面图像则是由平面不同灰度组成的二维函数信号 $I(x, y)$，当各像点的亮度随时间变化时，又变成三维函数信号 $I(x, y, t)$。当然，自然界中还存在多维信号。

本书将重点讨论在测试系统中广泛应用的电信号，它可以是电压、电流或频率，也可以是电荷或磁通等。电信号的优点在于它容易产生、传输和控制，也容易实现与其他物理量的相互转换。在许多应用场合中，也都是转化为电信号进行传输和处理的。

1.1.2　信号的分类

依照信号变化的不同特性，信号有几种不同的分类方法。

1. 确定性信号和随机信号

这是一种按时间函数的确定性进行信号分类的方法。确定性信号(determinate signal)是一种可以用确定的时间函数来表达的信号，它通过具体的数学模型或数学表达式对信号进行完整的描述或预测。随机信号(random signal)则是指那些不能用确定的时间函数来表示，具有不可预测的特性而只能通过统计观察来描述的信号。

确定性信号又分为周期信号和非周期信号。

(1) 周期信号(periodic signal)。周期信号具有这样的特性，即每重复一个时间 T(又称周期)，信号幅值或波形重复出现，它可用下式表示：

$$x(t) = x(t + kT) \tag{1.1}$$

式中，T 为周期；k 为 0、正整数或负整数。

周期信号还可以分为正余弦信号、多谐复合信号和伪随机信号。正余弦信号有时又称为简谐信号，多谐复合信号是指含有多个频率的信号，而伪随机信号是一个特殊的周期信号，在一个周期内具有准随机的特性。

(2) 非周期信号(aperiodic signal)。非周期信号不具有周期重复的特性，但只从时间历程来看，它们是一种确定性信号。非周期信号也可以看做一个周期 T 趋于无穷大时的周期信号。

非周期信号又可以分为准周期信号和瞬态信号。准周期信号是由多个具有周期不成比例的正弦波信号合成得到的，而瞬态信号则是指短时间历程的信号。

随机信号又可进一步分为两大类，即平稳随机信号和非平稳随机信号。它们都是按信号的时域统计特性来划分的。

(1) 平稳随机信号(stationary random signal)。这类信号具有时不变(time invariance)的时域统计特性。若一个平稳随机信号的总体统计均值等于其中一个样本的时间统计均值，则称该信号是各态历经的(ergodic)。

(2) 非平稳随机信号(nonstationary random signal)。这类随机信号的时间统计特性具有时变性，是一类非定常的随机信号。

表 1.1 给出了确定性信号和随机信号的图形表示。

表 1.1　确定性信号和随机信号

信号的分类			图形
确定性信号	周期信号	正余弦信号	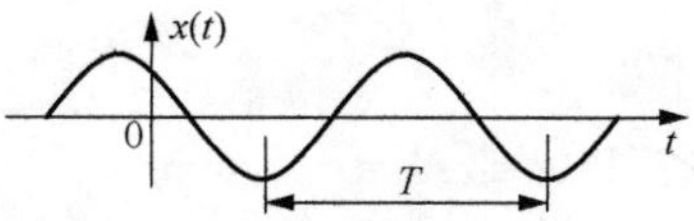
		多谐复合信号	基本同上
		伪随机信号	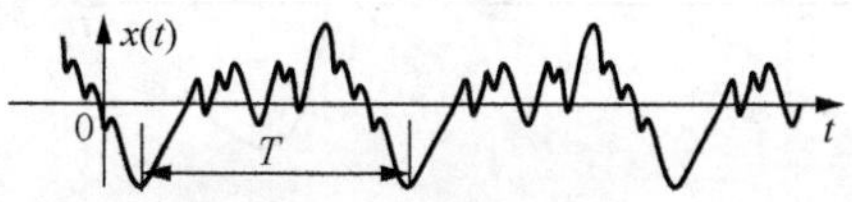
	非周期信号	准周期信号	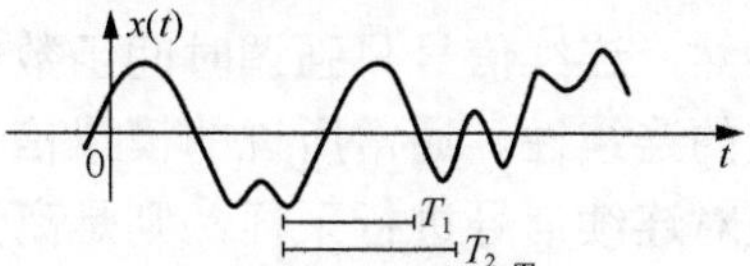
		瞬态信号	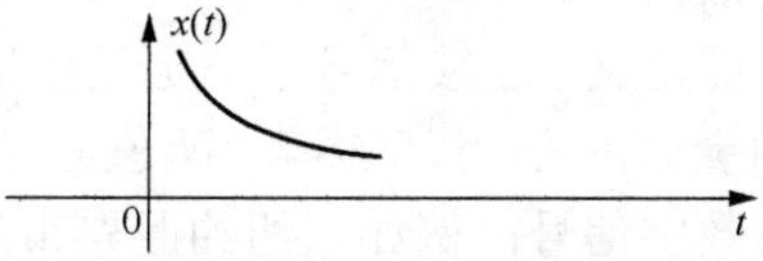

续表

信号的分类			图形
随机信号	平稳随机信号	各态历经信号	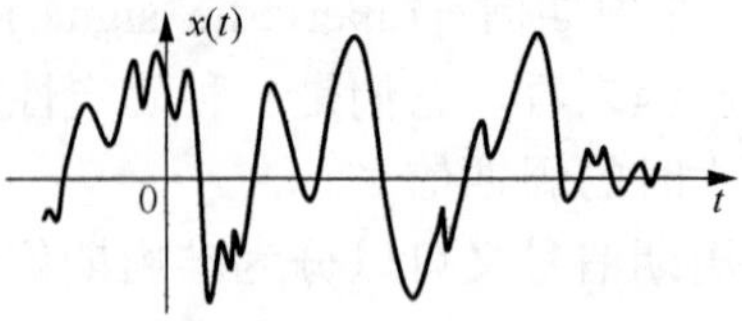
		非各态历经信号	
	非平稳随机信号		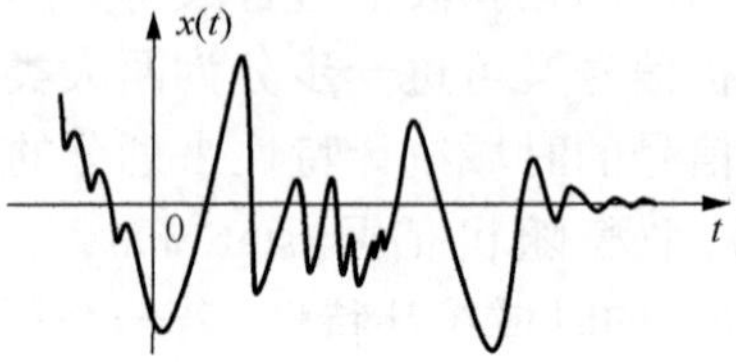

2. 连续信号和离散信号

若按信号的时间函数依时间取值是否具有连续性来划分，信号又可以分为连续信号(continuous signal)和离散信号(discrete signal)。这里需要强调的是，在信号的时间历程中，连续信号是指任意时刻都有定义的信号，而离散信号则是指只在某些不连续规定的时刻有定义，其他时刻没有定义的信号。图 1.1 和图 1.2 分别给出了连续信号和离散信号的图形。

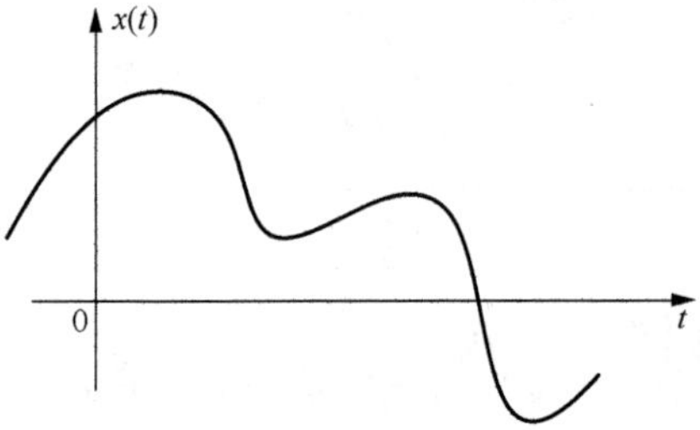

图 1.1 连续信号

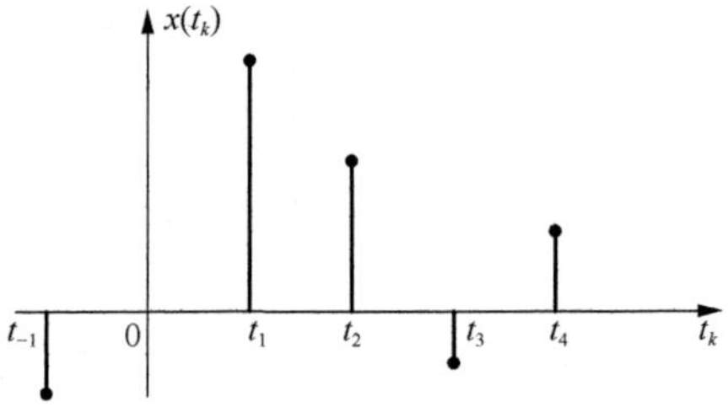

图 1.2 离散信号

显然，连续信号只强调时间函数中时间变量的连续性，并不一定强调信号幅值取值的连续性。通常所说的模拟信号是连续信号，其时间和幅值均是连续取值的，但对连续信号进行采样，则是离散信号，因为这种信号仅取有限个时间点。同理，时间和幅值均为不连续取值的信号称为数字信号，因此数字信号是一种典型的离散信号。

依照定义，连续信号不一定是模拟信号，例如，常见的经过量化(quantization)处理的量化信号(时间连续，幅值经过量化，只取有限个离散值)。离散信号也不一定是数字信号，例如，纽约股票市场每天的道琼斯指数，它只在规定的离散时刻才有定义。

3. 能量信号和功率信号

如果按照时间函数的可积性，即按能量的观点来划分，信号可以分为能量信号(energy signal)、功率信号(power signal)和非功率非能量信号。

把信号 $x(t)$看做随时间变化的电压时，加在单位电阻 $R(R=1\Omega)$上的瞬时功率为$|x(t)|^2$，若在时间间隔 $-T\leqslant t\leqslant T$ 所消耗的总能量满足式(1.2)：

$$E(t)=\lim_{T\to\infty}\int_{-T}^{T}|x(t)|^2\,\mathrm{d}t<\infty \tag{1.2}$$

则是能量有限信号或平方可积信号，简称能量信号。能量信号仅在有限的时间段内取值或衰减，其平均功率为零。

若信号 $x(t)$在时间间隔 $-T\leqslant t\leqslant T$ 的平均功率满足式(1.3)：

$$P(t)=\lim_{T\to\infty}\frac{1}{2T}\int_{-T}^{T}|x(t)|^2\,\mathrm{d}t<\infty \tag{1.3}$$

即信号具有有限的(非零)平均功率时，则信号是平均功率有限信号，简称功率信号。一个幅值有限的周期信号或随机信号，可以能量无限，但是功率是有限的，都属于功率信号。

一般说来，客观存在的信号大多都是持续时间有限的能量信号。例如，单自由度无阻尼振动系统，其质心位移信号 $x(t)$是能量无限的正弦信号(简谐振动时)，但在一定时间内，其功率是有限的，实际系统中都存在一定的阻尼，其振动将逐渐衰减，因此从该意义上讲，位移信号 $x(t)$便是持续时间有限、能量有限的信号。

单从信号本身或其数学意义而言，周期信号都是功率信号，非周期信号要么是能量信号(如非周期的脉冲信号)，要么是功率信号(如非周期的阶跃信号)。信号可以是一个既非功率又非能量的信号(如单位斜坡信号)，但是一个信号不可能既是功率信号，又是能量信号。

例 1.1　判断下列信号哪些属于能量信号，哪些属于功率信号？

$$x_1(t)=\begin{cases}A, & 0<t<1\\ 0, & \text{其他}\end{cases}$$

$$x_2(t)=A\cos(\omega_0 t+\theta),\quad -\infty<t<\infty$$

$$x_3(t)=\mathrm{e}^{-2t},\quad -\infty<t<\infty$$

解　根据式(1.2)和式(1.3)，上述信号的能量 E 和功率 P 分别计算如下：

$$E_1=\lim_{T\to\infty}\int_0^1 A^2\mathrm{d}t=A^2$$

$$P_1=\lim_{T\to\infty}\frac{1}{2T}\int_0^1 A^2\mathrm{d}t=0$$

$$E_2=\lim_{T\to\infty}\int_{-T}^{T}A^2\cos^2(\omega_0 t+\theta)\,\mathrm{d}t=\infty$$

$$P_2=\lim_{T\to\infty}\frac{1}{2T}\int_{-T}^{T}A^2\cos^2(\omega_0 t+\theta)\,\mathrm{d}t=\frac{A^2}{2}$$

$$E_3 = \lim_{T\to\infty}\int_{-T}^{T}(e^{-2t})^2 dt = \infty$$

$$P_3 = \lim_{T\to\infty}\frac{1}{2T}\int_{-T}^{T}(e^{-2t})^2 dt = \infty$$

可见，$x_1(t)$ 为能量信号，$x_2(t)$ 为功率信号，而 $x_3(t)$ 为一个非功率非能量信号。

以上介绍了三种常见的信号分类方法，它们分别根据信号的时间函数的确定性、连续性和可积性对信号进行分类，都属于时域的信号分类。实际上，信号在频域内也可以进行分类，例如，将信号的频域分布、能量或功率频谱表现作为划分依据，信号又可以分为低频信号、高频信号、窄带或宽带信号等；还可以根据信号的波形相对于纵坐标的对称性，将信号分为奇信号和偶信号；若根据信号的函数值是实数还是复数，还可将信号分为实信号和复信号等。这里不再详细讨论。

1.1.3　常见的典型信号

下面将讨论一些典型连续信号的数学表达式和波形，它们是一些最基本的信号形式，同时是信号变换时常用的函数。

1. 单位阶跃信号

单位阶跃信号(unit step signal)的定义如下：

$$u(t) = \begin{cases} 0, & t<0 \\ 1, & t>0 \end{cases} \tag{1.4}$$

其波形如图 1.3 所示。需要注意的是，单位阶跃信号在跃变点(间断点)t=0 处，函数值未定义。

若跃变点在 $t = t_0$ 处，则称为延迟单位阶跃信号，表示为

$$u(t-t_0) = \begin{cases} 0, & t<0 \\ 1, & t>0 \end{cases} \tag{1.5}$$

其波形如图 1.4 所示，同样在 $t = t_0$ 处，延迟单位阶跃函数的函数值未定义。

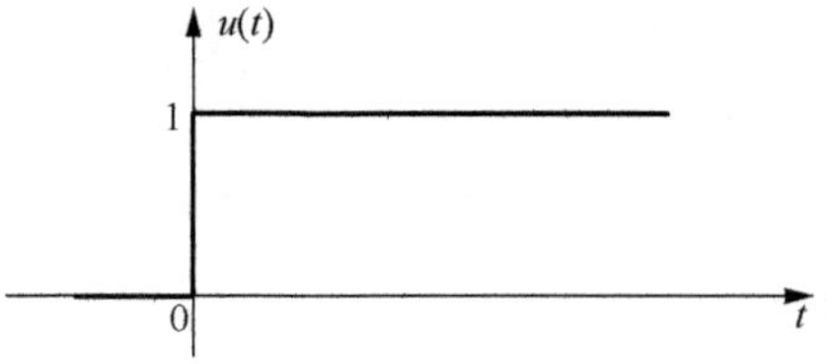

图 1.3　单位阶跃信号

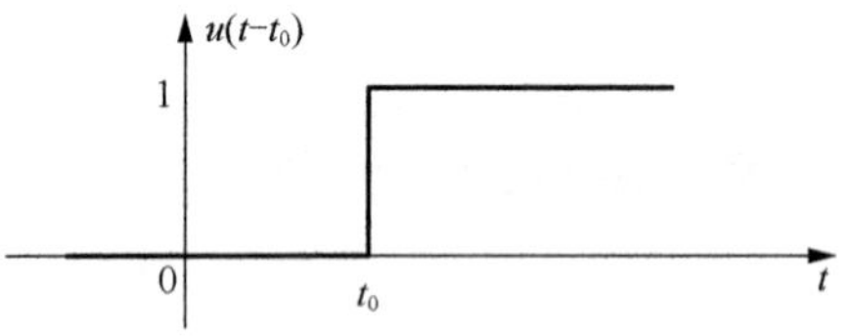

图 1.4　延迟单位阶跃信号

2. 单位斜坡信号

单位斜坡信号(unit ramp signal) $r(t)$ 的定义为

$$r(t)=\begin{cases} t, & t\geqslant 0 \\ 0, & t\leqslant 0 \end{cases} \tag{1.6}$$

同样，这种信号在 t=0 处存在跃变点，当跃变点移至 $t=t_0$ 时，可表示为

$$r(t-t_0)=\begin{cases} t, & t\geqslant 0 \\ 0, & t\leqslant 0 \end{cases} \tag{1.7}$$

单位斜坡信号的波形如图 1.5 所示，它是一个从某一时刻随时间按单位斜率(即导数为 1，但在跃变点处斜率不连续)增长的信号。

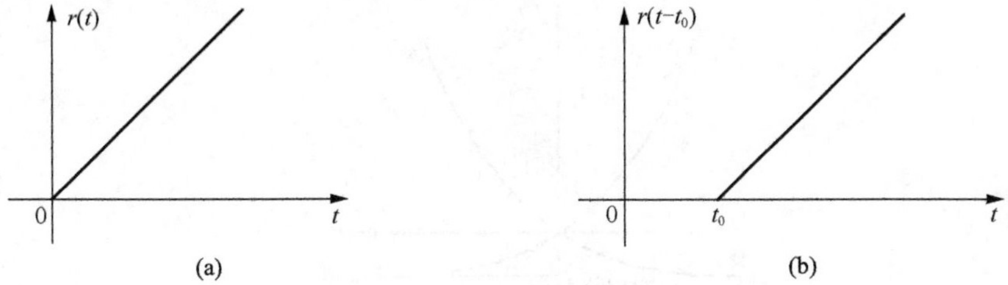

图 1.5　单位斜坡信号

3. 单位冲激信号

这种信号对应于某些特定的物理现象，如力学中瞬间作用的冲击力、自然界中的闪电雷击等。它们的共同特点是需要用一个特殊的函数模型来描述这个时间历程极短、取值极大的信号过程。

单位冲激信号(unit impulse signal) $\delta(t)$ 可用狄拉克函数(δ 函数)来定义：

$$\begin{cases} \delta(t)=0, & t\neq 0 \\ \int_{-\infty}^{\infty}\delta(t)\mathrm{d}t=1 \end{cases} \tag{1.8}$$

即除原点以外的函数值处处为零，且具有单位面积值，如图 1.6 所示。因此单位冲激信号可看做一个面积为 1 的矩形脉冲的极限，在趋于原点处，它的高度无限增大，但面积始终保持为 1。

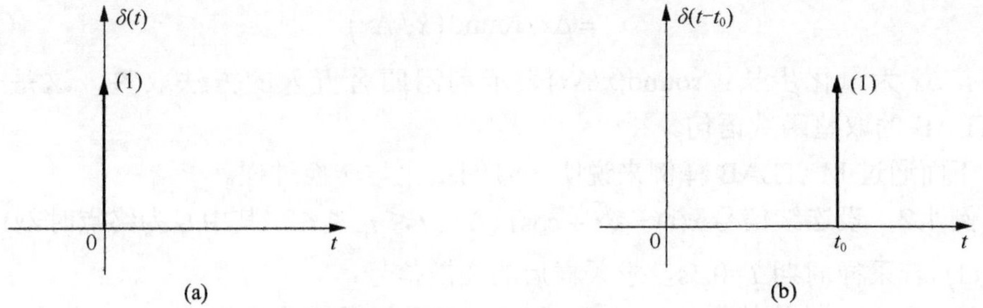

图 1.6　单位冲激信号

4. 指数信号

指数信号(exponential signal)是信号分析中重要的基本信号之一，它可定义为

$$f(t)=A\mathrm{e}^{\alpha t},\quad -\infty<t<\infty \tag{1.9}$$

式中，α 为实数，其倒数称为指数信号的时间常数 τ，即

$$\tau=\frac{1}{\alpha} \tag{1.10}$$

时间常数 τ 的含义为，在 t=0 处，$f(0)=A$；在 $t=\tau$ 处，$f(\tau)=0.368A$，也就是说经过时间 τ 以后，信号将衰减至初始值的 36.8%。图 1.7 给出了当 α 取不同值时的指数信号波形。当 α 换成复数时，就有了复指数信号，这里不作详细讨论。

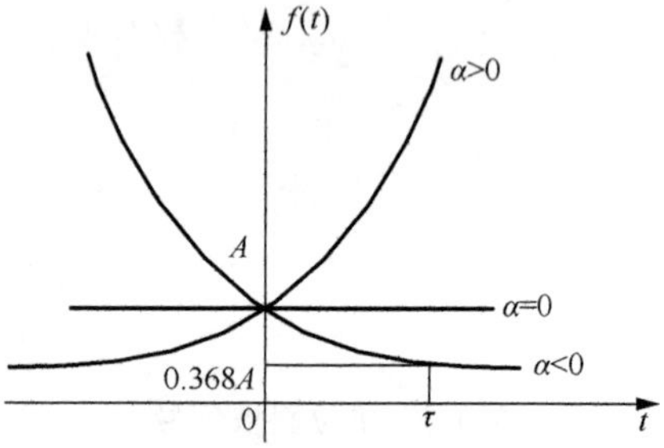

图 1.7　指数信号

1.1.4　信号的量化与转换

在信号的测试、分析、处理和存储过程中，连续信号通常会转换为离散信号和数字信号。通常，一个连续模拟信号 $x(t)$可以通过采样转换为离散信号，设采样周期为 T，则所得的离散信号可表示为

$$x(n)=x(t)\big|_{t=nT},\quad n=0,1,2,\cdots,N-1 \tag{1.11}$$

式中，N 为正整数，时间变量 t 已变成离散时间 nT。

数字信号通常是采用量化运算得到的，它是将信号的离散值进一步变成二进制数，其中所得二进制数的最低位所表示的值又称为分辨率或量化步长。因此，离散信号可以通过式(1.12)转换为数字信号：

$$x_q=\Delta x\cdot \mathrm{round}\left(x/\Delta x\right) \tag{1.12}$$

式中，Δx 为量化步长；round($x/\Delta x$)表示利用四舍五入的方法取整，这是一个 MATLAB 的取整函数语句。

下面通过 MATLAB 释例来说明信号的量化与转换过程。

例 1.2　设连续信号 $x(t)=\sqrt{t}+\cos t$（$0\leqslant t\leqslant t_{\mathrm{f}}\leqslant 6$，其中 t_{f} 为终点时刻)。

(1) 若采样周期 T=0.5s，求采样后的离散信号；

(2) 设 A/D 转换的量化步长 $\Delta x=0.5$，求量化后的数字信号。

解　(1) 在 MATLAB 中自变量 t 表示为 $t=0:\mathrm{d}t:t_{\mathrm{f}}$，这里，取时间增量 d$t$=0.001，若连续信号的相邻两个样本值变化很小，则 dt 还可以取更小的值。

若按采样周期 T=0.5s 对时间轴进行分割，则其离散时间自变量 nT 的向量 n

为从零开始顺序增加的整数，直至终点 t_f/T，表示为

$$n=[0:1:t_f/T]=[0:1:12]$$

因此，所得的离散信号为

$$x(n)=x(t)|_{t=nT}=\sqrt{nT}+\cos(nT),\quad n=0,1,\cdots,12$$

运用 MATLAB 的双精度数据格式，可求出离散信号的幅值。

(2) 信号经采样得到的离散值，通过量化运算而得到数字信号，设量化步长 deltax $=\Delta x$，则运用下面的量化语句即可得到数字信号：

```
xq=round(x/deltax)*deltax
```

下面给出部分 MATLAB 编程程序，读者可以从网址(www.broadview.com.cn)提供的程序中下载完整的程序，还可以添加绘图程序画出三种信号的波形。

```
dt=0.001; tf=6; t=0:dt:tf;          % 建立连续自变量向量
xa=sqrt(t)+cos(t);                  % 原始的连续时间信号 xa(t)
T=0.5; n=0:tf/T;                    % T 为采样周期，建立离散自变量向量
x=sqrt(n*T)+cos(n*T);               % 采样周期为 T 的离散时间信号 x(n)
deltax=0.5;                         % deltax 为 x 的量化步长
xq=round(x/deltax)*deltax;          % 舍入量化后的数字信号 xq
```

1.2　信号的特征值

从理论上讲，信号的特性可以用一些数学函数给予完整的描述，但是在许多工程实际中要么寻求这些数学函数的难度很大，要么需要通过大量的实验才能求得它们的近似表达式，工作量大而且计算复杂。在实际工作中，往往只需要掌握信号在幅值域、时间域或频域的一些数学特征，例如，利用数学分析中的数学期望的方法了解信号的中心趋势，利用方差的方法了解信号的波动情况等，而这些数学特征既便于测量和计算，又能把握信号本身的重要特性。因此，并不需要对信号的全过程作详细的描述，只要掌握了信号的特征值，也就掌握了信号的重要特性，并使实际问题的解决大为简化。

信号的特征值都可以通过相应的函数或计算方法求得，依照信号在不同的域所表现出的不同的数学特征，信号的特征值在时域中有均值、均方根值、方差、自相关函数和互相关函数等；在频域中有能量谱密度和功率谱密度；在幅值域则有概率密度函数等。下面就按照时域、频域和幅值域的顺序对信号的特征值逐一讨论。

1.2.1 时域特征值

1. 均值

信号的均值(mean / average value)描述了信号的趋势，反映了信号中的稳定分量。均值通过数学期望的方法对信号的时间历程求其均值，或者说是信号对时间的均值，因此可以反映信号中静态量的大小。对时间可积信号 $x(t)$ 的均值 μ_x 可定义如下：

$$\mu_x = E\left[x(t)\right] = \frac{1}{T}\int_0^T x(t)\,\mathrm{d}t \tag{1.13}$$

式中，T 为信号的时间样本长度，当 $x(t)$ 为周期信号时为周期 T。

式(1.13)适用于确定性信号和各态历经信号。若信号的取值是离散的，对于随机信号 $x(t)$，在 t_i 时刻取值为 x_n 的概率为 P_n 时，其均值为

$$\mu_x = E\left[x(t)\right] = \sum_{n=-\infty}^{\infty} x_n(t)P_n(t) \tag{1.14}$$

若信号为连续取值的随机信号，其概率密度函数为 $p(x;t)$ 时，则均值可表示为

$$\mu_x = E\left[x(t)\right] = \int_{-\infty}^{\infty} x(t)p(x;t)\mathrm{d}x = m_x(t) \tag{1.15}$$

可见，连续取值的随机信号的均值是时间 t 的函数，同时是该随机信号各个样本的摆动中心。但是对于一个平稳随机信号，由于其概率密度函数与时间 t 无关，因此式(1.15)又可写成

$$\mu_x = E\left[x(t)\right] = \int_{-\infty}^{\infty} x(t)p(x)\mathrm{d}x = m_x \tag{1.16}$$

显然，平稳随机信号的均值是一个与时间无关的常数，相当于信号中的直流分量。

2. 均方值

从上述均值的定义来看，是对信号 $x(t)$本身求数学期望，因此均值具有与信号相同的物理量纲，可以描述信号的趋势和静态量。顾名思义，均方值(mean square value)是对信号 $x(t)$的平方求数学期望，它将不再具有信号 $x(t)$的物理量纲，而具有功率的量纲。例如，在一个直流电路回路中，流过电阻 R 的电流为 $i(t)$时，电阻 R 消耗的功率可表示为$i(t)^2R$，因为电阻 R 是一个常数，所以电流信号的平方 $i(t)^2$ 就有了功率的含义。因此，信号的均方值描述了信号的功率，反映了信号的强度大小。

对于确定性信号，均方值ψ_x^2 定义为

$$\psi_x^2 = E\left[x^2(t)\right] = \frac{1}{T}\int_0^T x^2(t)\mathrm{d}t \tag{1.17}$$

对于随机信号，均方值表示了该随机信号的平均功率，且是时间 t 的函数，可由下式决定：

$$\psi_x^2(t)=E\left[x^2(t)\right]=\int_{-\infty}^{\infty}x^2(t)p(x;t)\mathrm{d}x \tag{1.18}$$

若信号为平稳随机信号，则有

$$\psi_x^2=E\left[x^2(t)\right]=\int_{-\infty}^{\infty}x^2(t)p(x)\mathrm{d}x \tag{1.19}$$

此时，平稳随机信号的均方值也是一个与时间无关的常数。

3. *方差*

方差(variance)定义为信号的取值与其均值之差的均方值，在数学上表示为 $D[x(t)]$，在统计分析中简写为 σ_x^2，即

$$\sigma_x^2=D[x(t)]=E[(x(t)-\mu_x)^2] \tag{1.20}$$

显然，对于随机信号，式(1.20)可进一步展开为

$$\sigma_x^2(t)=\int_{-\infty}^{\infty}\left[x(t)-m_x(t)\right]^2p(x;t)\mathrm{d}x \tag{1.21}$$

可见随机信号的方差是时间 t 的函数，其平方根 σ_x 称为均方差或标准差。

对于平稳随机信号，有

$$\sigma_x^2=\int_{-\infty}^{\infty}\left[x(t)-m_x\right]^2p(x)\mathrm{d}x \tag{1.22}$$

可见平稳随机信号的方差是一个与时间 t 无关的常数。

方差描述了信号的取值相对于其均值的偏离程度，用于了解信号的波动情况。方差越小，表明信号取值越集中，上下波动越小。对于平稳随机信号，由于其统计特性不随时间的变化而变化，因此其方差也是常数，与时间 t 无关。

均值、均方值和方差存在如下关系：

$$\psi_x^2=\sigma_x^2+\mu_x^2 \tag{1.23}$$

下面举例加以证明。

例 1.3　对于平稳随机信号 $x(t)$，其概率密度函数为 $p(x)$，试证明

$$\sigma_x^2=\psi_x^2-\mu_x^2$$

证明

$$\begin{aligned}\sigma_x^2&=D\left[x(t)\right]=\int_{-\infty}^{\infty}\left[x(t)-\mu_x\right]^2p(x)\mathrm{d}x\\&=\int_{-\infty}^{\infty}x^2(t)p(x)\mathrm{d}x-\int_{-\infty}^{\infty}2x(t)\mu_xp(x)\mathrm{d}x+\int_{-\infty}^{\infty}\mu_x^2p(x)\mathrm{d}x\\&=\psi_x^2-2\mu_x\int_{-\infty}^{\infty}x(t)p(x)\mathrm{d}x+\mu_x^2\int_{-\infty}^{\infty}p(x)\mathrm{d}x\\&=\psi_x^2-2\mu_x\mu_x+\mu_x^2=\psi_x^2-\mu_x^2\end{aligned}$$

4. 自相关函数

自相关函数(auto-correlation function)表征信号与其本身在时移τ后的关联程度，它描述了信号自身变化的平稳性，即变化缓慢还是剧烈。对于连续信号$x(t)$，自相关函数定义为

$$R_x(\tau)=\lim_{T\to\infty}\frac{1}{T}\int_0^T x(t)x(t+\tau)\mathrm{d}t \tag{1.24}$$

式中，τ为观测间隔。对于平稳随机信号，式(1.24)变为

$$R_x(\tau)=\lim_{T\to\infty}\frac{1}{T}\int_0^T x(t)x(t+\tau)p(x)\mathrm{d}t \tag{1.25}$$

对于连续信号$x(t)$采样所得的离散信号，设采样时间为Δt，则自相关函数又定义为

$$R_x(r\cdot\Delta t)=\frac{1}{n-r}\sum_{k=1}^{n-r}x_k x_{k+r} \tag{1.26}$$

式中，r是时间滞后量级，$r=0,1,2,\cdots,m$。式(1.26)的意义在于改变r可以得到在时间轴上的自相关图。

自相关函数在相关分析中十分重要，具有如下重要性质：

(1) 自相关函数以$\tau=0$为中心左右对称，即$R_x(\tau)$是观测间隔τ而非时间t的偶函数，$R_x(\tau)=R_x(-\tau)$。

(2) 自相关函数在$\tau=0$取得最大值，且其值为$R_x(0)=\lim\limits_{T\to\infty}\int_0^T x^2(t)\mathrm{d}t=\psi_x^2$或$R_x(0)=\frac{1}{n}\sum\limits_{k=1}^{n}(x_k)^2=\psi_x^2$。

(3) 当$\tau\to\infty$时，$R_x(\tau)\to\mu_x^2$，如图1.8所示。

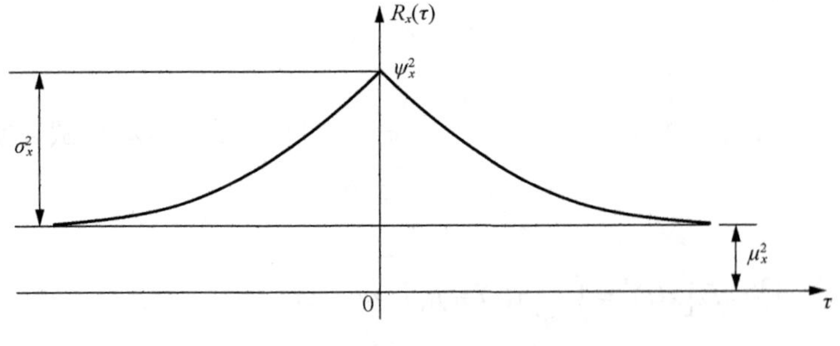

图1.8 信号的自相关函数

(4) $R_x(0)=R_x(\infty)+\sigma_x^2=\mu_x^2+\sigma_x^2$。

(5) 周期信号的自相关函数与它同频。例如，潜艇声呐发现船只(发动机)区别于鱼类。

自相关函数的这些重要性质可以在相关分析中得到应用，例如，在随机信号

的周期性判定方面，简谐振动的自相关函数是余弦曲线，但随机信号的自相关函数在 $\tau\to\infty$ 时将趋于零，因此在噪声中辨别周期信号或瞬态信号时，只需要将观察时延 τ 延长，直至信号中的周期分量暴露出来即可。表 1.2 给出了几种常见信号的自相关图。

表 1.2　常见信号的自相关图

信号名称	信号自相关图	说明
窄带信号	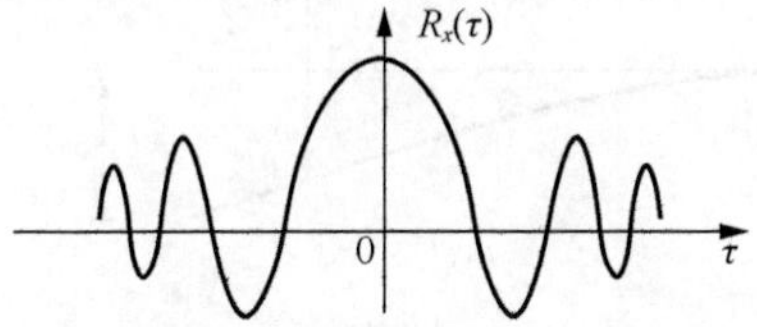	中心频率恒定
宽带信号	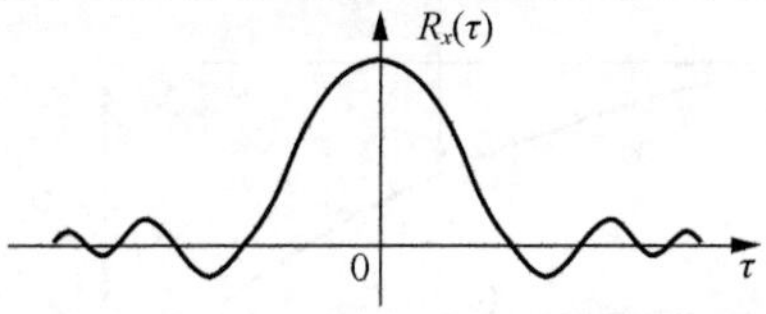	随机性很强
正弦信号	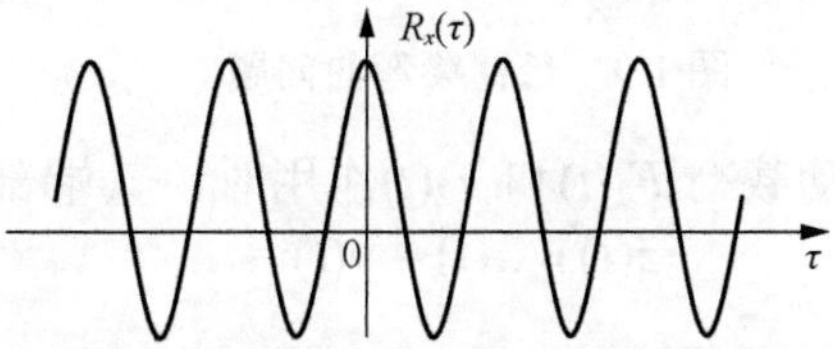	无随机性，信号幅值无衰减
一般随机信号	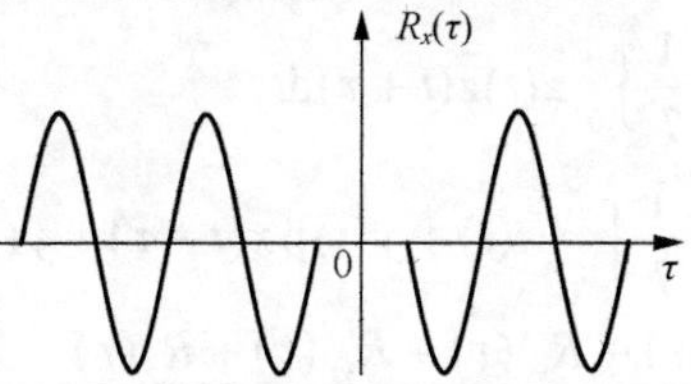	随机信号中含有确定性信号(正弦信号)

5. 互相关函数

互相关函数(cross-correlation function)用来表征两个不同的信号波形在不同时刻的相互关联程度，描述了这两个信号之间的线性依赖关系。对于信号 $x(t)$ 和 $y(t)$，其互相关函数定义为

$$R_{xy}(\tau)=\lim_{T\to\infty}\frac{1}{T}\int_0^T x(t)y(t+\tau)\mathrm{d}t \tag{1.27}$$

同理，信号 $y(t)$ 和 $x(t)$ 的互相关函数为

$$R_{yx}(\tau)=\lim_{T\to\infty}\frac{1}{T}\int_0^T y(t)x(t+\tau)\mathrm{d}t \tag{1.28}$$

对于实信号 $x(t)$、$y(t)$，一般有

$$R_{xy}(\tau) = R_{yx}(-\tau)$$

但是注意，互相关函数一般不是τ的偶函数，这与自相关函数不同，而且互相关函数在$\tau = 0$处通常不取最大值。

例 1.4　悬臂梁弯曲问题如图 1.9 所示，悬臂梁上同时有两处动载荷 $F_1(t)$和 $F_2(t)$，分别产生端部挠度 $x(t)$和 $y(t)$，设端部总挠度为 $z(t)$，试用相关分析描述悬臂梁的弯曲问题。

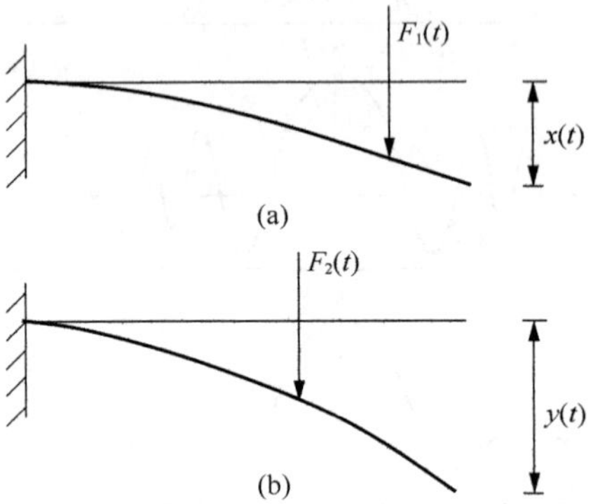

图 1.9　悬臂梁弯曲问题

解　在悬臂梁同时受动载荷 $F_1(t)$和 $F_2(t)$作用时，其端部总挠度为

$$z(t) = x(t) + y(t)$$

其自相关函数为

$$\begin{aligned} R_x(\tau) &= \lim_{T\to\infty}\frac{1}{T}\int_0^T z(t)z(t+\tau)\mathrm{d}t \\ &= \lim_{T\to\infty}\frac{1}{T}\int_0^T [x(t)+y(t)][x(t+\tau)+y(t+\tau)]\mathrm{d}t \\ &= R_x(\tau) + R_{xy}(\tau) + R_{yx}(\tau) + R_y(\tau) \end{aligned}$$

显然，信号 $z(t)$的自相关函数可以用 $x(t)$和 $y(t)$的自相关函数和互相关函数来表示，因此综合运用自相关分析和互相关分析，可以对多个激励源(如力源、振动源和噪声源等)进行总体分析，或研究每个激励的作用与影响，从而寻找激励源或改善系统的品质指标。

下面再举一个例子说明信号的时域特征值求解过程。

例 1.5　设随机相位信号 $x(t) = A\cos(\omega_0 t + \theta)$，已知初相位$\theta$在$(-\pi,\pi)$范围内为均匀分布，即其概率密度函数为

$$p(\theta) = \begin{cases} \dfrac{1}{2\pi}, & -\pi \leqslant \theta \leqslant \pi \\ 0, & \text{其他} \end{cases}$$

求该随机相位信号的时域特征值。

解　根据式(1.16)、式(1.19)和式(1.23)有

$$\mu_x=\int_{-\infty}^{\infty}x(t)p(x)\mathrm{d}x=\int_{-\pi}^{\pi}A\cos(\omega_0 t+\theta)\frac{1}{2\pi}\mathrm{d}\theta=\frac{A}{2\pi}\int_{-\pi}^{\pi}\cos(\omega_0 t+\theta)\mathrm{d}\theta=0$$

$$\begin{aligned}\psi_x^2&=\int_{-\infty}^{\infty}x^2(t)p(x)\mathrm{d}x=\int_{-\pi}^{\pi}A^2\cos^2(\omega_0 t+\theta)\frac{1}{2\pi}\mathrm{d}\theta\\&=\frac{A^2}{2\pi}\int_{-\pi}^{\pi}\frac{1}{2}\{1+\cos[2(\omega_0 t+\theta)]\}\mathrm{d}\theta\\&=\frac{A^2}{2}\end{aligned}$$

$$\sigma_x^2=\psi_x^2-\mu_x^2=\frac{A^2}{2}$$

又根据式(1.25)可得

$$\begin{aligned}R_x(\tau)&=\lim_{T\to\infty}\int_0^T x(t)x(t+\tau)p(x)\mathrm{d}t\\&=\int_{-\pi}^{\pi}A\cos(\omega_0 t+\theta)A\cos[\omega_0(t+\tau)+\theta]\frac{1}{2\pi}\mathrm{d}\theta\\&=\frac{A^2}{2\pi}\int_{-\pi}^{\pi}\frac{1}{2}\{\cos[2(\omega_0 t+\theta)]+\cos(\omega_0 t)\tau\}\mathrm{d}\theta=\frac{A^2}{2}\cos(\omega_0 t)\tau\end{aligned}$$

可见，该信号是平稳随机相位信号。

1.2.2　频域特征值

1. 能量谱密度

对于能量有限而平均功率为零的能量信号，需要引入能量谱密度(energy spectral density)以确定该类信号的有效频带。我们知道，非周期信号就是能量信号，它的频带宽度是无限的，但实际上这种信号的大部分能量总是集中在某个有限的带宽之内，研究其能量谱密度，就可以了解能量信号在频域的分布情况。

设能量信号 $x(t)$ 是通过单位电阻的电压或电流，则所消耗的能量为

$$E=\int_{-\infty}^{\infty}x^2(t)\mathrm{d}t \tag{1.29}$$

根据傅里叶逆变换有

$$x(t)=\frac{1}{2\pi}\int_{-\infty}^{\infty}X(\omega)\mathrm{e}^{\mathrm{j}\omega t}\mathrm{d}\omega$$

则信号的能量又可表示为

$$\begin{aligned}E&=\int_{-\infty}^{\infty}x(t)\left[\frac{1}{2\pi}\int_{-\infty}^{\infty}X(\omega)\mathrm{e}^{\mathrm{j}\omega t}\mathrm{d}\omega\right]\mathrm{d}t\\&=\frac{1}{2\pi}\int_{-\infty}^{\infty}X(\omega)\left[\int_{-\infty}^{\infty}x(t)\mathrm{e}^{\mathrm{j}\omega t}\mathrm{d}t\right]\mathrm{d}\omega\\&=\frac{1}{2\pi}\int_{-\infty}^{\infty}X(\omega)X(-\omega)\mathrm{d}\omega\end{aligned}$$

当 $x(t)$ 为实信号时，有 $X(-\omega)=X^*(\omega)$，所以信号的能量又可以进一步表示为

$$E=\int_{-\infty}^{\infty}x^2(t)\mathrm{d}t=\frac{1}{2\pi}\int_{-\infty}^{\infty}X(\omega)X^*(\omega)\mathrm{d}\omega=\frac{1}{2\pi}\int_{-\infty}^{\infty}\left|X(\omega)\right|^2\mathrm{d}\omega \tag{1.30}$$

式(1.30)称为帕斯瓦尔(Parseval)能量公式。对于能量信号 $x(t)$，式(1.30)表明：

(1) 信号的总能量等于信号中各个频率分量单独贡献的能量的连续和。

(2) 在时域内计算的能量与在频域内计算的能量是相等的，其能量由 $x^2(t)$或$|X(\omega)|^2$ 分别在时域或频域覆盖的面积决定。

(3) 信号经傅里叶变换将时域和频域相互转换，其总能量保持不变，满足能量守恒定律。

式(1.30)中的$|X(\omega)|^2$ 表明了信号的能量在频域的分布情况，即信号在单位带宽内所具有的能量，因此把$|X(\omega)|^2$ 称为能量谱密度，通常记为 $E(\omega)$，即

$$E(\omega)=\left|X(\omega)\right|^2 \tag{1.31}$$

对实信号存在：

$$\left|X(\omega)\right|^2=\left|X(-\omega)\right|^2$$

所以能量谱密度是实偶函数，式(1.30)又可写成

$$E=\frac{1}{\pi}\int_{0}^{\infty}E(\omega)\,\mathrm{d}\omega=2\int_{0}^{\infty}E(f)\,\mathrm{d}f$$

若求信号 $x(t)$在 $f_1\leqslant f\leqslant f_1+\Delta f$ 频率范围内的总能量，则有

$$E=\int_{f_1}^{f_1+\Delta f}E(f)\,\mathrm{d}f$$

此外，从式(1.31)还可以看到，能量谱密度只与信号的幅频谱 $X(\omega)$有关，不含有相位信息，是一个非负的纯实数，因此不可能从给定的能量谱密度 $E(\omega)$恢复原信号 $x(t)$。

2. 功率谱密度

由于周期信号和随机信号都属于能量无限但功率有限的功率信号，所以就必须考虑信号能量的时间平均值，即信号的平均功率。对于功率信号 $x(t)$，其平均功率定义为

$$P=\lim_{T\to\infty}\frac{1}{T}\int_{-\frac{T}{2}}^{\frac{T}{2}}x^2(t)\,\mathrm{d}t \tag{1.32}$$

式中，T 泛指求平均的时间区间，而不是周期的含义。

如前所述，信号的均方值 $E[x^2(t)]$代表了信号的功率大小，同能量谱密度的定义类似，把功率信号 $x(t)$在单位频宽内简谐分量的均方值称为功率谱密度(power spectral density) $S(\omega)$，它反映了信号功率在频域中随频率变化的情况。

设 $x_T(t)$ 是将原信号 $x(t)$ 按 $\left[-\frac{T}{2},\ \frac{T}{2}\right]$ 区间进行截断所得的截断信号，$X_T(\omega)$

是其频谱，则功率信号 $x(t)$ 的平均功率表示为

$$P=\lim_{T\to\infty}\frac{1}{T}\int_{-\frac{T}{2}}^{\frac{T}{2}}x^2(t)\,\mathrm{d}t=\frac{1}{2\pi}\int_{-\infty}^{\infty}\lim_{T\to\infty}\frac{\left|X_T(\omega)\right|^2}{T}\mathrm{d}\omega \tag{1.33}$$

式(1.33)称为帕斯瓦尔功率公式。当 $T\to\infty$ 时，由于 $\left|X_T(\omega)\right|^2$ 也会增加，故式(1.33)积分符号里的极限可能存在，且具有功率谱密度的概念，则得到信号 $x(t)$ 的功率谱密度：

$$S(\omega)=\lim_{T\to\infty}\frac{\left|X_T(\omega)\right|^2}{T} \tag{1.34}$$

将式(1.34)代入式(1.33)，得到信号的平均功率为

$$P=\frac{1}{2\pi}\int_{-\infty}^{\infty}S(\omega)\,\mathrm{d}\omega \tag{1.35}$$

由此可见，对于功率信号 $x(t)$，式(1.35)表明：

(1) 信号的平均功率等于信号中各个频率分量单独贡献的功率的连续和。

(2) 功率谱密度是频率的实偶函数，只与信号的幅频谱有关，而与相频谱无关，这一点与能量谱密度类似。

(3) 在时域内计算的平均功率与在频域内计算的结果是一样的，相当于功率谱密度 $S(\omega)$ 所覆盖的面积。

(4) 周期信号的 $S(\omega)$ 在 $\omega\neq n\omega_1$ 处为零，在 $\omega=n\omega_1$ 出现尖峰。而随机信号的 $S(\omega)$ 在全部频带上是连续的有限值，如图1.10所示。

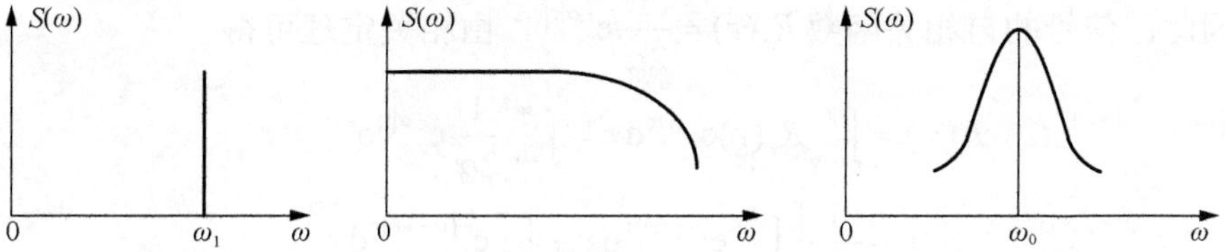

图1.10　信号的功率谱密度

以上介绍了信号的时域和频域特征值，其实这些特征值可以相互转换，使得求取特征值的过程快捷而准确。为了更好地描述它们之间的转换关系，下面介绍信号分析中常用的相关定理。

相关定理表示了信号的自相关函数可以分别与其幅频谱、能量谱密度和功率谱密度各自组成一对傅里叶变换，具体如下。

(1) 信号的自相关函数与其幅频谱的平方是一个傅里叶变换对：

$$\begin{cases}R_x(\tau)=\dfrac{1}{2\pi}\displaystyle\int_{-\infty}^{\infty}\left|X(\omega)\right|^2\mathrm{e}^{\mathrm{j}\omega\tau}\mathrm{d}\omega\\\left|X(\omega)\right|^2=\displaystyle\int_{-\infty}^{\infty}R_x(\tau)\mathrm{e}^{-\mathrm{j}\omega\tau}\mathrm{d}\tau\end{cases} \tag{1.36}$$

(2) 对于能量信号，其自相关函数与能量谱密度是一个傅里叶变换对：

$$\begin{cases} R_x(\tau)=\dfrac{1}{2\pi}\displaystyle\int_{-\infty}^{\infty}E(\omega)\mathrm{e}^{\mathrm{j}\omega\tau}\mathrm{d}\omega \\ E(\omega)=\displaystyle\int_{-\infty}^{\infty}R_x(\tau)\mathrm{e}^{-\mathrm{j}\omega\tau}\mathrm{d}\tau \end{cases} \tag{1.37}$$

(3) 对于功率信号，其自相关函数与功率谱密度是一个傅里叶变换对：

$$\begin{cases} R_x(\tau)=\dfrac{1}{2\pi}\displaystyle\int_{-\infty}^{\infty}S(\omega)\mathrm{e}^{\mathrm{j}\omega\tau}\mathrm{d}\omega \\ S(\omega)=\displaystyle\int_{-\infty}^{\infty}R_x(\tau)\mathrm{e}^{-\mathrm{j}\omega\tau}\mathrm{d}\tau \end{cases} \tag{1.38}$$

式(1.38)称为维纳–辛钦(Wiener-Khintchine)公式。通过时域和频域的这些信号特征值的相互转换关系，就可以从已知的特征值方便地求出其他的特征值，特别是在某些场合中无法求其傅里叶变换时，可以借助自相关函数的方法来进行计算。

例 1.6　求单边指数衰减信号 $x(t)=\mathrm{e}^{-\alpha t}u(t)$ 的自相关函数及能量谱密度，其中 $\alpha>0$，$u(t)$为单位阶跃信号。

解　根据自相关函数的定义：

$$R_x(\tau)=\lim_{T\to\infty}\frac{1}{T}\int_0^T x(t)x(t+\tau)\mathrm{d}t=\lim_{T\to\infty}\frac{1}{T}\int_0^T \mathrm{e}^{-\alpha t}\mathrm{e}^{-\alpha(t+\tau)}\mathrm{d}t$$

当 $\tau>0$ 时，可得 $R_x(\tau)=\mathrm{e}^{-\alpha\tau}/(2\alpha)$；当 $\tau<0$ 时，$R_x(\tau)=\mathrm{e}^{\alpha\tau}/(2\alpha)$。

因此，信号的自相关函数 $R_x(\tau)=\dfrac{1}{2\alpha}\mathrm{e}^{-\alpha|\tau|}$，由相关定理可得

$$\begin{aligned} E(\omega)&=\int_{-\infty}^{\infty}R_x(\tau)\mathrm{e}^{-\mathrm{j}\omega\tau}\mathrm{d}\tau=\int_{-\infty}^{\infty}\frac{1}{2\alpha}\mathrm{e}^{-\alpha|\tau|}\mathrm{e}^{-\mathrm{j}\omega\tau}\mathrm{d}\tau \\ &=\frac{1}{2\alpha}\left[\int_{-\infty}^{0}\mathrm{e}^{(\alpha-\mathrm{j}\omega)\tau}\mathrm{d}\tau+\int_0^{\infty}\mathrm{e}^{-(\alpha+\mathrm{j}\omega)\tau}\mathrm{d}\tau\right] \\ &=\frac{1}{\alpha^2+\omega^2} \end{aligned}$$

例 1.7　求余弦信号 $x(t)=A\cos(\omega_1 t)$ 的自相关函数和功率谱密度。

解　根据自相关函数的定义可以方便地求出余弦信号的自相关函数为

$$\begin{aligned} R_x(\tau)&=\lim_{T\to\infty}\frac{1}{T}\int_0^T x(t)x(t+\tau)\mathrm{d}t \\ &=\lim_{T\to\infty}\frac{1}{T}\int_0^T A^2\cos(\omega_1 t)\cos[\omega_1(t+\tau)]\mathrm{d}t \\ &=\frac{A^2}{2}\cos(\omega_1\tau) \end{aligned}$$

利用维纳-辛钦公式，可求出其功率谱密度为

$$S(\omega)=\int_{-\infty}^{\infty}R_x(\tau)\mathrm{e}^{-\mathrm{j}\omega\tau}\mathrm{d}\tau=\int_{-\infty}^{\infty}\frac{A^2}{2}\cos(\omega_1\tau)\mathrm{e}^{-\mathrm{j}\omega\tau}\mathrm{d}\tau=\frac{A^2\pi}{2}[\delta(\omega+\omega_1)+\delta(\omega-\omega_1)]$$

该信号的自相关函数和功率谱密度如图 1.11 所示。

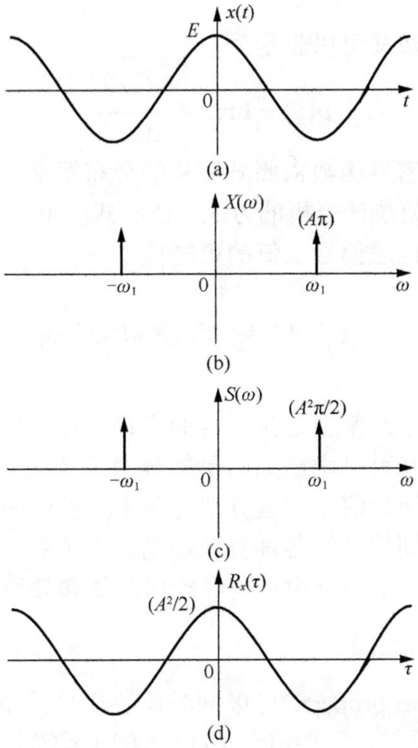

图 1.11　余弦信号的自相关函数和功率谱密度

1.2.3　幅值域特征值

对于随机信号，其幅值的变化难以用具体的函数来描述，因为它本身就毫无规律可言。然而对于大多数的平稳随机信号，可以用统计的方法来描述信号取值的可能性，这就要用到概率统计的数学方法。

设 $P[x\leqslant x(t)\leqslant x+\Delta x]$ 为信号 $x(t)$ 的幅值在 $[x,x+\Delta x]$ 范围内取值的概率，定义概率密度函数(probability density function)为

$$p(x)=\lim_{\Delta x\to 0}\frac{P[x\leqslant x(t)\leqslant x+\Delta x]}{\Delta x} \tag{1.39}$$

可见，概率密度函数表征了信号各种取值的概率大小，可以用来预测或描述信号的取值趋势，是幅值域的一个重要的特征值。设在观测时间 T 内，当信号幅值落在 $[x,x+\Delta x]$ 范围内时，可在时间轴上量取若干取值时间 $T_1,T_2,\cdots,T_i$，则可用统计

取值时间来描述取值的概率，即

$$P\left[x \leqslant x(t) \leqslant x+\Delta x\right]=\lim_{T\to\infty}\frac{T_1+T_2+\cdots+T_i}{T}=\lim_{T\to\infty}\frac{T_x}{T}$$

式中，$T_x=\sum_{i=1}^{n}T_i$，表示取值时间之和。

因此，概率密度函数又可以表示为

$$p(x)=\lim_{\Delta x\to 0}\frac{\lim\limits_{T\to\infty}(T_x/T)}{\Delta x} \tag{1.40}$$

通常，随机信号的概率密度函数依照其服从的分布概率，可以用具体的数学函数来描述，也可以通过实验统计分析的方法，依照式(1.40)得出其概率密度函数。这样，就可以在幅值域中描述信号取值的可能性了。

1.3 信号的算法规则

在信号分析与处理中经常会遇到信号的各种运算，信号的运算既要涉及信号的描述和信号的分析，又可以由已知简单的典型信号求未知复杂的信号，因此对建立信号的基本概念和简化信号的运算都有着十分重要的意义。

下面将介绍连续时间信号的各种算法规则。为了对照信号运算后在时域和频域的对应变化，在有的算法规则中将同时给出时域和频域的变化情况。

1. 叠加性质

信号的叠加性质(sum property)可以同时反映在时域和频域。通常，两个信号 $x_1(t)$ 和 $x_2(t)$ 在时域相叠加，所得信号 $x(t)=x_1(t)+x_2(t)$，其瞬时值等于两个信号在该瞬时取值的代数和。

对于周期信号，多个周期信号线性叠加所得的信号依然是周期信号，其频谱等于原来各信号频谱的线性叠加。信号的叠加性质可表示为

$$y(t)=x_1(t)+x_2(t)+\cdots+x_n(t)=\sum_{i=1}^{n}x_i(t) \tag{1.41}$$

2. 乘积定理

乘积定理(product theorem)是指取若干信号在时域的乘积，其瞬时值为这些信号在该瞬时取值的乘积，可表示为

$$y(t)=x_1(t)x_2(t)\cdots x_n(t)=\prod_{i=1}^{n}x_i(t) \tag{1.42}$$

对于周期信号，两个周期信号相乘所得的信号，其频谱等于原来两个信号频谱的乘积，且该乘积的谱值应位于频率坐标 $n\omega_1+m\omega_2$ 的位置上，即

$$x_1(t)=\sum_{n=-\infty}^{\infty}(\alpha_n e^{jn\omega_1 t}),\quad x_2(t)=\sum_{m=-\infty}^{\infty}(\alpha_m e^{jm\omega_2 t})$$

$$y(t)=x_1(t)x_2(t)=\sum_{n=-\infty}^{\infty}\sum_{m=-\infty}^{\infty}\left[\alpha_n\alpha_m e^{j(n\omega_1+m\omega_2)t}\right]\tag{1.43}$$

图 1.12 分别给出了两个信号的叠加和相乘的结果。同理，不难求出两个信号的相减与相除。

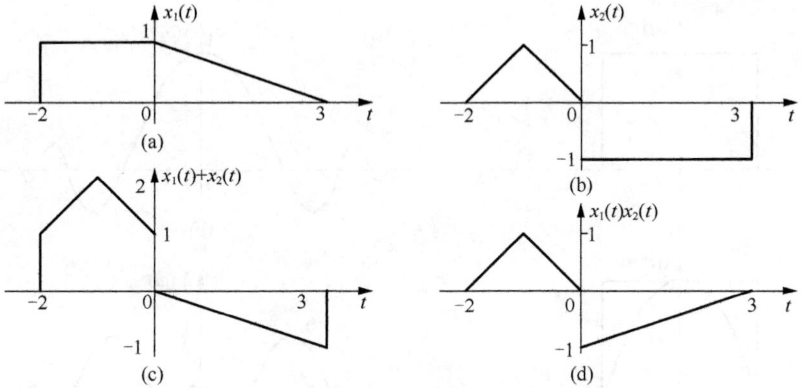

图 1.12　两个信号的叠加和相乘

3. 时移定理

信号在传输或处理过程中经常会发生一定的时延(time shifting)，这种现象表现为时域上的超前或滞后。将信号 $x(t)$沿时间轴平移 $\pm t_0$，所得平移信号为

$$y(t)=x(t\pm t_0)$$

当 $t_0>0$ 时，$x(t+t_0)$ 超前于原信号，即左移信号；$x(t-t_0)$ 则滞后于原信号，相当于信号的延时或右移信号。图 1.13 表示了信号的时移情况。

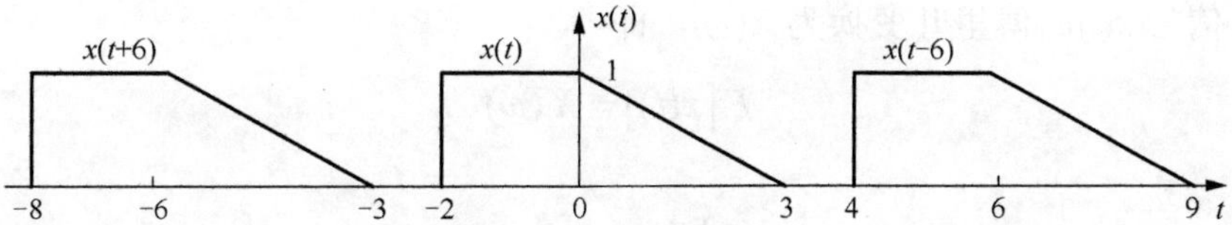

图 1.13　信号的时移

周期函数时移 $\pm t_0$ 后，其幅频谱保持不变，但相频谱发生变化，n 次谐波的初相位的变化量等于 $\pm n\omega_0 t_0$，即

$$x(t)=\sum_{n=-\infty}^{\infty}(\alpha_n e^{jn\omega_0 t})$$

$$x(t\pm t_0):\begin{cases}\text{幅频谱：}\ \alpha_n'=\alpha_n\\ \text{相频谱：}\ \theta_n'=\theta_n\pm n\omega_0 t_0\end{cases}$$

4. 频移定理

频移定理(frequency shifting theorem)可看做乘积定理的一种特殊形式。一个周期信号乘以 $e^{j\omega_0 t}$ (相当于余弦调制)所得的信号，其频谱可把原信号频谱沿频率轴平移 $\pm\omega_0$ 得到，且谱值减半。

可见，一个信号被余弦调制后，其频谱向两边移动，调幅信号的频谱常用这种算法来求得。图 1.14 给出了信号的频移结果。

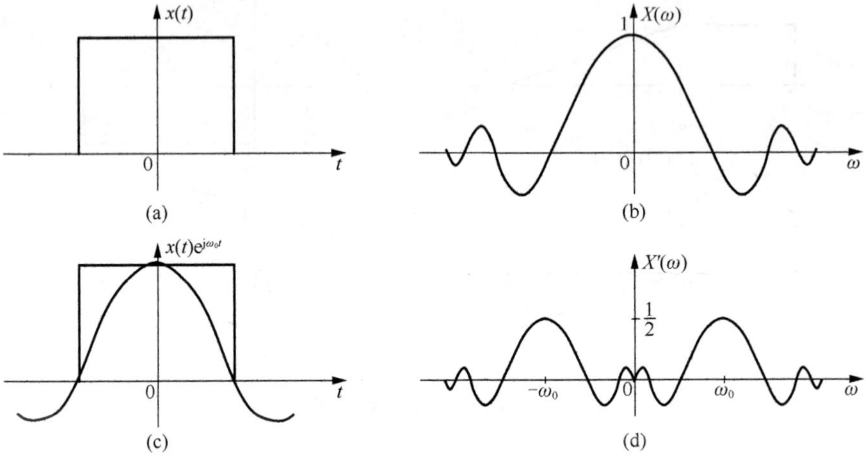

图 1.14　信号的频移

5. 对称性

信号的对称性(symmetry)是指信号在时域和频域的交叉对称性质，即某个信号的时域波形与另一个信号的频谱相似，则该信号的频谱就与这个信号的时域波形相似。

设信号 $x(t)$的傅里叶变换为 $X(\omega)$，即

$$F\left[x(t)\right]=X(\omega)$$

则

$$x(t)=\frac{1}{2\pi}\int_{-\infty}^{\infty}X(\omega)\,e^{j\omega t}d\omega$$

把上式中的变量 t 与 ω 交换可得

$$x(\omega)=\frac{1}{2\pi}\int_{-\infty}^{\infty}X(t)\,e^{j\omega t}dt=F\left[X(t)\right]$$

由此可见，信号间存在时域和频域的相互映射关系，若已知信号的时域波形或频谱，就可以“还原”出与之对称的信号的频谱或时域波形。图 1.15 所示为信号的对称性。

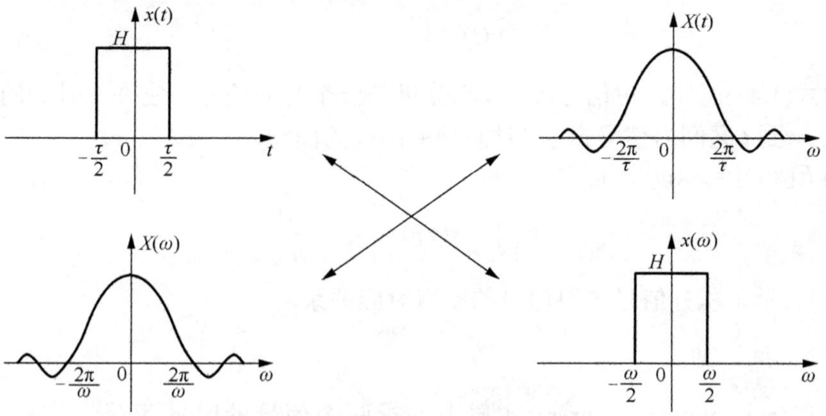

图 1.15　信号的对称性

6. 奇偶性

信号的傅里叶变换是信号的时域与频域之间的运算法则，傅里叶变换并不改变其奇偶性(odevity)，即信号的傅里叶变换 $X(\omega)$与信号 $x(t)$同奇偶，其中幅频谱是 ω 的偶函数，相频谱是ω的奇偶数。

7. 微分定理

信号的微分(differential theorem)是指取信号对时间的一阶导数，表示信号随时间的变化率，信号微分之后仍是一个时间信号。例如，在奇异信号中，单位阶跃信号是单位斜坡信号的微分，而单位冲激信号为单位阶跃信号的微分。当然，对信号求微分时，要求该信号满足可微条件。

设信号 $x(t)$的频谱为 $X(\omega)$，其微分可表示为

$$y(t)=\frac{\mathrm{d}}{\mathrm{d}x}x(t)$$

则时域微分和频域微分可表示为

$$\begin{cases} F\left[\dfrac{\mathrm{d}}{\mathrm{d}x}x(t)\right]=\mathrm{j}\omega X(\omega) \\ \dfrac{\mathrm{d}}{\mathrm{d}\omega}X(\omega)=F\left[-\mathrm{j}\omega x(t)\right] \end{cases} \tag{1.44}$$

式(1.44)表示了对信号取微分之后所得的新信号，与原信号在时域和频域的对应关系，可以大大简化信号的运算。

8. 积分定理

信号的积分(integral theorem)是指对信号在$(-\infty,t)$区间内取积分，要求信号满足可积条件，可表示为

$$y(t)=\int_{-\infty}^{t}x(\tau)\mathrm{d}\tau \tag{1.45}$$

由式(1.45)可知，对信号 $x(t)$取积分仍是一个时间信号，它在 t 时刻的瞬时值等于从$-\infty$到 t 区间内信号 $x(t)$与时间轴所围成的面积。

由 $F[x(t)]=X(\omega)$，可得

$$F\left[\int_{-\infty}^{t}x(\tau)\mathrm{d}\tau\right]=\frac{X(\omega)}{\mathrm{j}\omega} \tag{1.46}$$

式(1.46)表示了积分信号与原信号的频谱对应关系。

9. 卷积定理

卷积(convolution theorem)实质上是指两个信号的时域积分，信号 $x_1(t)$ 和 $x_2(t)$ 的卷积表示为

$$y(t)=x_1(t)*x_2(t)=\int_{-\infty}^{\infty}x_1(t)x_2(t-\tau)\,\mathrm{d}\tau \tag{1.47}$$

则时域卷积和频域卷积分别为

$$\begin{cases}F\left[x_1(t)*x_2(t)\right]=X_1(\omega)\cdot X_2(\omega)\\ X_1(\omega)*X_2(\omega)=F\left[x_1(t)\cdot x_2(t)\right]\end{cases} \tag{1.48}$$

可见，时域卷积对应于频域乘积，而频域卷积对应于时域乘积。

10. 反转定理

信号的反转(inversion theorem)是指将信号以纵轴为中心折转 180°，即用变量 $-t$ 代替原信号的自变量 t，从而得到对称映射的信号 $x(-t)$。这样，信号 $x(t)$ 与 $x(-t)$ 的波形与纵轴镜像对称。

信号反转 180°以后，其幅频谱不变，相频谱变化 π。

11. 比例尺定理

信号的运算还涉及尺度变换(proportional scale theorem)，又分为幅度尺度变换和时间尺度变换。前者表现为对原信号进行放大或缩小，例如，$y(t)=3x(t)$ 表示将信号 $x(t)$ 按比例把幅度放大 3 倍，而 $y(t)=x(t)/3$ 表示将信号的幅度缩小到 1/3。通常，幅度尺度变换不改变信号本身的基本特性，就像语音信号那样，只是声音的大小发生了变化，其语音特性并没有变化。

时间尺度变换表现为保持信号的幅度不变，将信号沿时间轴展宽或压缩，通常可以用变量αt (α 为大于零的常数)替代原信号的自变量 t，即通过横坐标的尺寸变换，将原信号 $x(t)$变换成 $x(\alpha t)$。因此，时间尺度变换可以理解为以原点(t=0)为基准，将原信号 $x(t)$沿横坐标(时间轴)展缩到原来的 $1/\alpha$。

一般来说，时间尺度变换会改变信号的基本特征，因为信号的频谱发生了变

化。例如，录音机的情况，若 $x(t)$代表磁带正常速度放音信号，$x(2t)$和 $x(t/2)$分别表示比磁带正常速度快一倍或慢一倍，播放的声音则不能复原，要么尖锐刺耳，要么较为低沉。

信号的比例尺定理描述了信号在时间尺度变换时，信号在时域和频域的映射展缩关系，是现代实时分析的理论基础。

设 $F\left[x(t)\right]=X(\omega)$，则有

$$F\left[x(\alpha t)\right]=\frac{1}{\alpha}\dot{X}\left(\frac{\omega}{\alpha}\right) \tag{1.49}$$

当 $\alpha>1$ 时，表现为信号在时域被压缩了(幅度不变)，而在频域被展宽了(谱线高度有变化)；当 $\alpha<1$ 时，表现为信号在时域被展宽了(幅度不变)，在频域被压缩了(谱线高度有变化)。

可见，信号时间尺度变换时，时域压缩，对应于频域展宽(幅频谱值变化)，反之亦然。图 1.16 所示为信号的时间尺度变换情况。

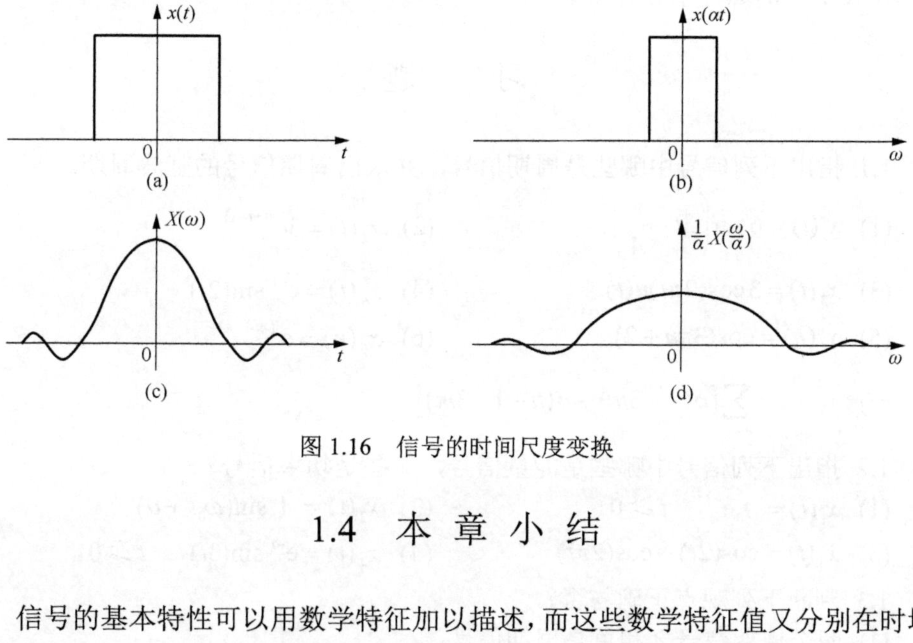

图 1.16　信号的时间尺度变换

1.4　本 章 小 结

信号的基本特性可以用数学特征加以描述，而这些数学特征值又分别在时域、频域和幅值域内运用相应的数学函数和计算方法计算得到。不同的信号具有各自不同的数学特征，并在时域和频域相互映射。

本章给出了信号的描述和分类方法，其中确定性信号和随机信号是依照信号的时间函数是否确定来划分的，确定性信号分为周期信号和非周期信号，而随机信号分为平稳随机信号和非平稳随机信号；连续信号和离散信号则是按信号的时间函数取值是否具有连续性来划分的，常说的模拟信号就是一种连续信号，而数

字信号则是一种典型的离散信号；能量信号和功率信号是从能量的观点出发，观察信号的时间函数在时域是否具有平方可积性来划分的，例如，周期信号是功率信号，但是非周期信号可以是能量信号，也可能是功率信号。

本章介绍了三种常见的典型信号以及信号的量化与转换，它们都是信号变换时常用的函数和方法。

信号的特征值在不同的域有着不同的表现形式，分别具有相应的数学函数和计算方法。信号的时域特征值有均值、均方根值、方差、自相关函数和互相关函数等；频域特征值有能量谱密度和功率谱密度；幅值域特征值则是概率密度函数等。信号的这些特征值可以在时域和频域内相互转换，相关定理描述了它们的转换关系和计算方法，这样可以从已知的信号特征值便捷地求出未知的特征值。

本章还介绍了 11 种常用的信号算法规则，它们都是信号分析与处理中在时域和频域经常使用的各种运算，这些运算一方面涉及对信号的描述和分析，另一方面可以由已知简单的典型信号求出未知的复杂信号，对进一步建立信号的基本概念和简化信号的运算十分有帮助。

习　　题

1.1 指出下列信号中哪些是周期信号，并求出周期信号的基波周期。

(1) $x_1(t)=6\sin\left(3t+\dfrac{\pi}{4}\right)$　　(2) $x_2(t)=3\mathrm{e}^{\mathrm{j}(\pi t-1)}$

(3) $x_3(t)=3\cos(2\pi t)u(t)$　　(4) $x_4(t)=\mathrm{e}^{-t}\sin(2t)$

(5) $x_5(n)=\cos(3\pi n+2)$　　(6) $x_6(n)=\mathrm{e}^{\mathrm{j}(n/4-\pi)}$

(7) $x_7(n)=\sum\limits_{m=0}^{\infty}\left[\delta(n-3m)-\delta(n-1-3m)\right]$

1.2 指出下列信号中哪些是能量信号，哪些是功率信号？

(1) $x_1(t)=A_0\mathrm{e}^{-t},\quad t\geqslant 0$　　(2) $x_2(t)=A_0\sin(\omega_0 t+\theta)$

(3) $x_3(t)=\cos(2t)+\cos(2\pi t)$　　(4) $x_4(t)=\mathrm{e}^{-t}\sin(3t),\quad t\geqslant 0$

1.3 判断下列观点正确与否？

(1) 两个周期信号之和总是周期信号；

(2) 所有随机信号都是非周期信号；

(3) 非周期信号即为能量信号，反之亦然；

(4) 两个功率信号之和、之积总是功率信号。

1.4 信号 $x(t)$如下图所示，画出下列信号的波形。

(1) $x(2t-1)$　　(2) $x\left(2-\dfrac{t}{2}\right)$　　(3) $\left[x(t)+x(-t)\right]u(t)$

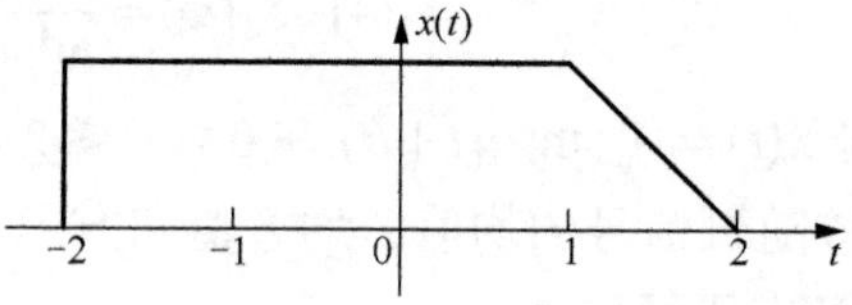

习题 1.4 图

1.5 求正弦信号 $x(t) = A_0 \sin(\omega t + \varphi)$ 的均值 μ_x 、均方值 ψ_x^2 和概率密度函数 $p(x)$ 。

1.6 已知信号 $x(t)$波形如下图所示，试画出下列信号的波形图。

(1) $x(t-3)$　　(2) $x\left(\dfrac{t}{2}-1\right)$　　(3) $x(1-2t)$

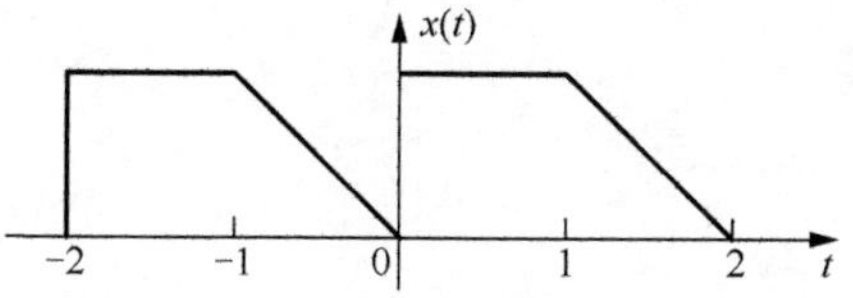

习题 1.6 图

1.7 已知信号 $x(t) = \cos t\left[u(t) - u\left(t - \dfrac{\pi}{2}\right)\right]$，求：

(1) $y(t) = x(t) + \dfrac{\mathrm{d}^2 x(t)}{\mathrm{d}t^2}$　　(2) $y(t) = \int_{-\infty}^{t} x(\tau)\mathrm{d}\tau$

1.8 试进行下列两个信号 $x_1(t)$ 和 $x_2(t)$ 的卷积计算，并画出卷积信号的波形，其中

$$x_1(t) = \begin{cases} 0, & t<-2 \\ 2, & -2<t<2 \\ 0, & t>2 \end{cases} \qquad x_2(t) = \begin{cases} 0, & t<0 \\ \dfrac{3}{4}, & 0<t<2 \\ 0, & t>2 \end{cases}$$

1.9 计算下列积分：

(1) $\int_{-\infty}^{\infty} (t^2 + 2t + 2)\delta(t-1)\mathrm{d}t$　　(2) $\int_{-\infty}^{\infty} \mathrm{e}^{-t}\delta(t+1)\mathrm{d}t$

(3) $\int_{-\infty}^{\infty} u(t-1)\delta(t-2)\mathrm{d}t$　　(4) $\int_{-1}^{1} \delta(t^2-2)\mathrm{d}t$

1.10 试判断下面哪些是功率谱密度函数的正确表达式？若是，则求出自相关函数。

(1) $S_1(\omega) = \dfrac{\omega^2 + 4}{(\omega^2+2)(\omega+1)^2}$　　(2) $S_2(\omega) = \dfrac{1}{\omega^4 - 2\omega^2 + 1}$

(3) $S_3(\omega)=\dfrac{e^{-j\omega^2}}{\omega^2+4}$　　(4) $S_4(\omega)=\dfrac{\omega^2+1}{\omega^4+3\omega^2-2}+\delta(\omega)$

1.11 已知随机信号 $x(t)=A_0\sin(\omega_0 t+\theta)$ 在 $0\leqslant\theta\leqslant 2\pi$ 内为均匀分布，式中 A_0、ω_0 为常数。试求该随机信号的均值、均方值和方差，并判断该信号是否为平稳随机信号？是否为各态历经信号？

1.12 已知平稳随机信号 $X(n)=\alpha^n u(n)(-1<\alpha<1)$，求 $X(n)$ 的自相关函数 $R_x(m)$。

第 2 章　信号的数学分析

2.1　周期信号的时域分析

2.1.1　正弦信号和周期复指数信号

正弦信号的一般表达式为

$$x(t) = A\cos(\omega_0 t + \varphi) \tag{2.1}$$

式中，角频率 ω_0 的大小反映信号振荡波形的变化快慢；相位 φ 反映正弦信号的起始位置，或者说正弦信号在 t=0 时刻的函数值。

和正弦信号密切相关的一种信号是复指数信号：

$$x(t) = \mathrm{e}^{\mathrm{j}\omega_0 t} \tag{2.2}$$

利用欧拉关系，复指数信号可以用与其相同基波周期的正弦信号来表示，即

$$\mathrm{e}^{\mathrm{j}\omega_0 t} = \cos(\omega_0 t) + \mathrm{j}\sin(\omega_0 t) \tag{2.3}$$

因此，复指数信号与正弦信号一样，是周期信号。ω_0 的大小同样反映复指数信号的振荡速率。

一组成谐波关系的复指数信号也是很有用的，也就是周期复指数信号的集合，该集合内的全部信号都是周期性的，且有一个公共周期 T_0，用 $\phi_k(t)$ 来表示：

$$\phi_k(t) = \mathrm{e}^{\mathrm{j}k\omega_0 t}, \quad k = 0, \pm1, \pm2, \cdots \tag{2.4}$$

若 k=0，$\phi_k(t)$ 就是一个常数；而对于任何其他的 k 值，$\phi_k(t)$ 是周期的，其基波频率为 $|k|\omega_0$。

2.1.2　LTI 系统对复指数信号的响应

复指数信号的重要性在于这样一个事实，即一个 LTI 系统对复指数信号的响应也是一个复指数信号，不同的只是在幅度上的变化，即

$$\mathrm{e}^{st} \to H(s)\mathrm{e}^{st} \tag{2.5}$$

式中，$H(s)$ 是一个复振幅因子，一般来说是复变量 s 的函数。复指数 e^{st} 是 LTI 系统的特征函数；对某一给定的 s 值，常数 $H(s)$ 就是与特征函数 e^{st} 有关的特征值。

若一个连续时间 LTI 系统的输入表示成复指数的线性组合，即

$$x(t) = \sum_k a_k \mathrm{e}^{s_k t} \tag{2.6}$$

那么输出为

$$y(t) = \sum_k a_k H(s_k) \mathrm{e}^{s_k t} \tag{2.7}$$

2.2 周期信号的频域分析

2.2.1 周期信号的傅里叶级数表示

如果一个信号是周期的，那么对一切 t，存在某个正值的 T，有

$$x(t) = x(t+T) \tag{2.8}$$

$x(t)$ 的基波周期 T_0 就是满足式(2.8)的最小非零正值 T，$f_0 = 1/T_0$ 称为基波频率，$\omega_0 = 2\pi/T_0 = 2\pi f_0$ 称为基波角频率。

1. 复指数型傅里叶级数

基波周期为 T_0 的周期信号 $x(t)$的复指数型傅里叶级数表示为

$$x(t) = \sum_{k=-\infty}^{+\infty} c_k \mathrm{e}^{\mathrm{j}k\omega_0 t}, \quad \omega_0 = \frac{2\pi}{T_0} \tag{2.9}$$

式中，c_k 称为傅里叶系数或称为 $x(t)$ 的频谱系数，它是对信号 $x(t)$ 中的每一个谐波分量的大小作出的度量。k=0 时，c_k 称为信号的直流分量；k=±1 时，c_k 称为信号的基波分量或一次谐波分量；k=±N 时，c_k 称为信号的 N 次谐波分量。因此，式(2.9)说明，周期信号 $x(t)$ 可以分解为直流分量、基波分量、各次谐波分量的叠加。

c_k 可由式(2.10)求出：

$$c_k = \frac{1}{T_0}\int_{T_0} x(t)\mathrm{e}^{-\mathrm{j}k\omega_0 t}\mathrm{d}t \tag{2.10}$$

式中，$\int_{T_0}$ 表示积分区间为任意一个周期，通常习惯 0 到 T_0 或 $-T_0/2$ 到 $T_0/2$ 的一个周期积分。在式(2.10)中，设 k=0 可得到

$$c_0 = \frac{1}{T_0}\int_{T_0} x(t)\mathrm{d}t \tag{2.11}$$

即 c_0 等于 $x(t)$ 一个周期的平均值。

当 $x(t)$ 为实数时，由式(2.10)可推出

$$c_{-k} = c_k^* \tag{2.12}$$

式中，*表示复数的共轭。

2. 三角型傅里叶级数

基波周期为 T_0 的周期信号 $x(t)$ 的三角型傅里叶级数表示为

$$x(t) = a_0 + \sum_{k=1}^{\infty}[a_k\cos(k\omega_0 t) + b_n\sin(k\omega_0 t)] \tag{2.13}$$

式中，a_k 和 b_k 称为傅里叶系数，可由式(2.14)和式(2.15)求出：

$$a_k = \frac{1}{T_0}\int_{T_0} x(t)\cos(k\omega_0)\mathrm{d}t \tag{2.14}$$

$$b_k = \frac{1}{T_0}\int_{T_0} x(t)\sin(k\omega_0)\mathrm{d}t \tag{2.15}$$

比较式(2.9)、式(2.14)和式(2.15)，可以看出傅里叶级数中各个量之间有如下关系：

$$c_0 = a_0,\quad a_k = c_k + c_{-k},\quad b_k = \mathrm{j}(c_k - c_{-k}) \tag{2.16}$$

$$c_k = \frac{1}{2}(a_k - \mathrm{j}b_k),\quad c_{-k} = \frac{1}{2}(a_k + \mathrm{j}b_k) \tag{2.17}$$

当 $x(t)$ 为实数时，a_k、b_k 为实数，由式(2.16)可得

$$a_k = 2\,\mathrm{Re}\{c_k\},\quad b_k = -2\,\mathrm{Im}\{c_k\} \tag{2.18}$$

虽然傅里叶级数有多种形式，但对我们讨论的问题而言，指数形式的傅里叶级数最为方便，今后将主要使用这种形式的傅里叶级数。

3. 傅里叶级数的幅度谱和相位谱

将式(2.9)傅里叶系数 c_k 表示为

$$c_k = |c_k|\mathrm{e}^{\mathrm{j}\varphi_k} \tag{2.19}$$

$|c_k|$ 与角频率 ω 的关系曲线称为周期信号 $x(t)$ 的幅度谱。φ_k 与角频率 ω 的关系曲线称为周期信号 $x(t)$ 的相位谱。因为符号 k 仅设为整数，所以幅度谱和相位谱不是连续曲线，其值仅出现在离散频率 $k\omega_0$ 点上，因此幅度谱和相位谱称为离散谱或线谱。

对于实周期信号 $x(t)$，有 $c_{-k} = c_k^*$，因此

$$|c_{-k}| = |c_k|,\quad \varphi_{-k} = \varphi_k \tag{2.20}$$

可见，幅度谱是 ω 的偶函数，相位谱是 ω 的奇函数。

2.2.2 傅里叶级数的收敛条件

必须指出，傅里叶在提出傅里叶级数时坚持认为，任何一个周期信号都可以展开成傅里叶级数。虽然这个结论在当时引起许多争议，但持异者却不能给出有力的不同论据，直到 20 年后(1829 年)狄利克雷才对这个问题作出了令人信服的回答。狄利克雷认为，只有在满足一定条件时，周期信号才能展开成傅里叶级数。这个条件称为狄利克雷条件，其内容为：

(1) 在一个周期内，周期信号 $x(t)$ 必须绝对可积，即 $\int_{t_0}^{t_0+T_0} |x^2(t)|\,\mathrm{d}t < \infty$；

(2) 在一个周期内，周期信号 $x(t)$ 只能有有限个极大值和极小值；

(3) 在一个周期内，周期信号 $x(t)$ 只能有有限个不连续点，而且，在这些不连续点上 $x(t)$ 的函数值必须是有限值。

一般说来，不满足狄利克雷条件的周期信号在自然界中较为少见，我们遇到的周期信号都能满足狄利克雷条件。因此，在一般情况下，都不考虑这个条件。

2.2.3　周期信号的频谱

周期信号的傅里叶级数表示是把一个周期信号分解为不同频率的复指数正弦信号的组合，其实质是将周期信号分解为不同频率的谐波分量。

例 2.1　已知周期信号 $x(t)$ 的脉宽为 τ，脉幅为 1，周期为 T_0，且 $T_0>\tau$，如图 2.1 所示。试求出 $x(t)$ 的傅里叶级数，并画出系数 c_k 的图形。

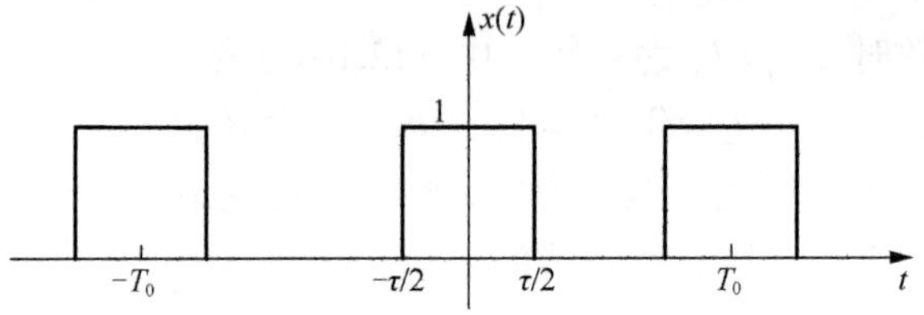

图 2.1　周期方波的波形

解　$x(t)$ 的傅里叶级数系数为

$$c_k=\frac{1}{T_0}\int_{T_0}x(t)\mathrm{e}^{-\mathrm{j}k\omega_0 t}\mathrm{d}t=\frac{1}{T_0}\int_{-\tau/2}^{+\tau/2}x(t)\mathrm{e}^{-\mathrm{j}k\omega_0 t}\ \mathrm{d}t$$

当 $k=0$ 时，有

$$c_0=\frac{1}{T_0}\int_{-\tau/2}^{+\tau/2}1\ \mathrm{d}t=\frac{\tau}{T_0} \tag{2.21}$$

前面已经提到，直流分量 c_0 是 $x(t)$ 的平均值。当 $k\neq 0$ 时，有

$$\begin{aligned}c_k&=\frac{1}{T_0}\int_{-\tau/2}^{+\tau/2}1\cdot\mathrm{e}^{-\mathrm{j}k\omega_0 t}\ \mathrm{d}t=-\frac{1}{\mathrm{j}k\omega_0 T_0}\mathrm{e}^{-\mathrm{j}k\omega_0 t}\bigg|_{-\tau/2}^{+\tau/2}=\frac{2}{k\omega_0 T_0}\left(\frac{\mathrm{e}^{\mathrm{j}k\omega_0\tau/2}-\mathrm{e}^{-\mathrm{j}k\omega_0\tau/2}}{2\mathrm{j}}\right)\\&=\frac{2\sin(k\omega_0\tau/2)}{k\omega_0 T_0}=\frac{\tau}{T_0}\mathrm{Sa}\left(\frac{k\omega_0\tau}{2}\right)\end{aligned} \tag{2.22}$$

式中，$\mathrm{Sa}(t)=\sin t/t$，称为采样函数，这是一个偶函数，当 $t=0,\pm\pi,\cdots,\pm n\pi$ 时，函数值为零，且在 t 的正负两个方向上振幅都逐渐衰减，如图 2.2 所示。

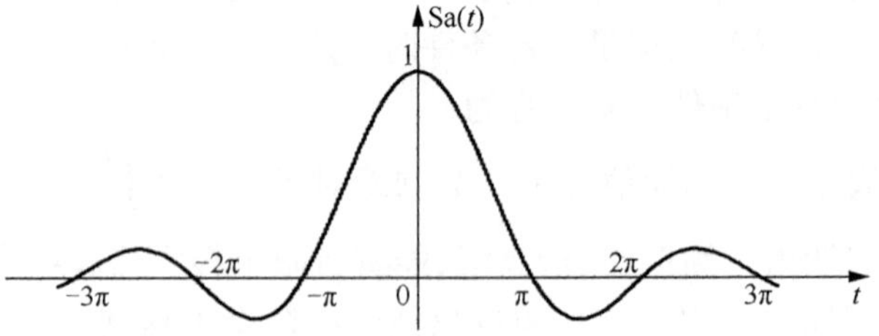

图 2.2　采样函数

图 2.3 给出了脉宽 τ 不变，$T_0=5\tau$，$T_0=10\tau$，$T_0=20\tau$ 时的频谱图。

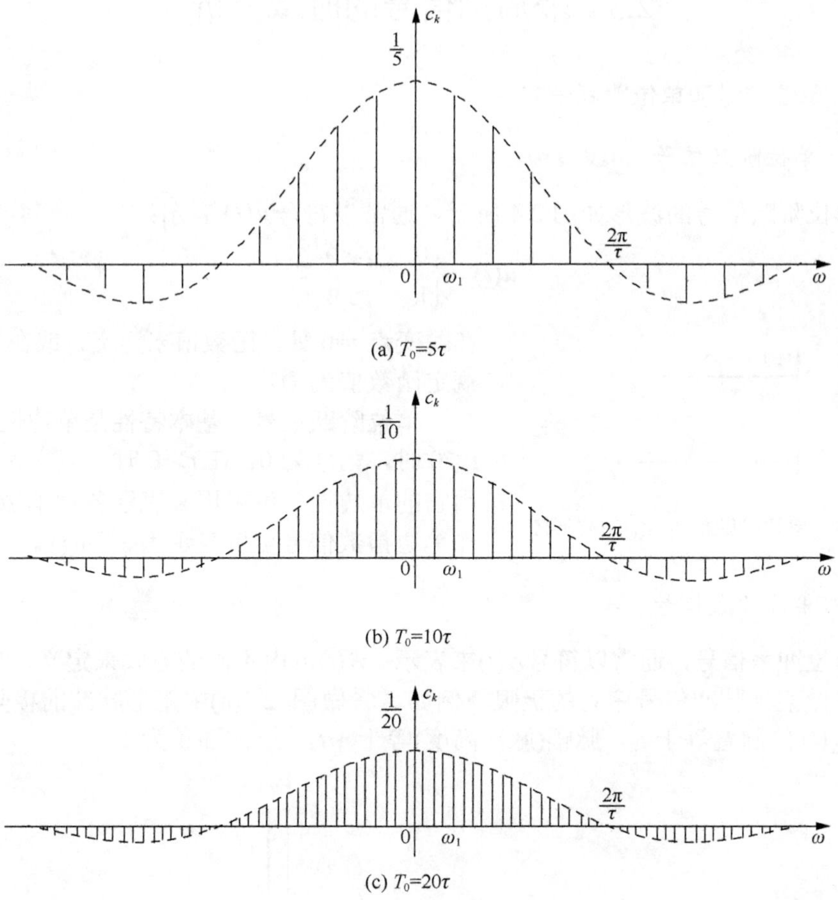

图 2.3 周期矩形的傅里叶频谱图

图 2.3 为 $x(t)$ 的频谱图，它直观地反映了信号 $x(t)$ 中各次谐波分量的大小。对比图 2.3 中的图形，可以看到周期矩形的频谱具有以下特点。

(1) 信号的直流分量及各次谐波的大小和信号幅度、脉宽 τ 成正比，而和信号周期 T_0 成反比。

(2) 频谱的包络线按采样函数 $\mathrm{Sa}(k\omega_0\tau/2)$ 变化。

(3) 信号脉宽 τ 决定频谱包络线第一个零点的位置，无论脉宽和信号周期如何改变，第 1 个零点的坐标值始终为 $2\pi/\tau$。它与脉宽 τ 成反比。这里，所谓零点，即谐波分量等于零时的频率点。

(4) 谱线间隔等于基波频率 ω_0，它和信号周期 T_0 成反比。信号周期 T_0 越大，谱线间隔越小；反之，T_0 越小，谱线间距越大。当脉宽 τ 保持不变时，随着周期 T_0 的增大，谱线间距越来越小。

2.3 非周期信号的时域分析

2.3.1 单位冲激和单位阶跃信号

1. 单位阶跃信号

单位阶跃信号的波形如图 2.4 所示，通常以符号 $u(t)$ 表示：

$$u(t)=\begin{cases}0, & t<0\\ 1, & t>0\end{cases} \tag{2.23}$$

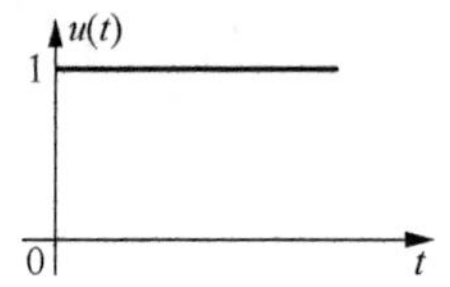

图 2.4 单位阶跃信号 $u(t)$的波形图

在跳变点 t=0 处，函数值未定义，或在 t=0 处规定函数值为 1/2。

单位阶跃信号的基本特性是单边性，即在 $t<0$ 时，$u(t)$ 为 0；在 $t>0$ 时，$u(t)$ 为 1。利用它的单边性，可以用来表示各种单边信号，如单边指数信号可以表示为 $e^{-\alpha t}u(t)$ 。

2. 单位冲激信号

单位冲激信号，通常以符号$\delta(t)$来表示。$\delta(t)$可由不同的方式来定义，其中一种是看做某种脉冲信号序列的极限，例如，看做图 2.5(a)中矩形脉冲的极限。其中，$\delta_\Delta(t)$ 的脉宽等于 t_u，脉幅(脉冲高度)等于 $1/t_u$，脉冲面积为 1。

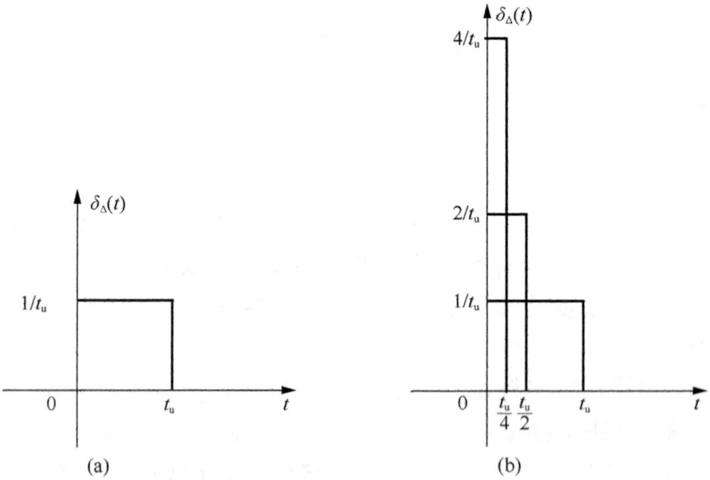

图 2.5 矩形脉冲 $\delta_\Delta(t)$及其随 t_u 的变化情况

从图 2.5(b)中可以看到，随着 t_u 的减小，$\delta_\Delta(t)$ 的脉宽将越来越窄，而其脉幅将越来越大；但是对于任何 t_u 值，$\delta_\Delta(t)$ 的面积将始终保持为 1。当脉宽 t_u 趋近于 0 时，$\delta_\Delta(t)$ 的脉幅将趋于无穷大，即得到单位冲激信号：

$$\delta(t)=\lim_{t_u\to 0}\delta_\Delta(t)=\lim_{t_u\to 0}\left\{\frac{1}{t_u}[u(t)-u(t-t_u)]\right\} \tag{2.24}$$

单位冲激信号用箭头表示，如图 2.6 所示。它表明，$\delta(t)$ 只在 $t=0$ 点有一“冲激”，在 $t=0$ 点以外各处，信号值为 0。

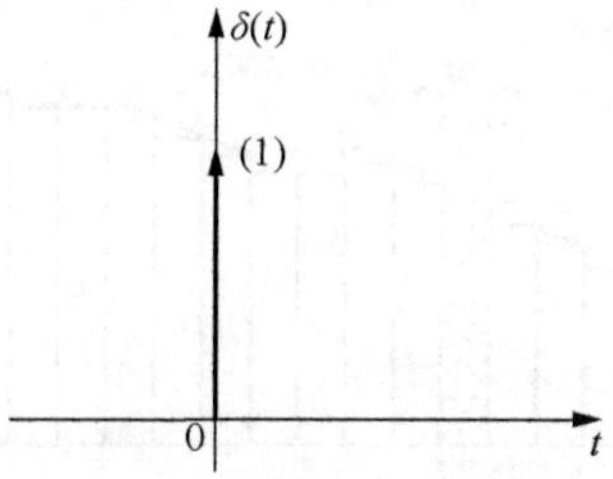

图 2.6　单位冲激信号$\delta(t)$的波形

狄拉克(Dirac)给出δ函数的另一种定义形式：

$$\begin{cases}\int_{-\infty}^{\infty}\delta(t)\mathrm{d}t=1\\ \delta(t)=0,\quad 当 t\neq 0\end{cases} \tag{2.25}$$

此定义式与式(2.24)相符合。有时，也称δ函数为狄拉克函数。

单位冲激函数具有以下基本特性。

(1) 与单位阶跃函数的关系：

$$\delta(t)=\frac{\mathrm{d}u(t)}{\mathrm{d}t} \tag{2.26}$$

$$u(t)=\int_{-\infty}^{t}\delta(\tau)\mathrm{d}\tau \tag{2.27}$$

(2) 采样特性：

$$\begin{aligned}f(t)\delta(t)&=f(0)\delta(t)\\ f(t)\delta(t-t_0)&=f(t_0)\delta(t-t_0)\end{aligned} \tag{2.28}$$

$$\begin{cases}\int_{-\infty}^{+\infty}f(t)\delta(t)\mathrm{d}t=f(0)\\ \int_{-\infty}^{+\infty}f(t)\delta(t-t_0)\mathrm{d}t=f(t_0)\end{cases} \tag{2.29}$$

(3) 奇偶特性：

$$\delta(-t)=\delta(t) \tag{2.30}$$

(4) 尺度特性：

$$\delta(at)=\frac{1}{|a|}\delta(t) \tag{2.31}$$

2.3.2　信号分解为冲激信号之和

一个信号可近似分解为许多矩形窄脉冲分量之和，如图 2.7 所示，窄脉冲组合的极限情况就是冲激信号的叠加。

按图 2.7 的分解方式，将函数 $x(t)$ 近似写为窄脉冲信号的叠加，设在 t_1 时刻被分解的矩形脉冲高度为 $x(t_1)$，宽度为 Δt，于是此窄脉冲的表示式为

$$x(t_1)\left[u(t-t_1)-u(t-t_1-\Delta t)\right] \tag{2.32}$$

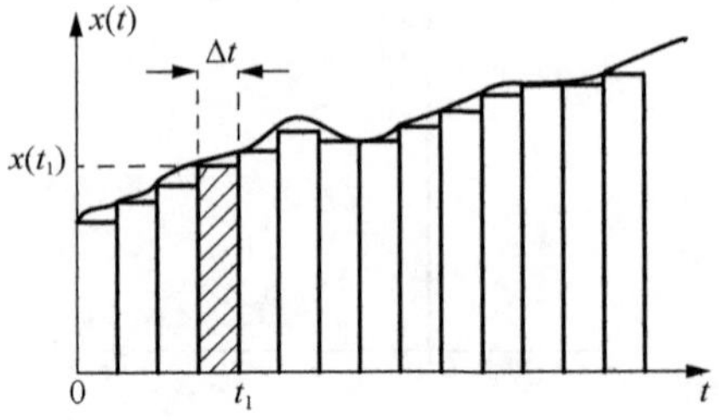

图 2.7　信号分解为脉冲分量的叠加

从 $t_1=-\infty\sim\infty$ 将许多这样的矩形脉冲单元叠加，即得到 $x(t)$ 的近似表达式：

$$\begin{aligned} x(t) &\approx \sum_{t_1=-\infty}^{\infty}\left\{x(t_1)\left[u(t-t_1)-u(t-t_1-\Delta t)\right]\right\} \\ &= \sum_{t_1=-\infty}^{\infty}\left\{x(t_1)\frac{u(t-t_1)-u(t-t_1-\Delta t)}{\Delta t}\right\}\Delta t \end{aligned} \tag{2.33}$$

取 $\Delta t\to 0$ 的极限，可以得到

$$\begin{aligned} x(t) &= \lim_{\Delta t_1=\to 0}\sum_{t_1=-\infty}^{\infty}\left\{x(t_1)\frac{u(t-t_1)-u(t-t_1-\Delta t)}{\Delta t}\right\}\Delta t \\ &= \lim_{\Delta t_1=\to 0}\sum_{t_1=-\infty}^{\infty}\left[x(t_1)\delta(t-t_1)\Delta t\right]=\int_{-\infty}^{\infty}x(t_1)\delta(t-t_1)\mathrm{d}t_1 \end{aligned} \tag{2.34}$$

若将积分式中的变量 t_1 改以 τ 表示，即可得到

$$x(t)=\int_{-\infty}^{\infty}x(\tau)\delta(t-\tau)\mathrm{d}\tau \tag{2.35}$$

这样，信号 $x(t)$ 表示成了一个加权移位的冲激函数的“和”(即积分)。

目前，将信号分解为冲激信号叠加的方法应用很广，卷积积分的概念就是由此推广得到的。信号也可分解为阶跃信号的叠加，不过此方法已较少采用。

2.3.3　冲激响应与阶跃响应

系统的单位冲激响应定义为，在系统零初始状态条件下，以单位冲激信号 $\delta(t)$ 激励系统所产生的输出响应，以符号 $h(t)$ 来表示。同样，系统的单位阶跃响应定义为，在系统零初始状态条件下，以单位阶跃信号 $u(t)$ 激励系统所产生的输出响应，以符号 $g(t)$ 表示。

考虑到冲激信号 $\delta(t)$ 与单位阶跃信号 $u(t)$ 间存在微分与积分关系，因此对于

LTI 系统，$h(t)$ 与 $g(t)$ 间同样存在微分积分关系，即

$$\begin{cases} h(t)=\dfrac{\mathrm{d}}{\mathrm{d}t}g(t) \\ g(t)=\displaystyle\int_{-\infty}^{t}h(\tau)\mathrm{d}\tau \end{cases} \tag{2.36}$$

冲激响应 $h(t)$ 和阶跃响应 $g(t)$ 都是表征和分析系统的重要手段。特别是系统的冲激响应为信号分析引入了卷积的概念。

2.3.4　卷积的物理意义

由于任意信号 $x(t)$ 可以用冲激信号的组合表示，即

$$x(t)=\int_{-\infty}^{\infty}x(\tau)\delta(t-\tau)\mathrm{d}\tau \tag{2.37}$$

若已知系统的单位冲激响应为 $h(t)$，则根据线性时不变系统的性质，系统输出 $y(t)$ 为

$$y(t)=\int_{-\infty}^{\infty}x(\tau)h(t-\tau)\mathrm{d}\tau \tag{2.38}$$

式(2.38)就定义为信号 $x(t)$ 与 $h(t)$ 的卷积，记为 $y(t)=x(t)*h(t)$。可见，一个 LTI 系统的特性完全由它的冲激响应来决定。

对于一个连续时间系统，若

$$h(t)=0,\quad t<0 \tag{2.39}$$

则该系统为因果系统。一般地，也称 $t<0$ 时，$h(t)$为零的信号为因果信号。因此，一个 LTI 系统的因果性就等效于它的冲激响应是一个因果信号。

若系统的单位冲激响应是绝对可积的，如式(2.40)所示，则该系统是稳定的。

$$\int_{-\infty}^{\infty}\left|h(\tau)\right|\mathrm{d}\tau<0 \tag{2.40}$$

2.4　非周期信号的频域与复频域分析

2.4.1　非周期信号的傅里叶变换

1. 傅里叶变换的定义

从波形上看，一个非周期信号可以从一个相应的周期信号演变而来。例如，图 2.8(a)中，$\tilde{x}(t)$ 是一个周期为 T_0 的周期矩形信号。但是，当 T_0 趋于无穷时，它就演变成一个非周期的矩形信号 $x(t)$，如图 2.8(b)所示。

对于这个周期信号 $\tilde{x}(t)$，在例 2.1 中已求出其傅里叶级数，通过观察谱线图，发现随着信号周期 T_0 的增大，谱线间隔 ω_0 越来越小。试想当周期趋于无穷大时，谱线越来越密，这样离散谱线将演变为连续曲线，即可得到非周期信号的傅里叶变换。

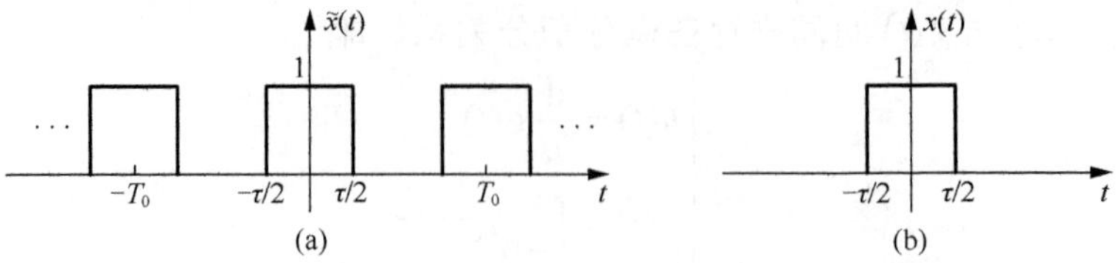

图 2.8　周期信号演变为非周期信号的例子

设某个非周期信号 $x(t)$ 是周期信号 $\tilde{x}(t)$ 在第一个周期内的波形，即

$$x(t)=\begin{cases}\tilde{x}(t), & |t|<T_0/2\\ 0, & |t|>T_0/2\end{cases} \tag{2.41}$$

假设 $\tilde{x}(t)$ 的傅里叶级数存在，即

$$\tilde{x}(t)=\sum_{k=-\infty}^{+\infty}(c_k \mathrm{e}^{\mathrm{j}k\omega_0 t}) \tag{2.42}$$

$$c_k=\frac{1}{T_0}\int_{-T_0/2}^{T_0/2}\tilde{x}(t)\mathrm{e}^{-\mathrm{j}k\omega_0 t}\mathrm{d}t \tag{2.43}$$

由于当 $|t|<T_0/2$ 时，$x(t)=\tilde{x}(t)$，当 $|t|>T_0/2$ 时，$x(t)=0$。因此，式(2.43)还可以表示为

$$c_k=\frac{1}{T_0}\int_{-T_0/2}^{T_0/2}\tilde{x}(t)\mathrm{e}^{-\mathrm{j}k\omega_0 t}\mathrm{d}t=\frac{1}{T_0}\int_{-\infty}^{\infty}x(t)\mathrm{e}^{-\mathrm{j}k\omega_0 t}\mathrm{d}t \tag{2.44}$$

如果定义 $X(\mathrm{j}\omega)=T_0 c_k$，则当 $T_0\to\infty$ 时，$\omega_0\to 0$，而 $k\omega_0$ 将变成连续变量 ω。由式(2.44)可得

$$X(\mathrm{j}\omega)=\int_{-\infty}^{\infty}x(t)\mathrm{e}^{-\mathrm{j}\omega t}\mathrm{d}t \tag{2.45}$$

这样，就可以将 c_k 表示为

$$c_k=\frac{1}{T_0}X(\mathrm{j}\omega)\bigg|_{\omega=k\omega_0}=\frac{1}{T_0}X(\mathrm{j}k\omega_0) \tag{2.46}$$

将式(2.46)代入式(2.42)，并利用 $1/T_0=\omega/(2\pi)$ 可以得到

$$\tilde{x}(t)=\frac{1}{2\pi}\sum_{k=-\infty}^{+\infty}\left[X(\mathrm{j}k\omega_0)\mathrm{e}^{\mathrm{j}k\omega_0 t}\omega_0\right] \tag{2.47}$$

当 $T_0\to\infty$ 时，离散变量 $k\omega_0$ 将变成连续变量 ω，谱线间距 ω_0 将变成微分元 $\mathrm{d}\omega$，求和运算将变成积分运算，而周期信号 $\tilde{x}(t)$ 将变成一个非周期信号 $x(t)$，于是式(2.47)变为

$$x(t)=\frac{1}{2\pi}\int_{-\infty}^{\infty}\left[X(\mathrm{j}\omega)\mathrm{e}^{\mathrm{j}\omega t}\mathrm{d}\omega\right] \tag{2.48}$$

通常将式(2.45)和式(2.48)称为傅里叶变换对。其中 $X(\mathrm{j}\omega)$ 称为 $x(t)$ 的傅里叶变换或傅里叶积分；而将 $x(t)$ 称为 $X(\mathrm{j}\omega)$ 的傅里叶逆变换。为方便起见，将二式写为

$$X(\mathrm{j}\omega)=F\left[x(t)\right]=\int_{-\infty}^{\infty}x(t)\mathrm{e}^{-\mathrm{j}\omega t}\mathrm{d}t \tag{2.49}$$

$$x(t)=F^{-1}\left[X(\mathrm{j}\omega)\right]=\frac{1}{2\pi}\int_{-\infty}^{\infty}X(\mathrm{j}\omega)\mathrm{e}^{\mathrm{j}\omega t}\mathrm{d}\omega \tag{2.50}$$

式中，$X(\mathrm{j}\omega)$ 是 $x(t)$ 的频谱函数，它一般是复函数，可以写为

$$X(\mathrm{j}\omega)=\left|X(\mathrm{j}\omega)\right|\mathrm{e}^{\mathrm{j}\varphi(\mathrm{j}\omega)} \tag{2.51}$$

其中，$\left|X(\mathrm{j}\omega)\right|$ 是 $X(\mathrm{j}\omega)$ 的模，它代表信号中各频率分量的相对大小；$\varphi(\mathrm{j}\omega)$ 是 $X(\mathrm{j}\omega)$ 的相位函数，它表示信号中各频率分量之间的相位关系。习惯上把 $\left|X(\mathrm{j}\omega)\right|\sim\omega$ 与 $\varphi(\mathrm{j}\omega)\sim\omega$ 曲线分别称为非周期信号的幅度频谱和相位频谱。

通过周期信号的傅里叶级数推导出非周期信号的傅里叶变换，这表明，傅里叶变化和傅里叶级数直接必然有着密切的联系。

首先，曾经定义 $X(\mathrm{j}\omega)=T_0c_k$，也就是说 $X(\mathrm{j}\omega)=2\pi c_k/\omega_0$。由于 c_k 是周期信号的频谱谱值，因此，$X(\mathrm{j}\omega)$ 就是一个在单位频谱间隔上的频谱值，或者说它是一个频谱密度的概念，这一点和 c_k 的含义有所不同。尽管如此，一般还是将 $X(\mathrm{j}\omega)$ 简称为信号 $x(t)$ 的频谱，它反映了信号 $x(t)$ 的频谱随频率而变化的分布特性，是频率ω的连续函数。

其次，从式(2.50)可以看到，一个非周期信号可以分解为复指数信号 $\mathrm{e}^{\mathrm{j}\omega t}$ 的加权积分，其加权值为$[X(\mathrm{j}\omega)\mathrm{d}\omega]/(2\pi)$。由于 $X(\mathrm{j}\omega)$ 是一个频谱密度的概念，因此，这个加权值就是在某个频率间隔 dω上的频率值。

另外，通过上面的推导过程可以看到，连续时间信号的傅里叶级数系数可以用它们相对应的非周期信号的傅里叶变换在等间隔样点上的样本值来表示，即

$$c_k=\frac{1}{T_0}X(\mathrm{j}\omega)\bigg|_{\omega=k\omega_0}=\frac{1}{T_0}X(\mathrm{j}k\omega_0) \tag{2.52}$$

这一关系表明，周期信号的傅里叶级数可以看做相对应非周期信号的频谱进行采样的结果；而非周期信号的频谱恰是相对应的周期信号离散频谱的包络。

必须指出，在前面推导傅里叶变换时并未遵循数学上的严格步骤。从理论上讲，傅里叶变换也应该满足一定的条件才能存在。这种条件类似于傅里叶级数的狄利克雷条件，不同之处仅仅在于时间范围由一个周期变成无限的区间。傅里叶变换存在的充分条件是在无限区间内有有限个极值点和有限个间断点，满足绝对可积条件，即要求

$$\int_{-\infty}^{\infty}\left|x(t)\right|\mathrm{d}t<\infty \tag{2.53}$$

不过，这些条件并不是必要条件，例如，由于单位冲激信号的引入，许多并不是绝对可积的信号，如单位阶跃信号、周期信号等也都存在相应的傅里叶变换。

2. 常见信号的傅里叶变换

本小节利用傅里叶变换求几种常见信号的频谱。

1) 单边指数信号

已知单边指数信号 $x(t)=\mathrm{e}^{-\alpha t}u(t)$，$\alpha>0$，如图 2.9 所示。根据傅里叶变化的定义式，可以求得其傅里叶变换为

$$X(\mathrm{j}\omega)=\int_0^{\infty}\mathrm{e}^{-\alpha t}\mathrm{e}^{-\mathrm{j}\omega t}\mathrm{d}t=-\frac{1}{\alpha+\mathrm{j}\omega}\mathrm{e}^{-(\alpha+\mathrm{j}\omega)t}\bigg|_0^{\infty}=\frac{1}{\alpha+\mathrm{j}\omega} \tag{2.54}$$

于是，$x(t)$ 的幅度谱和相位谱分别为

$$|X(\mathrm{j}\omega)|=\frac{1}{\sqrt{\alpha^2+\omega^2}},\quad \varphi(\mathrm{j}\omega)=-\arctan\left(\frac{\omega}{\alpha}\right) \tag{2.55}$$

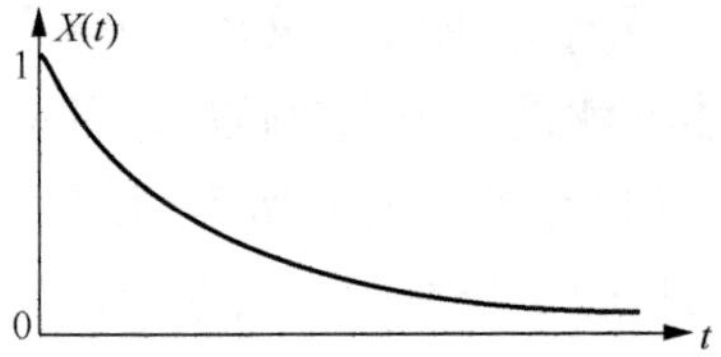

图 2.9　单边指数信号

图 2.10 给出了单边指数信号的幅度谱和相位谱波形。

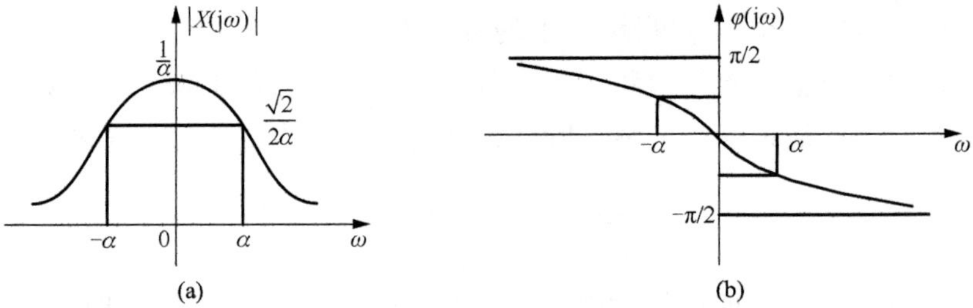

图 2.10　单边指数信号的幅度谱和相位谱

2) 双边指数信号

对于双边指数信号 $x(t)=\mathrm{e}^{-\alpha|t|}$，$\alpha>0$，则可求得

$$\begin{aligned}X(\mathrm{j}\omega)&=\int_{-\infty}^{\infty}\mathrm{e}^{-\alpha|t|}\mathrm{e}^{-\mathrm{j}\omega t}\mathrm{d}t=\int_{-\infty}^{0}\mathrm{e}^{\alpha t}\mathrm{e}^{-\mathrm{j}\omega t}\mathrm{d}t+\int_0^{\infty}\mathrm{e}^{-\alpha t}\mathrm{e}^{-\mathrm{j}\omega t}\mathrm{d}t\\&=\frac{1}{\alpha-\mathrm{j}\omega}+\frac{1}{\alpha+\mathrm{j}\omega}=\frac{2\alpha}{\alpha^2+\omega^2}\end{aligned} \tag{2.56}$$

由此结果可以看到，对于一个偶函数的双边指数信号，其频谱 $X(\mathrm{j}\omega)$ 是一个实数，如图 2.11 所示，其幅度谱和相位谱为

$$|X(\mathrm{j}\omega)|=X(\mathrm{j}\omega)=\frac{2\alpha}{\alpha^2+\omega^2},\quad \varphi(\mathrm{j}\omega)=0 \tag{2.57}$$

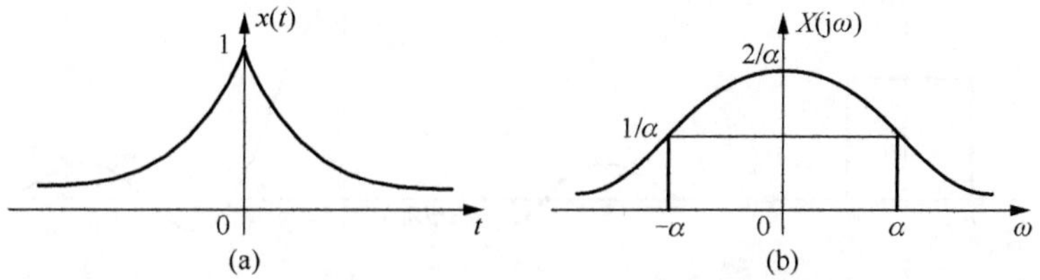

图 2.11　双边指数信号的波形及其频谱图

3) 矩形脉冲信号

如果矩形脉冲信号的脉宽为 τ，脉幅为 1，则矩形脉冲信号可表示为

$$x(t)=u(t+\tau/2)-u(t-\tau/2) \tag{2.58}$$

那么它的傅里叶变换为

$$X(\mathrm{j}\omega)=\int_{-\tau/2}^{\tau/2}1\cdot \mathrm{e}^{-\mathrm{j}\omega t}\mathrm{d}t=-\frac{1}{\mathrm{j}\omega}\mathrm{e}^{-\mathrm{j}\omega t}\Big|_{-\tau/2}^{\tau/2}=\frac{2\sin(\omega\tau/2)}{\omega}=\tau\mathrm{Sa}(\omega\tau/2) \tag{2.59}$$

$x(t)$ 的波形及其频谱 $X(\mathrm{j}\omega)$ 如图 2.12 所示。

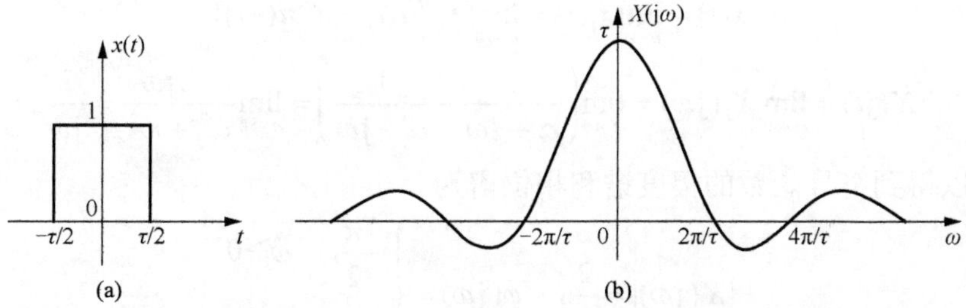

图 2.12　矩形脉冲信号的波形及其频谱

例 2.2　已知连续信号 $x(t)$ 的傅里叶变换 $X(\mathrm{j}\omega)$ 为

$$X(\mathrm{j}\omega)=\begin{cases}1, & |\omega|<W\\ 0, & |\omega|>W\end{cases} \tag{2.60}$$

求信号 $x(t)$ 的表达式。

解　由傅里叶逆变换定义式可以得到

$$x(t)=\frac{1}{2\pi}\int_{-W}^{W}1\cdot \mathrm{e}^{\mathrm{j}\omega t}\mathrm{d}\omega=\frac{\sin(Wt)}{\pi t}=\frac{W}{\pi}\mathrm{Sa}(Wt) \tag{2.61}$$

由此可知，$x(t)$ 是一个采样函数，这就是说，采样函数的傅里叶变换是一个矩形脉冲。图 2.13 是采样函数 $x(t)$ 的波形及其频谱图。

对比图 2.12 和图 2.13 可以发现一个很有意义的关系。可以看到，两幅图像中的时域和频域波形恰好是相互对称的。这种相互对称的关系是傅里叶变换对称性的一种体现。

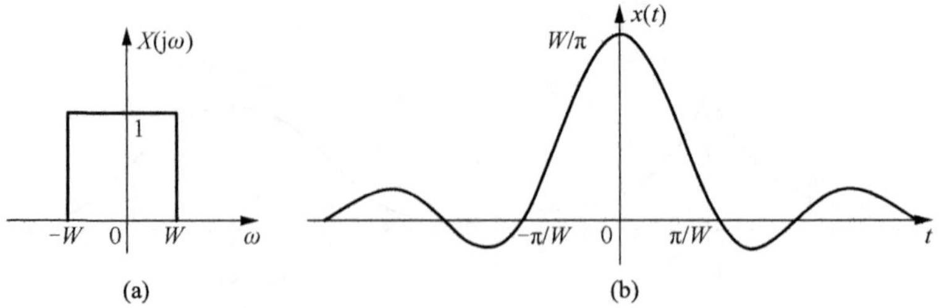

图 2.13　例 2.2 中的信号波形及其频谱图

4) 符号函数

符号函数以符号 sgn 记，表达式为

$$x(t)=\operatorname{sgn}(t)=\begin{cases}+1, & t>0\\ -1, & t<0\end{cases} \tag{2.62}$$

显然，这种信号不满足绝对可积条件，但它却存在傅里叶变换。可以借助于符号函数与双边指数衰减函数相乘，先求得乘积信号 $x_1(t)=\operatorname{sgn}(t)\mathrm{e}^{-|\alpha|t}$ 的频谱，然后取极限 $\alpha\to 0$，求得符号函数 $x(t)$ 的频谱，即

$$x(t)=\lim_{\alpha\to 0}x_1(t)=\lim_{\alpha\to 0}[\mathrm{e}^{-\alpha t}u(t)-\mathrm{e}^{\alpha t}u(-t)] \tag{2.63}$$

$$X(\mathrm{j}t)=\lim_{\alpha\to 0}X_1(\mathrm{j}\omega)=\lim_{\alpha\to 0}\left(\frac{1}{\alpha+\mathrm{j}\omega}-\frac{1}{\alpha-\mathrm{j}\omega}\right)=\lim_{\alpha\to 0}\frac{-2\mathrm{j}\omega}{\alpha^2+\omega^2}=\frac{2}{\mathrm{j}\omega} \tag{2.64}$$

于是可以得到符号函数的幅度谱和相位谱为

$$|X(\mathrm{j}\omega)|=\frac{2}{\omega},\quad \varphi(\mathrm{j}\omega)=\begin{cases}-\dfrac{\pi}{2}, & \omega>0\\ +\dfrac{\pi}{2}, & \omega<0\end{cases} \tag{2.65}$$

5) 单位冲激信号

根据单位冲激信号的采样特性以及傅里叶变换的定义式，容易求得单位冲激信号的傅里叶变换为

$$X(\mathrm{j}\omega)=\int_{-\infty}^{\infty}\delta(t)\mathrm{e}^{-\mathrm{j}\omega t}\mathrm{d}t=1 \tag{2.66}$$

单位冲激信号的频谱是一个常数，意味着单位冲激信号的频谱包含所有的频率分量，而且是均匀分布的。显然，在时域中变化异常剧烈的冲激函数包含幅度相等的频率分量。因此，这种频谱常称为“均匀谱”或“白色谱”。

6) 直流信号

已知冲激函数的频谱等于常数，反过来，怎样的函数其频谱为冲激函数呢？也就是需要求 $\delta(\omega)$ 的傅里叶逆变换。由逆变换定义式容易得到变换对：

$$F^{-1}\left[\delta(\omega)\right]=\frac{1}{2\pi} \tag{2.67}$$

此结果表明，直流信号的傅里叶变换是冲激函数。对式(2.67)稍作变化，得到

$$F[1] = 2\pi\delta(\omega) \tag{2.68}$$

可见，直流信号的傅里叶变换是位于 $\omega=0$ 的冲激函数。

7) 单位阶跃信号

从波形中容易看出单位阶跃函数 $u(t)$ 也不满足绝对可积条件，即使如此，它仍存在傅里叶变换。

利用符号函数 $\mathrm{sgn}(t)$，$u(t)$ 可以表示为

$$u(t) = \frac{1}{2} + \frac{1}{2}\mathrm{sgn}(t) \tag{2.69}$$

两边进行傅里叶变换，根据直流信号和符号函数的傅里叶变换对，可以得到

$$X(\mathrm{j}\omega) = \pi\delta(\omega) + \frac{1}{\mathrm{j}\omega} \tag{2.70}$$

可见，单位阶跃函数 $u(t)$ 的频谱在 $\omega=0$ 点处存在一个冲激函数，因 $u(t)$ 含有直流分量，这是在预料之中的。此外，由于 $u(t)$ 不是纯直流信号，它在 $t=0$ 点有跳变，因此在频谱中还出现其他频率分量。

3. 傅里叶变换的基本性质

1) 线性

若 $x_1(t) \overset{F}{\longleftrightarrow} X_1(\mathrm{j}\omega)$ 和 $x_2(t) \overset{F}{\longleftrightarrow} X_2(\mathrm{j}\omega)$，则

$$ax_1(t) + bx_2(t) \overset{F}{\longleftrightarrow} aX_1(\mathrm{j}\omega) + bX_2(\mathrm{j}\omega) \tag{2.71}$$

式中，a、b 为常数。

由傅里叶变换的定义式很容易证明上述结论。线性性质很容易推广到任意信号的线性组合中。因此，相加信号的频谱等于各个单独信号的频谱之和。

2) 时移特性

若 $x(t) \overset{F}{\longleftrightarrow} X(\mathrm{j}\omega)$，则

$$x(t-t_0) \overset{F}{\longleftrightarrow} \mathrm{e}^{-\mathrm{j}\omega t_0} X(\mathrm{j}\omega) \tag{2.72}$$

证明

$$F[x(t-t_0)] = \int_{-\infty}^{+\infty} x(t-t_0)\mathrm{e}^{-\mathrm{j}\omega t}\mathrm{d}t = \int_{-\infty}^{+\infty} x(\tau)\mathrm{e}^{-\mathrm{j}\omega(\tau+t_0)}\mathrm{d}\tau$$

$$= \mathrm{e}^{-\mathrm{j}\omega t_0}\int_{-\infty}^{+\infty} x(\tau)\mathrm{e}^{-\mathrm{j}\omega\tau}\mathrm{d}\tau = \mathrm{e}^{-\mathrm{j}\omega t_0} X(\mathrm{j}\omega)$$

该性质说明：信号在时间上延时 t_0，其频谱中幅度谱不变，相位谱会有 $-\omega t_0$ 的增量。因此，信号在时间上的移位只是在它的变换中引入相移，即 $-\omega t_0$，与频率 ω 呈线性关系。

3) 共轭及共轭对称性

若 $x(t) \overset{F}{\longleftrightarrow} X(\mathrm{j}\omega)$，则

$$x^*(t) \overset{F}{\longleftrightarrow} X^*(-\mathrm{j}\omega) \tag{2.73}$$

或者

$$x^*(-t)\xleftrightarrow{F}X^*(\mathrm{j}\omega) \tag{2.74}$$

证明

$$F\left[x^*(t)\right]=\int_{-\infty}^{+\infty}x^*(t)\mathrm{e}^{-\mathrm{j}\omega t}\mathrm{d}t=\left[\int_{-\infty}^{+\infty}x(t)\mathrm{e}^{\mathrm{j}\omega t}\,\mathrm{d}t\right]^*=X^*(-\mathrm{j}\omega)$$

$$F\left[x^*(-t)\right]=\int_{-\infty}^{+\infty}x^*(-t)\mathrm{e}^{-\mathrm{j}\omega t}\mathrm{d}t=-\int_{+\infty}^{-\infty}x^*(t)\mathrm{e}^{\mathrm{j}\omega t}\mathrm{d}t$$

$$=\int_{-\infty}^{+\infty}x^*(t)\mathrm{e}^{\mathrm{j}\omega t}\mathrm{d}t=\left[\int_{-\infty}^{+\infty}x(t)\mathrm{e}^{-\mathrm{j}\omega t}\mathrm{d}t\right]^*=X^*(\mathrm{j}\omega)$$

连续时间信号的频谱 $X(\mathrm{j}\omega)$ 一般为 ω 的复函数，信号的频谱可以表示为幅度频谱 $|X(\mathrm{j}\omega)|$ 和相位频谱 $\varphi(\mathrm{j}\omega)$ 的形式，即

$$X(\mathrm{j}\omega)=|X(\mathrm{j}\omega)|\mathrm{e}^{\mathrm{j}\varphi(\mathrm{j}\omega)} \tag{2.75}$$

也可以表示为实部 $X_{\mathrm{r}}(\mathrm{j}\omega)=\mathrm{Re}\{X(\mathrm{j}\omega)\}$ 和虚部 $X_{\mathrm{i}}(\mathrm{j}\omega)=\mathrm{Im}\{X(\mathrm{j}\omega)\}$ 的形式，即

$$X(\mathrm{j}\omega)=X_{\mathrm{r}}(\mathrm{j}\omega)+\mathrm{j}X_{\mathrm{i}}(\mathrm{j}\omega) \tag{2.76}$$

利用傅里叶变换的共轭性质，可以进一步得到一些重要的结论。

(1) 若 $x(t)$ 为实函数，$X(\mathrm{j}\omega)$ 就具有共轭对称性，即

$$X(\mathrm{j}\omega)=X^*(-\mathrm{j}\omega) \tag{2.77}$$

将式(2.75)代入式(2.77)，则有

$$|X(\mathrm{j}\omega)|\mathrm{e}^{\mathrm{j}\varphi(\mathrm{j}\omega)}=|X(-\mathrm{j}\omega)|\mathrm{e}^{-\mathrm{j}\varphi(-\mathrm{j}\omega)}$$

即

$$|X(\mathrm{j}\omega)|=|X(-\mathrm{j}\omega)|,\quad \varphi(\mathrm{j}\omega)=-\varphi(-\mathrm{j}\omega) \tag{2.78}$$

式(2.78)表明，实信号 $x(t)$ 的幅度谱 $|X(\mathrm{j}\omega)|$ 是频率 ω 的偶函数，相位谱 $\varphi(\mathrm{j}\omega)$ 频率 ω 的奇函数。

同样可以证明，实信号 $x(t)$ 的频谱函数的实部 $X_{\mathrm{r}}(\mathrm{j}\omega)$ 是频率 ω 的偶函数，虚部 $X_{\mathrm{i}}(\mathrm{j}\omega)$ 是频率 ω 的奇函数。

(2) 若 $x(t)$ 为实且偶函数时，由式(2.74)有

$$X(\mathrm{j}\omega)=X^*(\mathrm{j}\omega) \tag{2.79}$$

式(2.79)表明，当 $x(t)$ 是实偶信号时，其频谱函数 $X(\mathrm{j}\omega)$ 也是 ω 的实偶函数。

(3) 若 $x(t)$ 为实且奇函数时，由式(2.74)有

$$X(\mathrm{j}\omega)=-X^*(\mathrm{j}\omega) \tag{2.80}$$

式(2.80)表明，当 $x(t)$ 是实奇信号时，其频谱函数 $X(\mathrm{j}\omega)$ 是 ω 的纯虚且奇函数。

(4) 若将实函数 $x(t)$ 表示为一个偶函数 $x_{\mathrm{e}}(t)=\mathrm{Ev}\{x(t)\}$ 和一个奇函数 $x_{\mathrm{o}}(t)=\mathrm{Od}\{x(t)\}$ 之和，即

$$x(t)=\frac{x(t)+x(-t)}{2}+\frac{x(t)-x(-t)}{2}=x_{\mathrm{e}}(t)+x_{\mathrm{o}}(t) \tag{2.81}$$

根据傅里叶变换的线性特性及共轭对称特性，可分别得到偶函数 $x_e(t)$ 和奇函数 $x_o(t)$ 的频谱函数为

$$F\left[x_e(t)\right]=\frac{X(\mathrm{j}\omega)+X^*(\mathrm{j}\omega)}{2}=X_r(\mathrm{j}\omega) \tag{2.82}$$

$$F\left[x_o(t)\right]=\frac{X(\mathrm{j}\omega)-X^*(\mathrm{j}\omega)}{2}=\mathrm{j}X_i(\mathrm{j}\omega) \tag{2.83}$$

4) 尺度变换特性

若 $x(t)\xleftrightarrow{F}X(\mathrm{j}\omega)$，则

$$x(at)\xleftrightarrow{F}\frac{1}{|a|}X\left(\frac{\mathrm{j}\omega}{a}\right) \tag{2.84}$$

式中，a 为非零的实常数。

证明

$$F\left[x(at)\right]=\int_{-\infty}^{+\infty}x(at)\mathrm{e}^{-\mathrm{j}\omega t}\mathrm{d}t$$

令 $\tau=at$，当 $a>0$ 时，有

$$F\left[x(at)\right]=\frac{1}{a}\int_{-\infty}^{+\infty}x(\tau)\mathrm{e}^{-\mathrm{j}\omega\frac{\tau}{a}}\mathrm{d}\tau=\frac{1}{a}X\left(\mathrm{j}\frac{\omega}{a}\right)$$

当 $a<0$ 时，有

$$F\left[x(at)\right]=\frac{1}{a}\int_{+\infty}^{-\infty}x(\tau)\mathrm{e}^{-\mathrm{j}\omega\frac{\tau}{a}}\mathrm{d}\tau=-\frac{1}{a}\int_{-\infty}^{+\infty}x(\tau)\mathrm{e}^{-\mathrm{j}\omega\frac{\tau}{a}}\mathrm{d}\tau=-\frac{1}{a}X\left(\mathrm{j}\frac{\omega}{a}\right)$$

综合上述两种情况，便可得到尺度变换特性的表达式为

$$F\left[x(at)\right]=\frac{1}{|a|}X\left(\mathrm{j}\frac{\omega}{a}\right)$$

当 $a=-1$ 时，式(2.84)就变为

$$x(-t)\xleftrightarrow{F}X(-\mathrm{j}\omega) \tag{2.85}$$

由尺度特性可见，信号在时域中压缩($a>1$)等效于在频域中扩展；反之，信号在时域中扩展($a<1$)则等效于在频域中压缩。对于 $a=-1$ 的情况，说明信号在时域中沿纵轴反褶等效于在频域中频谱也沿纵轴反褶。上述结论是不难理解的，因为信号的波形压缩 a 倍，信号随时间变化加快 a 倍，所以它包含的频率分量增加 a 倍，也就是说频谱展宽 a 倍。根据能量守恒原理，各频率分量的大小必然减小 a 倍。

5) 对偶性

若 $x(t)\xleftrightarrow{F}X(\mathrm{j}\omega)$，则

$$x(\mathrm{j}t)\xleftrightarrow{F}2\pi x(-\omega) \tag{2.86}$$

证明　由于

$$x(t)=\frac{1}{2\pi}\int_{-\infty}^{\infty}X(\mathrm{j}\omega)\mathrm{e}^{\mathrm{j}\omega t}\mathrm{d}\omega$$

显然

$$x(-t)=\frac{1}{2\pi}\int_{-\infty}^{\infty}X(\mathrm{j}\omega)\mathrm{e}^{-\mathrm{j}\omega t}\mathrm{d}\omega$$

将变量 t 与 ω 互换，可以得到

$$2\pi x(-\omega)=\int_{-\infty}^{\infty}X(\mathrm{j}t)\mathrm{e}^{-\mathrm{j}\omega t}\mathrm{d}t$$

所以

$$F[X(\mathrm{j}t)]=2\pi x(-\omega) \tag{2.87}$$

从式(2.87)可以看出，在一般情况下，若 $x(t)$ 的频谱为 $X(\mathrm{j}\omega)$，为求得 $X(\mathrm{j}t)$ 的频谱可利用 $x(-\omega)$ 给出。这也表明，信号的时域波形及其频谱函数具有对称互换的关系，如果信号在时域中的某种运算引起了频域中的某种变化，则频域中的相应运算也必然会引起时域中的相应变化。

图 2.14 为时间函数和频谱函数对偶性的示例。

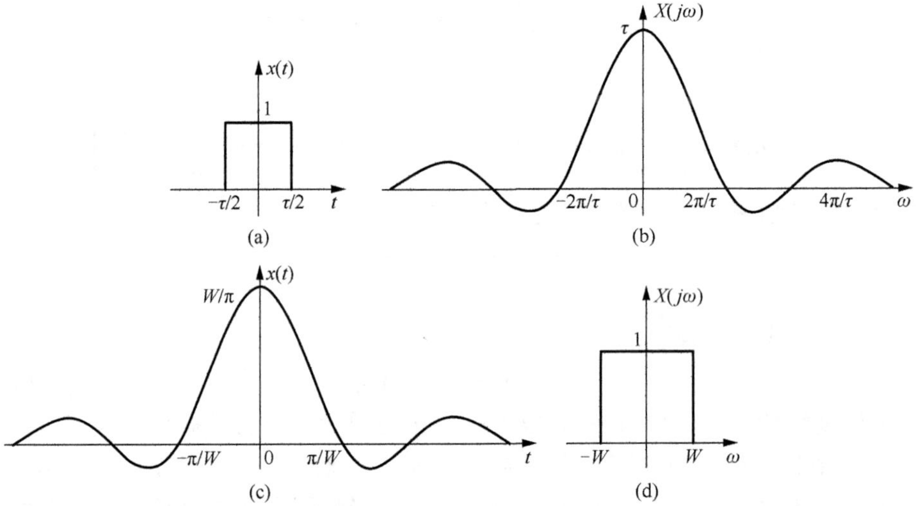

图 2.14　时间函数和频谱函数对偶性

6) 频移特性(调制定理)

若 $x(t)\xleftrightarrow{F}X(\mathrm{j}\omega)$，则

$$x(t)\mathrm{e}^{\mathrm{j}\omega_0 t}\xleftrightarrow{F}X\left[\mathrm{j}(\omega-\omega_0)\right] \tag{2.88}$$

式中，ω_0 为实常数。

证明　因为

$$F[x(t)\mathrm{e}^{\mathrm{j}\omega_0 t}]=\int_{-\infty}^{+\infty}x(t)\mathrm{e}^{\mathrm{j}\omega_0 t}\mathrm{e}^{-\mathrm{j}\omega t}\mathrm{d}t=\int_{-\infty}^{+\infty}x(t)\mathrm{e}^{-\mathrm{j}(\omega-\omega_0)t}\mathrm{d}t$$

所以

$$x(t)e^{j\omega_0 t} \overset{F}{\longleftrightarrow} X[j(\omega-\omega_0)]$$

可见，若时间信号 $x(t)$ 乘以 $e^{j\omega_0 t}$，等效于 $x(t)$ 的频谱 $X(j\omega)$ 沿频率轴右移 ω_0，或者说在频域中将频谱沿频率轴右移 ω_0 等效于在时域中信号乘以因子 $e^{j\omega_0 t}$。

频移特性也称为调制定理，它在通信系统中得到广泛应用，诸如调幅、同步解调、变频、频分复用等过程都是在频谱搬移的基础上完成的。所谓调制，就是通过和复指数信号的相乘运算，将一个信号的频谱搬移到另一个频段上。在实际的调制系统中，用得最多的复指数信号是 $\cos(\omega_0 t)$ 或 $\sin(\omega_0 t)$。

因为

$$\cos(\omega_0 t)=\frac{1}{2}\left(e^{j\omega_0 t}+e^{-j\omega_0 t}\right)$$

$$\sin(\omega_0 t)=\frac{1}{2j}\left(e^{j\omega_0 t}-e^{-j\omega_0 t}\right)$$

所以可以导出

$$F\left[x(t)\cos(\omega_0 t)\right]=\frac{1}{2}\{X[j(\omega+\omega_0)]+X[j(\omega-\omega_0)]\} \tag{2.89}$$

$$F\left[x(t)\sin(\omega_0 t)\right]=\frac{j}{2}\{X[j(\omega+\omega_0)]-X[j(\omega-\omega_0)]\} \tag{2.90}$$

图 2.15 给出了信号 $x(t)$ 的调制过程。通常，将 $x(t)$ 称为调制信号，将 $\cos(\omega_0 t)$ 称为载波或被调信号，而将 $x(t)\cos(\omega_0 t)$ 称为包络为 $x(t)$、载频为 ω_0 的已调信号。图 2.15 所示为调制过程。图 2.16 给出了调制信号 $x(t)$ 和已调信号 $x(t)\cos(\omega_0 t)$ 的频谱示意图。由图可以看到，调制不改变原信号频谱分量的相对大小，只是将原信号的频谱在频率轴上左右各频移了一个 ω_0，或者说将该信号的各个频率分量都提高了一个 ω_0，并在幅度上减小为原来的 $1/2$。$x(t)$ 和 $\sin(\omega_0 t)$ 的调制过程类似。

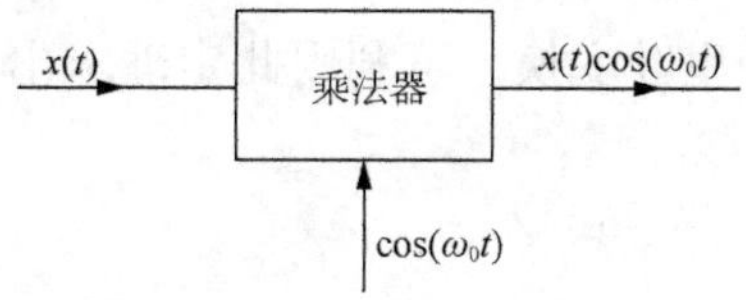

图 2.15　调制过程

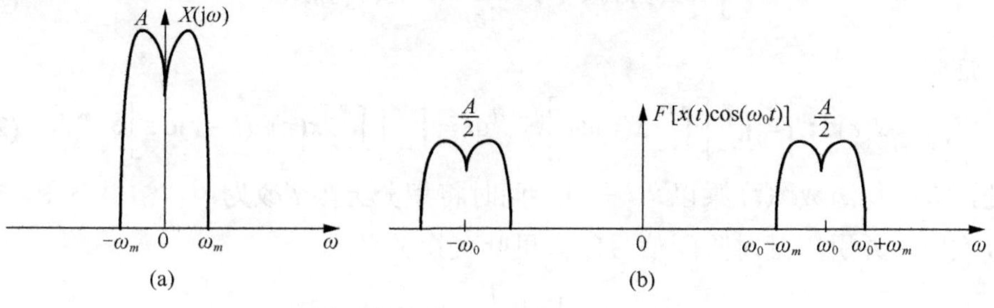

图 2.16　调制信号 $x(t)$和已调信号 $x(t)\cos(\omega_0 t)$的频谱

7) 时域微分特性

若 $x(t)\xleftrightarrow{F}X(\mathrm{j}\omega)$，则

$$\frac{\mathrm{d}x(t)}{\mathrm{d}t}\xleftrightarrow{F}\mathrm{j}\omega X(\mathrm{j}\omega) \tag{2.91}$$

$$\frac{\mathrm{d}^n x(t)}{\mathrm{d}t^n}\xleftrightarrow{F}(\mathrm{j}\omega)^n X(\mathrm{j}\omega) \tag{2.92}$$

证明 因为

$$x(t)=\frac{1}{2\pi}\int_{-\infty}^{\infty}X(\mathrm{j}\omega)\mathrm{e}^{\mathrm{j}\omega t}\mathrm{d}\omega$$

两边对 t 求导数，得

$$\frac{\mathrm{d}x(t)}{\mathrm{d}t}=\frac{1}{2\pi}\int_{-\infty}^{\infty}[\mathrm{j}\omega X(\mathrm{j}\omega)]\mathrm{e}^{\mathrm{j}\omega t}\mathrm{d}\omega$$

所以

$$F\left[\frac{\mathrm{d}x(t)}{\mathrm{d}t}\right]=\mathrm{j}\omega X(\mathrm{j}\omega)$$

同理可推出

$$F\left[\frac{\mathrm{d}^n x(t)}{\mathrm{d}t^n}\right]=(\mathrm{j}\omega)^n X(\mathrm{j}\omega)$$

对于时域微分定理，容易举出简单的应用例子。若已知单位阶跃信号的 $u(t)$ 的傅里叶变换，可利用此定理求出 $\delta(t)$ 的变换式：

$$F[u(t)]=\frac{1}{\mathrm{j}\omega}+\pi\delta(\omega)$$

$$F[\delta(t)]=\mathrm{j}\omega\left[\frac{1}{\mathrm{j}\omega}+\pi\delta(\omega)\right]=1$$

8) 积分特性

若 $x(t)\xleftrightarrow{F}X(\mathrm{j}\omega)$，则

$$\int_{-\infty}^{t}x(\tau)\mathrm{d}\tau\xleftrightarrow{F}\frac{X(\mathrm{j}\omega)}{\mathrm{j}\omega}+\pi X(\mathrm{j}0)\delta(\omega) \tag{2.93}$$

证明

$$F\left[\int_{-\infty}^{t}x(\tau)\mathrm{d}\tau\right]=\int_{-\infty}^{\infty}\left[\int_{-\infty}^{t}x(\tau)\mathrm{d}\tau\right]\mathrm{e}^{-\mathrm{j}\omega t}\mathrm{d}t=\int_{-\infty}^{\infty}\left[\int_{-\infty}^{\infty}x(\tau)u(t-\tau)\mathrm{d}\tau\right]\mathrm{e}^{-\mathrm{j}\omega t}\mathrm{d}t \tag{2.94}$$

此处，将被积函数 $x(\tau)$ 乘以 $u(t-\tau)$，同时将积分上限 t 改为 ∞，结果不变。交换积分次序，并引用延时阶跃信号的傅里叶变换关系式：

$$F[u(t-\tau)]=\left[\frac{1}{\mathrm{j}\omega}+\pi\delta(\omega)\right]\mathrm{e}^{-\mathrm{j}\omega\tau}$$

则式(2.94)成为

$$F\left[\int_{-\infty}^{t} x(\tau)\mathrm{d}\tau\right]=\int_{-\infty}^{\infty} x(\tau)\left[\int_{-\infty}^{\infty} u(t-\tau)\mathrm{e}^{-\mathrm{j}\omega t}\mathrm{d}t\right]\mathrm{d}\tau$$

$$=\int_{-\infty}^{\infty} x(\tau)\frac{\mathrm{e}^{-\mathrm{j}\omega\tau}}{\mathrm{j}\omega}\mathrm{d}\tau+\int_{-\infty}^{\infty} x(\tau)\pi\delta(\omega)\mathrm{e}^{-\mathrm{j}\omega\tau}\mathrm{d}\tau \tag{2.95}$$

$$=\frac{X(\mathrm{j}\omega)}{\mathrm{j}\omega}+\pi X(\mathrm{j}0)\delta(\omega)$$

如果 $X(\mathrm{j}0)=0$，则式(2.95)简化为

$$F\left[\int_{-\infty}^{t} x(\tau)\mathrm{d}\tau\right]=\frac{X(\mathrm{j}\omega)}{\mathrm{j}\omega} \tag{2.96}$$

例 2.3　试求图 2.17(a)所示三角波信号 $x(t)$ 的频谱函数 $X(\mathrm{j}\omega)$。

解　三角波信号 $x(t)$ 的导数 $\frac{\mathrm{d}x(t)}{\mathrm{d}t}$ 如图 2.17(b)所示。

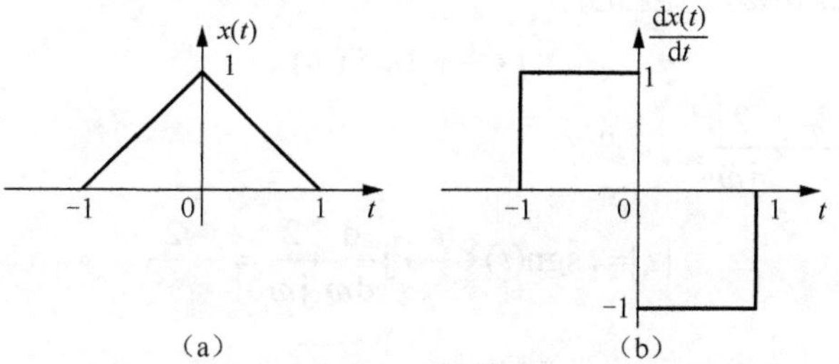

图 2.17　三角波信号及其导数

假设宽度为 τ 的矩形脉冲信号用 $p_\tau(t)$ 表示：

$$p_\tau(t)=u(t+\tau/2)-u(t-\tau/2)$$

那么

$$\frac{\mathrm{d}x(t)}{\mathrm{d}t}=p_1\left(t+\frac{1}{2}\right)-p_1\left(t-\frac{1}{2}\right)$$

根据矩形脉冲信号 $p_\tau(t)$ 的频谱及傅里叶变换的时移特性，可以得到

$$F\left[\frac{\mathrm{d}x(t)}{\mathrm{d}t}\right]=\mathrm{Sa}\left(\frac{\omega}{2}\right)\mathrm{e}^{\mathrm{j}\frac{\omega}{2}}-\mathrm{Sa}\left(\frac{\omega}{2}\right)\mathrm{e}^{-\mathrm{j}\frac{\omega}{2}}=2\mathrm{j}\mathrm{Sa}\left(\frac{\omega}{2}\right)\sin\left(\frac{\omega}{2}\right)$$

再利用傅里叶变换的时域微积分特性，得

$$X(\mathrm{j}\omega)=\frac{F\left[\frac{\mathrm{d}x(t)}{\mathrm{d}t}\right]}{\mathrm{j}\omega}=\frac{2\mathrm{j}\mathrm{Sa}\left(\frac{\omega}{2}\right)\sin\left(\frac{\omega}{2}\right)}{\mathrm{j}\omega}=\mathrm{Sa}^2\left(\frac{\omega}{2}\right)$$

式中，$F\left[\frac{\mathrm{d}x(t)}{\mathrm{d}t}\right]$ 在 $\omega=0$ 处为零。

9) 频域微分特性

若 $x(t) \xleftrightarrow{F} X(\mathrm{j}\omega)$，则

$$tx(t) \xleftrightarrow{F} \mathrm{j}\frac{\mathrm{d}X(\mathrm{j}\omega)}{\mathrm{d}\omega} \tag{2.97}$$

证明

$$\frac{\mathrm{d}X(\mathrm{j}\omega)}{\mathrm{d}\omega} = \int_{-\infty}^{\infty} x(t)\frac{\mathrm{d}}{\mathrm{d}\omega}\mathrm{e}^{-\mathrm{j}\omega t}\mathrm{d}t = \int_{-\infty}^{\infty}\left[(-\mathrm{j}t)x(t)\right]\mathrm{e}^{-\mathrm{j}\omega t}\mathrm{d}t$$

将上式两边同乘以 j，得到

$$\mathrm{j}\frac{\mathrm{d}X(\mathrm{j}\omega)}{\mathrm{d}\omega} = \int_{-\infty}^{\infty}\left[tx(t)\right]\mathrm{e}^{-\mathrm{j}\omega t}\mathrm{d}t$$

例 2.4　分别求信号 $x(t)=t$，$x(t)=|t|$，$x(t)=tu(t)$，$x(t)=t\mathrm{e}^{-\alpha t}u(t)$ 的频谱。

解　利用常见信号的频谱函数及傅里叶变换的频域微分特性，可得所求信号的频谱。

由于 $1 \xleftrightarrow{F} 2\pi\delta(\omega)$，因此有

$$t \xleftrightarrow{F} 2\pi\delta'(\omega)$$

由于 $\mathrm{sgn}(t) \xleftrightarrow{F} \dfrac{2}{\mathrm{j}\omega}$，因此有

$$|t| = t\,\mathrm{sgn}(t) \xleftrightarrow{F} \mathrm{j}\frac{\mathrm{d}}{\mathrm{d}\omega}\frac{2}{\mathrm{j}\omega} = -\frac{2}{\omega^2}$$

由于 $u(t) \xleftrightarrow{F} \dfrac{1}{\mathrm{j}\omega} + \pi\delta(\omega)$，因此有

$$tu(t) \xleftrightarrow{F} \mathrm{j}\frac{\mathrm{d}}{\mathrm{d}\omega}\left[\frac{1}{\mathrm{j}\omega} + \pi\delta(\omega)\right] = \mathrm{j}\pi\delta'(\omega) - \frac{2}{\omega^2}$$

由于 $\mathrm{e}^{-\alpha t}u(t) \xleftrightarrow{F} \dfrac{1}{\alpha+\mathrm{j}\omega}$，因此有

$$t\mathrm{e}^{-\alpha t}u(t) \xleftrightarrow{F} \mathrm{j}\frac{\mathrm{d}}{\mathrm{d}\omega}\left(\frac{1}{\alpha+\mathrm{j}\omega}\right) = \frac{1}{(\alpha+\mathrm{j}\omega)^2}$$

10) Parseval 定理

若 $x(t) \xleftrightarrow{F} X(\mathrm{j}\omega)$，则

$$E = \int_{-\infty}^{\infty}|x(t)|^2\,\mathrm{d}t = \frac{1}{2\pi}\int_{-\infty}^{\infty}|X(\mathrm{j}\omega)|^2\,\mathrm{d}\omega \tag{2.98}$$

证明　由傅里叶逆变换的定义式有

$$E = \int_{-\infty}^{\infty}|x(t)|^2\,\mathrm{d}t = \int_{-\infty}^{\infty}x(t)x^*(t)\mathrm{d}t = \int_{-\infty}^{\infty}x^*(t)\left[\frac{1}{2\pi}\int_{-\infty}^{\infty}X(\mathrm{j}\omega)\mathrm{e}^{\mathrm{j}\omega t}\mathrm{d}\omega\right]\mathrm{d}t$$

$$= \frac{1}{2\pi}\int_{-\infty}^{\infty}X(\mathrm{j}\omega)\left[\int_{-\infty}^{\infty}x(t)\mathrm{e}^{-\mathrm{j}\omega t}\mathrm{d}t\right]^*\mathrm{d}\omega$$

$$=\frac{1}{2\pi}\int_{-\infty}^{\infty}X(\mathrm{j}\omega)X^*(\mathrm{j}\omega)\mathrm{d}\omega$$

$$=\frac{1}{2\pi}\int_{-\infty}^{\infty}\left|X(\mathrm{j}\omega)\right|^2\mathrm{d}\omega$$

式(2.98)表明，非周期能量信号 $x(t)$ 经过傅里叶变换后，信号在时域中的能量等于信号在频域中的能量，即非周期能量信号的能量在时域和频域中保持守恒，成为 Parseval 能量守恒定理。

4. 卷积特性(卷积定理)

1) 时域卷积定理

给定两个时间函数 $x_1(t)$，$x_2(t)$，已知 $x_1(t)\xleftrightarrow{F}X_1(\mathrm{j}\omega)$，$x_2(t)\xleftrightarrow{F}X_2(\mathrm{j}\omega)$，则

$$x_1(t)*x_2(t)\xleftrightarrow{F}X_1(\mathrm{j}\omega)\cdot X_2(\mathrm{j}\omega) \tag{2.99}$$

证明 结合卷积的定义，可以得到

$$F\left[x_1(t)*x_2(t)\right]=\int_{-\infty}^{\infty}\left[\int_{-\infty}^{\infty}x_1(\tau)x_2(t-\tau)\mathrm{d}\tau\right]\mathrm{e}^{-\mathrm{j}\omega t}\mathrm{d}t$$

交换上式积分顺序：

$$\begin{aligned}F\left[x_1(t)*x_2(t)\right]&=\int_{-\infty}^{\infty}x_1(\tau)\left[\int_{-\infty}^{\infty}x_2(t-\tau)\mathrm{e}^{-\mathrm{j}\omega t}\mathrm{d}t\right]\mathrm{d}\tau\\&=\int_{-\infty}^{\infty}x_1(\tau)\left[\int_{-\infty}^{\infty}x_2(t-\tau)\mathrm{e}^{-\mathrm{j}\omega(t-\tau)}\mathrm{d}t\right]\mathrm{e}^{-\mathrm{j}\omega\tau}\mathrm{d}\tau\\&=\int_{-\infty}^{\infty}x_1(\tau)X_2(\mathrm{j}\omega)\mathrm{e}^{-\mathrm{j}\omega\tau}\mathrm{d}\tau\\&=X_2(\mathrm{j}\omega)\int_{-\infty}^{\infty}x_1(\tau)\mathrm{e}^{-\mathrm{j}\omega\tau}\mathrm{d}\tau\\&=X_2(\mathrm{j}\omega)X_1(\mathrm{j}\omega)\end{aligned}$$

式(2.99)称为时域卷积定理，它说明两个时间函数卷积的频谱等于各个时间函数频谱的乘积，即在时域中两信号的卷积等效于在频域中频谱相乘。

例 2.5 利用卷积性质求图 2.18 所示三角形脉冲信号 $x(t)$ 的傅里叶变换。

解 如图 2.18 所示，对于三角形脉冲信号 $x(t)$，可以将它看做矩形脉冲信号 $x_1(t)$ 与其自身卷积的结果，即 $x(t)=x_1(t)*x_1(t)$，于是有 $X(\mathrm{j}\omega)=X_1^2(\mathrm{j}\omega)$。

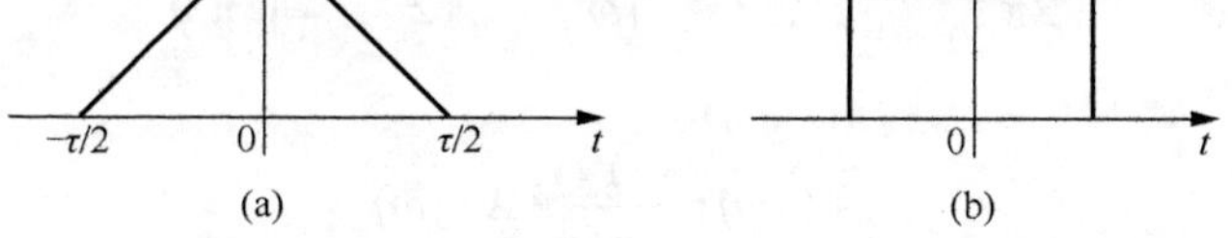

图 2.18 三角形脉冲 $x(t)$等于矩形脉冲 $x_1(t)$与其自身的卷积

由图 2.18 可知，由于三角形脉冲信号的脉宽为τ，因此，矩形脉冲信号的脉宽应设为$\tau/2$。如果假设矩形脉冲的脉幅等于 A，则由于

$$x(t)=\int_{-\infty}^{\infty}x_1(\tau)x_1(t-\tau)\mathrm{d}\tau$$

于是

$$x(0)=\int_{-\tau/4}^{\tau/4}x_1^2(\tau)\mathrm{d}\tau=A^2\frac{\tau}{2}=E$$

因此，可求得矩形脉冲信号的脉幅为

$$A=\sqrt{\frac{2E}{\tau}}$$

由矩形脉冲的傅里叶变换

$$X_1(\mathrm{j}\omega)=\sqrt{\frac{2E}{\tau}}\frac{\tau}{2}\mathrm{Sa}\left(\frac{\omega\tau}{4}\right)$$

可求得三角形脉冲信号的傅里叶变换为

$$X(\mathrm{j}\omega)=X_1^2(\mathrm{j}\omega)=\frac{E\tau}{2}\mathrm{Sa}^2\left(\frac{\omega\tau}{4}\right)$$

2) 频域卷积定理

给定两个时间函数 $x_1(t)$，$x_2(t)$，已知 $x_1(t)\xleftrightarrow{F}X_1(\mathrm{j}\omega)$，$x_2(t)\xleftrightarrow{F}X_2(\mathrm{j}\omega)$，则

$$x_1(t)\cdot x_2(t)\xleftrightarrow{F}\frac{1}{2\pi}\left[X_1(\mathrm{j}\omega)*X_2(\mathrm{j}\omega)\right] \tag{2.100}$$

证明方法同时域卷积定理，读者可自行证明，这里不再重复。

式(2.100)称为频域卷积定理，它说明两时间函数频谱的卷积等效于两函数的乘积。或者说，两时间函数乘积的频谱等于各个函数频谱的卷积乘以 $1/(2\pi)$。显然时域与频域卷积定理是对称的，这由傅里叶变换的对称性所决定。

例 2.6　设 $x(t)$ 是一个因果实信号，其频谱函数为 $X(\mathrm{j}\omega)=X_{\mathrm{r}}(\mathrm{j}\omega)+\mathrm{j}X_{\mathrm{i}}(\mathrm{j}\omega)$。试证明

$$X_{\mathrm{r}}(\mathrm{j}\omega)=\frac{1}{\pi\omega}*X_{\mathrm{i}}(\mathrm{j}\omega),\quad X_{\mathrm{i}}(\mathrm{j}\omega)=-\frac{1}{\pi\omega}*X_{\mathrm{r}}(\mathrm{j}\omega) \tag{2.101}$$

证明　因为 $x(t)$ 是因果信号，所以存在

$$x(t)=x(t)u(t)$$

对上式两边进行傅里叶变换，并利用傅里叶变换的乘积特性，得

$$X(\mathrm{j}\omega)=\frac{1}{2\pi}X(\mathrm{j}\omega)*\left(\pi\omega+\frac{1}{\mathrm{j}\omega}\right)=\frac{X(\mathrm{j}\omega)}{2}+\frac{1}{\mathrm{j}2\pi\omega}*X(\mathrm{j}\omega)$$

整理上式可得

$$X(\mathrm{j}\omega)=\frac{1}{\mathrm{j}\pi\omega}*X(\mathrm{j}\omega) \tag{2.102}$$

将 $X(\mathrm{j}\omega)=X_{\mathrm{r}}(\mathrm{j}\omega)+\mathrm{j}X_{\mathrm{i}}(\mathrm{j}\omega)$ 代入式(2.102)可得

$$X_{\mathrm{r}}(\mathrm{j}\omega)=\frac{1}{\pi\omega}*X_{\mathrm{i}}(\mathrm{j}\omega),\quad X_{\mathrm{i}}(\mathrm{j}\omega)=-\frac{1}{\pi\omega}*X_{\mathrm{r}}(\mathrm{j}\omega)$$

式(2.101)表明，因果实信号的频谱函数的实部和虚部存在约束关系。当因果信号的频谱的实部确定后，频谱的虚部也随之确定。式(2.101)定义的一对积分被称为 Hilbert 变换对，因果实信号频谱的实部和虚部之间相关关系满足 Hilbert 变换对。

表 2.1 列出了傅里叶变换的基本性质，以方便读者查阅。

表 2.1　傅里叶变换的基本性质

性质	时间函数	频谱函数
线性	$ax_1(t)+bx_2(t)$	$aX_1(\mathrm{j}\omega)+bX_2(\mathrm{j}\omega)$
时移	$x(t-t_0)$	$\mathrm{e}^{-\mathrm{j}\omega t_0}X(\mathrm{j}\omega)$
频移	$x(t)\mathrm{e}^{\mathrm{j}\omega_0 t}$	$X[\mathrm{j}(\omega-\omega_0)]$
尺度变换	$x(at)$	$\frac{1}{\lvert a\rvert}X\left(\frac{\mathrm{j}\omega}{a}\right)$
对偶	$X(\mathrm{j}t)$	$2\pi x(-\omega)$
复共轭	$x^*(t)$	$X^*(-\mathrm{j}\omega)$
时域微分	$\frac{\mathrm{d}x(t)}{\mathrm{d}t}$	$\mathrm{j}\omega X(\mathrm{j}\omega)$
频域微分	$tx(t)$	$\mathrm{j}\frac{\mathrm{d}X(\mathrm{j}\omega)}{\mathrm{d}\omega}$
时域积分	$\int_{-\infty}^{t}x(\tau)\mathrm{d}\tau$	$\frac{X(\mathrm{j}\omega)}{\mathrm{j}\omega}+\pi X(\mathrm{j}0)\delta(\omega)$
时域卷积	$x_1(t)*x_2(t)$	$X_1(\mathrm{j}\omega)\cdot X_2(\mathrm{j}\omega)$
频域卷积	$x_1(t)\cdot x_2(t)$	$\frac{1}{2\pi}[X_1(\mathrm{j}\omega)*X_2(\mathrm{j}\omega)]$
Parseval 定理	$\int_{-\infty}^{\infty}\lvert x(t)\rvert^2\,\mathrm{d}t=\frac{1}{2\pi}\int_{-\infty}^{\infty}\lvert X(\mathrm{j}\omega)\rvert^2\,\mathrm{d}\omega$	

注：假设有 $x(t)\xleftrightarrow{F}X(\mathrm{j}\omega)$，$x_1(t)\xleftrightarrow{F}X_1(\mathrm{j}\omega)$，$x_2(t)\xleftrightarrow{F}X_2(\mathrm{j}\omega)$。

5. 周期信号的傅里叶变换

虽然周期信号并不满足绝对可积的条件，然而，在允许冲激函数存在并认为它是有意义的前提下，周期信号的傅里叶变换是存在的。

1) 正弦、余弦信号的傅里叶变换

若 $F[x(t)] = X(\mathrm{j}\omega)$，由傅里叶变换的频移性质可以得到

$$F[x(t)\mathrm{e}^{\mathrm{j}\omega_0 t}] = X[\mathrm{j}(\omega - \omega_0)] \tag{2.103}$$

式中，令 $x(t)=1$，因为 $F[1] = 2\pi\delta(\omega)$，这样，式(2.103)就变成

$$F[\mathrm{e}^{\mathrm{j}\omega_0 t}] = 2\pi\delta(\omega - \omega_0) \tag{2.104}$$

根据欧拉公式

$$\cos(\omega_0 t) = \frac{1}{2}\left(\mathrm{e}^{\mathrm{j}\omega_0 t} + \mathrm{e}^{-\mathrm{j}\omega_0 t}\right),\quad \sin(\omega_0 t) = \frac{1}{2\mathrm{j}}\left(\mathrm{e}^{\mathrm{j}\omega_0 t} - \mathrm{e}^{-\mathrm{j}\omega_0 t}\right)$$

可以得到

$$F[\cos(\omega_0 t)] = \pi[\delta(\omega - \omega_0) + \delta(\omega + \omega_0)] \tag{2.105}$$

$$F[\sin(\omega_0 t)] = \frac{\pi}{\mathrm{j}}[\delta(\omega - \omega_0) - \delta(\omega + \omega_0)] \tag{2.106}$$

上式表明，正弦、余弦信号的频谱只包含 $\pm\omega_0$ 处的冲激函数。

2) 一般周期信号的傅里叶变换

令周期信号 $x(t)$ 的周期为 T_0，角频率 $\omega_0 = 2\pi / T_0$。将 $x(t)$ 展成傅里叶级数，得到

$$x(t) = \sum_{k=-\infty}^{+\infty}\left(c_k \mathrm{e}^{\mathrm{j}k\omega_0 t}\right)$$

将上式两边取傅里叶变换：

$$F[x(t)] = F\left[\sum_{k=-\infty}^{+\infty}\left(c_k \mathrm{e}^{\mathrm{j}k\omega_0 t}\right)\right] = c_k F\left[\sum_{k=-\infty}^{+\infty} \mathrm{e}^{\mathrm{j}k\omega_0 t}\right] \tag{2.107}$$

由式(2.104)可知

$$F\left[\mathrm{e}^{\mathrm{j}k\omega_0 t}\right] = 2\pi\delta(\omega - k\omega_0)$$

将上式代入式(2.107)，即可得到周期信号 $x(t)$ 的傅里叶变换为

$$F[x(t)] = 2\pi\sum_{k=-\infty}^{+\infty}[c_k\delta(\omega - k\omega_0)] \tag{2.108}$$

式中，c_k 是 $x(t)$ 的傅里叶级数系数。

式(2.108)表明：周期信号 $x(t)$ 的傅里叶变换是由一些冲激函数组成，这些冲激位于信号的谐波频率($0, \pm\omega_0, \pm 2\omega_0, \cdots$)处，每个冲激的强度等于 $x(t)$ 的傅里叶级数相应系数 c_k 的 2π倍。显然，周期信号的频谱是离散的，这一点与周期信号傅里叶级数的频谱特点是一致的。然而，由于傅里叶变换是反映频谱密度的概念，因此周期信号的傅里叶变换不同于傅里叶级数，这里不是有限值，而是冲激函数，它表明在无穷小的频带范围内(即谐波频率点)取得了无限大的频谱值。

例 2.7　考虑周期为T的单位冲激串，可用符号$\delta_T(t)$表示，即

$$\delta_T(t)=\sum_{n=-\infty}^{\infty}\delta(t-nT)$$

如图 2.19(a)所示，求周期单位冲激串的傅里叶级数与傅里叶变换。

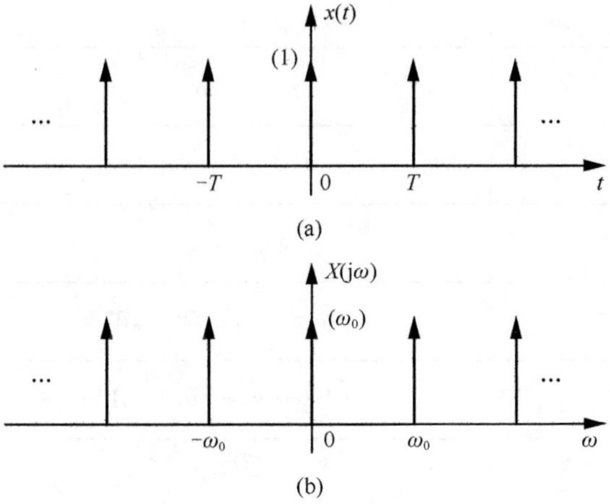

图 2.19　周期冲激串的时域波形与其傅里叶变换

解　$\delta_T(t)$的傅里叶级数为

$$c_k=\frac{1}{T}\int_{-T/2}^{T/2}\delta_T(t)\mathrm{e}^{-\mathrm{j}k\omega_0 t}\mathrm{d}t=\frac{1}{T}\int_{-T/2}^{T/2}\delta(t)\mathrm{e}^{-\mathrm{j}k\omega_0 t}\mathrm{d}t=\frac{1}{T}$$

故有

$$\delta_T(t)=\frac{1}{T}\sum_{k=-\infty}^{+\infty}\mathrm{e}^{\mathrm{j}k\omega_0 t} \tag{2.109}$$

可见，在周期单位冲激串的傅里叶级数中只包含$\omega=0,\pm\omega_0,\cdots,\pm k\omega_0,\cdots$的频率分量，每个频率分量的大小是相等的，均等于 $1/T$。

根据周期信号傅里叶变换和傅里叶级数的关系，$\delta_T(t)$的傅里叶变换为

$$X(\mathrm{j}\omega)=\frac{2\pi}{T}\sum_{k=-\infty}^{+\infty}\delta(\omega-k\omega_0)=\omega_0\sum_{k=-\infty}^{+\infty}\delta(\omega-k\omega_0) \tag{2.110}$$

可见，在周期单位冲激串的傅里叶变换中，也只包含位于$\omega=0,\pm\omega_0,\cdots,\pm k\omega_0,\cdots$频率处的冲激函数，其强度是相等的，均等于$\omega_0$，如图 2.19(b)所示。

表 2.2 列出了常见信号的傅里叶变换式。

表 2.2　常用信号的傅里叶变换

$x(t)$	$X(\mathrm{j}\omega)$	说明
$\mathrm{e}^{-\alpha t}u(t)$	$\dfrac{1}{\alpha+\mathrm{j}\omega}$	$\alpha>0$

续表

$x(t)$	$X(\mathrm{j}\omega)$	说明
$\mathrm{e}^{-\alpha\|t\|}$	$\dfrac{2\alpha}{\alpha^2+\omega^2}$	$\alpha>0$
$\delta(t)$	1	
1	$2\pi\delta(\omega)$	
$\sum_{n=-\infty}^{\infty}\delta(t-nT)$	$\omega_0\sum_{n=-\infty}^{\infty}\delta(\omega-n\omega_0)$	$\omega_0=\dfrac{2\pi}{T}$
$\mathrm{e}^{\mathrm{j}\omega_0 t}$	$2\pi\delta(\omega-\omega_0)$	
$\cos(\omega_0 t)$	$\pi[\delta(\omega-\omega_0)+\delta(\omega+\omega_0)]$	
$\sin(\omega_0 t)$	$\dfrac{\pi}{\mathrm{j}}[\delta(\omega-\omega_0)-\delta(\omega+\omega_0)]$	
$x(t)=\begin{cases}1, & \|t\|\leqslant\tau/2\\ 0, & \|t\|>\tau/2\end{cases}$	$\dfrac{2\sin(\omega\tau/2)}{\omega}=\tau\mathrm{Sa}\left(\dfrac{\omega\tau}{2}\right)$	
$\dfrac{\sin(Wt)}{\pi t}=\dfrac{W\mathrm{Sa}(Wt)}{\pi}$	$X(\mathrm{j}\omega)=\begin{cases}1, & \|\omega\|\leqslant W\\ 0, & \|\omega\|>W\end{cases}$	
$u(t)$	$\pi\delta(\omega)+\dfrac{1}{\mathrm{j}\omega}$	
$\mathrm{sgn}(t)$	$\dfrac{2}{\mathrm{j}\omega}$	

注：采样函数 $\mathrm{Sa}(x)=\dfrac{\sin x}{x}$。

6. 采样信号的傅里叶变换和采样定理

所谓采样(也称为抽样)，即从信号函数或信号波形中抽取一些样值，并将这些样值集合起来构成一个新信号，这个新信号就是采样信号。采样的应用涉及两个基本过程：①对原来的信号进行采样而形成采样信号或数字信号；②将采样信号或数字信号还原成原来的信号。

可见，采样的应用向我们提出了两个值得思考的基本问题：

(1) 为什么能从采样信号中恢复原信号？

(2) 这种恢复是否有条件？

为了回答这些问题，需要对采样信号进行研究。对连续信号而言，采样的基本类型有三种，即冲激串采样、自然采样和平顶采样。这里以冲激串采样为例进行讨论。

冲激串采样即用一个周期冲激串函数 $p(t)$ 乘以连续信号 $x(t)$，这样，所得到的采样信号 $x_s(t)$ 为

$$x_s(t)=x(t)p(t)=x(t)\sum_{n=-\infty}^{\infty}\delta(t-nT_s)=\sum_{n=-\infty}^{\infty}x(nT_s)\delta(t-nT_s) \tag{2.111}$$

式中，T_s 为采样间隔。图 2.20(a)给出了原信号 $x(t)$ 、采样序列 $p(t)$ 以及采样信号 $x_s(t)$ 的波形。可见，采样信号由一系列冲激函数组成，而各个冲激函数的强度等于原函数在各个采样点上的函数值。

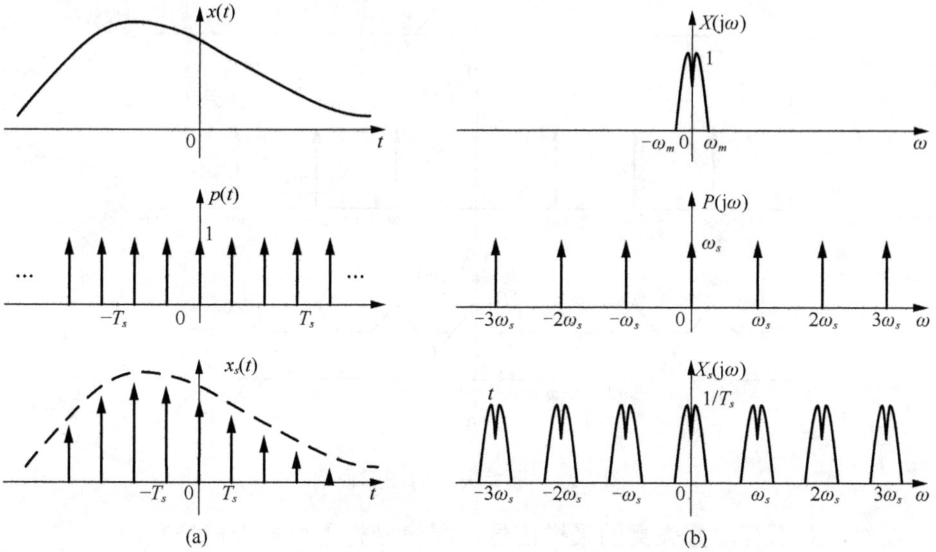

图 2.20　采样信号、原信号的波形及频谱

显然，如果已知信号 $x(t)$ 的频谱为 $X(\mathrm{j}\omega)$，则根据频域卷积性质，并利用周期冲激串函数的傅里叶变换而不难求得采样信号 $x_s(t)$ 的傅里叶变换为

$$\begin{aligned}X_s(\mathrm{j}\omega)&=\frac{1}{2\pi}[X(\mathrm{j}\omega)*P(\mathrm{j}\omega)]=\frac{1}{2\pi}X(\mathrm{j}\omega)*F\left[\sum_{n=-\infty}^{\infty}\delta(t-nT_s)\right]\\&=\frac{1}{2\pi}X(\mathrm{j}\omega)*\frac{2\pi}{T_s}\sum_{n=-\infty}^{\infty}\delta(\omega-n\omega_s)=\frac{1}{T_s}\sum_{n=-\infty}^{\infty}X[\mathrm{j}(\omega-n\omega_s)]\end{aligned} \tag{2.112}$$

式中，$\omega_s=2\pi/T_s$，通常称为采样频率。

式(2.112)表明，采样信号的频谱 $X_s(\mathrm{j}\omega)$ 具有周期性，它是原信号的频谱 $X(\mathrm{j}\omega)$ 以采样频率 ω_s 为间隔周期重复的结果。图 2.20(b)给出了和图 2.20(a)时域信号相对应的采样信号的频谱，在该频谱图中，假设信号 $x(t)$ 是带限信号，且其最高频率 ω_m 小于采样频率 ω_s 的一半，即 $\omega_m<\omega_s/2$。由图可见，在这个条件下，采样信号的频谱仅仅是原信号频谱的周期重复，其频谱形状未发生变化，仅幅度大小变为原信号频谱的 $1/T_s$ 而已。

采样信号中包含有原信号的频谱，这一特性是从采样信号恢复出原信号的理论依据。然而，这种恢复是有条件的。从图 2.20(b)中可以直观地看到，如果不满

足 $x(t)$ 是带限信号或者 $\omega_s > 2\omega_m$ 的条件，则原信号的频谱在以间隔 ω_s 为周期重复的过程中将出现混叠现象，从而使得采样信号的频谱中不再含有和原信号频谱形状相同的部分，把这种现象称为混叠失真。图 2.21 是混叠失真的图解说明。

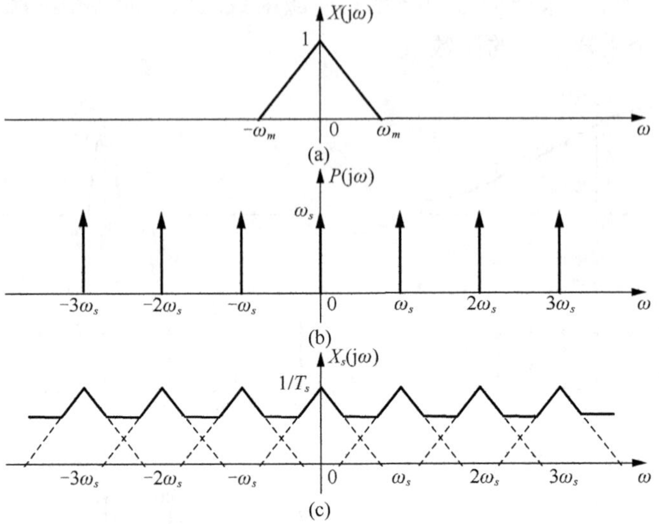

图 2.21　混叠失真的图形说明

显然，对于有混叠失真的采样信号，原信号将不可能准确恢复。

通过上面的分析可知，如果要从采样信号中恢复出原信号，则必须满足的条件是：

(1) 被采样的信号 $x(t)$ 必须是最高频率为 ω_m 的带限信号；

(2) 采样频率 ω_s 必须大于两倍的 ω_m，即 $\omega_s > 2\omega_m$。

这两个条件就是著名的采样定理，它表明，如果信号 $x(t)$ 是一个频带限制在 $-\omega_m \sim +\omega_m$ 的带限信号，那么，只要以不大于 $T_s = \pi / \omega_m$ 的采样间隔对 $x(t)$ 进行采样，则所得到的采样信号中将包含原信号的全部信息。因此，可以用采样信号表示原信号，也可以从采样信号中恢复出原信号。通常，将所允许的最大采样间隔 $T_s = \pi / \omega_m$ 称为奈奎斯特间隔，而将最低的采样频率 $\omega_s = 2\omega_m$ 称为奈奎斯特频率。

原理上讲，从满足采样定理的采样信号中恢复出原信号是简单的。例如，图 2.20(b)所示的采样信号频谱，只要让其通过一个频带大于 ω_m，小于 $\omega_s - \omega_m$ 或者小于 $\omega_s / 2$ 的低通滤波器，就可以从采样信号中恢复出原信号，这一过程如图 2.22 所示。然而，在实际应用中，由于大多数信号并不是一个带限信号，加上冲激串函数和理想滤波器的不可实现性，因此对于采样信号的恢复还有许多问题需要作进一步的研究。

本质上讲，信号的采样是一个信息的提取问题。从数量上看，虽然采样信号比原信号少，但在满足采样定理的条件下，它包含了原信号的全部信息，其信息量和原信号是一样多的，因此，采样信号也体现了“少就是多”的哲理。

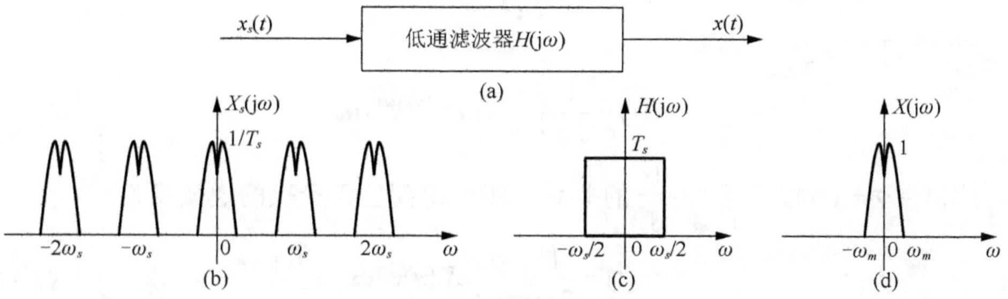

图 2.22　从采样信号中恢复出原信号

2.4.2　连续时间信号的复频域分析

1. 从傅里叶变换到拉普拉斯变换

在信号的频域分析中，狄利克雷条件是信号傅里叶变换存在的充分条件。然而在狄利克雷条件之中，绝对可积的要求限制了某些增长信号如 $e^{\alpha t}$ $(\alpha>0)$ 傅里叶变换的存在，而阶跃信号、周期信号虽未受此约束，但其变换式中出现冲激函数 $\delta(\omega)$。为使更多的函数存在变换，并简化某些变换形式或运算过程，可引入一个衰减因子 $e^{-\sigma t}$ (σ 为任意实数)，使它与 $x(t)$ 相乘，于是 $x(t)e^{-\sigma t}$ 得以收敛，绝对可积条件就容易满足。$x(t)e^{-\sigma t}$ 的傅里叶变换为

$$\begin{aligned} F\left[x(t)e^{-\sigma t}\right] &= \int_{-\infty}^{\infty}\left[x(t)e^{-\sigma t}\right]e^{-j\omega t}dt \\ &= \int_{-\infty}^{\infty} x(t)e^{-(\sigma+j\omega)t}dt = X(\sigma+j\omega) \end{aligned} \tag{2.113}$$

将式中复变量 $\sigma+j\omega$ 用符号 s 代替，令 $s=\sigma+j\omega$，式(2.113)可写为

$$X(s)=\int_{-\infty}^{\infty} x(t)e^{-st}dt \tag{2.114}$$

这个新变换式就是信号 $x(t)$ 的拉普拉斯变换，简称拉氏变换，它是复变量 s 的函数。

从上面的推导过程可以看到，拉氏变换和傅里叶变换之间有着内在的联系：信号 $x(t)$ 的拉氏变换就是 $x(t)$ 乘上一个实指数信号 $e^{-\sigma t}$ 后的傅里叶变换；反过来，信号 $x(t)$ 的傅里叶变换就是该信号在 $j\omega$ 轴上的拉氏变换，即

$$X(j\omega)=X(s)\big|_{s=j\omega} \tag{2.115}$$

不过，式(2.115)的成立是有条件的，它要求 $j\omega$ 轴在 s 变量的取值范围之内，也就是在拉氏变换的收敛域内，或者说，在 $x(t)$ 的拉氏变换中，复变量 s 中的 σ 可以等于 0。

同样，利用傅里叶逆变换的定义可以推出拉氏变换的逆变换式。因为，当把 $X(s)$ 看做 $x(t)e^{-\sigma t}$ 的傅里叶变换时，根据傅里叶变换的逆变换定义可知

$$x(t)e^{-\sigma t}=\frac{1}{2\pi}\int_{-\infty}^{\infty}X(s)e^{j\omega t}d\omega$$

上式两边同乘以 $e^{\sigma t}$，则有

$$x(t)=\frac{1}{2\pi}\int_{-\infty}^{\infty}X(s)e^{(\sigma+j\omega)t}d\omega$$

再利用 $s=\sigma+j\omega$ 以及 $d\omega=\frac{ds}{j}$ 的关系，即可得到拉氏变换的逆变换为

$$x(t)=\frac{1}{2\pi j}\int_{\sigma-j\infty}^{\sigma+j\infty}X(s)e^{st}ds \tag{2.116}$$

将式(2.114)和式(2.116)结合起来就构成一对拉氏变换对，即

$$X(s)=L[x(t)]=\int_{-\infty}^{\infty}x(t)e^{-st}dt$$

$$x(t)=L^{-1}[X(s)]=\frac{1}{2\pi j}\int_{\sigma-j\infty}^{\sigma+j\infty}X(s)e^{st}ds \tag{2.117}$$

式中，$X(s)$ 称为 $x(t)$ 的正变换；$x(t)$ 称为 $X(s)$ 的逆变换。

尽管可以将拉氏变换看做傅里叶变换的推广，而且，从傅里叶变换到拉氏变换也只是从变量ω到变量 s 的转换，它们的数学定义式相似，许多性质也类同，但两者之间还是存在着许多基本的差别。首先，从物理概念上讲，傅里叶变换中的变量ω是一个实变量，它可以表示实际的物理参数——频率，因而使得傅里叶变换具有明确的物理意义。而拉氏变换中的变量 s 是一个复变量，也称为复频率，它不仅可以表示信号的重复频率，而且可以表示信号幅值的包络变化。其次，两者的应用领域各有侧重：傅里叶变换主要用在像滤波、调制、采样这样一些以频谱分析为主的领域中，而拉氏变换主要用在求解微分方程、系统响应以及应用系统函数的零、极点分析系统基本特性等方面。在这些应用中，拉氏变换仍然是一个方便而实用的工具。

2. 常见信号的拉氏变换

下面给出一些常用信号的拉氏变换。

1) 单位冲激信号 $\delta(t)$

根据冲激函数的筛选特性，不难求得

$$L[\delta(t)]=\int_{-\infty}^{\infty}\delta(t)e^{-st}dt=1 \tag{2.118}$$

2) 单位阶跃信号 $u(t)$

根据阶跃信号的单边特性，有

$$L[u(t)]=\int_{-\infty}^{\infty}u(t)e^{-st}dt=\int_{0}^{\infty}e^{-st}dt \tag{2.119}$$

正如傅里叶变换的存在要求信号收敛一样，拉氏变换的存在也要求信号 $x(t)$ 与指数信号 $e^{-\sigma t}$ 的乘积 $x(t)e^{-\sigma t}$ 收敛。显然，对应单位阶跃信号，只有当 $e^{-\sigma t}$ 收敛时，式(2.119)的积分才收敛，单位阶跃信号的拉氏变换才存在，这要求 $\sigma > 0$。因此，在 $\sigma > 0$ 的条件下，可求得单位阶跃信号的拉氏变换为

$$L[u(t)] = \int_0^{\infty} e^{-st} dt = -\left.\frac{e^{-st}}{s}\right|_0^{\infty} = \frac{1}{s} \tag{2.120}$$

3) 单边指数信号 $e^{-\alpha t}u(t)$ 和 $-e^{-\alpha t}u(-t)$

对于单边指数信号 $e^{-\alpha t}u(t)$，也称为右边指数信号，根据拉氏变换定义式有

$$L\left[e^{-\alpha t}u(t)\right] = \int_{-\infty}^{\infty} e^{-\alpha t}u(t)e^{-st} dt = \int_0^{\infty} e^{-(s+\alpha)t} dt$$

令 $s = \sigma + j\omega$，有

$$L\left[e^{-\alpha t}u(t)\right] = \int_0^{\infty} e^{-(\sigma+\alpha)t} e^{-j\omega t} dt$$

上式即变为信号 $e^{-(\sigma+\alpha)t}u(t)$ 的傅里叶变换。要保证上式积分收敛，则应满足

$$\sigma + \alpha > 0 \quad \Rightarrow \sigma > -\alpha$$

于是有

$$L\left[e^{-\alpha t}u(t)\right] = F\left[e^{-(\sigma+\alpha)t}u(t)\right] = \frac{1}{(\sigma+\alpha)+j\omega} = \frac{1}{s+\alpha} \tag{2.121}$$

式(2.121)成立的条件是 $\sigma > -\alpha$，即 $\mathrm{Re}\{s\} > -\alpha$。

同样的方法，可以求得左边指数信号 $-e^{-\alpha t}u(-t)$ 的拉氏变换为

$$L\left[-e^{-\alpha t}u(-t)\right] = \int_{-\infty}^{\infty} -e^{-\alpha t}u(-t)e^{-st} dt = \int_{-\infty}^{0} -e^{-(s+\alpha)t} dt = \frac{1}{s+\alpha} \tag{2.122}$$

式(2.122)成立的条件是 $\sigma < -\alpha$，即 $\mathrm{Re}\{s\} < -\alpha$。

可以看到，式(2.121)和式(2.122)中的单边指数信号的变换式相同，但收敛域不一样。一般而言，在给出信号的拉氏变换式时，一定要指出其存在的收敛域，否则将无法确定该变换式所对应的时域信号。

4) 正弦型信号 $\cos(\omega_0 t)u(t)$、$\sin(\omega_0 t)u(t)$

这里首先利用欧拉公式将正弦型信号变换为单边指数信号和的形式，再根据单边指数信号的拉氏变换来求得正弦型信号的拉氏变换。

$$\begin{aligned} L[\cos(\omega_0 t)u(t)] &= L\left[\frac{e^{j\omega_0 t} + e^{-j\omega_0 t}}{2}u(t)\right] \\ &= \frac{1}{2}\left(\frac{1}{s-j\omega_0} + \frac{1}{s+j\omega_0}\right) = \frac{s}{s^2+\omega_0^2}, \quad \mathrm{Re}\{s\} > 0 \end{aligned} \tag{2.123}$$

同理可得

$$L[\sin(\omega_0 t)u(t)] = \frac{\omega_0}{s^2+\omega_0^2}, \quad \mathrm{Re}\{s\} > 0 \tag{2.124}$$

表 2.3 列出了常见信号的拉氏变换。实际常见的许多信号，大多可以用这些基本信号的线性组合表示。

表 2.3 常用信号的拉氏变换

$x(t)$	$X(s)$	收敛域
$\delta(t)$	1	$\mathrm{Re}\{s\}>-\infty$
$u(t)$	$\dfrac{1}{s}$	$\mathrm{Re}\{s\}>0$
$\mathrm{e}^{-\alpha t}u(t)$	$\dfrac{1}{s+\alpha}$	$\mathrm{Re}\{s\}>-\alpha$
$-\mathrm{e}^{-\alpha t}u(-t)$	$\dfrac{1}{s+\alpha}$	$\mathrm{Re}\{s\}<-\alpha$
$\sin(\omega_0 t)u(t)$	$\dfrac{\omega_0}{s^2+\omega_0^{\,2}}$	$\mathrm{Re}\{s\}>0$
$\cos(\omega_0 t)u(t)$	$\dfrac{s}{s^2+\omega_0^{\,2}}$	$\mathrm{Re}\{s\}>0$
$\left[\mathrm{e}^{-\alpha t}\sin(\omega_0 t)\right]u(t)$	$\dfrac{\omega_0}{(s+\alpha)^2+\omega_0^{\,2}}$	$\mathrm{Re}\{s\}>-\alpha$
$\left[\mathrm{e}^{-\alpha t}\cos(\omega_0 t)\right]u(t)$	$\dfrac{s+\alpha}{(s+\alpha)^2+\omega_0^{\,2}}$	$\mathrm{Re}\{s\}>-\alpha$
$tu(t)$	$\dfrac{1}{s^2}$	$\mathrm{Re}\{s\}>0$
$t^n u(t)$	$\dfrac{n!}{s^{n+1}}$	$\mathrm{Re}\{s\}>0$
$t^n\mathrm{e}^{-\alpha t}u(t)$	$\dfrac{n!}{(s+\alpha)^{n+1}}$	$\mathrm{Re}\{s\}>-\alpha$

3. 拉氏变换的收敛域

拉氏变换收敛的充分条件是 $x(t)\mathrm{e}^{-\sigma t}$ 绝对可积，即

$$\int_{-\infty}^{\infty}\left|x(t)\mathrm{e}^{-\sigma t}\right|\mathrm{d}t<\infty \tag{2.125}$$

式中，σ 的取值会影响到积分是否收敛，使式(2.125)成立的 σ 的取值范围称为拉氏变换的收敛域，简称 ROC(region of convergence)。

大多数情况下，直接利用式(2.125)来求得变换式的收敛域并不方便，而比较方便的方法是利用变换式的零点、极点以及信号的基本类型来确定收敛域。

所谓零、极点，就是使变换式的值分别等于零和无穷大的 s 值。如果变换式是有理多项式，则零点是分子多项式方程的根，而极点是分母多项式方程的根。例如，单边指数信号 $\mathrm{e}^{-\alpha t}u(t)$ 的拉氏变换为

$$X(s)=\frac{1}{s+\alpha},\quad \mathrm{Re}\{s\}>-\alpha$$

这个变换式在有限平面没有零点，但有一个极点 $s=-\alpha$，它在 s 平面上的收敛域可用图 2.23 表示。图中，阴影区表示收敛域，符号“×”表示极点位置，如果有零点，则用符号“○”表示。

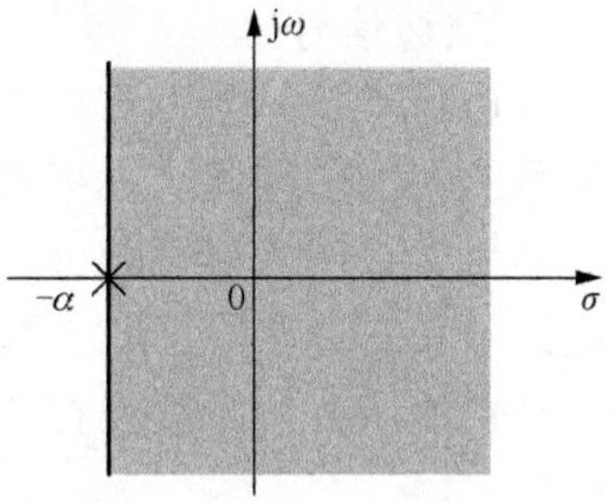

图 2.23　单边指数信号的收敛域

由于拉氏变换的收敛域只与 σ 有关，即只与 s 的实部 $\mathrm{Re}\{s\}$ 有关，因此拉氏变换的收敛域一定是由 s 平面内平行于 $\mathrm{j}\omega$ 轴的带状区域所组成。

根据极点的含义，不难理解，拉氏变换的收敛域内不能有极点，收敛域应以极点为边界，这是确定收敛域的一个基本原则。收敛域不仅和极点有关，而且与信号的基本类型有关。从收敛域的角度考虑，可以将信号划分为四种类型，即右边信号、左边信号、双边信号和时限信号。这四类信号的收敛域彼此不同，分述如下。

1) 右边信号

当 $t<t_0$ 时，$x(t)=0$，则 $x(t)$ 就是一个右边信号，其变换式的收敛域位于极点右侧，如图 2.24 所示。

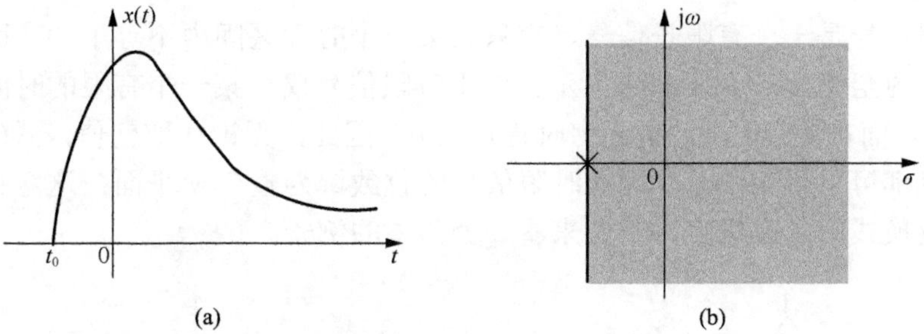

图 2.24　右边信号及其收敛域

2) 左边信号

和右边信号相对称，左边信号是一个在 $t>t_0$ 时 $x(t)=0$ 的信号，其变换式的收敛域在极点的左侧，如图 2.25 所示。

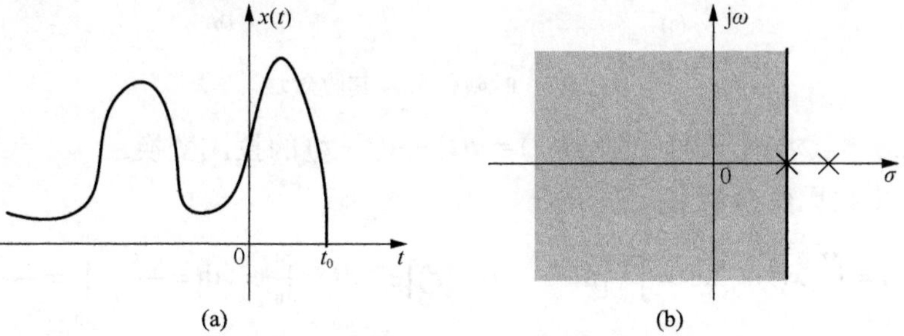

图 2.25　左边信号及其收敛域

3) 双边信号

双边信号是一个占有整个时间域的信号，它可以看做一个右边信号和一个左边信号的相加。因此，如果双边信号的拉氏变换存在，它的收敛域是左边信号和右边信号收敛域的重叠部分，即一个带状的收敛域，如图 2.26 所示。当然，如果左边信号和右边信号的收敛域没有重叠部分，那么，由这两个信号组合起来的双边信号也就没有拉氏变换存在。

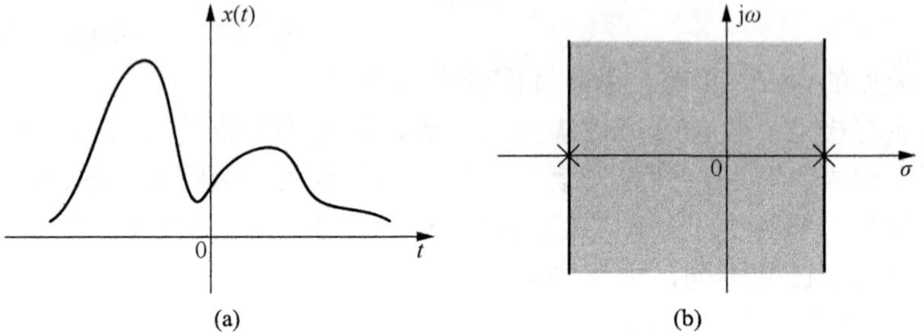

图 2.26　双边信号及其收敛域

4) 时限信号

时限信号是一个有限长信号，它只在某一个时间区间内不等于 0，而在其他所有时间内全为 0，如图 2.27 所示。由于时限信号仅在某一个有限的时间区间内不等于 0，而在 t 趋于正、负无穷时肯定为 0，因此，无论 σ 取何值，式(2.125)的收敛条件都可以得到满足，因而时限信号的收敛域为整个 s 平面；这意味着时限信号的变换式中没有极点。下面来看一个具体的例子。

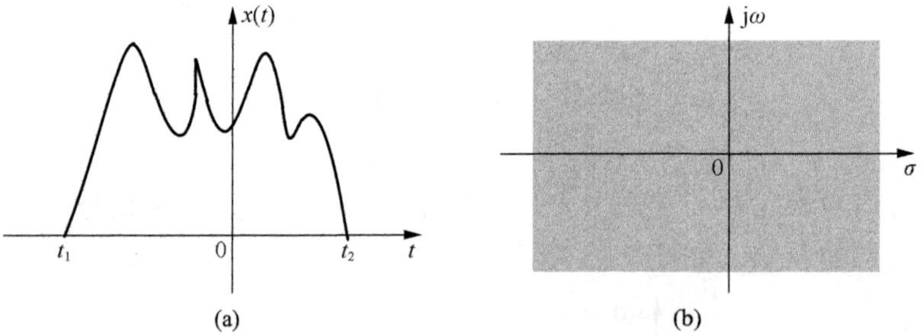

图 2.27　时限信号及其收敛域

例 2.8　试求矩形脉冲信号 $x(t)=u(t)-u(t-\tau)$ 的拉氏变换。

解　由拉氏变换的定义式可得

$$X(s)=\int_{-\infty}^{\infty}x(t)\mathrm{e}^{-st}\mathrm{d}t=\int_{-\infty}^{\infty}[u(t)-u(t-\tau)]\mathrm{e}^{-st}\mathrm{d}t=\int_{0}^{\tau}\mathrm{e}^{-st}\mathrm{d}t=-\left.\frac{\mathrm{e}^{-st}}{s}\right|_{0}^{\tau}=\frac{1-\mathrm{e}^{-s\tau}}{s} \tag{2.126}$$

从式(2.126)本身来看，$X(s)$ 在原点 $s=0$ 有一个极点，而零点是分子多项式的根，于是有

$$e^{-s\tau}=e^{-(\sigma+j\omega)\tau}=1$$

将 1 表示为 $1=e^{-j2n\pi}$，则可求得 $X(s)$ 的零点为

$$\sigma=0,\quad \omega=j\frac{2n\pi}{\tau},\quad n=0,\pm1,\pm2,\pm3,\cdots$$

这表明矩形脉冲信号的拉氏变换在 $j\omega$ 轴上有无穷多个零点，每两个零点之间相距 $2\pi/\tau$，而位于原点的零点将与在这点的极点相互抵消，从而使得 $X(s)$ 在整个 s 平面上没有极点，如图 2.28 所示。

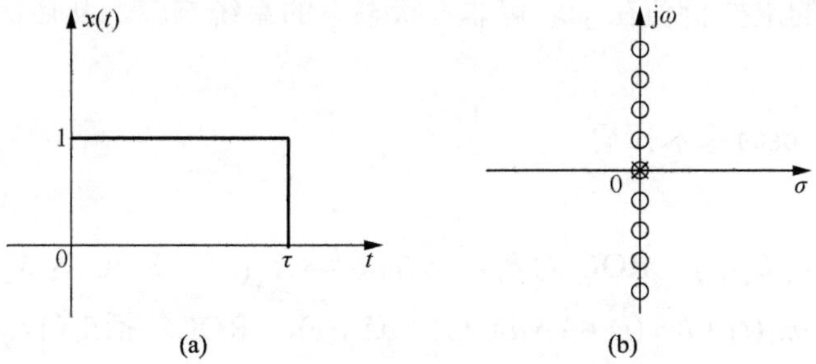

图 2.28　有限长时限信号的零、极点图

4. 单边拉氏变换

根据时间变量 t 取值范围的不同，拉氏变换有双边拉氏变换和单边拉氏变换之分。如果 t 的取值范围是从 $-\infty$ 到 $+\infty$，则称为双边拉氏变换，如式(2.114)所示；如果 t 的取值范围是从 0 到 $+\infty$，则称为单边拉氏变换，其定义式为

$$\begin{cases} X(s)=\int_0^{\infty}x(t)e^{-st}dt \\ x(t)=\dfrac{1}{2\pi j}\int_{\sigma-j\infty}^{\sigma+j\infty}X(s)e^{st}ds \end{cases} \tag{2.127}$$

根据定义，单边拉氏变换只和信号 $x(t)$ 在 $t\geqslant0$ 时的值有关，只要两个信号在 $t\geqslant0$ 时的值相同，则它们的单边拉氏变换也相同。然而，单边拉氏变换并不意味着只有在 $t<0$ 时等于 0 的信号才有单边拉氏变换。对于在 $t<0$ 时不等于 0 的信号 $x(t)$，它也同样有单边拉氏变换存在，不过，此时 $x(t)$ 在 $t<0$ 时的任何非零值对 $x(t)$ 的变换式都没有影响。当然，如果 $x(t)$ 在 $t<0$ 时等于 0，或者 $x(t)$ 是一个因果信号，则它的单边拉氏变换和双边拉氏变换相同。

双边拉氏变换和单边拉氏变换的主要差别在于收敛域的不同。单边拉氏变换的收敛域只有两种可能，要么在极点的右半平面，要么是整个 s 平面。因此，对于单边拉氏变换，常常不标出它的收敛域。此外，在某些性质上两者之间也略有差异。

需要指出的是，在单边拉氏变换中，积分变量t的下限值可以取0^-，也可以取0^+。在大多数情况下，t的下限值取0^-和取0^+时所得到的变换式是相同的，但是，在实际应用中，t值下限取0^-将带来许多方便，例如：

(1) 在通过微分方程求系统响应时，不必考虑系统响应在$t=0$是否有跳变；

(2) 可以求得系统在$t=0$点时的响应，若取0^+，则不能求得这一点的响应；

(3) 对于在$t=0$含有冲激函数的信号，可以求得其完整的拉氏变换，若取0^+，则所求得的变换式中将不包括冲激函数的变换；

(4) 可以简单而明确地将系统的完全响应分解为零输入响应和零状态响应。

鉴于此，本书将采用0^-系统，而且如无特殊说明，$t=0$的含义均是指$t=0^-$。单边拉氏变换的重要价值在于求解非零状态下的系统响应，从后面的分析中可以体会到。

5. 拉氏变换的基本性质

1) 线性

若$x_1(t)\overset{L}{\longleftrightarrow}X_1(x)$，ROC 为$R_1$，$x_2(t)\overset{L}{\longleftrightarrow}X_2(x)$，ROC 为$R_2$，则有

$$ax_1(t)+bx_2(t)\overset{L}{\longleftrightarrow}aX_1(s)+bX_2(s),\quad \text{ROC包括}R_1\cap R_2 \tag{2.128}$$

式中，a、b为任意常数，$X(s)$的收敛域一般是$X_1(s)$的收敛域R_1和$X_2(s)$的收敛域R_2的交集。若交集为空，说明$X(s)$就没有收敛域，即$x(t)$不存在拉普拉斯变换。值得注意的是，$X(s)$的收敛域有可能比交集$R_1\cap R_2$还大。作为一个简单的例子，如$x_1(t)=x_2(t)$，且$a=-b$，则在式(2.128)中，$x(t)=0$，因此$X(s)=0$，这样$X(s)$的收敛域就是整个s平面。

2) 时移

若$x(t)\overset{L}{\longleftrightarrow}X_2(x)$，ROC 为$R$，则

$$x(t-t_0)\overset{L}{\longleftrightarrow}\mathrm{e}^{-st_0}X(s),\ \text{ROC为}R \tag{2.129}$$

需要指出的是，在单边拉氏变换中，时移性质的应用是有条件的，该条件为：

(1) 如果$t_0>0$，则要求信号$x(t)$在$[-t_0,0]$区间内等于 0；

(2) 如果$t_0<0$，则要求信号$x(t)$在$[0,-t_0]$区间内等于 0。

之所以有这个条件，是因为单边拉氏变换的积分区间是从 0 到正无穷，当信号移动后，有可能使得积分区间内的信号波形发生变换。例如，在图 2.29(a)中，信号$x(t)$在积分区间内是一个阶跃信号，而当其向右移动t_0后，它不再是一个阶跃信号，而是一个图 2.29(b)所示的信号。因此单边拉氏变换的时移性质要求信号$x(t)$无论向左移动还是向右移动，在积分区间内，移动后的信号波形应和原信号相同。

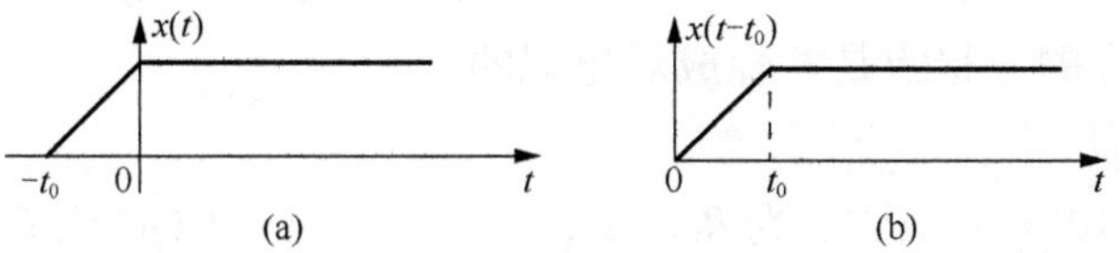

图 2.29　积分区间内时移信号的变化

然而，对于双边拉氏变化，由于其积分区间从负无穷到正无穷，因此，在应用时移特性时对信号没有限制条件。

3) s 域平移

s 域平移是和时移相互对称的一个性质，即如果在时域里的信号乘上一个指数函数，则其在 s 域中的变化式将产生一个平移。

若 $x(t) \xleftrightarrow{L} X(x)$，ROC 为 R，则

$$e^{s_0 t}x(t) \xleftrightarrow{L} X(s-s_0)，\text{ROC为}R+\text{Re}\{s_0\} \tag{2.130}$$

式中，s_0 为复常数。$X(s-s_0)$ 的收敛域是 $X(s)$ 的收敛域平移一个 $\text{Re}\{s_0\}$。应该注意到，如果 $X(s)$ 有一个极点或零点在 $s=a$，那么 $X(s-s_0)$ 就有一个极点或零点在 $s-s_0=a$，也就是 $s=a+s_0$。

式(2.130)的一个重要的特殊情况是当 $s_0=\text{j}\omega_0$ 时，也就是当一个信号 $x(t)$ 被用来调制一个周期复指数信号 $e^{\text{j}\omega_0 t}$ 时，式(2.130)就变成

$$e^{\text{j}\omega_0 t}x(t) \xleftrightarrow{L} X(s-\text{j}\omega_0)，\text{ROC为}R \tag{2.131}$$

式(2.131)的右边可以看做在 s 平面内平行于实轴的一个平移。

4) 时域尺度变换

若 $x(t) \xleftrightarrow{L} X(x)$，ROC 为 R，则

$$x(at) \xleftrightarrow{L} \frac{1}{|a|}X\left(\frac{s}{a}\right)，\text{ROC为}R \tag{2.132}$$

需要注意的是，对于 $a>1$，$X(s)$ 的收敛域要扩展 a 倍；而对于 $0<a<1$，$X(s)$ 的收敛域要压缩 $1/a$ 倍。若 a 为负，则 $X(s)$ 的收敛域要受到一个倒置再加一个尺度变换。例如，$x(t)$ 的时间反转就形成收敛域的反转，即可得到

$$x(-t) \xleftrightarrow{L} X(-s)，\text{ROC为}-R \tag{2.133}$$

5) 共轭

若 $x(t) \xleftrightarrow{L} X(s)$，ROC为$R$，则

$$x^*(t) \xleftrightarrow{L} X^*(s^*)，\text{ROC为}R \tag{2.134}$$

因此，当 $x(t)$ 为实函数时，可以得到

$$X^*(s)=X^*(s^*)，\text{ROC为}R \tag{2.135}$$

由式(2.135)可以推导出一个很重要的结论：假设 $x(t)$ 为实函数，如果 $X(s)$ 有

一个极点或零点在 $s=s_0$，那么 $X(s)$ 也一定有一个复数共轭的 $s=s_0^*$ 的极点或零点，也就是 $X(s)$ 的零极点是共轭成对出现的。

6) 时域卷积

若 $x_1(t)\xleftrightarrow{L}X_1(s)$，ROC 为 R_1，$x_2(t)\xleftrightarrow{L}X_2(s)$，ROC 为 R_2，则

$$x_1(t)*x_2(t)\xleftrightarrow{L}X_1(s)\cdot X_2(s)\text{，ROC 包括 }R_1\cap R_2 \tag{2.136}$$

式中，$X_1(s)\cdot X_2(s)$ 的收敛域是 $X_1(s)$ 的收敛域 R_1 和 $X_2(s)$ 的收敛域 R_2 的交集。如果在乘积中有零极点相消，那么 $X_1(s)\cdot X_2(s)$ 的收敛域也可能比 $R_1\cap R_2$ 这个交集还大。

7) 时域微分

若 $x(t)\xleftrightarrow{L}X(x)$，ROC 为 R，则

$$\frac{\mathrm{d}x(t)}{\mathrm{d}t}\xleftrightarrow{L}sX(s)\text{，ROC为}R \tag{2.137}$$

式(2.137)是双边拉氏变换的时域微分性质，由于单边拉氏变换的积分区间是从 0^- 到正无穷，因此单边拉氏变换的时域微分性质为

$$\frac{\mathrm{d}x(t)}{\mathrm{d}t}\xleftrightarrow{L}sX(s)-x(0^-) \tag{2.138}$$

推广到二阶时域微分，有

$$\frac{\mathrm{d}^2x(t)}{\mathrm{d}t^2}\xleftrightarrow{L}s^2X(s)-sx(0^-)-x'(0^-) \tag{2.139}$$

还可再将其推广到高阶。下面以一阶时域微分为例来证明单边拉氏变换的微分性质。

证明　由单边拉氏变换的定义，有

$$L\left[\frac{\mathrm{d}x(t)}{\mathrm{d}t}\right]=\int_{0^-}^{\infty}\frac{\mathrm{d}x(t)}{\mathrm{d}t}\mathrm{e}^{-st}\mathrm{d}t$$

应用分部积分法，可以得到

$$L\left[\frac{\mathrm{d}x(t)}{\mathrm{d}t}\right]=x(t)\mathrm{e}^{-st}\Big|_{0^-}^{\infty}-\int_{0^-}^{\infty}x(t)(-s\mathrm{e}^{-st})\mathrm{d}t=-x(0^-)+sX(s)$$

时域微分特性可以将描述连续时间系统的微分方程转化为复频域的代数方程，可以方便地从复频域求解系统的零输入响应和零状态响应。单边拉氏变换的一个主要应用就是求解具有非零初始条件的线性常系数微分方程。

例 2.9　描述连续时间 LTI 系统的微分方程为

$$\frac{\mathrm{d}^2}{\mathrm{d}t^2}y(t)+3\frac{\mathrm{d}}{\mathrm{d}t}y(t)+2y(t)=x(t)$$

已知 $y(0^-)=3$，$y'(0^-)=-5$，$x(t)=2u(t)$，求系统响应 $y(t)$。

解　对微分方程两边进行单边拉氏变换，并根据单边拉氏变换的微分性质，有

$$s^2Y(s)-y(0^-)s-y'(0^-)+3sY(s)-3y(0^-)+2Y(s)=X(s)$$

整理后，得

$$Y(s)=\frac{y(0^-)(s+3)+y'(0^-)}{(s+1)(s+2)}+\frac{1}{(s+1)(s+2)}X(s)$$

式中，$Y(s)$ 等式右边由两部分组成：第一部分的响应只与初始状态有关，称为零输入响应；第二部分的响应与输入激励有关，称为零状态响应，即初始状态为零时的响应。

将初始状态代入上式，并利用部分分式展开，可得

$$Y(s)=\frac{1}{s}-\frac{1}{s+1}+\frac{3}{s+2}$$

再对上式作拉氏逆变换，即可得到

$$y(t)=\left(1-\mathrm{e}^{-t}+3\mathrm{e}^{-2t}\right)u(t)$$

8) s 域微分

s 域微分是和时域微分相对应的一条性质，只要将拉氏变换定义式的两边对 s 进行微分就可求得该性质。

若 $x(t)\xleftrightarrow{L}X(x)$，ROC 为 R，则

$$tx(t)\xleftrightarrow{L}-\frac{\mathrm{d}X(s)}{\mathrm{d}t}, \quad \text{ROC 为 } R \tag{2.140}$$

9) 时域积分

时域积分是时域微分的逆运算，其变换式也和微分性质互逆。

若 $x(t)\xleftrightarrow{L}X(x)$，ROC 为 R，则

$$\int_{-\infty}^{t}x(\tau)\mathrm{d}\tau\xleftrightarrow{L}\frac{X(x)}{s}, \quad \text{ROC 为 } R \tag{2.141}$$

对于单边拉氏变换，时域积分性质为

$$\int_{-\infty}^{t}x(\tau)\mathrm{d}\tau\xleftrightarrow{L}\frac{X(x)}{s}+\frac{x^{(-1)}(0)}{s} \tag{2.142}$$

式中，$x^{(-1)}(0)=\int_{-\infty}^{0}x(\tau)\mathrm{d}\tau$，它是 $x(t)$ 的积分函数在 $t=0$ 点的值。和单边拉氏变换的微分性质一样，由于采用 0^- 系统，因此 $x^{(-1)}(0)=x^{(-1)}(0^-)$。

单边拉氏变换的时域积分性质证明如下。

证明　由单边拉氏变换的定义，有

$$L\left[\int_{-\infty}^{t}x(\tau)\mathrm{d}\tau\right]=\int_{0^-}^{\infty}\left[\int_{-\infty}^{t}x(\tau)\mathrm{d}\tau\right]\mathrm{e}^{-st}\mathrm{d}t=-\frac{\mathrm{e}^{-st}}{s}\left[\int_{-\infty}^{t}x(\tau)\mathrm{d}\tau\right]\Bigg|_{0^-}^{\infty}+\frac{1}{s}\left[\int_{0^-}^{\infty}x(t)\mathrm{e}^{-st}\mathrm{d}t\right]$$

对于单边拉氏变换，如果$\int_{-\infty}^{t}x(\tau)\mathrm{d}\tau$的变换式存在，则有

$$\lim_{t\to\infty}\mathrm{e}^{-st}\left[\int_{-\infty}^{t}x(\tau)\mathrm{d}\tau\right]=0$$

因此，可以得到

$$L\left[\int_{-\infty}^{t}x(\tau)\mathrm{d}\tau\right]=-\frac{1}{s}\left[\int_{-\infty}^{t}x(\tau)\mathrm{d}\tau\right]\Bigg|_{0^-}+\frac{1}{s}\left[\int_{0^-}^{\infty}x(t)\mathrm{e}^{-st}\mathrm{d}t\right]=\frac{X(s)}{s}+\frac{x^{(-1)}(0)}{s}$$

10) 初值和终值定理

若$t<0$，$x(t)=0$，并且在$t=0$时，$x(t)$不包含冲激或者高阶奇异函数，在这些特别限制下，就可以直接从拉氏变换式中计算出初值$x(0^+)$。

初值定理：

$$\lim_{t\to0^+}x(t)=x(0^+)=\lim_{s\to\infty}sX(s) \tag{2.143}$$

若$sX(s)$的收敛域包括$\mathrm{j}\omega$轴，则可以得到$t\to\infty$时$x(t)$的值。

终值定理：

$$\lim_{t\to\infty}x(t)=x(\infty)=\lim_{s\to0}sX(s) \tag{2.144}$$

以上两式表明，信号时域的初值$x(0^+)$和终值$x(\infty)$可以通过复频域中的$sX(s)$取极限得到。

证明　由单边拉氏变换的微分性质，有

$$sX(s)-x(0^-)=\int_{0^-}^{\infty}\frac{\mathrm{d}x(t)}{\mathrm{d}t}\mathrm{e}^{-st}\mathrm{d}t=\int_{0^-}^{0^+}\frac{\mathrm{d}x(t)}{\mathrm{d}t}\mathrm{e}^{-st}\mathrm{d}t+\int_{0^+}^{\infty}\frac{\mathrm{d}x(t)}{\mathrm{d}t}\mathrm{e}^{-st}\mathrm{d}t$$

由于$x(t)$在$t=0$处不包含冲激信号及冲激信号的导数，因此

$$sX(s)-x(0^-)=x(0^+)-x(0^-)+\int_{0^+}^{\infty}\frac{\mathrm{d}x(t)}{\mathrm{d}t}\mathrm{e}^{-st}\mathrm{d}t$$

化简后得

$$sX(s)=x(0^+)+\int_{0^+}^{\infty}\frac{\mathrm{d}x(t)}{\mathrm{d}t}\mathrm{e}^{-st}\mathrm{d}t$$

对上式两边取极限，若令$s\to\infty$，则右边积分项将消失，于是得到

$$x(0^+)=\lim_{s\to\infty}sX(s)$$

若$sX(s)$的收敛域包括$\mathrm{j}\omega$轴，则可令$s\to0$，可得

$$\lim_{s\to0}\left[sX(s)\right]=x(0^+)+\int_{0^+}^{\infty}\frac{\mathrm{d}x(t)}{\mathrm{d}t}\mathrm{d}t=x(0^+)+x(\infty)-x(0^+)=x(\infty)$$

表2.4列出了拉氏变换的性质。其中$x_1(t)\overset{L}{\longleftrightarrow}X_1(s)$，ROC为$R_1$；$x_2(t)\overset{L}{\longleftrightarrow}X_2(s)$，ROC为$R_2$；$x(t)\overset{L}{\longleftrightarrow}X(s)$，ROC为$R$。表中的时域微分、时域积分等性质，双边拉氏变换和单边拉氏变换各有不同，其余性质二者均适用。需要注意的是，当这些性质应用于单边拉氏变换时，其收敛域总是在s平面的右半面。

表 2.4　拉氏变换的基本性质

性质	时域	复频域(s 域)	收敛域
线性	$ax_1(t)+bx_2(t)$	$aX_1(s)+bX_2(s)$	$R_1\cap R_2$
时移	$x(t-t_0)$	$e^{-st_0}X(s)$	R
s 域平移	$e^{s_0t}x(t)$	$X(s-s_0)$	$R+\mathrm{Re}\{s_0\}$
尺度变换	$x(at)$	$\dfrac{1}{\vert a\vert}X\left(\dfrac{s}{a}\right)$	aR
共轭	$x^*(t)$	$X^*(s^*)$	R
卷积	$x_1(t)*x_2(t)$	$X_1(s)\cdot X_2(s)$	$R_1\cap R_2$
时域微分	$\dfrac{dx(t)}{dt}$	$sX(s)$	R
		$sX(s)-x(0^-)$ (单边)	R
s 域微分	$tx(t)$	$-\dfrac{dX(s)}{dt}$	R
时域积分	$\int_{-\infty}^{t}x(\tau)d\tau$	$\dfrac{X(s)}{s}$	R
		$\dfrac{X(s)}{s}+\dfrac{x^{(-1)}(0)}{s}$ (单边)	R
初值定理	$\lim\limits_{t\to0^+}x(t)=x(0^+)=\lim\limits_{s\to\infty}sX(s)$		
终值定理	$\lim\limits_{t\to\infty}x(t)=x(\infty)=\lim\limits_{s\to0}sX(s)$		

6. 拉氏逆变换

尽管利用拉氏逆变换的定义式可以求得逆变换，但是，这种方法要涉及 s 平面的围线积分，比较烦琐。此外，由于实际应用中的大部分信号的变换式是有理式，对于有理变换式，求解拉氏逆变换最常用的方法是部分分式分解法。这种方法的基本思路是将有理分式分解为许多简单的分式之和，然后利用已知的信号变换对求得逆变换。

一个有理分式可以表示为两个 s 的有理多项式之比：

$$X(s)=\frac{N(s)}{D(s)}=K\frac{s^m+b_{m-1}s^{m-1}+\cdots+b_1s+b_0}{s^n+a_{n-1}s^{n-1}+\cdots+a_1s+a_0} \tag{2.145}$$

当 $m<n$ 时为有理真分式；当 $m\geqslant n$ 时为假分式，通过长除法可以把一个假分式变成一个 s 的多项式和一个真分式之和，即

$$X(s)=c_{m-n}s^{m-n}+c_{m-n-1}s^{m-n-1}+\cdots+c_1s+c_0+\frac{N_1(s)}{D(s)} \tag{2.146}$$

式中，各项 s 的幂函数对应于时域的冲激函数及其各阶导数，因此，剩下的问题归结为求一个 s 有理真分式的拉氏逆变换。

设 $X(s)$ 是真分式，其分母多项式 $D(s)$ 可以分解为 n 个因子的乘积，即

$$X(s)=\frac{N(s)}{D(s)}=K\frac{N(s)}{(s-p_1)(s-p_2)\cdots(s-p_n)} \tag{2.147}$$

式中，$p_1,p_2,\cdots,p_n$ 是分母多项式 $D(s)=0$ 的根，即 $X(s)$ 的极点。根据极点的不同形式，式(2.147)可分解为不同形式的部分分式之和。

1) 极点为单根

若果 $X(s)$ 含有 n 个互不相同的极点，则可分解为如下形式的部分分式：

$$X(s)=\frac{A_1}{s-p_1}+\frac{A_2}{s-p_2}+\cdots+\frac{A_n}{s-p_n} \tag{2.148}$$

各部分分式的系数：

$$A_i=\left[(s-p_i)X(s)\right]_{s=p_i} \tag{2.149}$$

根据表 2.3，假设收敛域是右半平面，$X(s)$ 对应的原函数为

$$x(t)=(A_1e^{p_1t}+A_2e^{p_2t}+\cdots+A_ne^{p_nt})u(t) \tag{2.150}$$

2) 极点为重根

如果 $X(s)$ 含有一个 k 阶重复的极点，这里假设极点 p_1 为 k 阶极点，则可分解为如下形式的部分分式：

$$X(s)=\frac{A_{11}}{(s-p_1)^k}+\frac{A_{12}}{(s-p_1)^{k-1}}+\cdots+\frac{A_{1k}}{s-p_1}+\frac{A_{k+1}}{s-p_{k+1}}+\cdots+\frac{A_n}{s-p_n} \tag{2.151}$$

可见 k 阶重复的极点将 $X(s)$ 分解为 k 个部分分式，各部分分式的系数为

$$A_{11}=[(s-p_1)^kX(s)]_{s=p_1} \tag{2.152}$$

$$A_{12}=\left[\frac{d[(s-p_1)^kX(s)]}{ds}\right]_{s=p_1} \tag{2.153}$$

以此类推有

$$A_{1k}=\left[\frac{1}{(k-1)!}\frac{d^{k-1}[(s-p_1)^kX(s)]}{ds^{k-1}}\right]_{s=p_1} \tag{2.154}$$

此时，假设收敛域是右半平面，$X(s)$ 对应的原函数为

$$x(t)=\left[\frac{A_{11}}{(k-1)!}t^{k-1}e^{p_1t}+\frac{A_{12}}{(k-2)!}t^{k-2}e^{p_1t}+\cdots+A_{1k}e^{p_1t}+A_{k+1}e^{p_{k+1}t}\cdots+A_ne^{p_nt}\right]u(t)$$

(2.155)

例 2.10　求下述函数的逆变换式：

$$X(s)=\frac{s^2}{(s+2)(s+1)^2},\quad \mathrm{Re}\{s\}>-1$$

解　该变换式有一个单根极点和一个二阶重复极点，它可以部分分式展开为

$$X(s)=\frac{A_1}{s+2}+\frac{A_{21}}{(s+1)^2}+\frac{A_{22}}{s+1}$$

根据前面的推导公式，可以得到

$$A_1=\left[(s+2)X(s)\right]_{s=-2}=4$$

$$A_{21}=\left[(s+1)^2X(s)\right]_{s=-1}=1$$

$$A_{22}=\left[\frac{\mathrm{d}[(s+1)^2X(s)]}{\mathrm{d}s}\right]_{s=-1}=-3$$

根据收敛域的情况，可以得到

$$x(t)=\left(4\mathrm{e}^{-2t}+t\mathrm{e}^{-t}-3\mathrm{e}^{-t}\right)u(t)$$

2.5　本 章 小 结

本章建立了信号的基本分析方法，分别从时域、频域甚至复频域对周期信号、非周期信号以及随机信号进行了深入的分析，并研究了很多有用的性质。

周期信号的傅里叶级数表示，将周期信号分解为具有不同谐波分量的复指数信号(三角函数信号)之和，看到了信号的本质是由不同频率分量的三角函数线性组合在一起的。这为分析信号从时域到频域的分析方法打开了一扇窗户。

当周期信号的周期趋于无穷大时，就得了非周期信号的傅里叶变换的分析方法。傅里叶变换具有一系列重要性质，这些性质表达了不同的信号特性是如何反映到它们的变换中去的。其中卷积性质在研究信号与系统时具有特别重要的意义。如时域卷积定理，将时域中复杂的卷积运算变为简单的代数相乘运算，大大简化了求信号通过系统的响应；而频域卷积定理，也就是时域相乘的性质，它是频域分析方法研究采样和调制系统的基础。

拉氏变换是傅里叶变换的一种推广，也称为信号的复频域分析方法。相比傅里叶变换，拉氏变换可以分析处理的信号和系统更为广泛，特别是可以分析不稳定系统；可以利用单边拉氏变换快速求解具有非零初始条件的系统微分方程；同时可用复频域的概念研究系统，因而更具普遍意义。

随机信号是实际通信过程中遇到的不确定信号，是进行实际信号分析的理论基础。不过随机信号的分析方法也离不开前面学习的确定信号的分析理论。本章从统计学的观点出发，研究了随机过程的统计特征和数字特征，阐述了各态历经的随机过程，分析了平稳随机过程，并从时域、频域等方面对随机过程进行了统计分析。

习　　题

2.1 分别指出下列各波形的直流分量等于多少?

(1) $x(t)=|\sin(\omega t)|$　　(2) $x(t)=\sin^2(\omega t)$

(3) $x(t)=\cos(\omega t)+\sin(\omega t)$　　(4) $x(t)=K[1+\cos(\omega t)]$

2.2 如下图所示信号,分别求出它们的傅里叶级数。

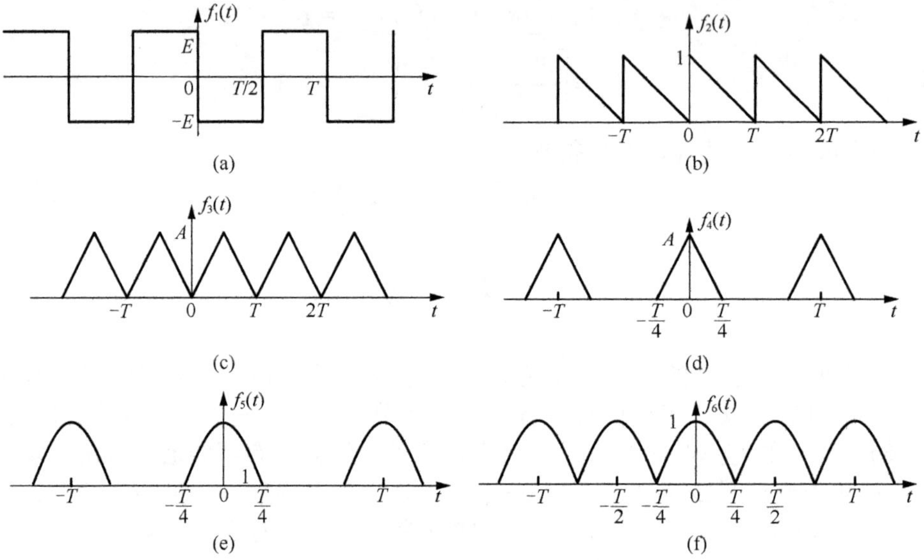

习题 2.2 图

2.3 已知周期信号的一个周期的前 1/4 波形如下图所示,就下列情况画出一个周期内完整的波形。

(1) $f(t)$ 是 t 的偶函数,其傅里叶级数只有偶次谐波;

(2) $f(t)$ 是 t 的偶函数,其傅里叶级数只有奇次谐波。

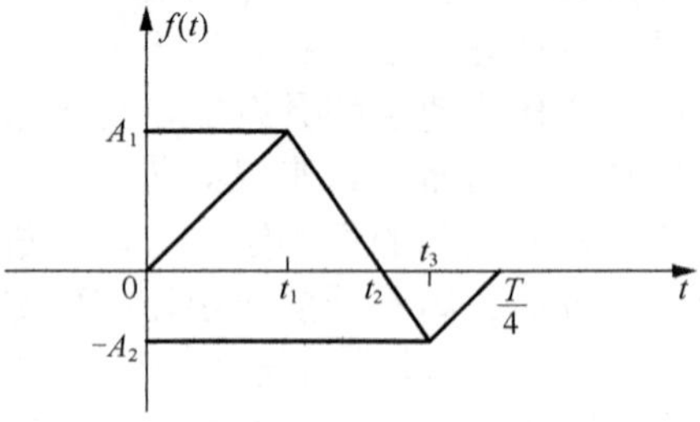

习题 2.3 图

2.4 信号 $f(t)$ 如图所示，求 $F(\mathrm{j}\omega)=F[f(t)]$，并画出幅度谱 $|F(\mathrm{j}\omega)|$。

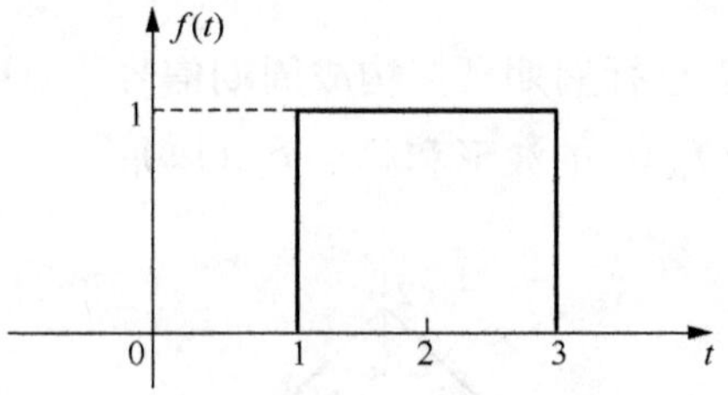

习题 2.4 图

2.5 设 $f(t)\xleftrightarrow{F}F(\mathrm{j}\omega)$，试用 $F(\mathrm{j}\omega)$ 表示下列各信号的频谱。

(1) $f^2(t)+f(t)$　　(2) $[1+mf(t)]\cos(\omega_0 t)$

(3) $f(6-3t)$　　(4) $(t+2)f(t)$

(5) $tf(3t)$　　(6) $\mathrm{e}^{-\mathrm{j}\omega_0 t}\dfrac{\mathrm{d}f(t)}{\mathrm{d}t}$

(7) $(1-t)f(1-t)$　　(8) $f(t)*f(t-3)$

2.6 求下列各傅里叶变换的原函数。

(1) $X(\mathrm{j}\omega)=\delta(\omega-\omega_0)$

(2) $X(\mathrm{j}\omega)=u(\omega+\omega_0)-u(\omega-\omega_0)$

(3) $X(\mathrm{j}\omega)=\dfrac{1}{(\mathrm{j}\omega+\alpha)^2}$

2.7 利用三种方法求下图所示信号的频谱。

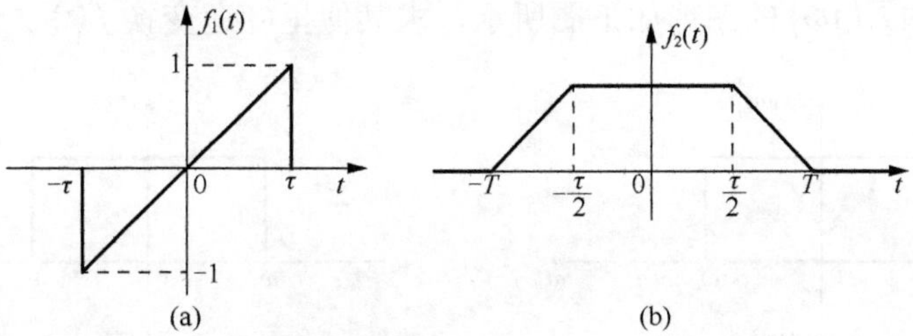

习题 2.7 图

2.8 已知系统的单位冲激响应为 $h(t)=\mathrm{e}^{-\alpha t}u(t)$，并设其频谱为 $H(\mathrm{j}\omega)=R(\mathrm{j}\omega)+\mathrm{j}X(\mathrm{j}\omega)$。

(1) 求 $R(\mathrm{j}\omega)$，$X(\mathrm{j}\omega)$；

(2) 证明 $R(\mathrm{j}\omega)=\dfrac{1}{\pi\omega}*X(\mathrm{j}\omega)$，$X(\mathrm{j}\omega)=-\dfrac{1}{\pi\omega}*R(\mathrm{j}\omega)$。

2.9 已知下图所示三角波信号 $f(t)$：

(1) 求出其频谱 $F(\mathrm{j}\omega)$；

(2) $f_s(t)$ 是对 $f(t)$ 以等间隔 $T/8$ 进行采样所得信号，分析并画出其频谱图 $F_s(\mathrm{j}\omega)$；

(3) 将 $f(t)$ 以周期 T 进行周期延拓构成周期信号 $f_p(t)$，画出对 $f_p(t)$ 以等间隔 $T/8$ 进行采样所得信号 $f_{ps}(t)$ 的波形和频谱 $F_{ps}(\mathrm{j}\omega)$。

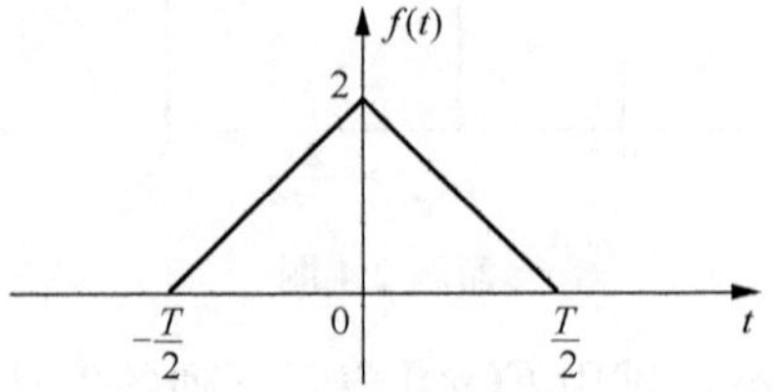

习题 2.9 图

2.10 已知一系统如下图所示，并且已知

$$H_1(\mathrm{j}\omega)=\begin{cases}3, & |\omega|<2\\ 0, & |\omega|>2\end{cases},\quad H_2(\mathrm{j}\omega)=\begin{cases}\mathrm{e}^{-\mathrm{j}2\omega}, & |\omega|>2\\ 0\ , & |\omega|<2\end{cases}$$

试分别求出在下述激励信号作用下，输出信号的频谱。

(1) $f(t)=\mathrm{Sa}(t)$　　(2) $f(t)=\mathrm{Sa}(t)\cos(2t)$

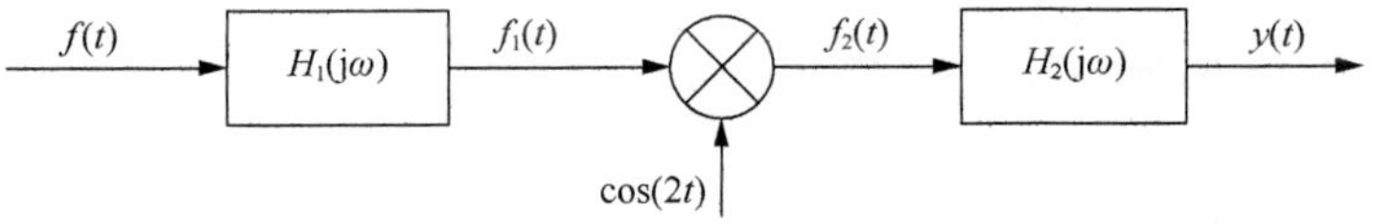

习题 2.10 图

2.11 已知 $F(\mathrm{j}\omega)$ 的图形如下图所示，求其傅里叶逆变换 $f(t)$。

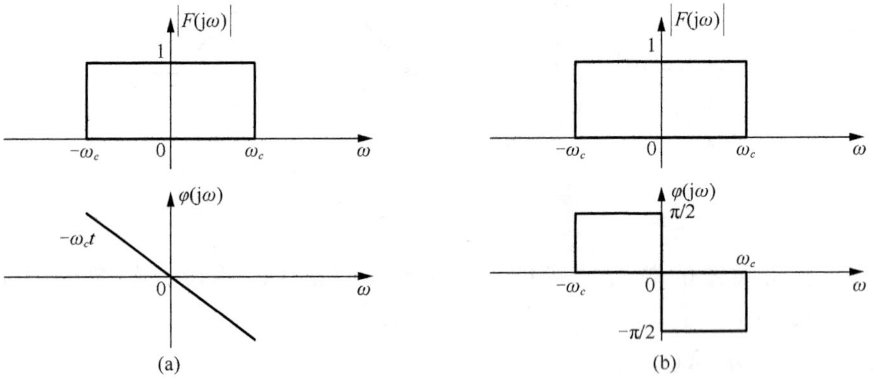

习题 2.11 图

2.12 如下图所示系统，已知信号 $f(t)$ 如图所示，$f_1(t)=\cos(\omega_0 t)$，$f_2(t)=\cos(2\omega_0 t)$，求响应 $y(t)$ 的频谱函数。

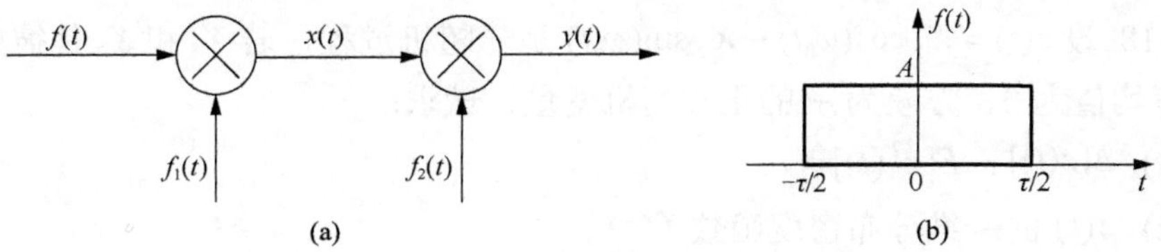

习题 2.12 图

2.13 求下列信号的拉普拉斯变换：

(1) $2\delta(t-1)-3\mathrm{e}^{-\alpha t}u(t)$　　(2) $t\mathrm{e}^{-(t-2)}u(t-1)$

(3) $2\mathrm{e}^{-5(t-1)}u(t-1)$　　(4) $2\mathrm{e}^{-5t}u(t-1)$

(5) $2\mathrm{e}^{-5(t-1)}u(t)$　　(6) $(t-1)[u(t)-u(t-2)]$

(7) $\mathrm{e}^{-3t}[u(t)-u(t-2)]$　　(8) $\sin(3t)[u(t)-u(t-2)]$

2.14 已知某连续时间 LTI 系统在激励为 $x(t)=2\mathrm{e}^{-2t}u(t)$ 时，其输出响应为 $y(t)=(2\mathrm{e}^{-2t}-4\mathrm{e}^{-t}+8\mathrm{e}^{-3t})u(t)$，求系统的单位冲激响应 $h(t)$。

2.15 已知 LTI 系统的微分方程为 $\dfrac{\mathrm{d}^2y(t)}{\mathrm{d}t^2}+6\dfrac{\mathrm{d}y(t)}{\mathrm{d}t}+8y(t)=2\dfrac{\mathrm{d}x(t)}{\mathrm{d}t}+5x(t)$，求在下列两种情况下系统的完全响应，并指出其零输入响应和零状态响应。

(1) $x(t)=u(t)$，$y(0^-)=1$，$y'(0^-)=2$；

(2) $x(t)=\mathrm{e}^{-3t}u(t)$，$y(0^-)=2$，$y'(0^-)=3$。

2.16 系统函数的零极点分布如下图所示，讨论它们分别是哪种滤波网络(低通、高通、带通、带阻)。

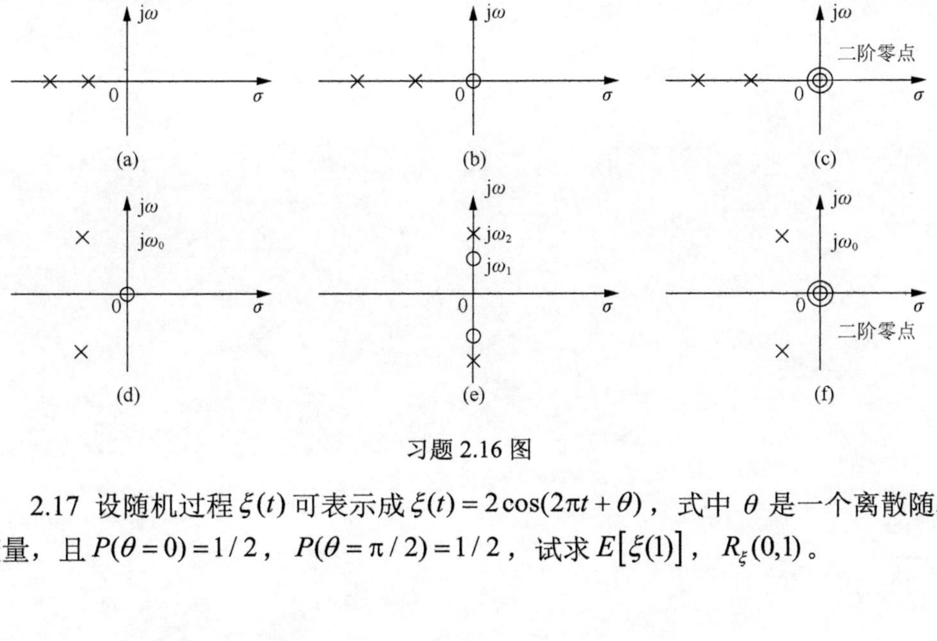

习题 2.16 图

2.17 设随机过程 $\xi(t)$ 可表示成 $\xi(t)=2\cos(2\pi t+\theta)$，式中 θ 是一个离散随机变量，且 $P(\theta=0)=1/2$，$P(\theta=\pi/2)=1/2$，试求 $E[\xi(1)]$，$R_\xi(0,1)$。

2.18 设 $z(t)=X_1\cos(\omega_0 t)-X_2\sin(\omega_0 t)$ 是一随机过程，若 X_1 和 X_2 是彼此独立且具有均值为 0、方差为 σ^2 的正态随机变量，试求：

(1) $E[z(t)]$，$E[z^2(t)]$；

(2) $z(t)$ 的一维分布密度函数 $f(z)$；

(3) $B(t_1,t_2)$ 与 $R(t_1,t_2)$。

2.19 求乘积 $Z(t)=X(t)Y(t)$ 的自相关函数。已知 $X(t)$ 与 $Y(t)$ 是统计独立的平稳随机过程，且它们的自相关函数分别为 $R_X(\tau),R_Y(\tau)$。

2.20 若随机过程 $z(t)=m(t)\cos(\omega_0 t+\theta)$，其中是 $m(t)$ 宽平稳随机过程，且自相关函数 $R_m(\tau)$ 为

$$R_m(\tau)=\begin{cases}1+\tau, & -1<\tau<0\\ 1-\tau, & 0<\tau<1\\ 0, & \text{其他}\end{cases}$$

θ 是服从均匀分布的随机变量，它与 $m(t)$ 彼此统计独立。

(1) 证明 $z(t)$ 是宽平稳的；

(2) 绘出自相关函数 $R_Z(\tau)$ 的波形；

(3) 求功率谱密度 $R_Z(\omega)$ 及功率 S。

第 3 章　信号的离散化处理与分析

3.1　连续信号的离散化

1. 采样模型

自然界中的物理量大多是在时间上和幅值上均连续变化的模拟量，用 $x(t)$表示，而在工程和物理领域，常处理只在 t_n 上有定义的信号，用 $x(t_n)$表示。常见的情况是 $x(t_n)= x(nT)$，其中 n 为整数，T 为时间间隔，$x(nT)$称为离散时间信号或序列。由于 T 为一常数，因此将 $x(nT)$简写为 $x(n)$或 x_n。如果 $x(nT)$取值也是离散的，则称 $x(nT)$为数字信号。

概括来讲，将模拟信号变成数字信号需要经过采样、量化、编码三个步骤，其工作过程如图 3.1 所示。采样工作由采样器完成，其工作原理如图 3.2 所示。采样器相当于一个定时开关，它每隔 T_s 秒闭合一次，每次闭合时间为 τ ($\tau << T_s$)，从而实现由 $x(t)$到 $x_s(t)=x_s(nT_s)$的转化。

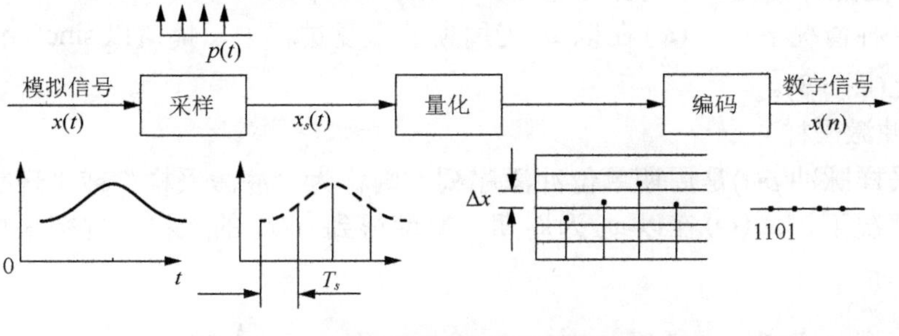

图 3.1　模拟信号的数字化处理过程

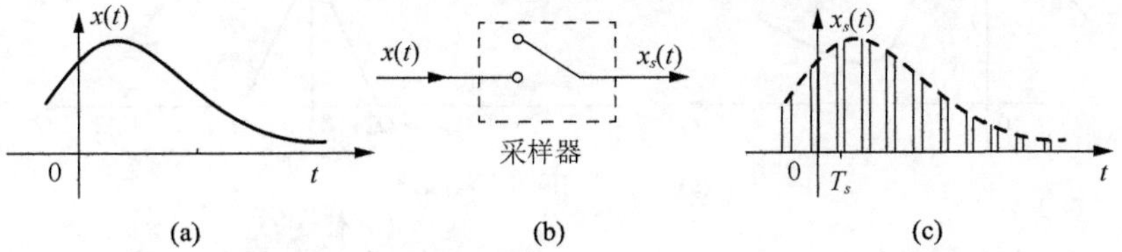

图 3.2　采样器工作原理图

所谓“采样”就是在时域或频域中，连续信号每隔一定的间隔被抽取一个样本数值，从而得到由一系列离散样值构成的离散信号的过程。该离散信号称为采样信号。对采样信号的幅值进行量化和编码就可以得到数字信号，进而可以实现对连续信号的数字处理。因此，信号的采样过程，实质上是连续信号的离散化过程。信号在时间轴上的离散化称为时域采样；在频率轴上的离散化称为频域采样。可以认为，信号的采样是联系连续信号与离散信号之间的桥梁。

一个连续信号 $x(t)$经过采样后被离散成为离散时间信号 $x(n)$，当采样周期 T_s越短，$x(t)$在被离散过程中丢失的“内容”越少；反之亦然。从理论上分析，时域采样可以看成采样脉冲信号 $p(t)$与连续时间信号 $x(t)$相乘完成的。采样信号即可表示为

$$x_s(t) = x(t) \cdot p(t)$$

若采样脉冲信号 $p(t)$为周期信号，其频谱函数为

$$P(\omega) = 2\pi \sum_{n=-\infty}^{\infty} P_n \delta(\omega - n\omega_s)$$

根据频域卷积定理，采样信号的频谱函数为

$$X_s(\omega) = \frac{1}{2\pi} X(\omega) * P(\omega) = \sum_{n=-\infty}^{\infty} P_n X(\omega - n\omega_s) \tag{3.1}$$

式(3.1)中加权系数 P_n 取决于采样脉冲序列的形状，下面讨论两种典型情况。

1) 矩形脉冲采样

$$P_n = \frac{E\tau}{T_s} \mathrm{sinc}\left(\frac{n\omega_s \tau}{2}\right)$$

式中，E 为脉冲幅度；τ 为脉冲宽度。

在这种情况下，$X(\omega)$ 在以 ω_s 为周期的重复过程中，幅值以 $\mathrm{sinc}(n\omega_s\tau/2)$ 的规律变化(图 3.3)。

2) 冲激采样

若采样脉冲 $p(t)$是周期单位冲激序列，则称为“冲激采样”或“理想采样”。在这种情况下，$X(\omega)$ 在以 ω_s 为周期，幅度得到 $1/T_s$ 的加权。理想采样过程如图 3.4 所示。

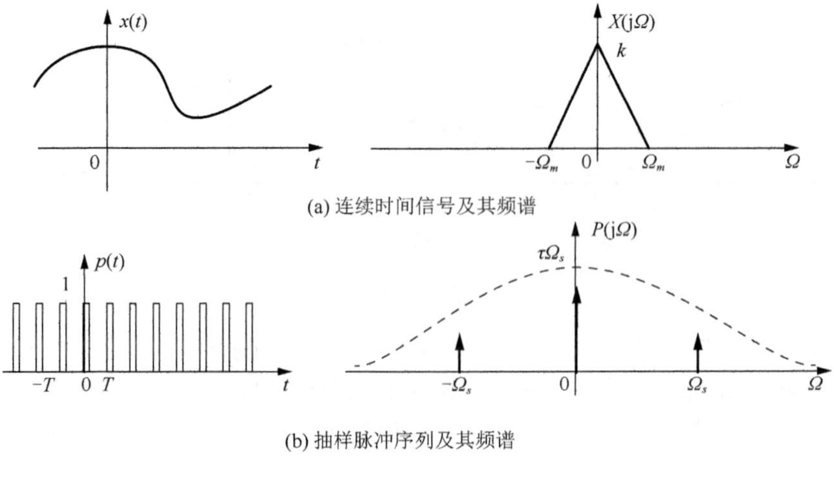

(b) 抽样脉冲序列及其频谱

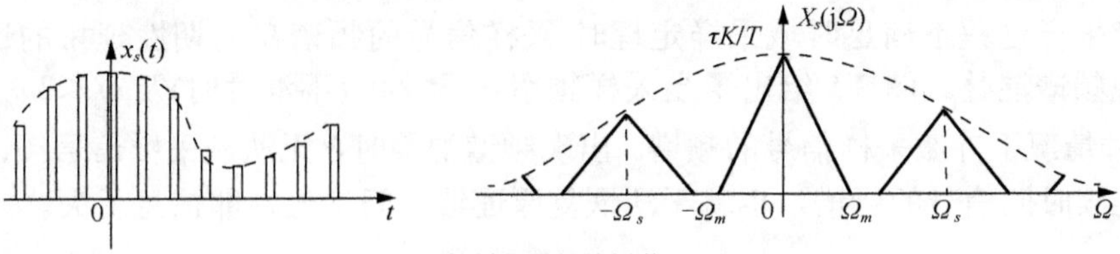

(c) 抽样信号及其频谱

图 3.3　时域实际采样及其频谱变化

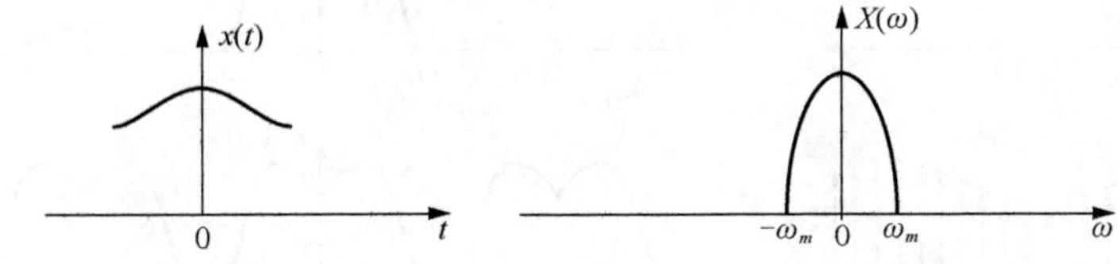

(a)

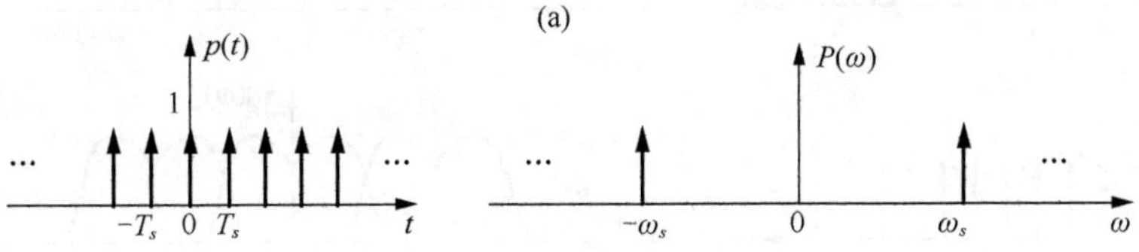

(b)

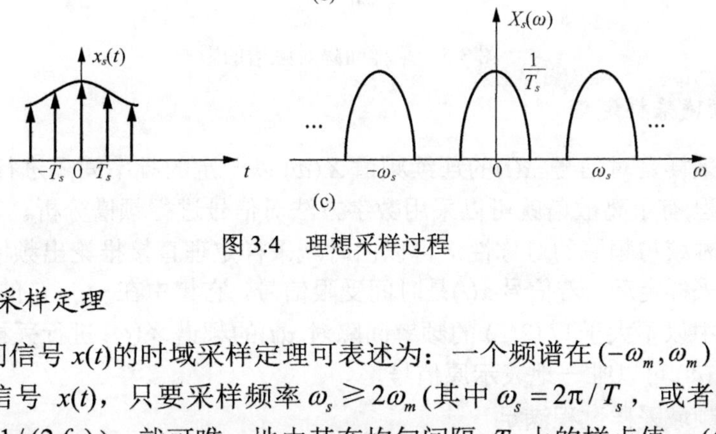

(c)

图 3.4　理想采样过程

2. 时域采样定理

连续时间信号 $x(t)$的时域采样定理可表述为：一个频谱在 $(-\omega_m, \omega_m)$ 以外为零的频带有限信号 $x(t)$，只要采样频率 $\omega_s \geqslant 2\omega_m$ (其中 $\omega_s = 2\pi / T_s$，或者采样间隔 $T_s \leqslant \pi / \omega_m = 1/(2f_m)$)，就可唯一地由其在均匀间隔 T_s 上的样点值 $x_s(t)=x_s(nT_s)$ 确定。

时域采样定理指出，为了能从取样信号 $x_s(t)$中恢复原信号 $x(t)$，需要满足以下两个条件：

(1) $x(t)$必须是带限信号，其频谱函数在$|\omega| \geqslant \omega_m$ 为零；

(2) 取样频率不能过低，必须满足 $\omega_s \geqslant 2\omega_m$，或者说取样间隔不能太长，必须满足 $T_s \leqslant \pi / \omega_m$，否则将在频域发生频谱混叠现象，无法恢复原信号。

通常，把最低允许取样频率 $2\omega_m$ 称为奈奎斯特(Nyquist)率；对应于 1/2 奈奎斯特率的频率 ω_m 称为奈奎斯特频率；把最大允许取样间隔 $\pi/\omega_m = 1/(2f_m)$ 称为奈奎斯特间隔。

当采样过程不满足时域采样定理时,采样信号的频谱在周期性延拓的过程中将出现频谱混叠。图 3.5 给出了当采样频率 $\omega_s \geqslant 2\omega_m$ (不混叠时)及 $\omega_s < 2\omega_m$ (混叠时)两种情况下冲激采样信号的频谱。出现频谱混叠时，无法从采样信号频谱中恢复原连续时间信号的频谱，也就无法恢复原连续时间信号，即信息丢失。

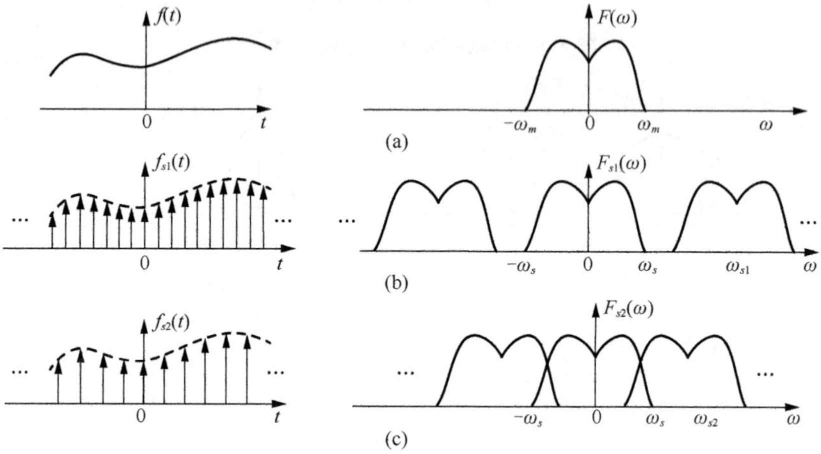

图 3.5　采样间隔对频谱的影响

3. 频域采样定理

频域采样是对信号 $x(t)$的连续频谱 $X(\omega)$ 以一定的频率间隔进行采样,得到离散谱的过程,有了离散谱就可以采用数字方法对信号进行频谱分析。

根据时域与频域的对称性，可以由时域采样定理直接推论出频域采样定理。

频域采样定理：若信号 $x(t)$是时间受限信号，它集中在 $-t_m \sim t_m$ 的时间范围内，若在频域中以不大于 $1/(2t_m)$ 的频率间隔对 $x(t)$的频谱 $X(\omega)$ 进行采样，则采样后的频谱 $X_1(\omega)$ 可以唯一地表示原信号。

假设频域采样过程满足

$$X_1(\omega) = X(\omega)\delta_{\omega_1}(\omega)$$

式中，$\delta_{\omega_1}(\omega) = \sum_{n=-\infty}^{\infty}\delta(\omega - n\omega_1)$ 。根据时域卷积定理，可知

$$x_1(t) = x(t) * \frac{1}{\omega_1}\sum_{n=-\infty}^{\infty}\delta\left(t - nT_1\right)$$

这样，就得到了 $X(\omega)$ 被采样后 $X_1(\omega)$ 所对应的时间函数为

$$x_1(t) = \frac{1}{\omega_1}\sum_{n=-\infty}^{\infty}x\left(t - nT_1\right)$$

上式表明：若 $x(t)$的频谱 $X(\omega)$ 被间隔为 ω_1 的冲激序列在频域中采样，则在时域中等效于 $x(t)$以 T_1 为周期而重复出现。

从物理概念上不难理解，因为在频域中对 $X(\omega)$ 进行采样，等效于 $x(t)$在时域中重复。只要采样间隔不大于$1/(2t_m)$，则在时域中波形不会产生混叠，采用矩形脉冲作为选通信号，就可以无失真地恢复出原信号 $x(t)$。

通过上面时域与频域的采样性的讨论可知，信号时域或频域采样都呈现出重复性。

3.2　离散信号的傅里叶变换

离散傅里叶变换(discrete Fourier transform, DFT)是有限长序列傅里叶表示式，它本身也是一个序列，而不是一个连续函数，它相当于把信号的傅里叶变换进行等频率间隔取样。

为了便于更好地理解 DFT 的概念，先讨论周期序列及其离散傅里叶级数(discrete Fourier series，DFS)表示。

1. 离散傅里叶级数

设 $\tilde{x}(n)$ 来表示一个周期为 N 的周期序列，即

$$\tilde{x}(n)=\tilde{x}(n+kN),\quad k\text{为任意整数}$$

周期序列不能进行 z 变换，因为其在 $n=-\infty\sim+\infty$都周而复始永不衰减，即 z 平面上没有收敛域。但是，正如连续时间周期信号可用傅里叶级数表达，周期序列也可以用离散的傅里叶级数来表示，于是周期序列的离散傅里叶级数变换对为

$$\tilde{X}(k)=\mathrm{DFS}[\tilde{x}(n)]=\sum_{n=0}^{N-1}\left[\tilde{x}(n)\mathrm{e}^{-\mathrm{j}(2\pi/N)kn}\right]=\sum_{n=0}^{N-1}\left[\tilde{x}(n)W_N^{nk}\right]\tag{3.2}$$

$$\tilde{x}(n)=\mathrm{IDFS}\left[\tilde{X}(k)\right]=\frac{1}{N}\sum_{k=0}^{N-1}\left[\tilde{X}(k)\mathrm{e}^{\mathrm{j}(2\pi/N)kn}\right]=\frac{1}{N}\sum_{k=0}^{N-1}\left[\tilde{X}(k)W_N^{-nk}\right]\tag{3.3}$$

式中，$W_N=\mathrm{e}^{-\mathrm{j}(2\pi/N)}$，称为旋转因子；DFS[·]为离散傅里叶级数变换；IDFS[·]为离散傅里叶级数逆变换。

DFS 变换对公式表明，一个周期序列虽然是无穷长序列，但是这种无穷长序列实际上只有 N 个序列值的信息是有用的，因此周期序列与有限长序列有着本质的联系。

例 3.1　已知周期序列 $x(n)$ 如图 3.6(a)所示，求其离散傅里叶级数的系数 $X(k)$。

解　$x(n)$ 的周期为 N=10，有

$$X(k)=\sum_{n=0}^{N-1}\left[x(n)\mathrm{e}^{-\mathrm{j}\frac{2\pi}{N}kn}\right]=\sum_{n=0}^{4}\mathrm{e}^{-\mathrm{j}\frac{\pi}{5}kn}$$

$$=\begin{cases}5, & k=10r\left(r=0,\pm1,\pm2,\cdots\right)\\ \dfrac{1-\mathrm{e}^{-\mathrm{j}\pi k}}{1-\mathrm{e}^{-\mathrm{j}\frac{\pi}{5}k}}=\dfrac{\mathrm{e}^{-\mathrm{j}\frac{\pi k}{2}}\left(\mathrm{e}^{\mathrm{j}\frac{\pi k}{2}}-\mathrm{e}^{-\mathrm{j}\frac{\pi k}{2}}\right)}{\mathrm{e}^{-\mathrm{j}\frac{\pi k}{10}}\left(\mathrm{e}^{\mathrm{j}\frac{\pi k}{10}}-\mathrm{e}^{-\mathrm{j}\frac{\pi k}{10}}\right)}=\dfrac{\sin\left(\dfrac{\pi k}{2}\right)}{\sin\left(\dfrac{\pi k}{10}\right)}\mathrm{e}^{-\mathrm{j}\frac{2\pi k}{5}}, & \text{其他}\end{cases}$$

则 $X(k)$在一周期内的幅度值为

$$|X(0)|=5$$
$$|X(1)|=|X(9)|=3.23$$
$$|X(2)|=|X(8)|=0$$
$$|X(3)|=|X(7)|=1.23$$
$$|X(4)|=|X(6)|=0$$
$$|X(5)|=1$$

则 $x(n)$的幅度谱$|X(k)|\sim k$，如图 3.6(b)所示。

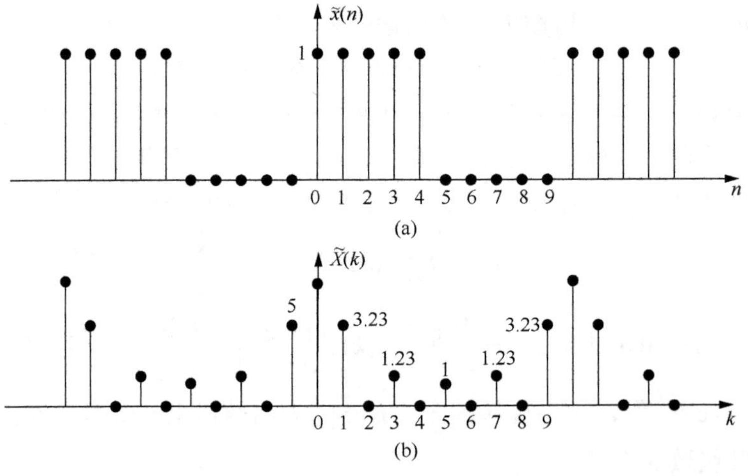

图 3.6　例 3.1 图

2. 离散傅里叶变换

设序列 $x(n)$为有限长序列，长度为 N，即

$$x(n)=\begin{cases}x(n), & 0\leqslant n\leqslant N-1\\ 0, & \text{其他}\end{cases}$$

假定一个周期序列 $\tilde{x}(n)$，它由长度为 N 的有限长序列 $x(n)$ 延拓而成，它们的关系为

$$\begin{cases} \tilde{x}(n)=\sum_{r=-\infty}^{\infty} x(n+rN) \\ x(n)=\begin{cases} \tilde{x}(n), & 0\leqslant n\leqslant N-1 \\ 0, & \text{其他} \end{cases} \end{cases}$$

根据上式，通常把 $x(n)$的第一个周期 $0\leqslant n\leqslant N-1$ 定义为“主值区间”，故 $x(n)$是 $\tilde{x}(n)$ 的“主值序列”，$\tilde{x}(n)$ 是 $x(n)$的周期延拓。由于 $x(n)$的长度为 N，对于不同 r 值 $x(n+rN)$ 之间彼此并不重叠，因此上式可以写成

$$x(n)=x(n \text{ 模 } N)=x((n))_N \tag{3.4}$$

用 $((n))_N$ 表示(n 模 N)，其在数学上就是表示“n 对 N 取余数(或模值)”。若 $n=n_1+mN$，$0\leqslant n_1\leqslant N-1$，$m$ 为整数，则 n_1 为 n 对 N 的余数，无论 n_1 加上多少倍的 N，其余数皆为 n_1，也就是说，周期性重复出现的 $x((n))_N$ 数值是相等的。

例 3.2　已知周期序列 $x(n)$的周期 N=6，分别求 n=8 和 n=−4 对 N 的余数。

解　因为 $n=2+1\times 6$，所以 $((8))_6=2$；因为 $n=2+(-1)\times 6$，所以 $((-4))_6=2$。因此，$x(8)=x((8))_6=x(2)$，$x(-4)=x((-4))_6=x(2)$。

同理，频域的周期为 N 的周期序列 $\tilde{X}(k)$ 也可以看成 N 点有限长序列 $X(k)(0\leqslant k\leqslant N-1)$，以 N 为周期的周期延拓，而将 $X(k)$看成 $\tilde{X}(k)$ 的主值序列，即

$$X(k)=X((k))_N$$

由此可知，由于离散傅里叶级数对公式的求和都只限于主值区间(0~N−1)，它们完全适用于主值序列 $x(n)$与 $X(k)$，因此可得到一个新的定义：有限长序列离散傅里叶变换定义。

长度为 N 的有限长序列 $x(n)$，其离散傅里叶变换 $X(k)$仍是一个长度为 N 的有限长序列，它们的关系为

$$\begin{cases} X(k)=\mathrm{DFT}[x(n)]=\sum_{n=0}^{N-1}\left[x(n)W_N^{kn}\right], & 0\leqslant k\leqslant N-1 \\ x(n)=\mathrm{IDFT}[X(k)]=\dfrac{1}{N}\sum_{k=0}^{N-1}\left[X(k)W_N^{-kn}\right], & 0\leqslant n\leqslant N-1 \end{cases}$$

由上式可知，N 点的有限长序列的频谱仅有 N 个采样点。N 点的有限长离散信号 $x(n)$可以由 N 个复振幅为 $X(k)/N$ 离散谐波叠加，然后取 N 个值而构成。利用上式，$x(n)$与 $X(k)$是一个有限长序列离散傅里叶变换对，已知 $x(n)$就能唯一地确定 $X(k)$，同样已知 $X(k)$也能唯一地确定 $x(n)$，实际上 $x(n)$与 $X(k)$都是长度为 N 的序列(复序列)，都有 N 个独立值，因此具有等量的信息。但要注意的是，在涉及

DFT 关系的场合，有限长序列总是表示成周期序列的一个周期，即有限长序列的 DFT 变换对具有隐含的周期性。

根据图 3.7 所示的 DFT 导出过程，可以进一步理解 DFT 的周期延拓特性。

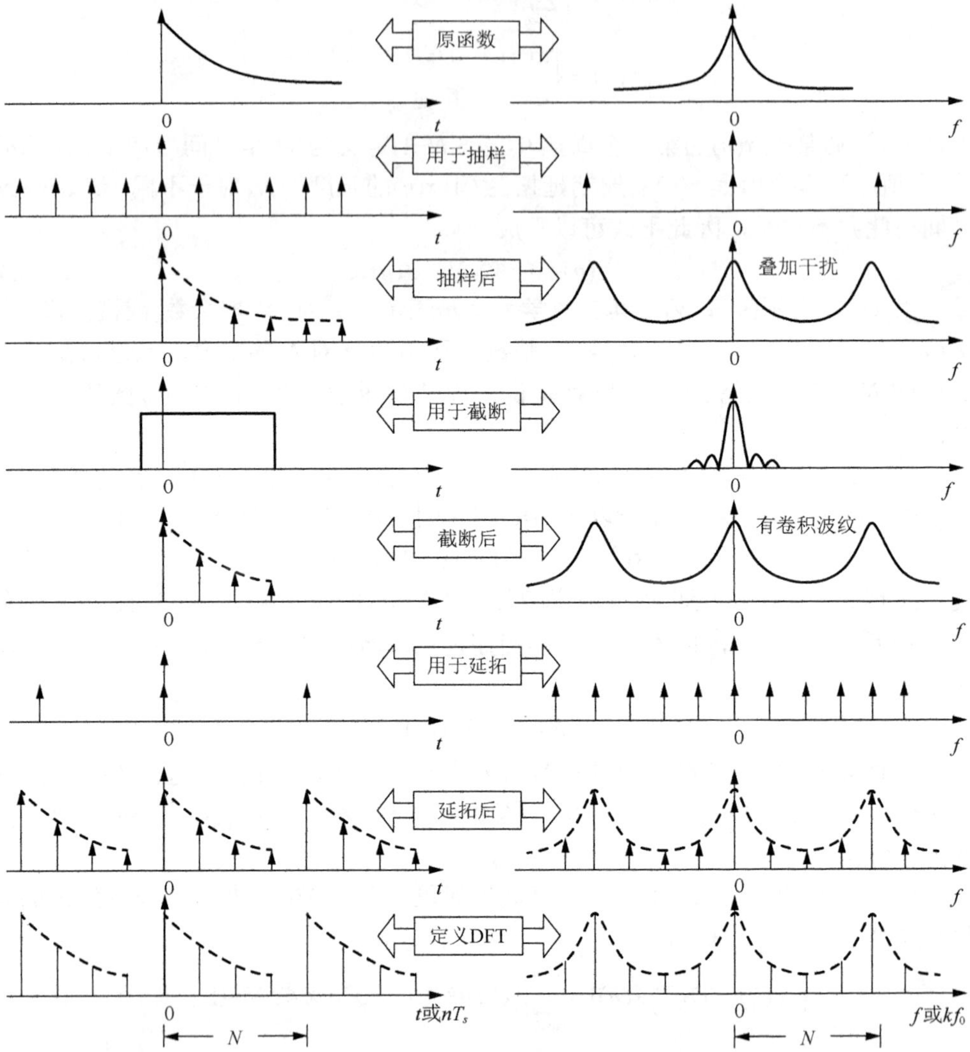

图 3.7　DFT 推导过程示意图

(1) 时域采样。

目的：解决信号的离散化问题。

效果：连续信号离散化使得信号的频谱被周期延拓。

(2) 时域截断。

原因：工程上无法处理时间无限信号。

方法：通过窗函数(一般用矩形窗)对信号进行逐段截取。

结果：时域乘以矩形脉冲信号，频域相当于和采样函数卷积。

(3) 时域周期延拓。

目的：要使频率离散，就要使时域变成周期信号。

方法：周期延拓中的搬移通过与 $\delta(t-nT_s)$ 的卷积来实现。

表示：延拓后的波形在数学上可表示为原始波形与冲激串序列的卷积。

结果：周期延拓后的周期函数具有离散谱。

(4) 经采样、截断和延拓后，信号时域和频域都是离散、周期的。

由此可知，DFT 是把有限长序列作为周期序列的一个周期，对有限长序列的傅里叶分析，DFT 的特点是无论在时域还是频域都是有限长序列。

例 3.3　已知时间序列 $x(n)=\{1,0,0,1\}$，求其频谱序列 $X(k)$。

解　由 DFT 公式 $X(k)=\sum_{n=0}^{N-1}\left[x(n)\mathrm{e}^{-\mathrm{j}\frac{2\pi}{N}kn}\right]$ 可知

$$X(k)=\sum_{n=0}^{3}\left[x(n)\mathrm{e}^{-\mathrm{j}\frac{2\pi}{N}kn}\right],\quad k=0,1,2,3$$

所以

$$X(0)=\sum_{n=0}^{3}\left[x(n)\mathrm{e}^{-\mathrm{j}\frac{2\pi}{4}k\times 0}\right]=\sum_{n=0}^{3}x(n)=1+0+0+1=2$$

$$X(1)=\sum_{n=0}^{3}\left[x(n)\mathrm{e}^{-\mathrm{j}\frac{2\pi}{4}k\times 1}\right]=\sum_{n=0}^{3}\left[x(n)(-\mathrm{j})^n\right]=1+0+0+\mathrm{j}=1+\mathrm{j}$$

$$X(2)=\sum_{n=0}^{3}\left[x(n)\mathrm{e}^{-\mathrm{j}\frac{2\pi}{4}k\times 2}\right]=\sum_{n=0}^{3}\left[x(n)\mathrm{e}^{-\mathrm{j}n\pi}\right]=\sum_{n=0}^{3}\left[x(n)(-1)^n\right]=1+0+0+(-1)=0$$

$$X(3)=\sum_{n=0}^{3}\left[x(n)\mathrm{e}^{-\mathrm{j}\frac{2\pi}{4}k\times 3}\right]=\sum_{n=0}^{3}\left[x(n)(\mathrm{j})^n\right]=1+0+0-\mathrm{j}=1-\mathrm{j}$$

$$X(k)=\{2,1+\mathrm{j},0,1-\mathrm{j}\}$$

其振幅谱序列为 $|X(k)|=\{2,\sqrt{2},0,\sqrt{2}\}$，其相位谱序列为 $\varphi(k)=\{0,\pi/4,不定,-\pi/4\}$，其图形如图 3.8 所示。

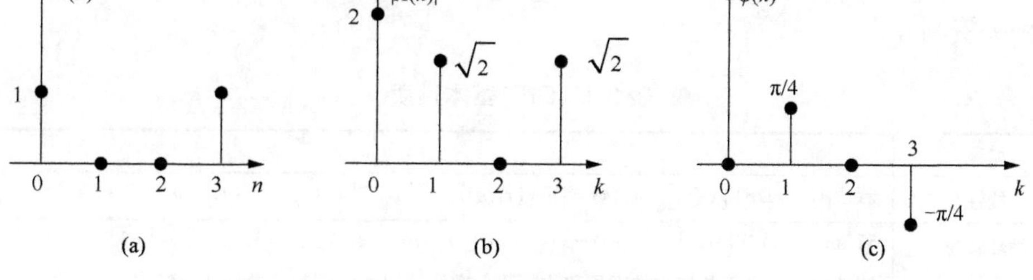

图 3.8　有限长序列及其频谱

例 3.4　计算 $x(n)=R_4(n)$ 的 4 点 DFT$X_1(k)$和 6 点 DFT$X_2(k)$。

解　根据离散傅里叶变换定义，可得

$$X_1(k)=\sum_{n=0}^{3}\left[x(n)W_4^{kn}\right]=\sum_{n=0}^{3}\mathrm{e}^{-\mathrm{j}\frac{2\pi}{4}kn}=\sum_{n=0}^{3}\mathrm{e}^{-\mathrm{j}\frac{\pi}{2}kn}=1+\mathrm{e}^{-\mathrm{j}\frac{\pi}{2}k}+\mathrm{e}^{-\mathrm{j}\pi k}+\mathrm{e}^{-\mathrm{j}\frac{3\pi}{2}k},\quad 0\leqslant k\leqslant 3$$

式中，$X_1(0)=4$，$X_1(1)=X_1(2)=X_1(3)=0$。

$$X_2(k)=\sum_{n=0}^{5}\left[x(n)W_6^{kn}\right]=\sum_{n=0}^{5}\mathrm{e}^{-\mathrm{j}\frac{2\pi}{6}kn}=\sum_{n=0}^{5}\mathrm{e}^{-\mathrm{j}\frac{\pi}{3}kn}=1+\mathrm{e}^{-\mathrm{j}\frac{\pi}{3}k}+\mathrm{e}^{-\mathrm{j}\frac{2\pi}{3}k}+\mathrm{e}^{-\mathrm{j}\pi k},\quad 0\leqslant k\leqslant 5$$

式中，$X_2(0)=4$，$X_2(1)=-\mathrm{j}\sqrt{3}$，$X_2(2)=1$，$X_2(3)=0$，$X_2(4)=1$，$X_2(5)=\mathrm{j}\sqrt{3}$。

$X_1(k)$和$X_2(k)$分别为对 $x(n)$的连续频谱 $X(\mathrm{e}^{\mathrm{j}\omega})$主值区间$[0,2\pi)$内的 4 点和 6 点等间隔采样，相应的连续幅度谱$\left|X(\mathrm{e}^{\mathrm{j}\omega})\right|\sim\omega$(仅画出了 $0\sim 2\pi$ 部分)和数字幅度谱$\left|X_1(k)\right|\sim k$、$\left|X_2(k)\right|\sim k$如图 3.9 所示。

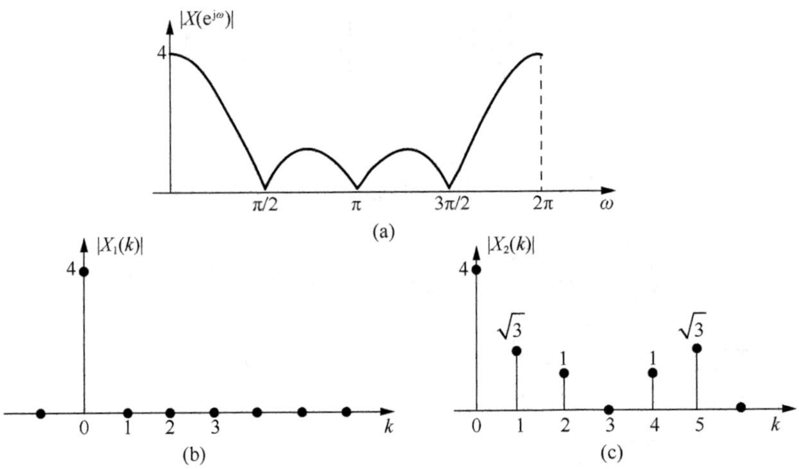

图 3.9　连续幅度谱和数字幅度谱

3. DFT 性质

和连续傅里叶变换一样，离散傅里叶变换也有许多重要性质，理解和掌握这些性质对更好地运用离散傅里叶变换是有益的。DFT 性质如表 3.1 所示(证明请参阅相关资料)。

表 3.1　DFT 基本性质

名称	描述
线性	若 $X_1(k)=\mathrm{DFT}[x_1(n)]$，$X_2(k)=\mathrm{DFT}[x_2(n)]$，则 $\mathrm{DFT}[ax_1(n)+bx_2(n)]=aX_1(k)+bX_2(k)$
循环移位 (圆周移位)	若 $X(k)=\mathrm{DFT}[x(n)]$，$x_m(n)=x((n+m))_N R_N(n)$，则 $X_m(k)=\mathrm{DFT}[x_m(n)]=W_N^{-mk}X(k)$ 该性质表明有限长序列的圆周移位导致频谱线性相移，而对频谱幅度无影响

续表

名称	描述
调制特性	$\mathrm{IDFT}\left[X\left((k+l)\right)_N R_N(k)\right]=W_N^{nl}x(n)$，该特性表明时域序列的调制等效于频域的圆周移位
共轭对称性	设 $x^*(n)$ 为 $x(n)$ 的共轭序列，则 $\mathrm{DFT}\left[x^*(n)\right]=X^*(N-k)$
循环卷积定理	设 $x_1(n)$，$x_2(n)$ 是长度为 N 的有限长序列，若 $X_1(k)=\mathrm{DFT}\left[x_1(n)\right],X_2(k)=\mathrm{DFT}\left[x_2(n)\right]$ 且 $Y(k)=X_1(k)\cdot X_2(k)$，则 $y(n)=\mathrm{IDFT}\left[Y(k)\right]=\left[\sum_{m=0}^{N-1}x_1(m)x_2\left((n-m)\right)N\right]R_N(n)=\left[\sum_{m=0}^{N-1}x_2(m)x_1\left((n-m)\right)N\right]R_N(n)$
帕斯瓦尔定理	$\sum_{n=0}^{N-1}\lVert x(n)\rVert^2=\frac{1}{N}\sum_{k=0}^{N-1}\lVert X(k)\rVert^2$

4. 用 DFT 近似分析连续时间信号频谱时出现的问题

在用 DFT 分析连续时间信号频谱的过程中，需要对连续时间信号频谱进行采样和截取处理，同时也带来以下问题。

1) 混叠失真

对连续时间信号进行频谱分析时，首先要进行采样，为了避免混叠失真，必须满足采样定理。一般应取采样频率 f_s=(2.5~3.0) f_m (f_m 为连续时间信号频谱的最高频率)。对频谱很宽或无限宽的连续时间信号，一般采用预滤波法,在采样前先滤除其不必要的高频分量(频率超过 f_m 的部分)，以避免采样频率过高实现困难或频谱混叠。

在用 DFT 对信号频谱进行近似分析时，它所能够分析的信号频谱的最高频率 f_m 和频率分辨力之间存在着矛盾。在采样点数 N 一定时,若提高最高频率 f_m，则需增大采样频率 f_s (采样定理要求 $f_s \geqslant f_m$)，由于 $f_s = NF_0$ (F_0 为频域采样间隔，Hz)，因此 F_0 增大，即频域采样间隔加大，因此频率分辨力下降；若减小 F_0 以提高频率分辨力，则 f_s 随之减小。因此 DFT 所能分析的最高频率 f_m 必须减小。所以兼顾最高频率和频率分辨力的唯一办法就是增加记录长度的采样点数 N，即要满足

$$N=\frac{f_s}{F_0}>\frac{2f_m}{F_0} \tag{3.5}$$

例 3.5　设有一频谱分析用的信号处理器，采样点数必须为 2 的整数幂，要求频率分辨力 $F_0 \leqslant 10\text{Hz}$，如果采用的采样间隔为 0.1ms，试确定：①最小记录长度 T_0；②允许处理的信号最高频率 f_m；③最少的采样点数。

解　① 由于记录长度 T_0 和频率分辨力 F_0 之间满足 $T_0 = 1/F_0$，因此最小记录长度为 $T_0 = 1/F_0 = 1/10 = 0.1\text{s}$。

② 采样频率 $f_s = 1/0.1\text{ms} = 10\text{kHz}$，由于 $f_s \geqslant 2f_m$，则 $f_m \leqslant f_s/2 = 5\text{kHz}$。因此允许处理的信号最高频率 $f_m = 5\text{kHz}$。

③ 由式(3.5)可得，$N_{\min}=2f_m/F_0=2\times5\times10^3/10=10^3$，由于采样点数必须为2的整数幂，因此最少的采样点数应取$2^{10}=1024$。

2) 频谱泄漏

若连续时间信号持续时间很长或无限长，用DFT分析其频谱时必须将时域采样序列$x_0(n)$截取有限长，得到N点有限长序列$x(n)$，这就相当于在时域乘了一个矩形窗函数，即

$$x(n)=x_0(n)R_N(n)$$

由序列傅里叶变换的卷积和定理可知，时域的乘积对应于频域的卷积和，又由于$R_N(n)$的频谱为sinc()函数而且无限长，因此$x(n)$的频谱相对于原信号频谱出现拖尾，造成频谱扩散，这就是频谱的泄漏。

频谱的泄漏有可能使得最高频率超过奈奎斯特频率，从而造成混叠失真。为了减小泄漏，一般采用变化缓慢的窗函数(如升余弦函数等)取代矩形窗函数来进行截取。

3) 栅栏效应

由于DFT计算的频谱是离散的，谱线只限制在基频F_0(频域采样间隔)的整数倍处，而相邻谱线之间的频谱是未知的，这就不能反映原信号的全部频谱特性，就好像通过一个“栅栏”看景象一样，这种现象称为栅栏效应。减小栅栏效应的方法就是增加频域的采样点数，减小采样间隔，使谱线变密。

例 3.6 用MATLAB分析信号$x_a(t)=\cos(200\pi t)+\sin(100\pi t)$的频谱结构，分别选0.04s、0.16s和0.32s，3种截取长度为T_0，以观察用DFT进行频谱分析时存在的混叠失真、频谱泄漏等现象。

解 相应的MATLAB程序为:

```
N=To*fs;N1=[N,4*N,8*N];
st=['|X1(jf)|';'|X4(jf)|';'|X8(jf)|'];
fs=400;     T=1/fs;    To=0.04;
N=To*fs;   N1=[N,4*N,8*N];
st=['|X1(jf)|';'|X4(jf)|';'|X8(jf)|'];
for m=1:3;n=1:N1(m);
xn=cos(200*pi*n*T)+sin(100*pi*n*T);
Xk=fft(xn,4096);
fk=[0:4095]/4096/T;subplot(3,2,2*m-1);
plot(fk,abs(Xk)/max(abs(Xk)));
ylabel(st(m,:));
if m==1title('矩形窗截取');
end
end
```

程序的执行结果如图3.10所示(频谱图的变量为f, Hz)。

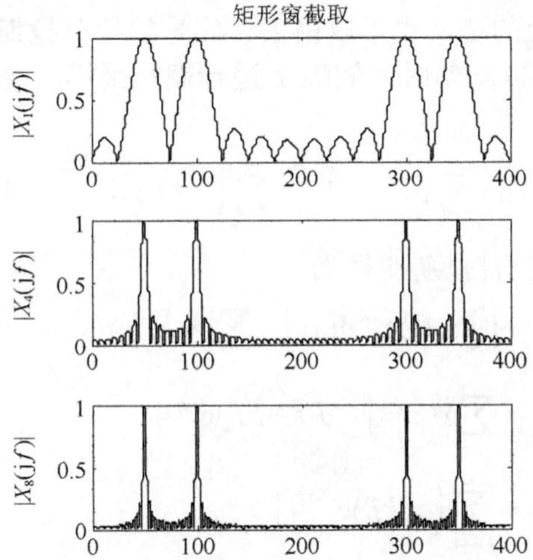

图 3.10 MATLAB 频谱分析结果

3.3 离散信号的 z 变换

z 变换是离散信号分析的重要工具，其地位和作用犹如拉普拉斯变换对连续信号的作用。由 z 变换可以得到由连续信号过渡到离散信号后所出现的一些特殊问题，从而使信号分析大为简化。

1. z 变换定义

对于离散时间信号，即序列 $x(n)=(\cdots,x(-1),x(0),x(1),\cdots)$，其 z 变换定义为

$$X(z)=\sum_{n=-\infty}^{\infty}\left[x(n)z^{-n}\right] \tag{3.6}$$

式中，z 是一个复变量；$X(z)$ 称为序列 $x(n)$ 的像函数；$x(n)$ 称为函数 $X(z)$ 的原序列。

由原序列 $x(n)$ 求其像函数 $X(z)$ 的过程称为 z 正变换，简称 z 变换。记为

$$X(z)=Z\{x(n)\}$$

反之，由 $X(z)$ 确定 $x(n)$ 的过程称为 z 反变换，记为

$$x(n)=Z^{-1}\{X(z)\}$$

可见，式(3.6)定义的 z 变换是将时域离散时间序列 $x(n)$ 变换为 z 域的连续函数 $X(z)$。如果 $x(n)$ 为双边序列，则利用式(3.6)对其进行的 z 变换称为双边 z 变换。如果仅考虑时的 $k\geqslant 0$ 序列 $x(n)$ 值，则可定义单边 z 变换为

$$X(z)=\sum_{n=0}^{\infty}\left[x(n)z^{-n}\right] \tag{3.7}$$

离散信号的 z 变换的定义也可以由采样信号的拉普拉斯变换引出。

一个连续信号 $x(t)$以均匀时间间隔 T 进行理想采样，得到采样信号 $x_s(t)$，可表示为

$$x(t)\sum_{k=-\infty}^{\infty}\delta(t-kT)=\sum_{k=-\infty}^{\infty}\left[x(kT)\delta(t-kT)\right]$$

采样信号 $x_s(t)$ 的拉普拉斯变换为

$$\begin{aligned}X_s(s)&=\int_{-\infty}^{\infty}x_s(t)\mathrm{e}^{-st}\mathrm{d}t=\int_{-\infty}^{\infty}\sum_k\left[x(kT)\delta(t-kT)\right]\mathrm{e}^{-st}\mathrm{d}t\\&=\sum_k x(kT)\int_{-\infty}^{\infty}\delta(t-kT)\mathrm{e}^{-st}\mathrm{d}t\\&=\sum_{k=-\infty}^{\infty}\left[x(kT)\mathrm{e}^{-skT}\right]\end{aligned}$$

令

$$z=\mathrm{e}^{sT}\quad 或\quad s=\frac{1}{T}\ln z \tag{3.8}$$

则式(3.8)可写成

$$X_s(s)\Big|_{s=\frac{1}{T}\ln z}=\sum_{k=-\infty}^{\infty}\left[x(kT)z^{-k}\right]=X(z) \tag{3.9}$$

可见，离散信号 $x(n)$ 的 z 变换 $X(z)$ 是采样信号 $x_s(t)$ 的拉普拉斯变换 $X_s(s)$ 将变量 $s=(1/T)\ln z$ 代换为 z 变量的结果。式(3.8)、式(3.9)反映了连续时间系统和离散时间系统以及 s 域与 z 域之间的重要关系。

2. 常用序列 z 变换

表 3.2 为一些常用序列的 z 变换公式。

表 3.2 常用序列的 z 变换

序号	序列 $f(k)$ $(k\geqslant 0)$	z 变换 $F(z)$	收敛域
1	$\delta(k)$	1	$\|z\|\geqslant 0$
2	$u(k)$	$\frac{z}{z-1}$	$\|z\|>1$
3	a^k	$\frac{z}{z-a}$	$\|z\|>a$
4	$a^{k-1}u(k-1)$	$\frac{1}{z-a}$	$\|z\|>a$
5	k	$\frac{z}{(z-1)^2}$	$\|z\|>1$

续表

序号	序列 $f(k)$ $(k\geqslant 0)$	z 变换 $F(z)$	收敛域
6	k^2	$\frac{z(z+1)}{(z-1)^3}$	$\|z\|>1$
7	k^3	$\frac{z(z^2+4z+1)}{(z-1)^4}$	$\|z\|>1$
8	$\frac{k(k-1)}{2}$	$\frac{z}{(z-1)^3}$	$\|z\|>1$
9	$\frac{k(k+1)}{2}$	$\frac{z^2}{(z-1)^3}$	$\|z\|>1$
10	$\frac{(k+2)(k+1)}{2}$	$\frac{z^3}{(z-1)^3}$	$\|z\|>1$
11	ka^{k-1}	$\frac{z}{(z-a)^2}$	$\|z\|>a$
12	ka^k	$\frac{az}{(z-a)^2}$	$\|z\|>a$
13	$(k+1)a^k$	$\frac{z^2}{(z-a)^2}$	$\|z\|>a$
14	k^2a^k	$\frac{az(z+a)}{(z-a)^3}$	$\|z\|>a$
15	$\cos(\omega_0 kT)$	$\frac{z[z-\cos(\omega_0 T)]}{z^2-2z\cos(\omega_0 T)+1}$	$\|z\|>1$
16	$\sin(\omega_0 kT)$	$\frac{z\sin(\omega_0 T)}{z^2-2z\cos(\omega_0 T)+1}$	$\|z\|>1$
17	$\mathrm{e}^{-ak}\cos(\omega_0 kT)$	$\frac{z[z-\mathrm{e}^{-a}\cos(\omega_0 T)]}{z^2-2z\mathrm{e}^{-a}\cos(\omega_0 T)+\mathrm{e}^{-2a}}$	$\|z\|>\mathrm{e}^{-a}$
18	$\mathrm{e}^{-ak}\sin(\omega_0 kT)$	$\frac{z\mathrm{e}^{-a}\sin(\omega_0 T)}{z^2-2z\mathrm{e}^{-a}\cos(\omega_0 T)+\mathrm{e}^{-2a}}$	$\|z\|>\mathrm{e}^{-a}$
19	$\frac{1}{m!}(k+1)(k+2)\cdots(k+m)a^k,\quad m\geqslant 1$	$\frac{z^{m+1}}{(z-a)^{m+1}}$	$\|z\|>a$

3. z 变换基本性质和定理

与连续时间信号的拉普拉斯变换相似，可由 z 变换的定义推出一些基本性质和定理。这些基本性质反映了序列与其 z 变换之间存在的一些关系，利用这些性质不仅可以方便地求出序列 z 变换的像函数，而且可由像函数求得原序列。表 3.3 为 z 变换的基本性质和定理(证明从略)。

表 3.3　常用 z 变换的基本性质和定理

名称	时域序列关系	z 域像函数关系
线性	$c_1f_1(k)+c_2f_2(k)$	$c_1F_1(z)+c_2F_2(z)$
移位性	(1) $f(k\pm m)$ (2) $f(k-m)U(k)^*$ $f(k-m)U(k-m)^*$ $f(k+m)U(k)^*$	$z^{\pm m}F(z)$ $z^{-m}\left\{F(z)+\sum\limits_{k=-\infty}^{-1}\left[f(k)z^{-k}\right]\right\}$ $z^{-m}F(z)$ $z^{m}\left\{F(z)-\sum\limits_{k=0}^{m-1}\left[f(k)z^{-k}\right]\right\}$
部分和	$f_1(k)$ $f(k)=\sum\limits_{i=0}^{k}f_1(i)$	$F_1(z)$ $F(z)=\dfrac{z}{z-1}F_1(z)$
折叠性	$f(-k)$	$F(z^{-1})$
z 域尺度变换性	$a^kf(k)$	$F\left(\dfrac{z}{a}\right)$
z 域微分性	$k^mf(k)$	$\left(-z\dfrac{\mathrm{d}}{\mathrm{d}z}\right)^mF(z)$
z 域积分性	$\dfrac{f(k)}{k+m},\quad k+m>0$ $\dfrac{f(k)}{k},\quad k>0$	$z^m\int_z^\infty\dfrac{F(x)}{x^{m+1}}\mathrm{d}x$ $\int_z^\infty\dfrac{F(x)}{x}\mathrm{d}x$
时域卷积定理	$f_1(k)*f_2(k)$	$F_1(k)F_2(k)$
初值定理	$f(0)=\lim\limits_{z\to\infty}F(z)$	$f(m)=\lim z^m\left\{F(z)-\sum\limits_{k=0}^{m-1}\left[f(k)z^{-k}\right]\right\}$
终值定理	$f(\infty)=\lim\limits_{z\to1}\left[\dfrac{z-1}{z}F(z)\right]$	

显然可见，算子 z 有明确的物理意义：z^{-k} 代表时域中的延迟算子，它将采样信号滞后 k 个采样周期；同理，z^k 代表超前环节，它把采样信号超前 k 个采样周期。应当注意，z 变换只反映信号在采样点上的信息，而不能描述采样点间信号的状态。因此 z 变换与采样序列对应，而不对应唯一的连续信号。无论哪种连续信号，只要采样序列一样，其 z 变换就一样。

4. z 变换与拉普拉斯变换的关系

对于一个连续时间信号 $f(t)$，每隔时间 T 采样一次，其采样信号可表示为

$$f_s(t)=f(t)\delta_T(t)=f(t)\sum_{k=-\infty}^{\infty}\delta_T(t-kT)=\sum_{k=-\infty}^{\infty}\left[f(kT)\delta_T(t-kT)\right]$$

取上式的双边拉普拉斯变换，则 $f_s(t)$ 的双边拉普拉斯变换为

$$F_s(s)=\int_{-\infty}^{\infty}\left\{\sum_{k=-\infty}^{\infty}\left[f(kT)\delta(t-kT)\right]\right\}\mathrm{e}^{-st}\mathrm{d}t=\sum_{k=-\infty}^{\infty}\left[f(kT)\mathrm{e}^{-kTs}\right] \tag{3.10}$$

取一新的复变量 z，令 $z=\mathrm{e}^{sT}$，则

$$F(z)=\sum_{k=-\infty}^{\infty}\left[f(kT)z^{-k}\right] \tag{3.11}$$

因此，比较式 (3.10)和式(3.11)可知

$$\begin{cases}F_s(s)=F(z)\big|_{z=\mathrm{e}^{sT}}\\ F(z)=F_s(s)\big|_{s=\frac{1}{T}\ln z}\end{cases} \tag{3.12}$$

式中，T 是序列 $f(kT)$ 的时间间隔，重复频率 $\omega_s=2\pi/T$。所以复变量 z 与 s 的关系为

$$\begin{cases}z=\mathrm{e}^{sT}=r\mathrm{e}^{\mathrm{j}\theta}\\ s=\dfrac{1}{T}\ln z=\sigma+\mathrm{j}\omega\end{cases} \tag{3.13}$$

式中，$r=\mathrm{e}^{\sigma T}$；$\theta=\omega T$。

式(3.13)表明 s-z 平面有如下映射关系。

(1) s 平面上的虚轴($\sigma=0$，$s=\mathrm{j}\omega$)映射到 z 平面是单位圆，即$|z|=1$；s 右半平面($\sigma>0$)映射到平面是单位圆外部区域，即$|z|>1$；s 左半平面($\sigma<0$)映射到 z 平面是单位圆内部区域，即$|z|<1$。

(2) s 平面上的实轴($\omega=0, s=\sigma$)映射到 z 平面是正实轴；平行于实轴的直线(ω=常量)映射到 z 平面是始于原点的辐射线；通过 $T=\mathrm{j}k\omega_s/2(k=\pm1,\pm3,\cdots)$而平行于实轴的直线映射到 z 平面是负实轴。

(3) 由于 $\mathrm{e}^{\mathrm{j}\theta}$ 是周期函数，因此在 s 平面上沿虚轴移动对应于 z 平面上沿单位圆周期性旋转，每平移 ω_s，则沿单位圆转一周。因此，z-s 平面映射并不是单值的，而是多值映射的，如图 3.11 所示。

s-z 平面的映射关系如表 3.4 所示。

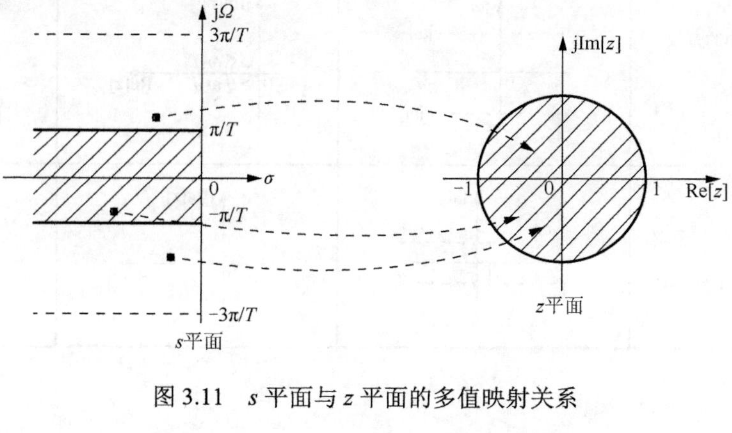

图 3.11　s 平面与 z 平面的多值映射关系

表 3.4　z 平面与 s 平面映射关系

s 平面($s = \mathrm{j}\omega$)		z 平面 $z = r\mathrm{e}^{\mathrm{j}\theta}$	
虚轴 $\begin{cases}\sigma = 0\\ s = \mathrm{j}\omega\end{cases}$	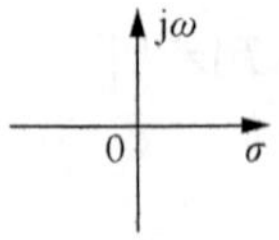	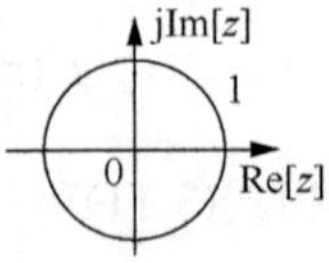	单位圆 $\begin{cases}r = 1\\ \theta\text{任意}\end{cases}$
左半平面 ($\sigma < 0$)	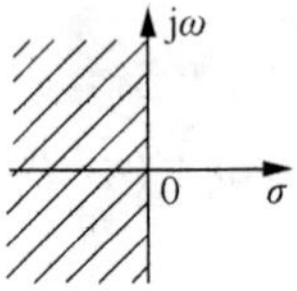	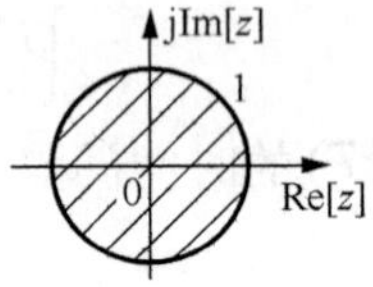	单位圆内 $\begin{cases}r < 1\\ \theta\text{任意}\end{cases}$
右半平面 ($\sigma > 0$)	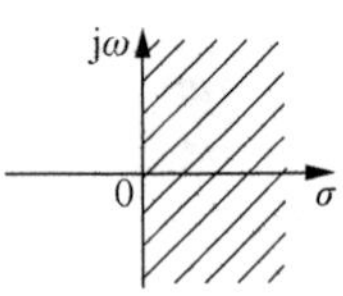	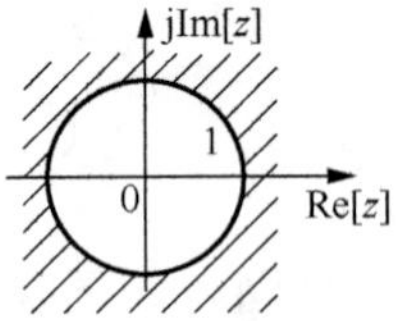	单位圆外 $\begin{cases}r > 1\\ \theta\text{任意}\end{cases}$
平行于虚轴的直线 (σ =常数)	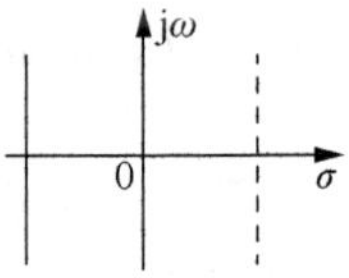	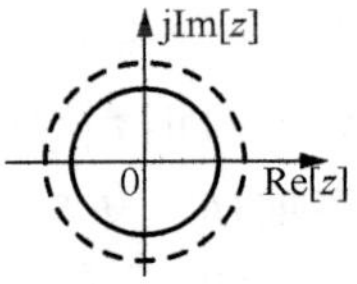	圆 $\begin{cases}\sigma > 0, r > 1\\ \sigma < 0, r < 1\end{cases}$
实轴 $\begin{pmatrix}\omega = 0\\ s = \sigma\end{pmatrix}$	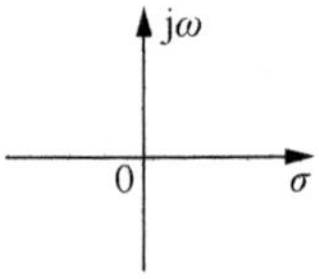	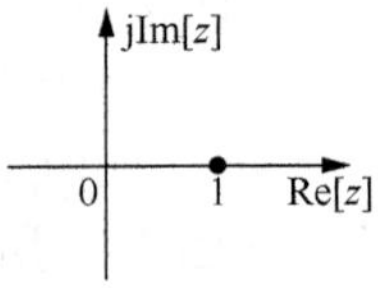	正实轴 $\begin{cases}\theta = 0\\ r\text{任意}\end{cases}$
平行于实轴的直线 (ω =常数)	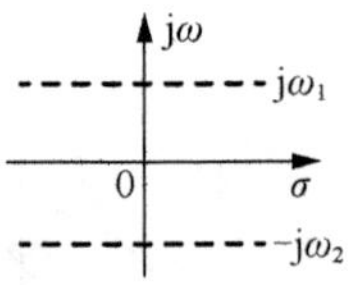	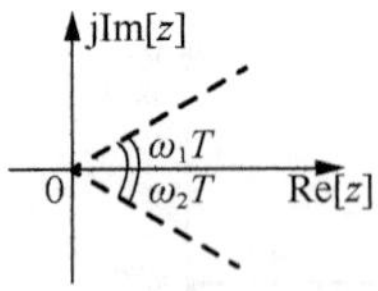	始于原点的辐射线 $\begin{cases}\theta = \text{常数}\\ r\text{任意}\end{cases}$
通过 $\pm\mathrm{j}\dfrac{k\omega_k}{2}$ 平行于实轴的直线(k=1,2,3,…)	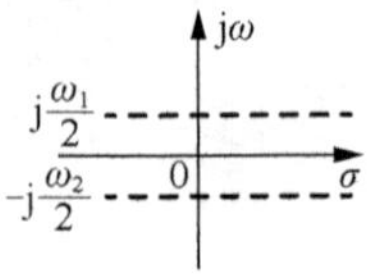	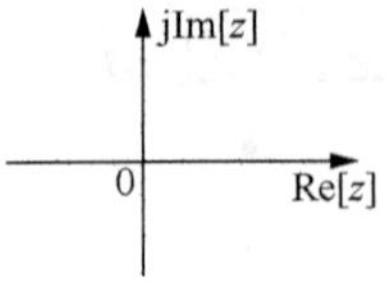	负实轴 $\begin{cases}\theta = \pi\\ r\text{任意}\end{cases}$

3.4　离散傅里叶变换与 z 变换的关系

z 变换与 DFT 的关系是采样和内插的关系，这种关系在实际应用中是很重要的。

设 N 点有限长序列 $x(n)(0\leqslant n\leqslant N-1)$，其 DFT 为

$$X(k)=\sum_{n=0}^{N-1}\left[x(n)W_N^{kn}\right]=\sum_{n=0}^{N-1}\left[x(n)\mathrm{e}^{-\mathrm{j}\frac{2\pi}{N}kn}\right],\quad k=0,1,\cdots,N-1$$

对 $x(n)$ 进行 z 变换：

$$X(z)=Z\left[x(n)\right]=\sum_{n=-\infty}^{\infty}\left[x(n)z^{-n}\right]=\sum_{n=0}^{N-1}\left[x(n)z^{-n}\right] \tag{3.14}$$

由于是有限项求和，因此可以看出，$X(z)$ 只在 z=0 有极点，因此单位圆肯定在其收敛域内。现在将单位圆 $z=\mathrm{e}^{\mathrm{j}\omega}$ ($\omega\in[0,2\pi)$)进行 N 点等间隔采样，即令 $\omega=(2\pi/N)k$，则第 0 个点为 $z=\mathrm{e}^{-\mathrm{j}(2\pi/N)\cdot 0}$，第 k 个点为 $z=\mathrm{e}^{-\mathrm{j}2\pi k/N}$，最后一个分点为 $z=\mathrm{e}^{-\mathrm{j}2\pi(N-1)/N}$。将 z 在单位圆上的这些采样值代入式(3.14)，有

$$X(z)\Big|_{z=\mathrm{e}^{\mathrm{j}\frac{2\pi}{N}k}}=\sum_{n=0}^{N-1}\left[x(n)\mathrm{e}^{-\mathrm{j}\frac{2\pi}{N}kn}\right]=\sum_{n=0}^{N-1}\left[x(n)W_N^{kn}\right],\quad k=0,1,\cdots,N-1 \tag{3.15}$$

将式(3.15)与 DFT 式比较，可知这正是 $x(n)$ 的 DFT 表示式，因此，有限长序列的 DFT 是其 z 变换在单位圆上的采样，如图 3.12 所示。

将有限长序列 $x(n)$ 作为周期序列 $\tilde{x}(n)$ 的一个周期，即 $x(n)=\tilde{x}(n)R_N(n)$，而 $\tilde{x}(n)$ 的 DFS 是 $\tilde{X}(k)$，所以有 $X(k)=\tilde{X}(k)R_N(k)$。已经知道 $X(k)$ 是 $x(n)$ 的 z 变换 $X(z)$ 在 z 平面单位圆上的采样，令 k 值由 0 和 N-1 向两方扩展，即绕单位圆一圈又一圈地对 $x(n)$ 的 z 变换采样，就得到周期序列 $\tilde{x}(n)$ 的 DFS $\tilde{X}(k)$，而单位圆上一周的 z 变换采样正好对应 $\tilde{X}(k)$ 的一个周期。

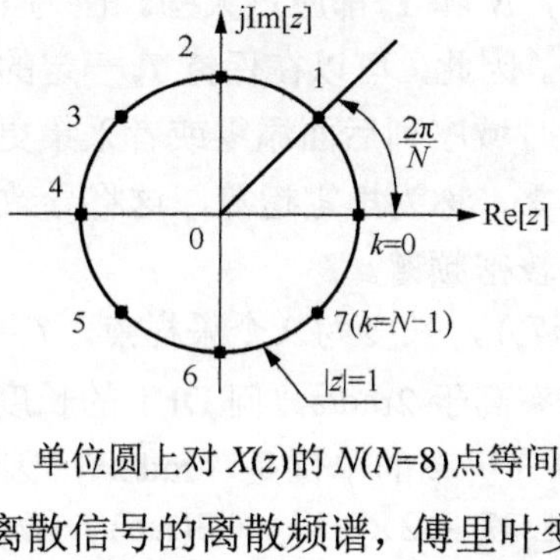

图 3.12　单位圆上对 $X(z)$的 $N(N$=8)点等间隔采样

由于 DFS 或 DFT 是离散信号的离散频谱，傅里叶变换是单位圆 $\mathrm{e}^{\mathrm{j}\omega}$ 上的 z 变换，也就是说，对离散信号在单位圆上进行 z 变换就是对离散信号进行频谱分析，

而在单位圆上采样就可以得到频谱的采样值，即离散频谱，这正是 DFS 或 DFT。

同样，也可以用 $X(k)$ 来表示 $X(z)$，即

$$\begin{aligned} X(z) = Z\left[x(n)\right] &= \sum_{n=0}^{N-1} x(n) z^{-n} = \sum_{n=0}^{N-1} \left\{ \frac{1}{N} \sum_{k=0}^{N-1} \left[X(k) W_N^{-kn} \right] \right\} z^{-n} \\ &= \frac{1}{N} \sum_{k=0}^{N-1} \left[X(k) \sum_{n=0}^{N-1} \left(W_N^{-k} z^{-1} \right)^n \right] \\ &= \frac{1 - z^{-N}}{N} \sum_{k=0}^{N-1} \frac{X(k)}{1 - W_N^{-k} z^{-1}} \end{aligned} \tag{3.16}$$

式(3.16)称为内插公式，该式说明 N 点有限长序列 $x(n)$ 的 z 变换 $X(z)$ 不仅可以通过 $x(n)$ 本身求得，也可以通过 $x(n)$ 的 DFT $X(k)$ 来求得。

DFT 有限长序列的 z 变换在单位圆上等间隔采样而得到，也就是将 z 平面的幅角 ω (ω 也是离散信号的数字角频率)的一周即 2π 进行 N 等分:

$$\omega_k = \frac{2\pi}{N} k, \quad k = 0, 1, \cdots, N-1$$

N 越大，采样频率之间的间隔 $\Delta\omega = \omega_k - \omega_{k-1} = 2\pi/N$ 就越小，频谱分析就越准确、细致，频率分辨率就越高，因此可以将采样频率间隔 $\Delta\omega$ 定义为频率分辨率。由于离散信号的频率还可以用模拟角频率 Ω 和模拟频率 f 表示，而这些频率之间的关系为

$$\omega = \Omega T_s = 2\pi f\ T_s = \frac{2\pi f}{f_s}$$

因此，频率分辨率也可以写为

$$\Delta\Omega = \frac{\Delta\omega}{T_s} = \frac{2\pi}{NT_s} \text{或者} \Delta f = \frac{\Delta\omega}{2\pi T_s} = \frac{1}{NT_s}$$

式中，T_s 为时域信号的采样周期。显然，采样点数 N 越多，时域采样间隔 T_s 越大，Δf 就越小，频率分辨率就越高。

为了提高频率分辨率，N 和 T_s 都应该大些。但为了满足采样定理的条件，T_s 受到信号最高频率的限制。因此，可以在保持 T_s 一定的情况下，增大 N 来提高频率分辨率，这可以通过在时域序列后面添零或者采集更多的数据样本来实现。在序列后面添加一定数目的零，称为填零运算，这将导致较长的 DFT，而得到原始序列的离散傅里叶变换的较密频谱。

例 3.7　已知序列 $x(nT_s)$，长度为 9 个采样点，T_s=0.15s。如果对该序列进行频谱分析，要求频率分辨率高于 2rad/s，问 DFT 的长度 N 最少应该是多少？

解　由于给出的频率分辨率的单位是“rad/s”，因此是模拟角频率，即要求 $\Delta\Omega < 2\text{rad/s}$，于是 $\Delta\omega = \Delta\Omega T_s < 2 \times 0.15 = 0.3(\text{rad})$，故有 $\Delta\omega = 2\pi / N < 0.3$，所以 $N > 2\pi / 0.3 \approx 20.94$，即最少取 N=21，即在序列 $x(nT_s)$ 后面最少应该补 12 个 0。

3.5 快速傅里叶变换算法

离散傅里叶变换不仅具有明确的物理意义，相对于 DTFT 更便于用计算机处理。但是，直至 20 世纪 60 年代，由于数字计算机的处理速度较低以及离散傅里叶变换的计算量较大，离散傅里叶变换长期得不到真正的应用，频谱分析仍大多采用模拟信号滤波的方法解决。直到快速离散傅里叶变换算法(fast Fourier transform，FFT)的提出，才得以显现出离散傅里叶变换的强大功能。FFT 的出现，使 DFT 的运算大大简化，运算时间缩短 1～2 个数量级，使 DFT 的运算在各种数字信号处理系统中得到广泛应用。

1. DFT 运算的特点

对于 N 点有限长序列 $x(n)(0 \leqslant n \leqslant N-1)$，其 DFT 变换对为

$$\begin{cases} X(k) = \mathrm{DFT}\left[x(n)\right] = \sum\limits_{n=0}^{N-1}\left[x(n)W_N^{kn}\right], & 0 \leqslant k \leqslant N-1 \\ x(n) = \mathrm{IDFT}\left[X(k)\right] = \dfrac{1}{N}\sum\limits_{n=0}^{N-1}\left[X(k)W_N^{-kn}\right], & 0 \leqslant n \leqslant N-1 \end{cases}$$

可见，DFT 和 IDFT 运算的差别仅在于旋转因子 W_N 的指数符号不同，以及差一个常数 $1/N$，但二者的计算量完全相同。所以我们只分析 DFT 的运算量。

一般，$x(n)$ 和 w_N^{nk} 都是复数，因此，每计算一个 $X(k)$ 值，要进行 N 次复数相乘和 $N-1$ 次复数相加。由于 $X(k)$ 一共有 N 个点，故完成全部 DFT 运算，需要 N^2 次复数相乘和 $N(N-1)$ 次复数相加，运算量是相当可观的。当采用 FFT 算法计算 DFT 时，如基-2FFT，需要 $(N/2)\log_2 N$ 次复数乘法和 $N\log_2 N$ 复数加法，在 N 值较大时，运算速度将大幅度提高。直接计算 DFT 和采用基 2FFT 计算 DFT 的运算量比较见表 3.5。

表 3.5 直接计算 DFT 和采用基-2FFT 计算 DFT 的运算量

N	2	4	8	16	32	64	128	256	512	1024	2048
N^2	4	16	64	256	1024	4096	16384	65536	262114	1048576	4194304
$(N/2)\log_2 N$	1	4	12	32	80	192	448	1024	2304	5120	11264

从上面的分析看到，在 DFT 计算中，无论乘法和加法，运算量均与 N^2 成正比，因此，N 较大时，运算工作十分可观，例如，计算 N=10 点的 DFT，需要 100 次复数相乘，而 N=1024 点时，需要 1048576(100 多万)次复数乘法，如果信号要求实时处理，则要求有很快的计算速度才能完成上述计算量。因此有必要在计算方法上改进 DFT 算法。

2. FFT 的基本思想

仔细考察 DFT 的运算发现，旋转因子 W_N^{kn} 的主要性质如下。

(1) 周期性：

$$W_N^{kn}=W_N^{k(n+N)}=W_N^{(k+N)n}$$

(2) 对称性：

$$(W_N^{kn})^*=W_N^{-kn}=W_N^{n(N-k)}=W_N^{k(N-n)}$$

(3) 可约性：

$$W_N^{kn}=W_{N/m}^{kn/m}=W_{mN}^{mkn}$$

由此可得

$$W_N^0=1，\ W_N^{N/2}=-1，\ W_N^{N/4}=-\mathrm{j}，\ W_N^{3N/4}=\mathrm{j}，\ W_N^{kN}=1，\ W_N^{N/2+k}=-W_N^k$$

利用旋转因子 W_N^{kn} 的性质，一方面可以将某些项合并，另一方面可以不断地将长序列分解为短序列的组合，用短序列的 DFT 计算来代替长序列 DFT。由于直接计算 DFT 的运算量与序列长度 N 的平方(N^2)成正比，这样显然可以减少运算量，提高计算效率。

因此，FFT 算法就是在这一基本思路基础上发展起来的，它有多种形式，但基本上可分为两类，即分为按时间抽取(decimation-in-time，DIT)法和按频率抽取(decimation-in-frequency，DIF)法两类。其中，基-2FFT 是最基本的 FFT 算法，它要求 FFT 的点数 $N=2^L$ (L 为正整数)，如果序列长度不满足这一条件，需要用后补零值点的方法来补齐。

3. 按时间抽取的基-2FFT 算法

按时间抽取的基-2FFT 就是在时域将序列逐次分解为长度减半的奇序号子序列和偶序号子序列，用子序列的 DFT 来实现整个序列 DFT 的算法。

其基本原理如下。

设 N 点有限长序列 $x(n)(0\leqslant n\leqslant N-1)$，$N=2^L$ (L 为正整数)。

首先按奇、偶序号将 $x(n)$分解为两个长度为 $N/2$ 的子序列：

$$\begin{cases}x_1(r)=x(2r)\\x_2(r)=x(2r+1)\end{cases},\quad r=0,1,\cdots,N/2-1$$

则 $x(n)$的 DFT 转化为

$$\begin{aligned}X(k)=\mathrm{DFT}[x(n)]&=\sum_{n=0}^{N-1}\left[x(n)W_N^{kn}\right]=\sum_{r=0}^{N/2-1}\left[x(2r)W_N^{2kr}\right]+\sum_{r=0}^{N/2-1}\left[x(2r+1)W_N^{k(2r+1)}\right]\\&=\sum_{r=0}^{N/2-1}\left[x_1(r)W_N^{2kr}\right]+W_N^k\sum_{r=0}^{N/2-1}\left[x_2(r)W_N^{2kr}\right]\\&=\sum_{r=0}^{N/2-1}\left[x_1(r)W_{N/2}^{kr}\right]+W_N^k\sum_{r=0}^{N/2-1}\left[x_2(r)W_{N/2}^{kr}\right]\\&=X_1(k)+W_N^kX_2(k)\qquad k=0,1,\cdots,N/2-1\end{aligned}$$

式中，$X_1(k)$ 和 $X_2(k)$ 分别为子序列 $x_1(r)$ 和 $x_2(r)$ 的 N/2 点 DFT。

由于 $X(k)$是 N 点 DFT，因此上式表示出了 $X(k)$的前一半值。由 DFT 的隐含周期性可知，$X_1(k+N/2)=X_1(k)$，$X_2(k+N/2)=X_2(k)$，因此 $X(k)$的后一半值可以表示为

$$\begin{aligned}X(k+N/2)&=X_1(k+N/2)+W_N^{k+N/2}X_2(k+N/2)\\&=X_1(k)-W_N^kX_2(k),\quad k=0,1,\cdots,N/2-1\end{aligned}$$

这样就将 N 点 DFT 分解为两个 N/2 点的 DFT，只要求出[0，N/2−1]区间的 $X_1(k)$ 和 $X_2(k)$，就可以求出[0，N−1]区间的全部 $X(k)$的值，即

$$\begin{cases}X(k)=X_1(k)+W_N^kX_2(k)\\X(k+N/2)=X_1(k)-W_N^kX_2(k)\end{cases},\quad k=0,1,\cdots,N/2-1 \tag{3.17}$$

式(3.17)的运算可以用蝶形运算信号图符号表示，如图 3.13 所示。因此，要完成一个蝶形运算，需要一次复数乘法和两次复数加法。

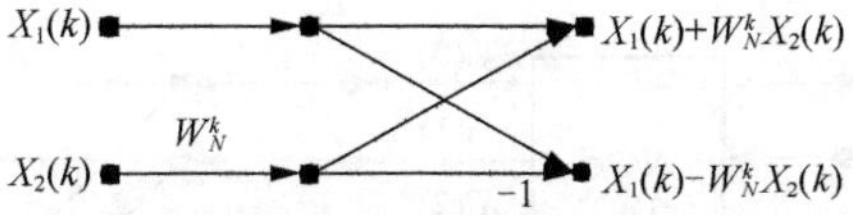

图 3.13　按时间抽取的蝶形运算信号流图符号

经过第一次分解，一个 N 点 DFT 分解为两个 N/2 点 DFT，由于直接计算一个 N/2 点 DFT 需要 $(N/2)^2=N^2/4$ 次复数乘法和 $(N/2)(N/2-1)$ 次复数加法，将两个 N/2 点 DFT 合成 N 点 DFT 时，有 N/2 个蝶形运算，又需要 N/2 次复数乘法和 N 次复数加法，所以共需要 $N^2/2+N/2\approx N^2/2(N\gg 1)$ 次复数乘法和 $N(N/2-1)+N=N^2/2$ 次复数加法。由此可见，经过第一次分解，DFT 的运算量基本减少一半。

由于 $N=2^L$，因此 N/2 仍是偶数，可以按照上述方法进一步分解，将每个 N/2 点子序列分解为两个 N/4 点子序列。其中，$x_1(r)$ 可以分解为

$$\begin{cases}x_3(l)=x(2l)\\x_4(l)=x(2l+1)\end{cases},\quad l=0,1\cdots,N/4-1$$

则有

$$\begin{cases}X_1(k)=X_3(k)+W_{N/2}^kW_4(k)=X_3(k)+W_N^{2k}X_4(k)\\X_1(k+N/4)=X_3(k)-W_{N/2}^kW_4(k)=X_3(k)-W_N^{2k}X_4(k)\end{cases},\quad k=0,1\cdots,N/4-1$$

式中，$X_3(k)$ 和 $X_4(k)$ 分别为 $x_3(l)$ 和 $x_4(l)$ 的 N/4 点的 DFT。

同理，$x_2(r)$ 可以分解为 2 个 $N/4$ 点子序列 $x_5(l)$ 和 $x_6(l)$，得到

$$\begin{cases} X_2(k) = X_5(k) + W_{N/2}^{k} W_6(k) = X_5(k) + W_N^{2k} X_6(k) \\ X_2(k+N/4) = X_5(k) - W_{N/2}^{k} W_6(k) = X_5(k) - W_N^{2k} X_6(k) \end{cases}, \quad k = 0,1\cdots,N/4-1$$

经过第二次分解，一个 N 点 DFT 分解为 4 个 $N/4$ 点 DFT，运算量进一步减半。

以此类推，可以按上述方法继续分解下去，直到剩下 2 点 DFT 为止。当 $N=8=2^3$ 时，其分解过程如图 3.14(a)、(b)所示。对于剩下的 2 点 DFT 有

$$W_3(k) = \sum_{I=0}^{1} X_3(l) W_2^{Ik} = X_3(0) W_2^0 + X_3(1) W_2^k = x_3(0) + X_3(1) W_2^k, \quad k = 0,1$$

$$\begin{cases} X_3(0) = x_3(0) + x_3(1) W_2^0 = x_3(0) + x_3(1) = x_3(0) + W_N^0 x_3(1) \\ X_3(1) = x_3(1) + x_3(1) W_2^1 = x_3(0) - x_3(1) = x_3(0) - W_N^0 x_3(1) \end{cases}$$

上式表明，2 点 DFT 也可以表示为一个蝶形运算。由于 1 点序列的 1 点 DFT 就是其本身，故 2 点 DFT 可以视为 2 个 1 点 DFT 的组合。由此，N 点 DFT 的最后一

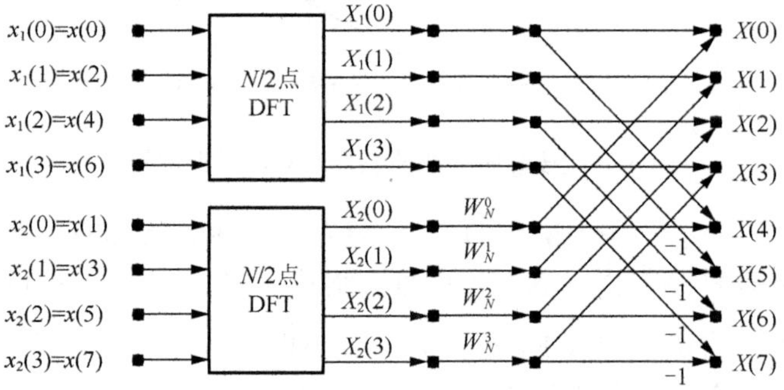

(a) 第一次分解：8 点 DFT 分解为 2 个 4 点 DFT

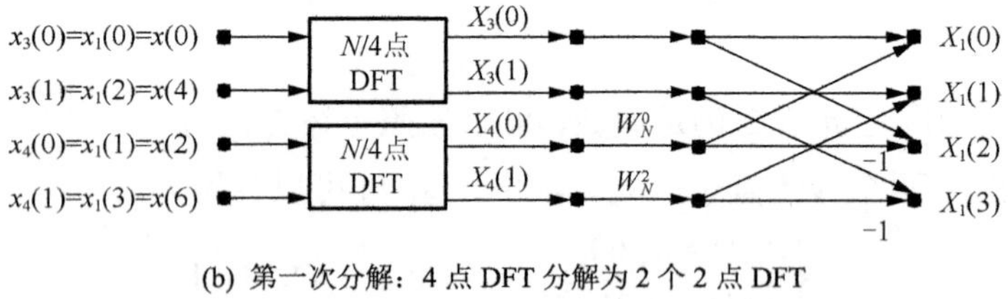

(b) 第一次分解：4 点 DFT 分解为 2 个 2 点 DFT

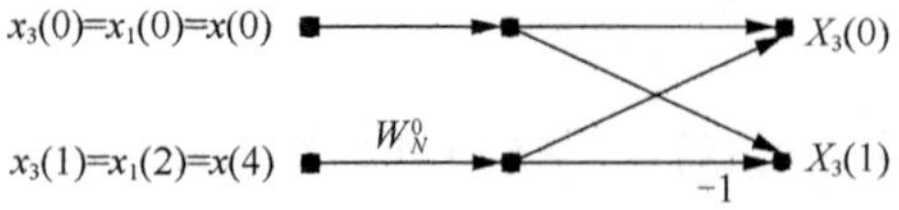

(c) 第一次分解：2 点 DFT 分解为 2 个 1 点 DFT

图 3.14 按时间抽取的基-2FFT 运算流图(N=8)

次分解是将 $N/2$ 个 2 点 DFT 分解为 N 个 1 点 DFT，与前面的分解过程不同的是，这次分解并不改变时域序列值的排列顺序，如图 3.14(c)所示。

经过上述 3 次分解，一个 $N=8$ 点的按时间抽取基-2FFT 运算流图如图 3.15 所示。由图 3.15 可以看出，变换后的输出序列 $X(k)$ 按照自然顺序排列，但输入序列 $x(n)$ 却已不再是自然顺序，这是由于按奇、偶序号不断分解而产生的。以 $N=8$ 为例，如果 n 用二进制数 $n_2n_1n_0$ 表示，第一次分解是按 n_0 的“0”和“1”分解为两个 $N/2$ 点子序列，“0”对应于偶序号子序列排在上半部分，“1”对应于奇序号子序列排在下半部分；第二次分解是按 n_1 的“0”和“1”来分解……，依次类推。这种不断分解的过程可以用二进制树状图来描述，如图 3.15 所示。将输入序列的这种排列顺序称为倒位序，就是将自然顺序的二进制位倒置，即将 $n_2n_1n_0$ 倒置为 $n_0n_1n_2$。

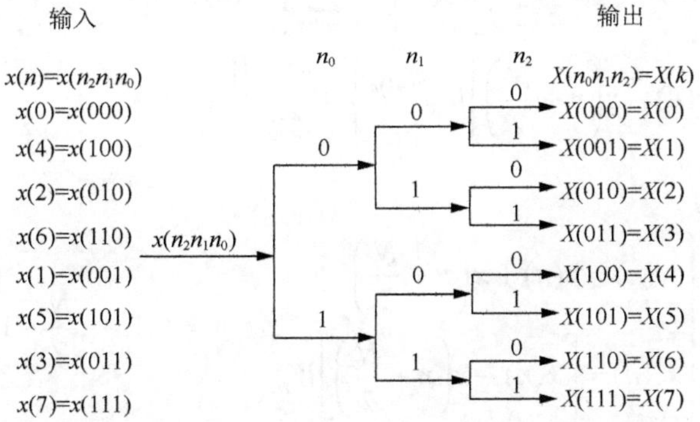

图 3.15　倒位序二进制的树状图

4. 按频率抽取的基-2FFT 算法

与按时间抽取相对应，按频率抽取是在频域内将 $X(k)$ 逐次分解为长度减半的奇、偶序号子序列。

设 N 点有限长序列 $x(n)(0\leqslant n\leqslant N-1)$，$N=2^L$($L$ 为正整数)。在将 $X(k)$ 按奇、偶序号分解之前，先将输入序列 $x(n)$按 n 的顺序分为前后两部分，则 $x(n)$的 DFT 为

$$\begin{aligned}X(k)=\mathrm{DFT}\left[x(n)\right]&=\sum_{n=0}^{N-1}\left[x(n)W_N^{kn}\right]=\sum_{n=0}^{N/2-1}\left[x(n)W_N^{kn}\right]+\sum_{n=N/2}^{N-1}\left[x(n)W_N^{kn}\right]\\&=\sum_{n=0}^{N/2-1}\left[x(n)W_N^{kn}\right]+\sum_{n=0}^{N/2-1}\left[x\left(n+\frac{N}{2}\right)W_N^{(n+N/2)k}\right]\\&=\sum_{n=0}^{N/2-1}\left\{\left[x(n)+x\left(n+\frac{N}{2}\right)W_N^{Nk/2}\right]W_N^{kn}\right\},\quad k=0,1,\cdots,N-1\end{aligned}$$

式中，由于用的是 W_N^{kn}，而不是 $W_{N/2}^{kn}$，因此仍是 N 点 DFT。

由于 $W_N^{N/2}=-1$，故 $W_N^{Nk/2}=(-1)^k$，于是可以得到

$$X(k)=\sum_{n=0}^{N/2-1}\left\{\left[x(n)+(-1)^k x\left(n+\frac{N}{2}\right)\right]W_N^{kn}\right\},\quad k=0,1,\cdots,N-1 \tag{3.18}$$

当 k 为偶数时，$(-1)^k=1$；当 k 为奇数时，$(-1)^k=-1$。因此，将 $X(k)$ 按 k 为奇偶数分解为两个 $N/2$ 点子序列，即

$$\begin{cases}X_1(r)=X(2r)\\ X_2(r)=X(2r+1)\end{cases},\quad r=0,1,\cdots,\frac{N}{2}-1$$

代入式(3.18)，得

$$\begin{cases}X_1(r)=\displaystyle\sum_{n=0}^{N/2-1}\left\{\left[x(n)+x\left(n+\frac{N}{2}\right)\right]W_N^{2rn}\right\}=\sum_{n=0}^{N/2-1}\left\{\left[x(n)+x\left(n+\frac{N}{2}\right)\right]W_{N/2}^{rn}\right\}\\ X_2(r)=\displaystyle\sum_{n=0}^{N/2-1}\left\{\left[x(n)-x\left(n+\frac{N}{2}\right)\right]W_N^{(2r+1)n}\right\}=\sum_{n=0}^{N/2-1}\left\{\left[x(n)-x\left(n+\frac{N}{2}\right)W_N^{n}\right]W_{N/2}^{rn}\right\}\end{cases} \tag{3.19}$$

令

$$\begin{cases}x_1(n)=x(n)+x\left(n+\dfrac{N}{2}\right)\\ x_2(n)=\left[x(n)-x\left(n+\dfrac{N}{2}\right)\right]W_N^n\end{cases},\quad n=0,1,\cdots,\frac{N}{2}-1 \tag{3.20}$$

显然，$x_1(n)$ 和 $x_2(n)$ 均为 $N/2$ 点序列，将式(3.20)代入式(3.19)，得

$$\begin{cases}X_1(r)=X(2r)=\displaystyle\sum_{n=0}^{N/2-1}\left[x_1(n)W_{N/2}^{rn}\right]=\mathrm{DFT}\left[x_1(n)\right]\\ X_2(r)=X(2r+1)=\displaystyle\sum_{n=0}^{N/2-1}\left[x_2(n)W_{N/2}^{rn}\right]=\mathrm{DFT}\left[x_2(n)\right]\end{cases},\quad r=0,1,\cdots,\frac{N}{2}-1$$

式中，$X_1(r)$ 和 $X_2(r)$ 为 $N/2$ 点 DFT。

式(3.20)的运算可以用蝶形运算信号流图符号表示，如图 3.16 所示。可以看出，完成一个蝶形运算，也需要一次复数乘法和两次复数加法。

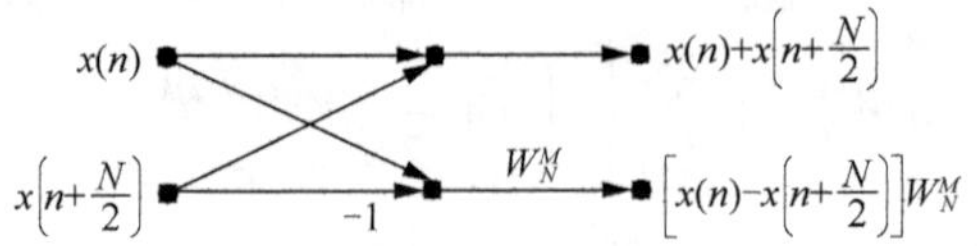

图 3.16　按频率抽取的蝶形运算信号流图符号

这样就把一个 N 点 DFT 按 k 的奇偶分解为两个 $N/2$ 点 DFT。与时间抽取法的推导过程一样，$N/2$ 点 DFT 可以继续分解，直至分解为 2 点 DFT 为止，2 点 DFT 同样是一个基本蝶形运算。N=8 的按频率抽取基-2FFT 的分解过程如图 3.17 所示，完整的 N=8 点按频率抽取基-2FFT 运算流图如图 3.17(c)所示。

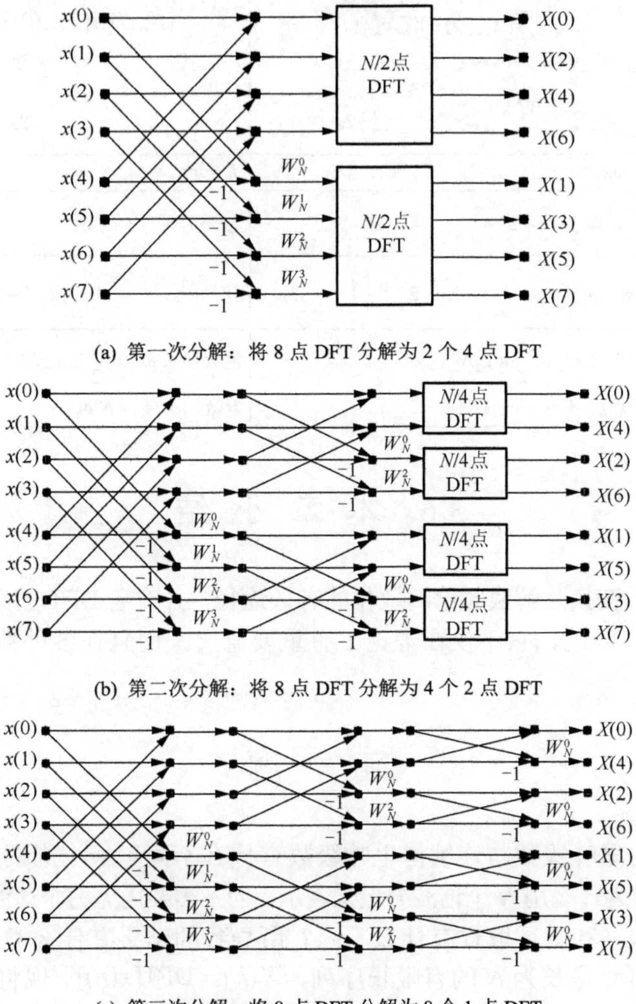

图 3.17　按频率抽取的基-2FFT 分解过程(N=8)

按频率抽取基-2FFT 算法和按时间抽取基-2FFT 算法类似，共有 $L=\log_2 N$ 级运算，每级有 $N/2$ 个蝶形单元，所以两种算法的运算量相同，也都是原位运算，两种算法的异同之处见表 3.6。

表 3.6　按时间抽取基-2FFT 算法和按频率抽取基-2FFT 算法对照表

规则 FFT	按时间轴取基-2FFT 算法	按频率取基-2FFT 算法
输入、输出序列的序号排列	输入倒位序、输出自然顺序	输入自然顺序、输出倒位序
蝶形单元	$\begin{cases} X_m(i)=X_{m-1}(i)+W_N^r X_{m-1}(j) \\ X_m(j)=X_{m-1}(i)-W_N^r X_{m-1}(j) \end{cases}$ 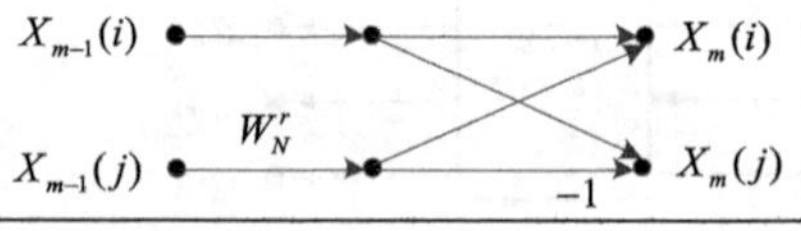	$\begin{cases} X_m(i)=X_{m-1}(i)+X_{m-1}(j) \\ X_m(j)=[X_{m-1}(i)-X_{m-1}(j)]W_N^r \end{cases}$ 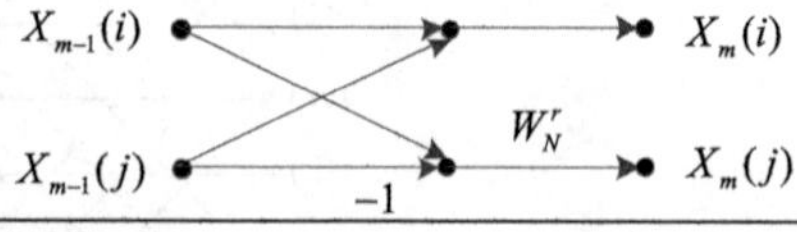
蝶形运算级数	$L=\log_2 N$	$L=\log_2 N$
第 m 级蝶形单元节点距离	2^{m-1}，即 $j=i+2^{m-1}$	2^{L-m}，即 $j=i+2^{L-m}$
第 m 级蝶形单元 W_N^r 因子	$W_2^k m=W_2^{k2^{(L-m)}}$，　$k=0,1,\cdots,2^{(m-1)}-1$	$W_2^{k2^{(m-1)}}$，　$k=0,1,\cdots,2^{L-m}-1$
运算量	复数乘法 $M_e=\dfrac{N}{2}\log_2 N$ 复数加法 $A_e=N\log_2 N$	复数乘法 $M_e=\dfrac{N}{2}\log_2 N$ 复数加法 $A_e=N\log_2 N$

3.6　本 章 小 结

离散傅里叶变换是解决频谱离散化的有效途径，并有着 DFT 的高效算法——快速傅里叶变换，因此，它不仅在理论上有重要意义，而且在各种数字信号处理中起着重要作用。

习　　题

3.1 离散傅里叶级数与连续傅里叶级数有什么不同？一个周期为 N 的周期序列的傅里叶级数为什么用 N 个谐波分量来表示，而不需要用无穷个谐波分量来表示？

3.2 频域取样和时域取样有什么不同？所导致的结果有什么类似的地方？

3.3 已知 $x(n)$ 是长为 N 的有限长序列，$X(k)=\text{DFT}[x(n)]$，现将 $x(n)$ 的每两点之间补进 $r-1$ 个零点，得到一长为 rN 的有限长序列 $y(n)$：

$$y(n)=\begin{cases} x(n/r), & n=ir; i=0,\cdots,N-1 \\ 0, & n \end{cases}$$

求 $\text{DFT}[y(n)]$ 与 $x(k)$ 的关系。

3.4 $x(n)$ 为长为 N 有限长序列，$x_e(n), x_o(n)$ 分别为 $x(n)$ 的圆周共轭偶部及奇部，即

$$x_e(n)=x_e^*(N-n)=\frac{1}{2}[x(n)+x^*(N-n)]$$

$$x_o(n)=-x_o^*(N-n)=\frac{1}{2}[x(n)-x^*(N-n)]$$

证明：$\mathrm{DFT}[x_e(n)]=\mathrm{Re}\{X(k)\}$，$\mathrm{DFT}[x_o(n)]=\mathrm{j\,Im}\{X(k)\}$。

3.5 若长为 N 的有限长序列 $x(n)$ 是序列 $x(n)=R_N(n)$，

(1) 求 $Z[x(n)]$ 并画出其零极点分布；

(2) 求频谱 $X(\mathrm{e}^{\mathrm{j}\omega})$ 并作幅度曲线；

(3) 求 $\mathrm{DFT}[x(n)]$ 用封闭形式表达式，并对照 $X(\mathrm{e}^{\mathrm{j}\omega})$。

3.6 已知有限长序列 $x(n)=\cos(2\pi n/N)R_N(n)$，$y(n)=\sin(2\pi n/N)R_N(n)$，用卷积法和 DFT 两种方法分别求解 $f(n)$。

3.7 如果一台通用计算机的速度为平均每次复乘需 100μs，每次复加需 20μs，现用来计算 N=1024 点的 DFT[$x(n)$]，问用直接运算需要多少时间，用 FFT 运算需要多少时间。

3.8 试作一个 N=12 点的 FFT 流图，请按 N=2,2,3 分解，并问可能有几种形式？

3.9 若一个 FIR 滤波器处理机，用 FFT 算法分段过滤信号，每段运算 N=1024 点，运算一遍需要 0.2s，处理机具有两组 1024 个单元的复数存储器可供交替使用，一组供运算时，另一组可以用来存储实时输入的信号序列。

用该处理机并配以采样器及 A/D 变换器作连续信号的实时过滤，试问：

(1) 采样频率最高是多少？

(2) 若作两路信号同时过滤，采样频率最高是多少？

(3) 在这两种情况下最高可以处理多高频率的信号？

3.10 已知一简谐周期信号 $x(t)$的频率为 30Hz，现以 50Hz 的采样频率对其进行采样，得 $x(n)$，问是否会发生频率混叠现象？若发生混叠，$x(n)$ 表现为频率是多少赫兹的信号？已知 $x(t)=A\cos(100\pi t+\varphi)$，问至少需要采样几点，才能确定该信号的幅度和相位？

第 4 章　测试系统的组成与分析

20 世纪科学技术的迅猛发展，造就了层出不穷的新理论和新技术，对人类社会的繁荣进步起到了十分重要的作用。从不断涌现的新设备、新产品来看，大多都是集机械技术、电子信息技术、计算机技术以及测控技术为一体的复杂机电系统，而且朝着大型化、大功率和小型化、精密甚至微型化两个方向发展。其中，以物质流、能量流和信息流为代表的三大流观点，恰当地诠释了各种各样的设备或系统在设计、制造和运行过程中的系统组成、功能划分等基本要素。所谓“物质流”是指系统中原材料、刀具和在制品等的传送，而“能量流”是指系统中功率、转矩和力的传递和相互作用，“信息流”则是指系统运行过程中的控制指令传送、数据传输以及信号处理等，并且在设备或系统中三大流应该存在有序流动和相互转换的关系。

进入 21 世纪后，人类历史翻开了新的篇章，以计算机技术、通信技术、网络技术等为代表的信息技术开始大量应用并广泛影响到各行各业。因此，信息流正逐渐取代以往在设备或系统中占据主导地位的物质流和能量流，成为制约现代自动化设备以及产品的主导因素。信息流既然作为三大流的最重要部分，其核心则为信息能够可靠和有效地进行传输、交换和储存，同时要能在信号中充分地获取有用信息，最大程度地利用信息。因此，这里不得不首先谈到信号和系统，它们是信息处理与信号分析的两个方面，其关系是“信号”作为信息处理与信号分析的对象，而“系统”则是这种处理与分析的工具。我们知道，在信息学科中“系统”正是为了实现信息可靠和有效地传输、交换和储存而对信号进行必要的加工、处理以及变换的设备总称，通常由相应的硬件和软件组成。

测试系统正是这样的一个系统，它是确定被测对象之被测量值的器件、装置或设备及其组合的总体，其输入量是被测信号，输出量是测量值。研究测试系统，不仅要关注它的输入输出之间的关系或模型，同时要关心它的具体组成，因为不同的组成部分以及它们之间的组合方式又使得测试系统具有不同的输入输出表现。

4.1　测试系统的组成

如前所述，测试系统也是一种系统，它是测试信息处理与信号分析的载体。随着社会的进步和科学技术的发展，对测试的要求也在不断变化，也就决定了测试系统有着各种不同的组成。从公元前 3000 年古埃及的长度标准“埃尔”，到中国秦始皇时期的度量衡制度，直至当今的微电子、微细加工和微纳米技术，测试系统历经不同时期的技术演变，发展成为所谓的现代测试系统。

4.1.1　测试系统的基本定义

测试系统是用来测量被测对象的，被测信号(也称测试信号)在测试系统中经过传输、加工处理后以各种形式输出，以供进一步的分析和处理。因此，测试信号与测试系统是紧密相关的，不同的设备或产品在运行过程中决定了测试信号以不同的规律作用于测试系统，称为输入激励，而后者对其加工处理后输出相应的信号，称为输出响应。关于信号的定义已在第 1 章叙述，下面有必要弄清测试系统的定义。

测试系统是测量领域理论与技术的必然产物，这些理论与技术涉及多学科的交叉综合，同时又不断发展。通常所谈的测试技术包括测量和试验技术(measurement and test technique)，或精密工程与计量技术(precision engineering and metrology)等都是该领域常见的术语。在给出测试系统的定义之前，有必要了解测试系统的基本要求和作用。

显然，测试系统是属于测量范畴的，任务是测量被测信号，然后对其进行加工处理后以不同的方式输出。测试系统的输出信号应该真实地反映原始被测信号，以便在后期的信号分析中不仅能准确地复现被测对象的机械量、电学量或其他物理量的量值，还能更大程度地充分获取和利用信息。因此，真实地反映被测信号，即是对测试系统的基本要求，也即“精确测试”或“不失真测试”(non-distortion measurement)，如此看来，测试系统以精确或不失真作为这种系统的标志。

测试系统的作用大致可以分为三个方面，从某种意义上讲，可以从设备或产品的三个不同阶段来理解。

1) 新产品研发阶段

新产品的研发往往需要进行必要的工程试验，以验证或修正设计阶段的成果，包括设计原理验证、原型样机(prototype)试验或某些单元性试验等。图 4.1 为新产品研发阶段的测试系统。

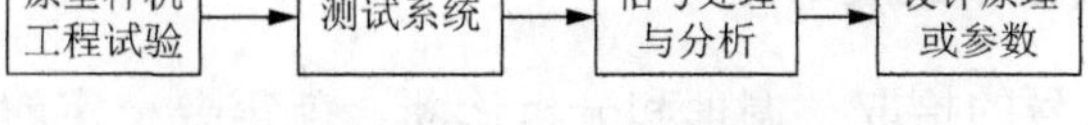

图 4.1　新产品研发阶段的测试系统

2) 运行(过程)控制阶段

设备或产品投入应用之后，需要按照流程或工艺实行运行(过程)控制，作为被控对象，需使测试系统与控制系统建立测控关系，此时的测试系统需要测量被控对象的执行效果，通常构成反馈控制系统予以偏差纠正。运行(过程)控制中的测试系统如图 4.2 所示。

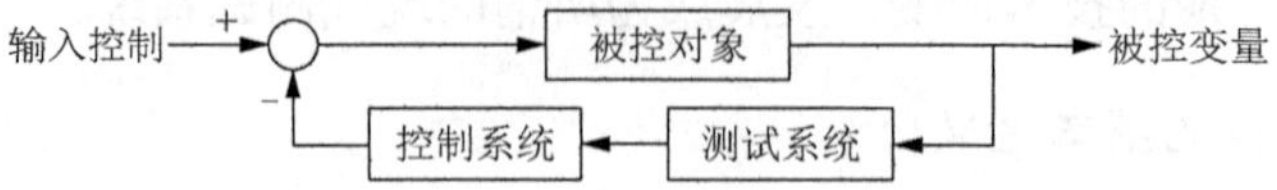

图 4.2　运行(过程)控制中的测试系统

3) 监测与故障诊断阶段

许多大型设备或重要的部件单元往往需要进行状态监测和故障诊断，对运行中的设备进行监测和诊断的目的在于能准确了解设备运行状态，及时发现故障隐患，避免事故发生，以保证正常的作业和加工。同时，在可靠性学科领域中的寿命预测与失效分析，也常常需要结合设备的状态监测来进行。

处在这个阶段的测试系统，其任务是在线监测，被监测变量大多是设备的各种重要的状态参数，通过实时读取各种状态参数，就可以进行分析和诊断了。图 4.3 为监测与故障诊断的测试系统。

图 4.3　监测与故障诊断的测试系统

从以上测试系统的基本要求和作用可以认识到，测试系统要求准确反映被测对象，而且经常要求在线、实时测量，其输入取自于被测对象，它可以是原型样机或工程试验的各种变量，也可以是设备运行中的状态参数，还可以是被控变量，而测试系统的输出都有一个共同点，那就是供给下一个环节用于数据记录与存储，或进行控制、分析和诊断，类似于一个具有决策控制作用的环节。

从以上的分析不难看出，测试系统区别于其他系统，以测量为其根本任务，以准确或不失真为其标识，其作用是完成测试对象的信号拾取、信号调理以及分析与诊断等。因此，可以给出测试系统的一般定义，即测试系统是指用于完成测试信号的拾取、加工处理以及分析的器件、电路或装置的总体，包括硬件、软件及其集成方式。

4.1.2　测试系统的基本组成单元

要实现测试信号的拾取、调理和分析诊断，就需要一定的硬件如器件、电路或装置，软件如控制、建模与分析、数据处理等工具软件或二次开发软件。那么，测试系统都是由哪些组成部分构成的呢？一般说来，不同的测试需求和测试原理就决定了测试系统的组成(复杂性)，有的可以是一个器件或简单电路，有的则是一个具有多项技术综合的复杂系统。

在现代工程测试中，通常用传感器(或敏感器件)来拾取被测对象的各种物理量或者变量，并且转换为电量以供后续电路处理。这个环节非常关键，许多测试新理论、新技术出现在这个环节，把被测对象和传感器称为测试系统的信号前端。后续电路通常是指信号调理电路，包括放大、滤波、调制与解调电路，模/数或数/模转换等，这些电路是根据信号前端的传感器类型和以后的决策控制、分析诊断的需求来决定的，涉及各种模拟电路和数字电路技术，并且呈现出小型化、集成化、网络化等趋势。在测试系统的后端，则是测试数据的显示记录，以及进一步的分析或控制，称为测试系统的信号后台。信号后台技术通常综合了多学科领域，包括光电显示技术、计算机技术、各个学科的建模与分析等，根据被测对象和测试需求的不同而不同。

需要特别强调的是，尽管现代测试系统依其原理和作用的不同，其组成各异，但是都包括了信号前端和信号后台技术，中间的信号调理自然也不可或缺。其中信号前端不仅有传感器、敏感器件(transducer and sensor)，也包括被测对象，信号后台除了数据显示记录，还包括计算机控制与分析，这就是现代测试系统的一般组成，如图 4.4 所示。

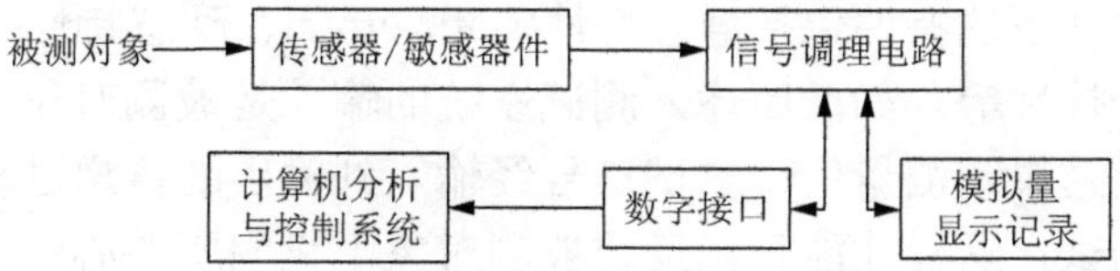

图 4.4　测试系统的基本组成单元示意图

在测试系统的信号前端，传感器或敏感元件是信号拾取和转换的重要环节，从被测对象中获取有用信息并转换成适合于后续电路处理的信号，通常为各种电量，因此这种环节通常完成非电量转换。例如，振动测试系统中的磁电式传感器，就是把被测振动的位移或速度通过电磁感应原理转换为电压的变化。当然，不同的被测对象需要针对不同的测量原理或物理效应来准确拾取有用信息，例如，弹簧变形原理的体重称，就是将体重转换为弹簧的位移量来标识体重称刻度量，因此传感器或敏感元件在整个测试系统中十分重要。

信号调理电路处于测试系统的中间环节，其作用是将传感器或敏感元件的输出进行加工处理，同样也需要针对传感器输出信号的性质来匹配相应的电路形式。某些简单的测量装置把信号调理电路与传感器或敏感元件集成为一体，并配备适当的显示和输出接口形式，就构成了一体化传感器系统。此外某些信号后台的分析仪器也带有信号调理功能，一定程度上简化了中间环节。但是需要指出的是，信号调理电路是信号处理所必需的。

信号调理电路处理的电信号，可直接用于模拟量显示和记录，如各种指针式压力表、温度表等。这类显示仪表的优点是便于观察，并可设置各种颜色来区分正常工作区域或超限。数字量输出则提供给计算机用于分析、存储记录，也可以采用数显仪表显示测量结果，数显方式的优点是显示分辨率高，但在被测对象变化较快时，因数字跳变的原因而不便于观察。

在测试系统中，根据不同的被测对象和测试要求，在信号后台一般有模拟量或数字量的两种方式。有些场合这两种方式并存，如含有控制作用的系统，模/数转换和数/模转换都可能需要，这是因为计算机处理和分析的是数字量，而输出控制到执行装置通常是以模拟量方式工作的。从图 4.4 看出，计算机在测试系统中是一个非常重要的组成部分，可以说计算机科学、通信技术、微电子技术等有力地促进了测试技术的迅速发展，它们相辅相成，构成了一个有机整体，这一点，在第三代自动测试系统中可见一斑。

4.2 测试系统的基本特性

如果从信号与系统的观点出发，测试系统也属于一种系统，测试信号则是这种特定信号在系统中的传递。显然，信号传递过程中必然会受到系统特性的制约和影响，通常意义下的特性包括静态特性(static error)、动态特性(dynamic error)、负载效应、抗干扰性等。如前所述，测试系统的输入是被测对象的各种物理量。而输出则是测量结果或测量值，测试信号经输入到输出的传递过程必须满足精确测试或不失真测试，这样才能正确反映被测对象中我们所关心的各种被测参数。由此可见，在测试系统的设计和构建，以及对现有测试系统的分析评估中，对测试系统的特性进行描述和分析尤其重要。

测试系统的特性与其他系统一样，各种特性之间是相互关联和相互影响的。如线性问题，它本是静态特性中的一种，但是一旦静态特性中存在非线性，则其动态特性方程从严格意义上来讲就只能是非线性方程，这样求解非线性方程就成为清晰描述动态特性的制约因素了；又如，测试系统的输入输出关系，仍然从线性角度出发，一般来讲线性不是必需的，而动态特性总是希望线性为好。这是因为在静态测量中，可以通过误差的校正(也称标定，calibration)和补偿来进行非线性校正，而动态测量中的非线性校正就难以实现或成本很高。实际上，不存在全部测量范围的完全线性测试系统，工程意义上的测试系统的线性范围是有限的，有的甚至是不存在的。

测试系统测量的物理量一般有两种形式：一种是稳态(静态或准静态)的形式，这种信号不随时间变化(或变化很缓慢)；另一种则是动态(周期变化或瞬态情况)的形式，这种信号时随时间变化而变化的。正因为客观存在的物理量会呈现不同的随时间变化的规律，所以测试系统的输入输出的关系特性就成为其最基本的特性，即所谓的静态特性和动态特性。输入输出的关系特性是强调测试系统的被测值与测量值之间对应关系，有时也称测试系统的外部特性，但要注意以下两个方面：

(1) 外部特性不仅与测试系统的内部参数有关，还与其组成结构有关；

(2) 要实现精确或不失真测试，就必须有良好的静态特性和动态特性。

4.2.1　静态特性

当测试系统在稳态信号的作用下，其输入输出关系称为静态特性。静态特性可以通过静态标定得到，所谓静态标定是指设计这样一个实验过程：只改变测试系统的一个输入量(此时另外所有可能得输入量严格保持不变)，通过测量对应的输出量而建立输入输出之间的关系，即为测试系统的静态特性。测试系统的静态特性一般包括误差、精确度、线性度、灵敏度、分辨率、迟滞、重复性、漂移、死区和零点输出等。下面分别予以讨论。

1) 误差

任何测量都有误差(error)，误差 E 是测量值(指示值)与真值(或准确值)之差：

$$E = y - x \tag{4.1}$$

式中，y 为测量值(或指示值)；x 为真值(或准确值)。

需要说明的是，真值是无法得到的，工程上该值是通过更高精度的仪器来标定得到的。因此，严格意义上的测量值应为指示的测量值与校正值之和。

在测试系统的静态特性中，误差常以绝对误差和相对误差来表示。顾名思义，绝对误差是取二者之差的绝对值：

$$\text{绝对误差} = |y - x| \tag{4.2}$$

从式(4.2)可见，绝对误差与被测物理量具有同样的物理量纲，可以比较同一类被测参数的准确程度。

相对误差则是取被测量的一个百分比值：

$$\text{相对误差} = \frac{y - x}{x} \times 100\% \tag{4.3}$$

相对误差没有物理量纲，它可以比较不同被测参数的测试系统的准确程度，有时是还用于满量程指示值的百分比来表示。

2) 精确度

精确度(accuracy)是指测量值与真值的符合程度，也称准确度，反映了测量结果中的系统误差和随机误差的综合，即非线性、迟滞、漂移等诸多因素导致的不确定度之和，与概率界限有关。有些测量仪器为了表示精确度大小，采用精度等级来表示：

$$\text{精度等级} = \frac{\varDelta_{max}}{A} \times 100\% \tag{4.4}$$

式中，$\varDelta_{max}$ 为满量程内的最大可能误差；A 为最大量程。

例如，某型微电流计，最大量程为100μA，最大可能误差为±1.5μA，则精度等级为1.5级。

3) 线性度

测试系统的输入输出理想关系特性应是线性(linearity)的，但实际情况并非如此，这就给分析计算、标定、数据处理和非线性补偿带来一定的困难。为了便于更好地理解线性度，下面先讨论一下对线性的一般认识。

假设不考虑迟滞和蠕变等效应，一般可用高阶多项式来表示测试系统的输入输出关系特性。

$$y = a_0 + a_1 x + a_2 x^2 + \cdots + a_n x^n \tag{4.5}$$

式中，y为输出量；x为输入量；a_0为零点输出；a_1为线性灵敏度；$a_2, a_3, \cdots, a_n$为待定常数。

考虑线性问题时，工程意义上主要讨论以下三种特殊情况：

(1) 理想线性。不考虑零点输出，且$a_0 = a_2 = a_3 = \cdots = a_n = 0$，则$a_1$表示其线性灵敏度，此时的输入输出之间的关系就是理想线性直线，如图4.5(a)所示。

$$y = a_1 x$$

(2) 仅有偶次非线性项。此时仅有高阶偶次项存在，其输入输出特性方程为

$$y = a_1 x + a_2 x^2 + a_4 x^4 + \cdots \tag{4.6}$$

这种特性无对称性而言，而且准线性范围较窄，如图4.5(b)曲线A所示，一般测试系统很少采用这种特性。

(3) 仅有奇次非线性项。此时仅有高阶奇次项存在，其输入输出特性方程表示为

$$y = a_1 x + a_3 x^3 + a_5 x^5 + \cdots \tag{4.7}$$

由于这种特性是相对于原点对称的，如图4.5(b)曲线B所示，因此在较大的范围内具有较宽的准线性，或者说具有较宽的近似线性范围。工程上测试系统的设计就是要求测量范围内尽量满足这种线性关系，有时也在某些非线性环节入手。例如，差动传感器就是利用差动工作方式，消除电气元件的偶次分量，使线性范围得到改善，同时灵敏度也提高一倍。

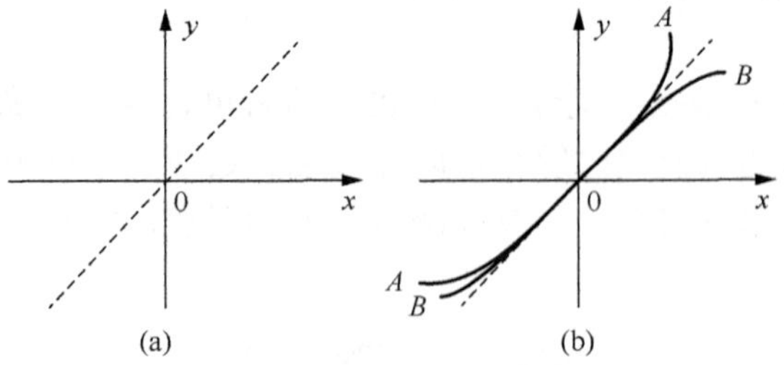

图4.5 输入输出的线性关系

通过上述三个方面的线性认识，就不难理解线性度的含义了。测试系统的线性度是指输入输出关系与理想线性(即理想直线关系)的偏离程度，如图 4.6 所示，有时也用非线性误差 e_l 表示，它表示在输出满量程范围内偏离理想直线最大值的百分比。

$$e_l = \frac{\varDelta_{\max}}{y_{\mathrm{FS}}} \times 100\% \tag{4.8}$$

式中，$\varDelta_{\max}$ 为最大非线性误差；y_{FS} 为输出满量程。

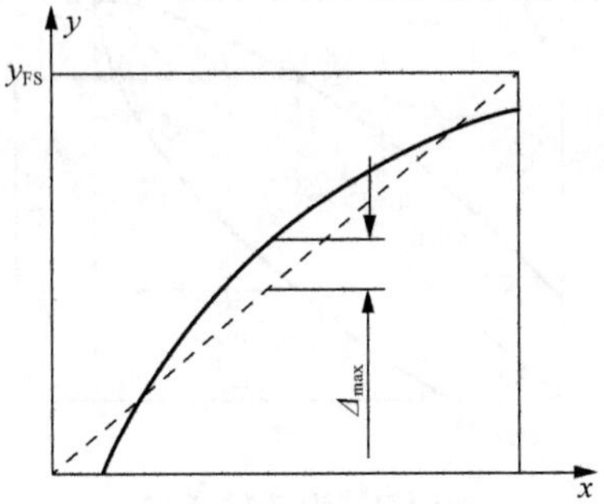

图 4.6　测试系统的线性度

工程上，常取测量数据的最小二乘直线拟合直线作为理想直线，而最大非线性误差则可以按照不确定度给出，这是考虑到很多测量场合都是以随机误差为主要因素的缘故。

4) 灵敏度

灵敏度(sensitivity)是在稳态情况下单位被测量引起的系统输出值(测量值)的变化。灵敏度有时也称增益或标度因子，它是具有输入输出物理量的量纲的，通常以理想直线(或拟合直线)的斜率大小来表示测试系统的灵敏度值。

$$灵敏度 = \frac{\Delta y}{\Delta x} \tag{4.9}$$

在测试系统的线性范围内，其灵敏度不变化；而在非线性区域，灵敏度是一个变量。一般希望灵敏度高，因为工程上大都是完成非电量转换，即被测量是微弱变化的机械量或其他物理量，而传感器或敏感器件将其转换成电量，在信号调理电路中进行处理。这样在信号前端，灵敏度就意味着电信号较大，可以减轻后续电路的难度。

5) 分辨率

分辨率(definition)有两种含义：一种是针对数字工作方式的测试系统，是指数显最后一位数的数距；另一种是针对模拟工作方式的，是引起测试系统的输出值产生一个可察觉变化的最小输入量变化值。因此，分辨率可以理解为测试系统能敏感的最小输入量(即最小被测量)的增量；如果不考虑迟滞等因素影响，分辨率就是灵敏度的倒数。由此可见，灵敏度与分辨率之间是相互矛盾的，在测试系统的设计与构建中需要视情况进行取舍。

6) 迟滞

迟滞(hysteresis)也称为回程误差、滞差，表示测试系统在输入量的方向发生变化时的输出特性。当输入(被测量)由小到大，再由大变小时，对同一输入引起的输出值(测量值)可能不同，其测量范围内的最大差值称为迟滞，如图 4.7 所示。

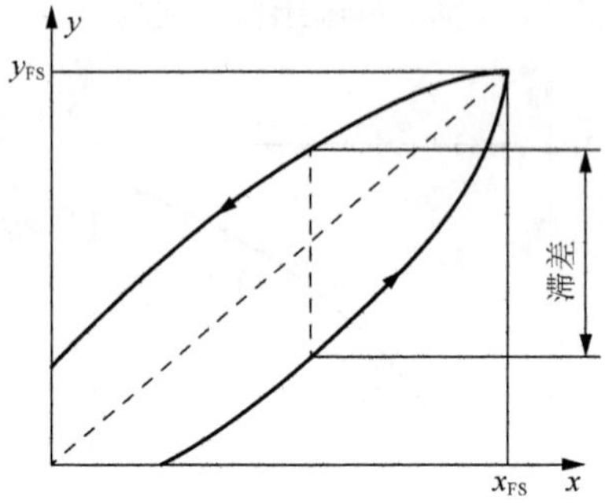

图 4.7　迟滞的定义

迟滞是一个普通的特性，其影响因素很多，例如，机械固有的一些缺陷如间隙、摩擦、紧固件松动、积尘等，铁磁材料经常也有迟滞现象发生。迟滞大小可用实验方法得到，一般用滞差于满量程输出的百分比表示。

7) 重复性

重复性(repeatability)是指在相同的测试条件下，对同一被测量所做的多次测试之间的接近程度。这里所说的相同测试条件是指同一观察者、相同的测量仪器和测量环境，而输入量(被测量)是在全量程内沿同一方向变化。多次重复测试得到的曲线越重合，则重复性越好。重复性是测试系统的一个重要静态特性，其影响因素与迟滞现象具有类似情况。

重复性一般用重复性误差表示：

$$\text{重复性误差} = \frac{\Delta y_{\max}}{y_{FS}} \times 100\%$$

式中，$\Delta y_{\max}$ 为输出最大不重复误差；y_{FS} 为满量程输出。

在有随机误差的情况下，输出最大不重复误差就要采用标准偏差来计算，即所谓的极限误差 $t\sigma$，其中 t 为不确定度，σ 为标准偏差。

8) 漂移

漂移(drift)是指测试系统的输入未发生变化时其输出产生变化的现象。漂移产生的原因多是系统内部的温度变化和元器件的不稳定性。通常存在零点漂移和灵敏度漂移两种情况。

零点漂移(null drift)是输入为零时输出零点偏离原始零点，且随时间变化而变化的现象，通常由测试环境温度变化所致；灵敏度漂移则是由元器件性质的不稳定引起的输入输出关系(斜率)产生变化。因此，漂移导致的误差应该是零点漂移与灵敏度漂移之和，通常后者很小，可以忽略不计，因此一般只考虑零点漂移。

9) 死区和零点输出

死区(dead zone)是产生非线性的重要因素，它表示当测试系统的输入发生变化时，其输出尚未建立的现象。死区产生的原因很多，同时往往伴随机械构件运动的突跳、爬行现象，以及元器件的饱和现象发生。

零点输出(zero output)是指输入为零时，测试系统就有输出的现象。例如，应变电桥调零，就是要解决当应力没有发生时，电桥失衡产生输出的问题，即机械零位对应电零位。

4.2.2 动态特性

在静态信号测试中，线性测试系统的输入输出特性是一条直线，二者保持一一对应的关系，此时被测信号不随时间而变化，因此测量和显示记录不受时间限制。但工程上大量的被测信号属于动态信号，这就是要求测试系统不仅要迅速准确地测量被测信号的大小，还要不失真地记录和再现被测信号随时间变化的波形。

测试系统的动态特性是指当输入量(被测量)随时间变化时，输出量(测量值)对输入的动态响应特性。测试系统动态特性的优劣，关系到其输出随时间变化的规律(变化曲线)是否能同时再现输入随时间变化的规律(变化曲线)，即具有相同的时间函数。工程实际中除了少数的系统(如比例环节)外，输出信号与输入信号之间具有不完全相同的时间函数，两者的差异就是所谓的动态误差。下面是举例说明系统的动态特性问题。

例 4.1　如图 4.8 所示，一个随时间变化的力 $f(t)$ 作用于质量 m-弹簧 k 系统，求质心的位移。

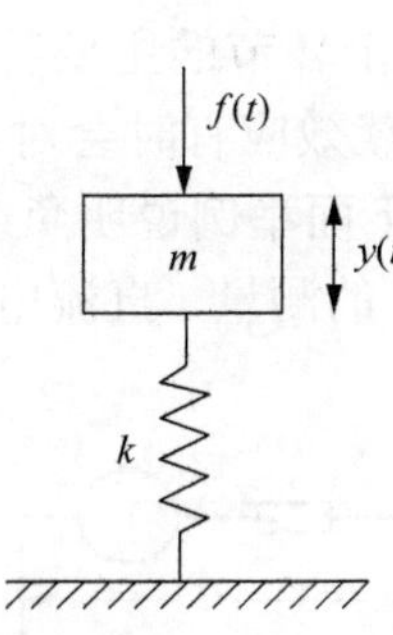

图 4.8　质量 m-弹簧 k 系统

解　设质心位移为 y，弹簧的初始位移为 y_0，系统的运动微分方程可表示为

$$m\frac{\mathrm{d}^2 y(t)}{\mathrm{d}t^2} + k[y_0 + y(t)] = mg + f(t)$$

因为

$$ky_0 = mg$$

所以

$$m\frac{\mathrm{d}^2 y(t)}{\mathrm{d}t^2} + ky(t) = f(t)$$

可见，系统的输出响应(质心位移) $y(t)$ 与输入激励 $f(t)$ 的关系可用时域的二阶微分方程来表示，求解 $y(t)$ 即可反映质心的位移。

图 4.8 所示的系统是一个低阶系统，求解该运动微分方程并不困难。但工程上大量存在的是复杂系统，其运动微分方程求解是很困难的，有时甚至是不可能的，因此测试系统的动态特性需要一定的方法来研究和分析。

研究系统的动态特性可以在时域和频域两个方面进行，即时域的瞬态响应法和频域的频率响应法，前者需要对系统进行动力学分析，通过建立运动微分方程求解，后者则要利用拉氏变换和传递函数等，转为频域问题求解，这在以后进行详细讨论。

4.2.3　负载效应

测试系统内部各组成环节相互联系、相互作用，按照电工学的观点，后续环节就是前面环节的负载，其阻抗的影响会造成系统阻抗发生变化，而且前后级之间存在能量变换和相互影响，这就是所谓的负载效应。此时传递函数的表达将不再是各组成环节并联时叠加或串联时连乘的形式，因此测试系统的负载特性也是必须关注的。实际系统中，理想的互联(并联、串联)情况只有在非接触测量中(光电、声等检测方式)存在，多数情况下都会发生能量交换等作用。

当一个环节连接到下一个环节时，发生能量交换时会出现两种现象：①前一个环节的连接处甚至整个系统的工作状态都会发生变化；②两个环节共同形成一个新的整体，虽然仍保持原有两个环节的主要特征，但传递函数的表达并非并/串的叠加/连乘的形式。总之，负载效应有时会对系统造成不良后果，在测试系统的设计和构建中必须予以重视，下面举例说明负载效应可能产生的严重后果。

例 4.2　图 4.9 为直流电压 U 的测量，直流电压表 V 的内阻为 r，试分析直流电压表内阻的影响。

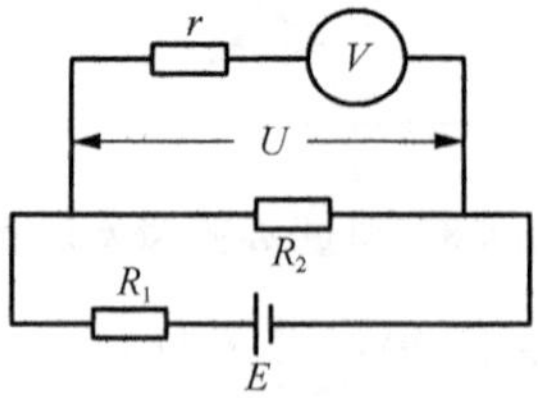

图 4.9　直流电压表内阻的影响

解　在未接入直流电压表之前，电阻 R_2 上的电压 U_0 表示为

$$U_0 = \frac{R_2}{R_1 + R_2} E$$

当采用电压表测试时，相当于并联一个电阻 r，则并联电阻 R_L 为

$$\frac{1}{R_L} = \frac{1}{R_2} + \frac{1}{r}$$

此时直流电压表显示的电压 U：

$$U = \frac{R_L}{R_1 + R_L} E$$

可见接入电压表后，由于负载效应 $U_0 \neq U$，假设 $E = 50\text{V}$，$R_1 = 10\text{k}\Omega$，$R_2 = 15\text{k}\Omega$，$r = 100\text{k}\Omega$，则 $U_0 = 30\text{V}$，$U = 28.3\text{V}$。

可见负载效应对测量精度的影响是很大的，为了减少这种影响，工程上常常采取以下措施：①提高后续环节的输入阻抗；②在两个互联的环节中间置入一个高输入阻抗、低输出阻抗的放大器，从而减少向前吸能，向后电压输出变化的影响；③利用反馈或零点测量原理(如电位差计测量电压)，使后续环节几乎不向前吸收能量。

4.2.4　抗干扰性

测试系统工作时往往处在干扰环境下，这些干扰信号会叠加在测试信号中，使测量结果受到影响，常说的有用信号和无用信号就是指这种情况。通常，干扰源有三种类型：①电磁干扰，干扰信号以电磁波辐射的方式叠加在有用信号上；②电源干扰，电源甚至电网的波动，以及电源内阻引起的电路耦合等都会造成干扰信号的窜入；③信道干扰，测试信号在传输过程中，测试系统的元器件的噪声或非线性畸变也会带来干扰。

抗干扰性是测试系统必须具备的基本特性，针对不同的干扰源，应采取相应的技术措施减少干扰对测量的影响。一般而言，正确的接地和良好的电磁屏蔽措施能够除去大部分的电磁干扰。电源干扰往往在测试系统中影响很大，供电装置的电压波动甚至开、关机都会反过来造成电压跳变，常说的尖峰电压就是指这种持续时间很短、可以高达几十甚至成百上千伏的跳变电压，它们会影响测试系统的正常工作。通常，解决电源干扰可以从交流稳压器、隔离稳压器、低通滤波器入手，也可以考虑采用独立功能模块单独供电方式，以消除各单元电路共用电源而引起的相互耦合造成的干扰。信道干扰的解决方案主要体现在元器件的选型和 PCB 布局，以及传输隔离技术上，如光电耦合隔离技术、双绞线传输技术等，对于远距离的数据传送，还可采用平衡工作方式的驱动器和接收器。

4.3　测试系统的特性描述

在测试系统的四大特性中，静态特性和动态特性是其最重要的基本特性，它们表示了在静态测试和动态测试条件下输入输出之间的关系特性。对测试系统进行特性描述，是为了定性和定量分析的需要，以便确定精确或不失真测试的条件和范围，对测试系统和设计或评估尤为重要。

测试系统的特性描述可以从相应测量原理的理论分析和参数的实验估计两个方面得到，前者适用于较简单的测试系统，而后者则是普遍适用的方法。其中，动态特性因其动态测试的广泛性和随时间变化的特点，其特性描述较为复杂，这是本节主要讨论的内容。

在对测试系统动态特性进行描述时，一般都假设系统本身是线性定常或线性时不变系统，其原因有以下两个方面：

(1) 线性系统的数学处理远比非线性校正更容易实现；

(2) 工程近似，要精确建立实际系统的数学模型甚至求解是非常困难的，工程上往往在一定的误差允许范围内将实际测试系统视作线性定常系统，其数学模型就是常系数线性微分方程。

4.3.1　线性时不变系统

一个线性测试系统的输入输出关系一般可以用运动微分方程来表示：

$$a_n y^{(n)} + a_{n-1} y^{(n-1)} + \cdots + a_1 \dot{y} + a_0 y = b_m x^{(m)} + b_{m-1} x^{(m-1)} + \cdots + b_1 \dot{x} + b_0 x \tag{4.10}$$

式中，$x(t)$ 为系统的输入(被测量)；$y(t)$ 为系统的输出(测量值)；$a_n, a_{n-1}, \cdots, a_1, a_0$ 和 $b_m, b_{m-1}, \cdots, b_1, b_0$ 为待定系数。

如果上述待定系数均为常数，则该运动微分方程便是常系数线性微分方程，所表示的测试系统即是线性定常系统或线性时不变系统(linear time-invariant，LTI)。所谓时不变是系统的输入信号在时间上有一个任意的时移(time shift)，则输出信号仅在时间上产生相同的时移，即系统在任何时刻施加相同的输入信号，都会产生相同的输出响应。线性时不变系统具有以下几个基本性质，其中以叠加性和频率保持性在测试中尤为重要。

1) 叠加性

当有 n 个输入激励同时作用于线性时不变系统时，其响应就等于这几个输入激励单独作用所产生的响应之和，即若 $x_1(t) \to y_1(t)$，$x_2(t) \to y_2(t)$，则有

$$x_1(t) + x_2(t) \to y_1(t) + y_2(t) \tag{4.11}$$

叠加性(superposition)表示了各个输入所引起的输出是互不影响的。这样，一个复杂的输入激励信号就可以分解成若干简单的激励信号(如采用傅里叶变换)，

然后求出这些简单激励的响应之和。

2) 频率保持性

当受到某一频率的正弦信号激励时，线性时不变系统的稳态响应也是同一频率的正弦信号，即

$$x(t)=x_0\mathrm{e}^{\mathrm{j}\omega t}\to y(t)=y_0\mathrm{e}^{\mathrm{j}(\omega t+\varphi)} \tag{4.12}$$

频率保持性可以让人们通过实验来研究测试系统的频域特性，也可以用来判别是否为线性时不变系统。例如，当输入激励是一个很好的正弦信号时，若输出还含有多种频率成分，则该系统可能存在外界干扰或系统内部噪声，或输入幅度太大致使系统进入非线性区间，也可能该系统本身就不是线性时不变系统，其内部存在明显的非线性环节。频率保持性还可以与相关技术相结合进行数据处理，例如，在动平衡测试中，测试信号中除了转子不平衡产生离心力引起的振动信号外，还含有轴承支承中摩擦干扰噪声，但只有离心力导致的振动与转速严格同频，因此测试信号中只有该频率的信号是有用信号，其余均是干扰信号，可用相关分析来提取。

3) 齐次性

齐次性(homogeneity)有时也称比例性，即输入激励增大 k 倍时，系统的输出响应也为原来的 k 倍，即

$$kx(t)\to ky(t) \tag{4.13}$$

凡同时具有叠加性和齐次性的系统才是线性系统，否则就是非线性。因此，叠加性和齐次性合在一起称为线性条件，一个线性系统应当满足

$$kx_1(t)+lx_2(t)\to ky_1(t)+ly_2(t) \tag{4.14}$$

除此之外，根据齐次性可以知道，一个线性时不变系统的零输入激励必然产生零输出响应，当然这也是测试的要求之一。

4) 微分和积分特性

若 $x(t)\to y(t)$，则有

$$\dot{x}(t)\to\dot{y}(t) \tag{4.15}$$

当系统初始化条件为零时，有

$$\int_0^t x(t)\to\int_0^t y(t) \tag{4.16}$$

上述两式表示了微分(differential)特性和积分(integral)特性，对应于不同的被测物理量，在信号分析中显得简洁明了。例如，运动学中的位移、速度和加速度之间存在微分和积分的关系，测试信号的物理内涵因而可以相互转换。

下面举例说明线性系统和线性时不变系统的判别。

例 4.3　判别 $y(t)=3x(t)+4$ 是否为线性系统。

解

$$x_1(t)\to y_1(t)=3x_1(t)+4$$

$$x_2(t)\to y_2(t)=3x_2(t)+4$$

令 $x_3(t) \to ax_1(t)+bx_2(t)$，$a,b$ 为任意常数，有

$$y_3(t)=3x_3(t)+4=3[ax_1(t)+bx_2(t)]+4=3ax_1(t)+3bx_2(t)+4 \neq ay_1(t)+by_2(t)$$

因此，该系统不是线性系统。此例说明线性方程表示的系统不一定就是线性系统，上述系统既不满足叠加性，又不能满足齐次性，其原因在于输出信号有一个常数项，它与输入信号没有任何关系，类似于电信号中的直流电平。但若考虑差值输入的情况(如差动工作方式)，即

$$\Delta x(t)=x_2(t)-x_1(t)$$

有

$$\Delta y(t)=y_2(t)-y_1(t)=[3x_2(t)+4]-[3x_1(t)+4]=3[x_2(t)-x_1(t)]=3\Delta x(t)$$

显然，这是一个去掉常数项的线性方程式，同时满足叠加性和齐次性，$\Delta x(t) \to \Delta y(t)$ 是一个线性系统。因此，该例说明有些系统的输入增量与输出增量之间为线性关系，这类系统称为增量线性系统。

例 4.4 判别下列系统是否为线性时不变系统：

(1) $y(t)=tx(t)$。

(2) $y(t)=t^2x(t)$。

解 (1) $x_1(t) \to y_1(t)=tx_1(t)$，$x_2(t) \to y_2(t)=tx_2(t)$

令 $x_3(t) \to ax_1(t)+bx_2(t)$，$a$，$b$ 为任意常数，有

$$y_3(t)=tx_3(t)=t[ax_1(t)+bx_2(t)]=ay_1(t)+by_2(t)$$

可见，该系统同时满足叠加性和齐次性，是线性系统。当输入 $x(t)$ 发生时移 t_0 时，其输出响应为

$$y_4(t)=tx(t-t_0) \neq (t-t_0)x(t-t_0)$$

因此，该系统是线性时变系统。

(2) 同上，可证明 $y(t)=t^2x(t)$ 是线性系统。

同理，当发生时移 t_0 时，其输出响应为

$$y_5(t)=t^2x(t-t_0) \neq (t-t_0)^2x(t-t_0)$$

故该系统是线性时变系统。

4.3.2 拉氏域-传递函数

对测量系统进行特性描述，就必须给出实际系统的数学模型，而工程上要精确建立和求解测试系统的数学模型是相当困难的。通常认为可以用线性时不变理论来描述测试系统的动态特性，其数学模型就是式(4.10)所示的常系数线性微分方程。此时，通常认为测试系统的输入量与输出量随时间变化，而系统参数是不变的，并且忽略迟滞、死区等非线性因素。我们知道，对于常系数线性微分方程，采用拉普拉斯变换(Laplace transformation)的方法去求解十分方便。因此，测试系统动态特性的描述就可以从时域的常系数线性微分方程转换为拉氏域进行，这就是本节重点讨论的三大特性描述函数之一——拉氏域-传递函数 $H(s)$。

令 $X(s)$、$Y(s)$ 分别为输入 $x(t)$、输出 $y(t)$ 的拉氏变换，对式(4.10)取拉氏变换，从工程实际和数学角度出发，可得

$$Y(s)=H(s)X(s)+G_x(s)$$
$$H(s)=\frac{b_m s^m+b_{m-1}s^{m-1}+\cdots+b_1 s+b_0}{a_n s^n+a_{n-1}s^{n-1}+\cdots+a_1 s+a_0} \tag{4.17}$$

式中，$s=\sigma+\mathrm{j}\omega,\ \sigma>0$；$G_x(s)$ 与系统的初始条件有关，而 $H(s)$ 却与系统的初始条件无关，也与输入无关，只与系统结构参数有关。$H(s)$ 称为系统的传递函数。

当系统处于零初始条件(zero initial conditions)时，则因 $G_x(s)=0$，有

$$H_x(s)=\frac{Y(s)}{X(s)} \tag{4.18}$$

式中，输入输出的拉氏变换定义为

$$Y(s)=\int_0^\infty y(t)\mathrm{e}^{-st}\mathrm{d}t,\quad X(s)=\int_0^\infty x(t)\mathrm{e}^{-st}\mathrm{d}t$$

这便是通常所说的传递函数(transfer function)是输出与输入的拉氏变换之比，但必须注明系统处于零初始条件，所谓零初始条件即输入激励作用之前，系统 $x(0)$，$\dot{x}(0)$，…，$x^{(m-1)}(0)=0$，$y(0)$，$\dot{y}(0)$，…，$y^{(n-1)}(0)=0$，也就是说，此时系统的输入和输出本身以及变化趋势，以及储能元件积存能量等均为零。

显然，在拉氏域中传递函数 $H(s)$ 表征测试系统的信号传递特性。这样，只要系统受到一个输入信号 $x(t)$ 激励，便存在系统的输出响应 $y(t)$，通过拉普拉斯变换这个数学工具，就可以用传递函数来描述系统的动态特性，如图 4.10 所示。

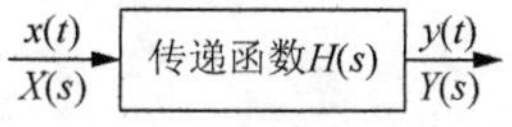

图 4.10　系统传递函数

$$H(s)=\frac{L[y(t)]}{L[x(t)]}=\frac{Y(s)}{X(s)} \tag{4.19}$$

传递函数有几个重要特点，结合测试系统可以归纳如下。

(1) 传递函数只取决于系统本身的结构参数，且包含输入输出所含有的物理量纲，但与输入输出函数(即信号性质)没有丝毫关系。

(2) 传递函数本身与初始条件无关，其输出与输入的拉氏变换之比表示为传递函数只能在初始条件为零情况下得到。工程上使用测试仪器时，必须使系统完全处在零初始条件(这也是一般的测试要求)，正因为从“零”开始，所以传递函数反映的系统特性是从动态特性直至稳态(静态特性)。因此，从某种程度上来讲，传递函数可理解为系统特性描述的全域函数。

(3) 传递函数是通过实际系统取拉氏变换得到的，它只表征了信号在系统两端的传递特性，而不拘泥于系统的物理结构。换言之，同一形式的传递函数可以表征具有相同的传递特性的不同结构的实际系统，例如，比例放大器和齿轮传动链，都是比例环节却是不同的物理结构。

(4) 传递函数表达式中的分母取决于测试系统的结构，分母中 s 幂次 n 代表常系数线性微分方程的阶次，也称为传递函数 $H(s)$ 的阶次。通常，一般测试系统都是稳定系统，其传递函数分母的幂次总是大于分子的幂次，即 $n>m$ 。

(5) 传递函数表达式中的各个系数 a_0 ，a_1 ，…，a_{n-1} ，a_n 和 b_0 ，b_1 ，…，b_{m-1} ，b_m 是由测试系统本身结构所唯一确定的常数。

(6) 作为行之有效的实验研究分析途径，可以让输入 $x(t)$ 为正弦波、方波脉冲信号，准确测出输出响应 $y(t)$ ，通过拉普拉斯变换就可以求得复杂系统的传递函数。

(7) 可以推证，对于简单环节 $H_1(s)$ 和 $H_2(s)$ 串联、并联、闭环回路如图 4.11 所示，其传递函数为

$$H_{串}(s)=H_1(s)\cdot H_2(s)$$
$$H_{并}(s)=H_1(s)+H_2(s)$$
$$H_{闭}(s)=X(s)\cdot\frac{H_1(s)}{1-H_1(s)H_2(s)}$$

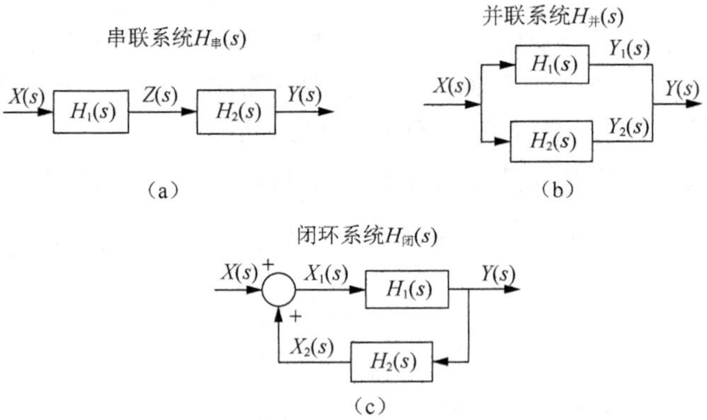

图 4.11　串联、并联和闭环回路

4.3.3　频域-频率响应函数

传递函数是在拉氏域描述系统的特性的，频率响应函数则是在频率域进行描述。二者都比在时域中建立运动微分方程来描述系统特性有许方便之处，频率响应函数更擅长直观地表示系统对不同频率输入信号的响应特性，是工程上采用实验手段研究和分析系统的重要工具。对于稳定的线性时不变系统，可令 $s=\mathrm{j}\omega$ ，代入式(4.17)可得

$$H(\mathrm{j}\omega)=\frac{b_m(\mathrm{j}\omega)^m+b_{m-1}(\mathrm{j}\omega)^{m-1}+\cdots+b_1(\mathrm{j}\omega)+b_0}{a_n(\mathrm{j}\omega)^n+a_{n-1}(\mathrm{j}\omega)^{n-1}+\cdots+a_1(\mathrm{j}\omega)+a_0}=\frac{Y(\mathrm{j}\omega)}{X(\mathrm{j}\omega)} \tag{4.20}$$

式中，$H(\mathrm{j}\omega)$ 称为测试系统的频率响应函数(frequency response function)，它等于输出信号 $y(t)$ 的傅里叶变换 $Y(\mathrm{j}\omega)$ 与输入信号 $x(t)$ 的傅里叶变换 $X(\mathrm{j}\omega)$ 之比，即

$$H(\mathrm{j}\omega)=\frac{F[y(t)]}{F[x(t)]}=\frac{Y(\mathrm{j}\omega)}{X(\mathrm{j}\omega)} \tag{4.21}$$

式中，$Y(\mathrm{j}\omega)$、$X(\mathrm{j}\omega)$ 都是单边傅里叶变换。

$$Y(\mathrm{j}\omega)=\int_0^{\infty} y(t)\mathrm{e}^{-\mathrm{j}\omega t}\mathrm{d}t,\ X(\mathrm{j}\omega)=\int_0^{\infty} x(t)\mathrm{e}^{-\mathrm{j}\omega t}\mathrm{d}t$$

需要强调的是，式(4.21)中的 $x(t)$ 是简谐激励信号，而 $y(t)$ 则是系统的稳态输出响应，而且处在零初始条件下，这与式(4.19)是有区别的，后面将予以讨论。

从式(4.21)可以看出，频率响应函数是在频域描述系统特性的，它利用傅里叶变换代替拉氏变换求得，可视为传递函数的特例。

工程上，将频率响应函数进一步分解为幅频特性 $A(\omega)$ (magnitude response)和相频特性 $\varphi(\omega)$ (phase response)，这样可清晰反映输入信号频率成分对系统输出的幅度和相位的影响。

线性时不变系统在简谐信号的激励下，其稳态输出信号与输入信号(即简谐信号)的幅值比称为系统的幅频特性，记为 $A(\omega)$。显然，由线性时不变系统的频率保持性可知，当输入 $x(t)$ 是简谐信号时，即 $x(t)=X_0\sin(\omega t)$，所产生的稳态输出也是同频的简谐信号，但是幅值和相位有所改变，$y(t)=Y_0\sin(\omega t+\varphi)$。

从以上的定义可知，系统的幅频特性可方便地构建实验条件来求得，只要输入不同频率的简谐信号，精确测出系统的稳态输出响应，通过二者的幅值之比，就不难求出以频率 ω 为自变量的数学函数 $A(\omega)$。理论上，幅频特性可以从式(4.20)得到，此式为复频形式，存在实部 $H_{\mathrm{R}}(\omega)$ 和虚部 $H_{\mathrm{I}}(\omega)$，则幅频特性可表示为

$$A(\omega)=\sqrt{H_{\mathrm{R}}^2(\omega)+H_{\mathrm{I}}^2(\omega)}=|H(\mathrm{j}\omega)| \tag{4.22}$$

同理，系统稳态输出对输入的相位差就是系统的相频特性 $\varphi(\omega)$，即

$$\varphi(\omega)=-\arctan\frac{H_{\mathrm{I}}(\omega)}{H_{\mathrm{R}}(\omega)} \tag{4.23}$$

如果已知测试系统的幅频特性 $A(\omega)$ 和相频特性 $\varphi(\omega)$，就可以用 $A(\omega)$ 为模，$\varphi(\omega)$ 为幅角方便地表示系统的频率响应函数 $H(\mathrm{j}\omega)$：

$$H(\mathrm{j}\omega)=A(\omega)\mathrm{e}^{\mathrm{j}\varphi(\omega)}=A(\omega)\angle\varphi(\omega) \tag{4.24}$$

从上式不难看出，频率响应函数 $H(\mathrm{j}\omega)$ 在频域描述测试信号在系统中的传递特性，它以幅频特性 $A(\omega)$ 和相频特性 $\varphi(\omega)$ 分别表示系统稳态输出的幅值、相位随输入激励频率 ω 变化而变化的特性。因此，为了更加形象地表示其中幅值和相位特性，工程上常采用伯德图(Bode)和奈奎斯特(Nyquist)两种作图法。

伯德图是以频率 ω 为自变量，同时绘制幅频特性曲线和相频特性曲线。图 4.12 为一阶系统的伯德图，其中横坐标用 ω 对数表示，幅值 $A(\omega)$ 用分贝(dB)数来表示。因此伯德图表示的是对数幅频曲线和对数相频曲线。

奈奎斯特图是系统幅频特性与相频特性合二为一的作图表示法，如图 4.13 所示。其纵坐标 Im 和横坐标 Re 分别为频率响应函数 $H(\mathrm{j}\omega)$ 的虚部和实部，频率 ω 从 0 到∞变化，对应于某一频率值 ω_i，从曲线的线径和夹角就可以得出系统的幅值和相位差信息，显然，这是一种极坐标线作图法。

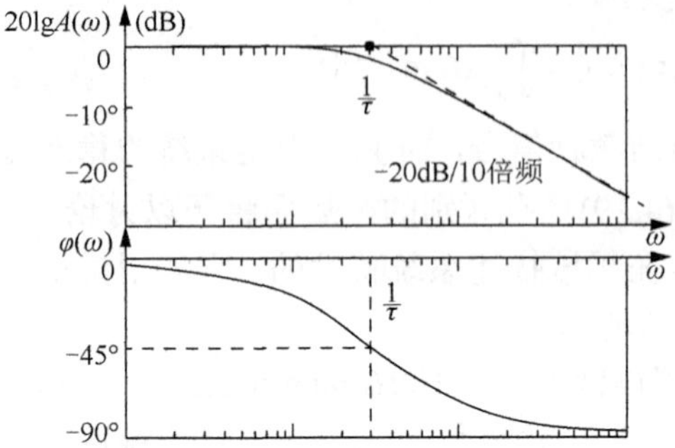

图 4.12　一阶系统的伯德图

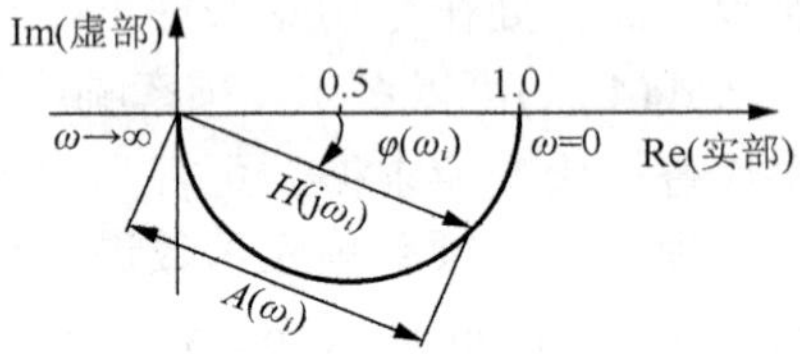

图 4.13　一阶系统的奈奎斯特图

以下重点讨论频率的响应函数在分析和应用中的重要结论。

(1) 频率响应函数仅能表达测试系统的静态特性。$H(\mathrm{j}\omega)$ 反映的是简谐输入信号与系统稳态输出之间的关系，因此频率响应函数不能反映过渡过程(即动态特性)，它不能像传递函数 $H(s)$ 那样反映系统全过程的特性，仅是传递函数的一种特例，工程上有时也称为正弦传递函数。相反，传递函数 $H(s)$ 的输入函数不限于简谐激励，只要在拉氏变换中考虑零初始条件，所得的解也反映过渡过程，即暂态响应，因此传递函数 $H(s)$ 包含了稳态响应和暂态响应两部分。

(2) 采用频率响应函数 $H(\mathrm{j}\omega)$ 分析，限于稳定的线性时不变系统。在测试中要求系统处在稳态输出的阶段后进行，而当需要研究典型扰动所引起的系统响应问题时，为了描述从起始的瞬态变化过程到最终的稳态过程，就需要用传递函数来分析，这样的系统往往包含了控制作用的系统。

(3) 频率响应函数的求取在理论与实验中，可以有四个途径：①直接对式(4.10)作傅里叶变换(运用傅里叶变换的微分定理)；②令 $H(\mathrm{j}\omega)=H(s)|_{s=\mathrm{j}\omega}$，即在 t=0 时刻将激励信号接入稳定的线性时不变系统，利用已知的传递函数而得到；③零初始条件下，当系统进入稳态阶段时同时测得输入和输出，然后得出其数学函数 $x(t)$ 和 $y(t)$，对其傅里叶变换得到 $X(\omega)$ 和 $Y(\omega)$ 而得到；④也可以依次采用不同频率 ω_i 的简谐信号去激励系统，分别测出系统的稳态输出幅值和相位差，得到 $A(\omega_i)$ 和 $\phi(\omega_i)$，从而求得伯德图或奈奎斯特图。

(4) 频率响应函数 $H(\mathrm{j}\omega)$ 尽管与传递函数有所区别，但是二者存在密切的联系，事实上前者只是将后者的 s 算子用 $\mathrm{j}\omega$ 替代而得到，而且任何复杂的周期信号都可以分解为若干简谐信号的叠加，因此在许多复杂信号激励作用下，也可以用频率响应函数去分析系统的稳态频率特性，同时，图 4.11 所示的串联、并联和闭环系统特性的推导，也适用于采用频率响应函数分析的场合。

(5) 奈奎斯特特图的优点在于直观明了，输入一个频率为 ω_i，幅值为单位 1 的简谐激励，测出系统的输出幅值和与输入之间的相位差，就可方便地绘出奈奎斯特图。而对于一个复杂系统的频率响应，工程上多采用伯德图来绘制要简便得多，举例说明如下。

例 4.5　图 4.14 为一种测试记录系统，采用伯德图绘制系统的频率响应特性。

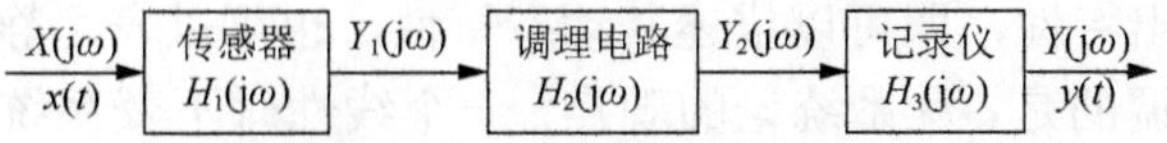

图 4.14　一种测试记录系统

解　如上所述，可依照传递函数的串联特性推导，得出系统 $H(\mathrm{j}\omega)$：

$$H(\mathrm{j}\omega) = H_1(\mathrm{j}\omega)\cdot H_2(\mathrm{j}\omega)\cdot H_3(\mathrm{j}\omega)$$

所以有

$$A(\omega) = |H(\mathrm{j}\omega)| = |H_1(\mathrm{j}\omega)|\cdot|H_2(\mathrm{j}\omega)|\cdot|H_3(\mathrm{j}\omega)| = A_1(\omega)A_2(\omega)A_3(\omega)$$

$$\phi(\omega) = \phi_1(\omega) + \phi_2(\xi) + \phi_3(\omega)$$

由于伯德图采用对数坐标方式，则

$$20\lg A(\omega) = 20\lg A_1(\omega) + 20\lg A_2(\omega) + 20\lg A_3(\omega)$$

由此可见，伯德图中的对数幅频特性和对数相频特性曲线都是由原系统组成环节各自特性曲线叠加而成的，尤其是 $A(\omega)$ 中由连乘关系变为曲线的叠加关系，所以已知简单典型环节的伯德图，即可方便地绘制复杂系统的伯德图。除此之外，从伯德图上还可以看出系统各组成环节对系统整个频率响应的影响，以帮助考虑增加或减少某些组成环节来改善其频率响应特性。

4.3.4　时域-单位冲激响应函数

系统输入输出关系在时域由式(4.10)的常系数线性微分方程给出。其系统特性在时域则是采用单位冲激响应函数(unit impulse response function)来描述。对于单位冲激信号 $\delta(t)$，它是一个幅频谱为 1，相频谱为零的无限带宽性质的信号，其傅里叶变换和拉普拉斯变换都为 1。因此，对于一个测试系统的分析，单位冲激响函数相当于一个人为构造的特殊输入，而且一个确定性的周期或非周期信号除了可以分解为一系列简谐信号之和外，还可以分解为一系列单位冲激信号之和。依照传递函数的分析思路，可求出在时域中系统的单位冲激响应，如图 4.15 所示。

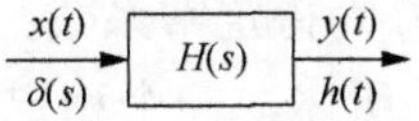

图 4.15　系统的单位冲激响应

设 $y(t)$ 是系统在单位冲激信号 $\delta(t)$ 激励下的响应，在零初始条件下，由图 4.15 可知

$$H(s)=\frac{Y(s)}{X(s)}=\frac{L[y(t)]}{L[\delta(t)]} \tag{4.25}$$

由于 $L[\delta(t)]=1$，故 $H(s)=Y(s)$。

这样，通过拉普拉斯反变换即可得出时域中的单位冲激响应：

$$y(t)=L^{-1}\left[Y(s)\right]=L^{-1}\left[H(s)\right]=h(t)$$

式中，$h(t)$ 称为单位冲激函数，也称权函数。通过 $\delta(t)$ 这样一个特殊形式的输入激励作用，单位冲激响应函数 $h(t)$ 与传递函数 $H(s)$ 是等价的，它同样可以描述测试系统的输入输出特性，即可以描述其动态特性，也可以表达静态特性。

这里需要强调的是，从系统论的观点，一个线性时不变系统对输入激励所产生的响应等于零输入(zero-input response，即非零输入之前的系统历史激励所产生的输出)与零状态响应(zero-state response，即零初始条件下系统对本次激励所产生的输出)的叠加。单位冲激响应是一种零状态响应，是指系统在零初始条件下对单位冲激信号 $\delta(t)$ 所产生的响应，其函数形式恰好就是系统特性的时域描述函数。

对于一个线性时不变系统，并假设它是连续的、稳定的，其输入输出关系可由式(4.10)给出，当输入激励函数为 $\delta(t)$，输出响应函数为 $h(t)$ 时，可写成下列形式：

$$\sum_{k=0}^{n}\left[a_k h^{(k)}(t)\right]=\sum_{k=0}^{m}\left[b_k \delta^{(k)}(t)\right] \tag{4.26}$$

这是一个特殊构造的方程求解问题，下面分析单位冲激响应函数 $h(t)$ 的函数形式。

当 $t>0$ 时，由于 $\delta(t)$ 及各阶导数均为零，因此 $h(t)$ 应满足齐次方程：

$$\sum_{k=0}^{n}\left[a_k h^{(k)}(t)\right]=0,\quad t>0 \tag{4.27}$$

当 $t<0$ 时，由于 $\delta(t)$ 及各阶导数均为零，则

$$h(t)=0,\quad t<0$$

因此单位冲激响应函数 $h(t)$ 应具有齐次微分方程解的基本形式，即系统具有 n 个不同的单特征根 $\lambda_i(i=1,2,\cdots,n)$ 时，$h(t)$ 函数形式如下：

$$h(t)=\sum_{i=1}^{n}\left[A_i \mathrm{e}^{\lambda_i t}u(t)\right] \tag{4.28}$$

式中，A_i 为待定常系数；$u(t)$ 为单位阶跃函数。

如上所述，一个稳定连续的测试系统，其输入输出幂次关系为 $n>m$，此时式(4.28)便成为 $h(t)$ 的基本函数形式，当 $n\leqslant m$ 时情况比较复杂，这里不再赘述。

例 4.6 试求以下常系数线性微分方程所描述的系统的单位激励响应：

$$\frac{\mathrm{d}^2y(t)}{\mathrm{d}t^2}+4\frac{\mathrm{d}y(t)}{\mathrm{d}t}+3y(t)=\frac{\mathrm{d}x(t)}{\mathrm{d}t}+2x(t)$$

解　系统的特征方程为 $\lambda^2+4\lambda+3=0$，共有两个不同的特征根：

$$\lambda_1=-1,\ \lambda_2=-3$$

根据式(4.28)，$n=2$ 和 $m=1$，则 $y(t)=h(t)$ 应有如下函数形式：

$$h(t)=(A_1\mathrm{e}^{-t}+A_2\mathrm{e}^{-3t})u(t)$$

将其代入原常系数线性微分方程可得

$$\frac{\mathrm{d}^2h(t)}{\mathrm{d}t^2}+4\frac{\mathrm{d}h(t)}{\mathrm{d}t}+3h(t)=\frac{\mathrm{d}\delta(t)}{\mathrm{d}t}+2\delta(t)$$

将 $h(t)$ 求一阶导和二阶导代入上式，进一步整理可得

$$(A_1+A_2)\frac{\mathrm{d}\delta(t)}{\mathrm{d}t}+(3A_1+A_2)\delta(t)=\frac{\mathrm{d}\delta(t)}{\mathrm{d}t}+2\delta(t)$$

观察上式，方程两边的各奇异函数项对应的系数应相等，有

$$A_1+A_2=1$$
$$3A_1+A_2=2$$

可解 $A_1=A_2=1/2$，于是系统的单位冲激响应为

$$h(t)=\left(\frac{1}{2}\mathrm{e}^{-t}+\frac{1}{2}\mathrm{e}^{-3t}\right)u(t)$$

可以证明，任意连续的时间信号都可以分解为一系列冲激函数之和，如果已知线性时不变系统的单位冲激响应函数 $h(t)$，分别利用其时不变性、齐次性和叠加性，就可以求出系统对任意信号的响应，这就是单位冲激函数 $h(t)$ 在工程上的应用，即博雷尔(Borel)定理。博雷尔定理可以描述为，线性时不变系统对任一输入激励(周期或非周期信号)下的响应，在零初始条件下，等于激励函数与该系统的单位冲激响应函数值卷积，即

$$y(t)=x(t)*h(t)=\int_{-\infty}^{\infty}x(\tau)h(t-\tau)\mathrm{d}\tau \tag{4.29}$$

当 $t<0$ 时，$h(t)=0$，式(4.29)进一步写为

$$y(t)=x(t)*h(t)=\int_{0}^{t}x(\tau)h(t-\tau)\mathrm{d}\tau \tag{4.30}$$

例 4.7　$x(t)=A\sin(\omega t)$ 激励作用于一个线性时不变系统，求系统的输出响应。

解　根据博雷尔定理可知其输出响应 $y(t)$ 等于简谐激励函数与系统单位冲激响应函数 $h(t)$ 的卷积，即

$$y(t)=x(t)*h(t)=A\sin(\omega t)*h(t)$$

根据信号算法规则中的频域卷积定理，有

$$F[x(t)*h(t)]=X(\mathrm{j}\omega)\cdot H(\mathrm{j}\omega)=Y(\mathrm{j}\omega)$$

从以上两式可得

$$y(t)=A|H(\mathrm{j}\omega)|\sin[\omega t+\varphi(\omega)]$$

此例进一步说明了线性时不变系统的频率保持性，此外输出响应的幅值增大

了$|H(\mathrm{j}\omega)|$倍，相位超前$\varphi(\omega)$。

工程上常常利用简单典型信号函数来分析复杂输入激励所产生的系统输出响应，常见的典型输入如图 4.16 所示，分别为单位冲激函数$\delta(t)$，单位阶跃函数$u(t)$和单位斜坡函数$r(t)$，它们三者互成微分或积分关系。这三种类型的输入激励函数在工程上常被用来测试和分析系统的特性，尽管难以得到理想的单位冲激函数输入，但是任意信号都可看成一系列单位冲激函数之和，而且某些时间极短的瞬态激励信号可视为冲激信号，这种函数形式的输入激励在工程上的应用体现在博雷尔定理。单位阶跃函数输入激励可看成对系统的突然加载或卸载，工程上这种信号简单易得，常被用来揭示测试系统的动态过程和动态特性。单位斜坡函数输入激励是随时间线性变化的信号，常被用来表示位置等物理量的指令信号，用于观察了解系统的跟踪响应，在含有控制作用的系统(如伺服系统)中经常被用于输入激励信号。正因为这三种函数形式的输入激励存在微分或积分关系，所以知道了其中一种信号的输出响应，就不难掌握其他两种信号激励时的输出响应了。

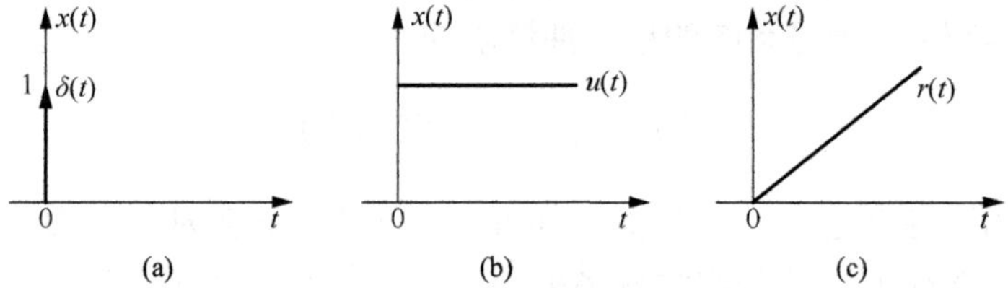

图 4.16　三种典型输入函数

根据线性时不变系统的叠加性，系统对输入微分(积分)激励产生的响应，等于原输出响应的微分(积分)。因此，只要掌握了常见典型输入激励所产生的系统输出响应，就不难得出其他形式输入激励产生的响应。

例 4.8　求图 4.17 所示系统在单位冲激力$f(t)$作用下的响应$y(t)$。

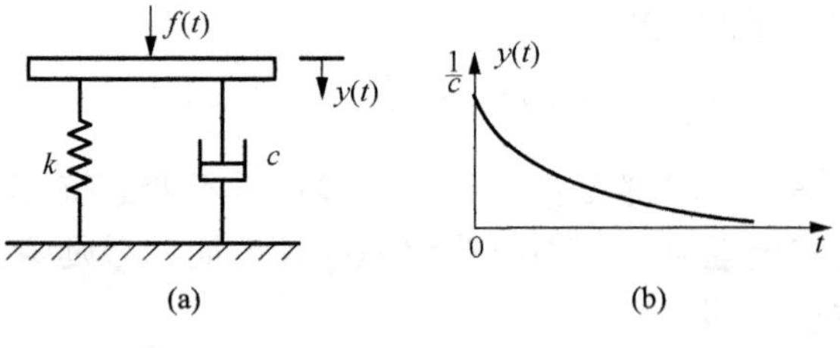

图 4.17　弹簧阻尼系统的单位冲激响应

解　不考虑系统的质量，该系统的运动微分方程为

$$c\frac{\mathrm{d}y(t)}{\mathrm{d}t}+ky(t)=f(t)$$

此为一阶系统，在零初始条件下，对上式作拉普拉斯变换可得

$$(cs+k)Y(s)=L[f(t)]=1$$

所以有

$$Y(s)=\frac{1}{cs+k}=\frac{1}{c}\frac{1}{s+k/u}$$

再求拉普拉斯反变换，即得输出响应 $y(t)$：

$$y(t)=h(t)=\frac{1}{c}\mathrm{e}^{-\frac{k}{c}t}$$

此例说明，当输入激励为 $\delta(t)$ 函数形式时，采用单位冲激响应函数 $h(t)$ 求解输出响应，要比直接求解运动微分方程要容易得多。

4.3.5　特征描述与分析函数的应用

传递函数 $H(s)$、频率响应函数 $H(\mathrm{j}\omega)$ 和单位冲激响应函数 $h(t)$ 被称为三大系统特性描述和分析函数，它们都针对稳定系统，且存在傅里叶变换和零初始条件。显然，物理上可实现的实际测试系统和信号一般都是满足这些条件的。

传递函数 $H(s)$ 是描述系统特性的一般函数，它适用于系统从暂态过程到稳态过程的全过程系统特性描述和分析，着眼于拉氏域表达系统的动态特性和静态特性。频率响应函数 $H(\mathrm{j}\omega)$ 相当于用 $s=\mathrm{j}\omega$ 将传递函数 $H(s)$ 变成 $H(\mathrm{j}\omega)$ 而得到，它是一种在采用简谐信号激励系统得到的传递函数，又称正弦传递函数，这是一种在频率域中描述和分析系统静态特性的函数，能够清晰地反映系统稳定输出时随输入信号频率变化而变化的性质，同时其伯德图和奈奎斯特图两种作图法表示系统特性清晰直观。单位激励响应函数 $h(t)$ 与传递函数 $H(s)$ 是等价的，所不同的是一个在时域而另一个在拉氏域，单位冲激响应函数 $h(t)$ 也能描述和分析系统的动态特性和静态特性，同时在系统特性分析中可以充分利用典型输入信号函数、信号算法规则和线性时不变系统的重要性质，避免对运动微分方程直接求解的困难，简化分析和计算过程。

三大特性描述与分析函数都是建立输入与输出的函数关系，它们之间存在密切联系和相互关系，如表 4.1 和图 4.18 所示。

表 4.1　三大特性描述与分析函数之间的关系

域	传递函数形式	相互关系	输出/输入
拉氏域 $s=\sigma+\mathrm{j}\omega$	$H(s)$	$H(s)=L[h(t)]$	$H(s)=\frac{Y(s)}{X(s)}$
频域 ω, f	$H(\mathrm{j}\omega)$	$H(\mathrm{j}\omega)=H(s)\vert_{s=\mathrm{j}\omega}=F[h(t)]\vert_{稳态}$	$H(\mathrm{j}\omega)=\frac{Y(\mathrm{j}\omega)}{X(\mathrm{j}\omega)}$
时域 t	$h(t)$	$h(t)=L^{-1}[H(s)]=F^{-1}[H(\mathrm{j}\omega)]\vert_{稳态}$	$y(t)=x(t)*h(t)$

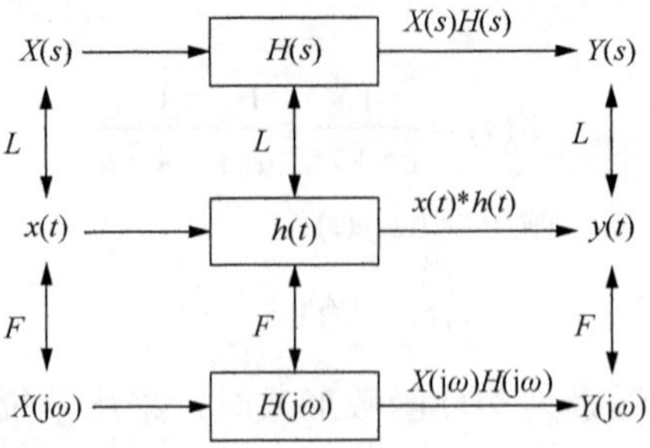

图 4.18　特性描述与分析函数在拉氏域、时域和频域对应关系

在掌握了三大特性描述与分析函数的特点和相互关系之后，就可以针对不同系统与信号特点选取相应的函数进行系统特性分析了。对于复杂系统，工程上往往视其组成和内在联系，可以进一步分解为若干环节的串联、并联、混联甚至包括闭环等连接方式，从而使系统分析得以简化。

信号在测试系统传递过程中若忽略外界干扰等因素，通常认为前一个环节的输出就是后续环节的输入，这样每一个环节都可视为两端环节，根据系统各组成部分的连接规律，各环节的连接方式有串联、并联、混联和闭环等，其中串联、并联是最基本的连接方式，下面主要讨论系统中发生串联和并联时系统特性描述函数的表达方式。

如图 4.11 所示，当两个传递函数各为 $H_1(s)$ 和 $H_2(s)$ 的环节发生串联时，若它们不发生能量交换，且在零初始化条件下，串联后的系统传递函数为

$$H(s)=\frac{Y(s)}{X(s)}=\frac{Z(s)Y(s)}{X(s)Z(s)}=H_1(s)H_2(s)$$

若有 n 个环节串联组成的系统，则传递函数表达为

$$H_s(s)=\prod_{i=1}^{n}H_i(s) \tag{4.31}$$

当两个环节发生并联时，同理可得

$$H(s)=\frac{Y(s)}{X(s)}=\frac{Y_1(s)+Y_2(s)}{X(s)}=H_1(s)+H_2(s)$$

则 n 个环节并联组成的系统传递函数可表达为

$$H(s)=\sum_{i=1}^{n}H_i(s) \tag{4.32}$$

根据频率响应函数与传递函数间的关系，可得 n 个环节串联组成的系统频率响应函数：

$$H(\mathrm{j}\omega)=\prod_{i=1}^{n}H_i(\mathrm{j}\omega) \tag{4.33}$$

此时，其幅度特性和相频特性分别为

$$A(\omega)=\prod_{i=1}^{n}A_i(\omega) \tag{4.34}$$

$$\varphi(\omega)=\sum_{i=1}^{n}\varphi_i(\omega) \tag{4.35}$$

而 n 个环节并联组成的系统频率响应函数可表达为

$$H(\mathrm{j}\omega)=\sum_{i=1}^{n}H(\mathrm{j}\omega) \tag{4.36}$$

串联和并联所组成的系统单位冲激响应函数可根据传递函数与单位冲激响应函数之间的关系，依式(4.31)和式(4.32)从表 4.1 中不难得到。因此，只要掌握了简单环节的特性描述函数，进而从系统各组成环节的连接方式中确定其连接关系，就可以一步一步地得到整个系统的特性描述函数，这比直接对系统建立运动微分方程并求解要简便得多。

理论分析可以证明，在式(4.17)分母中阶次 $n>3$ 即高于三阶的高阶系统都可以分解为若干一阶环节和二阶环节的串联或并联。这样，分析一阶和二阶系统的信号传递特性即具有普遍性的意义，同时是进一步掌握高阶复杂系统特性的基础。

1. 一阶系统

令式(4.10)中除了 a_0、a_1、b_0 之外，其他所有的待定参数均为零，则得到一阶常系数微分方程，该方程所表达的就是一阶系统。

$$a_1\frac{\mathrm{d}y(t)}{\mathrm{d}t}+a_0y(t)=b_0x(t)$$

若令 $\tau=a_1/a_0$ 为系统时间常数，$k=b_0/a_0$ 为系统静态灵敏度，则一阶系统的基本微分方程为

$$\tau\frac{\mathrm{d}y(t)}{\mathrm{d}t}+y(t)=kx(t) \tag{4.37}$$

对于实际测试系统，静态灵敏度 k 是一个常数，为了方便分析，常作归一化(normalization)处理，即令 $k=1$，上述一阶系统就成为归一化系统，即

$$\tau\frac{\mathrm{d}y(t)}{\mathrm{d}t}+y(t)=x(t)$$

将上式代入(4.10)和式(4.17)可得一阶系统的传递函数：

$$H(s)=\frac{1}{\tau s+1} \tag{4.38}$$

同理，可得一阶系统的频率响应函数：

$$H(\mathrm{j}\omega)=\frac{1}{\mathrm{j}\tau\omega+1} \tag{4.39}$$

此时幅频特性和相频特性分别为

$$A(\omega)=\frac{1}{\sqrt{1+(\tau\omega)^2}} \tag{4.40}$$

$$\varphi(\omega)=-\arctan(\tau\omega) \tag{4.41}$$

一阶系统的伯德图和奈奎斯特图如图 4.12 和图 4.13 所示。

一阶系统的单位冲激响应函数为

$$h(t)=\frac{1}{\tau}\mathrm{e}^{-\frac{t}{\tau}} \tag{4.42}$$

图 4.19 为一阶系统的单位冲激响应函数，其时域曲线类似于电容器的放电特性，通常一阶系统又称为一阶惯性系统。

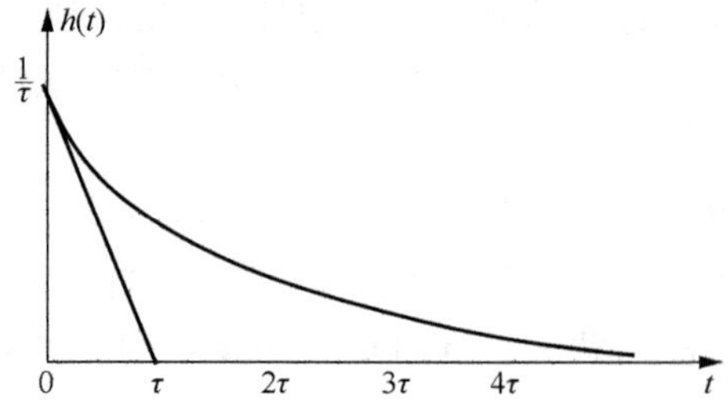

图 4.19　一阶系统的单位冲激响应函数

对于一阶系统的分析，可以得出以下几个重要特性。

(1) 系统时间常数τ是反映一阶测试系统频率范围大小的重要参数。从图 4.12 所示的伯德图可以看到，在$\omega=1/\tau$处幅频特性$A(\omega)$下降到原系统的$1/\sqrt{2}$倍(下降了−3dB)，相位滞后 45°，实际上，$\omega=1/\tau$就是一阶系统的截止频率(cut-off frequency)ω_c，所以一阶系统的时间常数τ越小越好。

(2) 一阶测试系统适用于缓变信号或低频信号的测量。当激励频率$\omega\ll\omega_c$时(工程上取$\omega<\tau/5$)，$A(\omega)\approx 1$(即输出信号幅值与输入信号幅值几乎相同，但相位改变)；当$\omega\gg\omega_c$时(工程取$(2\sim3)\omega_c$)，$H(\mathrm{j}\omega)\approx 1/(\mathrm{j}\tau\omega)$，其输出响应为

$$y(t)=\frac{1}{\tau}\int_0^t x(t)\mathrm{d}t$$

此时相当于一个积分器，即测量高频信号时幅值随频率增大而衰减，且相位滞后 90°。因此，一阶测试系统的带宽是有限的，不适合于高频信号测量。

(3) 一阶测试系统的输出在单位冲激激励(即没有持续激励作用)下会随时间而呈指数衰减，因此又称一阶惯性系统。由图 4.17 可见，衰减是因为系统中存在机械阻尼作用，在某些系统中存在类似电容放电作用。

2. 二阶系统

图 4.17 所示系统中忽略质量时是一阶系统，若考虑质量m时，即为单自由度

二阶系统，这就是常见的质量 m-弹簧 k-阻尼 c 系统(mass-spring-damper)，如图 4.20 所示，称重弹簧秤就属于此类。

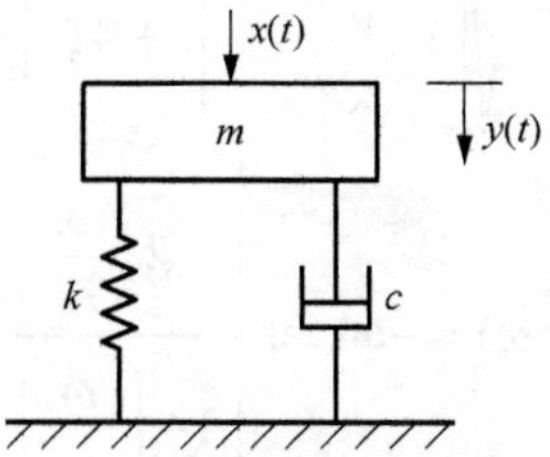

图 4.20　单自由度二阶系统

若令式(4.10)中除了 a_0、a_1、a_2 和 b_0 之外，其他所有的待定参数均为零，则得到二阶常系数微分方程，此为二阶系统：

$$a_2\frac{\mathrm{d}^2y(t)}{\mathrm{d}t^2}+a_1\frac{\mathrm{d}y(t)}{\mathrm{d}t}+a_0y(t)=b_0x(t) \tag{4.43}$$

同样令 $K=\dfrac{b_0}{a_0}$ 为系统静态灵敏度，$\omega_\mathrm{n}=\sqrt{\dfrac{a_0}{a_2}}$ 为系统无阻尼固有频率(rad/s)，$\xi=\dfrac{a_1}{2\sqrt{a_0a_2}}$ 为系统阻尼比，则式(4.43)可写为

$$\frac{1}{\omega_\mathrm{n}^2}\frac{\mathrm{d}^2y(t)}{\mathrm{d}t^2}+\frac{2\xi}{\omega_\mathrm{n}}\frac{\mathrm{d}y(t)}{\mathrm{d}t}+y(t)=Kx(t) \tag{4.44}$$

对式(4.44)两边作拉普拉斯变换得

$$\left(\frac{s^2}{\omega_\mathrm{n}^2}+\frac{2\xi}{\omega_\mathrm{n}}s+1\right)Y(s)=KX(s)$$

同理，对于归一化二阶系统，令 K=1，则二阶系统的传递函数为

$$H(s)=\frac{Y(s)}{X(s)}=\frac{1}{\dfrac{s^2}{\omega_\mathrm{n}^2}+\dfrac{2\xi}{\omega_\mathrm{n}}s+1} \tag{4.45}$$

对于图 4.20 所示的单自由度二阶系统，可以推证，系统静态灵敏度 $K=\dfrac{1}{k}$ (m/N)；系统无阻尼固有频率 $\omega_\mathrm{n}=\sqrt{\dfrac{k}{m}}$ (rad/s)；系统阻尼比 $\xi=\dfrac{c}{2\sqrt{km}}$。

对于式(4.45)表达的传递函数，可得二阶系统的频率响应函数为

$$H(\mathrm{j}\omega)=\frac{1}{1-\dfrac{\omega^2}{\omega_\mathrm{n}^2}+2\xi\mathrm{j}\dfrac{\omega}{\omega_\mathrm{n}}} \tag{4.46}$$

对应的幅频特性和相频特性分别为

$$A(\omega)=\frac{1}{\sqrt{\left[1-\left(\frac{\omega}{\omega_{\mathrm{n}}}\right)^{2}\right]^{2}+4\xi^{2}\left(\frac{\omega}{\omega_{\mathrm{n}}}\right)^{2}}} \tag{4.47}$$

$$\varphi(\omega)=-\arctan\left[\frac{2\xi\frac{\omega}{\omega_{\mathrm{n}}}}{1-\left(\frac{\omega}{\omega_{\mathrm{n}}}\right)^{2}}\right] \tag{4.48}$$

则对于二阶系统，可绘制其幅频、相频特性曲线，如图 4.21 所示，相应的伯德图和奈奎斯特图分别见图 4.22 和图 4.23。

二阶系统的单位冲激响应函数表达式为

$$h(t)=\frac{\omega_{\mathrm{n}}}{\sqrt{1-\xi^{2}}}\mathrm{e}^{-\xi\omega_{\mathrm{n}}t}\sin(\sqrt{1-\xi^{2}}\,\omega_{\mathrm{n}}t),\quad 0<\xi<1 \tag{4.49}$$

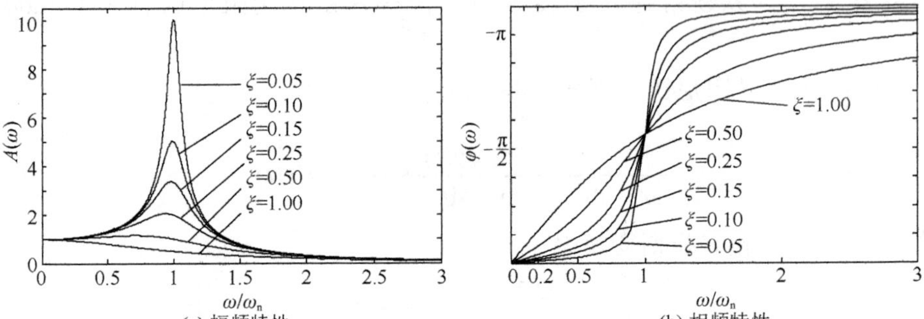

(a) 幅频特性　　(b) 相频特性

图 4.21　二阶系统的幅频和相频特性曲线

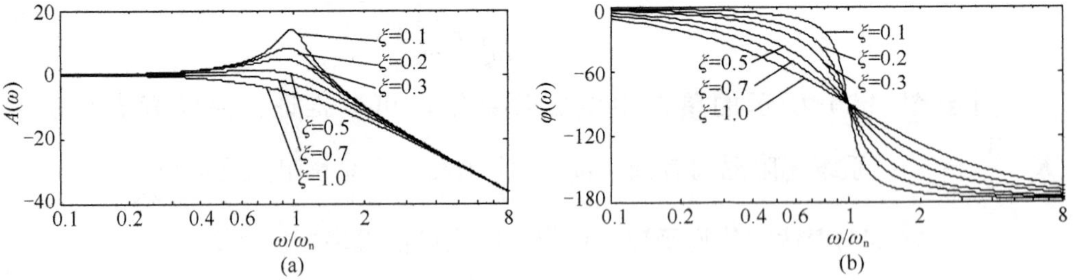

(a)　　(b)

图 4.22　二阶系统的伯德图

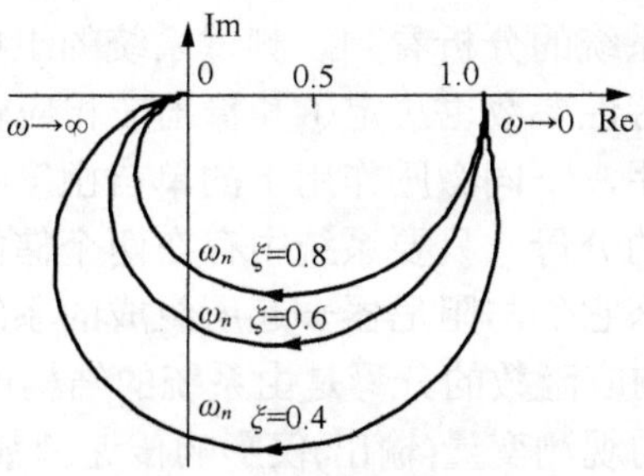

图 4.23　二阶系统的单位冲激响应及其奈奎斯特图

二阶系统具有以下几个重要特性。

(1) 在测试系统的工作带宽内，影响二阶系统特性的参数为无阻尼固有频率 ω_n 和阻尼比 ξ。由图 4.21 和图 4.22 可知，当输入激励频率 $\omega=\omega_n$ 时，输出信号的幅值将会剧增而产生振荡，因此二阶系统又称为二阶振荡系统，此时增大阻尼比 ξ 会抑制振荡而确保系统的稳定性，但因 $A(\omega)=1/(2\xi)$ 而牺牲幅频特性指标。总之，ω_n 和 ξ 是测试字体设计时依据的两个重要参数，尤以无阻尼固有频率最为重要，它是决定系统工作带宽的决定因素，此外 ω_n 和 ξ 的组合设计也十分重要。

(2) 二阶系统在 $\omega \ll \omega_n$ 时，$A(\omega)\approx 1$，而当 $\omega \gg \omega_n$ 时，$A(\omega)\to 0$，因此二阶测试系统的有效工作带宽在 ω_n 以下的中低频段，高频测量时会因幅度抑制而失真。

(3) 二阶系统输出信号的相角在低频时近似与频率成正比，高频时几乎成反相，在系统阻尼固有频率 ω_n 附近变化剧烈，而且阻尼 ξ 越小变化越大。

例 4.9　某系统的运动微分方程为

$$\frac{\mathrm{d}y(t)}{\mathrm{d}t}+2y(t)=x(t)$$

求系统对输入激励 $x(t)=\mathrm{e}^{-t}u(t)$ 所产生的响应。

解　这是一个一阶系统，对方程两边取傅里叶变换得到其频率响应函数：

$$H(j\omega)=\frac{Y(\mathrm{j}\omega)}{X(\mathrm{j}\omega)}=\frac{1}{\mathrm{j}\omega+2}$$

输入激励 $x(t)$ 的傅里叶变换为

$$X(\mathrm{j}\omega)=\frac{1}{\mathrm{j}\omega+1}$$

则

$$Y(\mathrm{j}\omega)=X(\mathrm{j}\omega)H(\mathrm{j}\omega)=\frac{1}{\mathrm{j}\omega+1}\frac{1}{\mathrm{j}\omega+2}=\frac{1}{\mathrm{j}\omega+1}-\frac{1}{\mathrm{j}\omega+2}$$

对 $Y(\mathrm{j}\omega)$ 取傅里叶逆变换，得到系统的输出响应为

$$y(t)=\mathrm{e}^{-t}u(t)-\mathrm{e}^{-2t}u(t)=(\mathrm{e}^{-t}-\mathrm{e}^{-2t})u(t)$$

从以上一阶、二阶系统的分析看到，测试系统的组成与结构决定了系统的阶次，同时系统中的各种特性参数也决定了其输出在相应输入激励下的表现。

进一步分析可以表明，不同激励作用下的单自由度系统的传递函数或频率响应函数都具有相同形式的分母。只要系统中存在两个储能元件，即质量块储存势能，弹簧储存动能，那么它们与阻尼器一起所组成的系统一定是一个二阶系统。因此，传递函数或频率响应函数的分母是由系统的结构所决定的。不同的激励(输入)、不同的测点、不同的观测变量(输出)仅影响传递函数和频率响应函数的分子，因此使系统的信号传输呈现不同的特性。

因此，了解这些特性参数就成为测试和系统分析的一项重要工作，工程上获取测试系统特性参数的测定方法比较简单，通常采用一些标准信号作为输入激励，测量并绘制输入/输出曲线，就可以从中得到定标曲线、线性度、灵敏度、分辨率、迟滞和重复性等静态特性参数。相比而言，测试系统的动态特性参数的测定过程较为复杂，系统阶次的增大会大大增加测定的困难。

4.3.6　不失真测试和动态误差

对于一个测试系统，总是希望具有良好的静态特性和动态特性，能够高精度、高灵敏度、高分辨率地准确复现输入信号的波形，而且时间上没有延迟。但是在实际测试工作中，要同时满足上述要求是不可能的，或者说是有条件的。测试系统与其他系统一样，其系统特性优劣取决于构建时选择的结构与参数，同时受到工作环境好坏的制约。因此，测试系统在完成测试任务时，也存在一定的误差，只是这个误差必须在允许的范围之内。

1. 不失真的定义

对于输入信号 $x(t)$，测试系统测量值为 $y(t)$，其幅值比例放大，时间上有延迟，即称为不失真(non-distortion)。

可见，不失真测试是指系统的输入输出满足下列关系：

$$y(t) = A_{\mathrm{o}}x(t-\tau_{\mathrm{o}}) \tag{4.50}$$

式中，A_{o} 为常数，称为幅值放大系数或增益；τ_{o} 为常数，称为时延。

图 4.24 为满足式(4.50)的不失真测试信号波形，由此可见，输出信号 $y(t)$ 与输入信号 $x(t)$ 相比，其幅值等比例放大，并存在一定的时延。

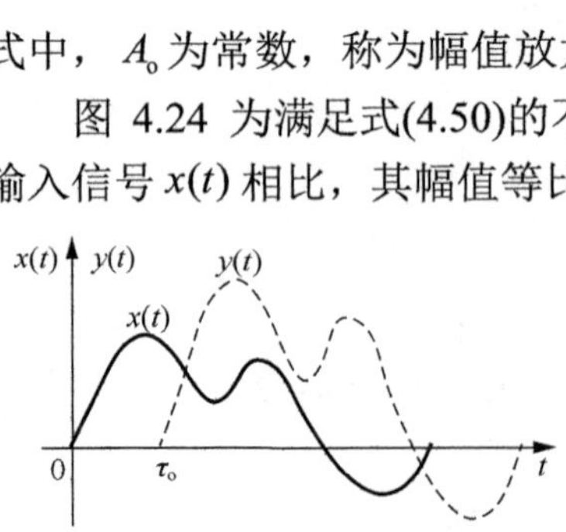

图 4.24　不失真测试

2. 不失真测试条件

式(4.50)和图 4.24 在时域中形象地给出了不失真的定义，然而要使测试系统实现不失真测试或精确测试，就必须在频域中分析系统要达到的不失真测试条件。

对式(4.50)取傅里叶变换得

$$Y(\mathrm{j}\omega)=A_{\mathrm{o}}\mathrm{e}^{-\mathrm{j}\omega\tau_{\mathrm{o}}}X(\mathrm{j}\omega) \tag{4.51}$$

则测试系统的频率响应函数为

$$H(\mathrm{j}\omega)=\frac{Y(\mathrm{j}\omega)}{X(\mathrm{j}\omega)}=A_{\mathrm{o}}\mathrm{e}^{-\mathrm{j}\omega\tau_{\mathrm{o}}} \tag{4.52}$$

其幅频特性和相频特性分别为

$$\begin{cases}A(\omega)=A_{\mathrm{o}}(\text{常数})\\ \varphi(\omega)=-\tau_{\mathrm{o}}\omega\end{cases} \tag{4.53}$$

由上式可见，要实现不失真测试，则测试系统的幅频特性为一个常数(即水平直线)，相频特性与频率 ω 呈线性关系(即斜率为 $-\tau_{\mathrm{o}}$ 的直线)，这就是不失真测试条件。满足不失真测试条件的理想测试系统，应具有图 4.25 所示的幅频和相频特性曲线关系，即对输入信号的所有频率分量的幅值放大系数(增益)为一常数；对输入信号的所有频率分量的相位差与频率成正比，且滞后。

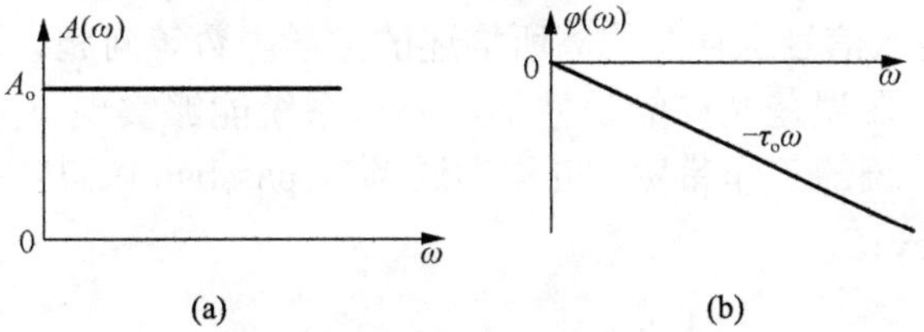

图 4.25　满足不失真测试条件的幅频和相频特性

3. 不失真测试分析

根据上述不失真的定义和不失真测试条件，要求测试系统必须同时满足式(4.53)所示的幅频特性和相频特性，而且理想的测试系统不仅幅值放大倍数 A_{o} 为常数，还不存在时延或相位差。显然，实际的测试系统很难达到这一要求，这就需要对不失真测试进行具体分析。通常对不失真测试的分析需要从测试任务要求和系统特性参数选择两个方面进行。

1) 测试任务要求

从实际测试任务而言，测试系统的输出(即测量值)力求准确反映被测对象(被测量)的变化，在时域上来看，就要涉及幅值(输出波形)和相位差(或时延性)是否准确复现被测信号。从不失真测试条件可知，即使测试系统的输出波形在幅值表现上很准确(即等比例放大)，但仍然存在输出滞后于输入的时延问题，也就是说要想在幅值上和时间上都准确及时地复现输入信号波形几乎是不可能的。

工程上，许多应用场合只是为了精确地测量出信号的波形，以反映被测对象的幅值变化，而对时间上的时延并没有特殊要求。从这个角度而言，也就达到了测试任务要求，可视为不失真测试。但也有一些场合要求实时测量并予以反馈控制，这样，测量结果会作为一种反馈控制信号重新引入系统，那么时间上的延迟或相位的滞后问题将会给系统带来不利影响，甚至会破坏整个控制系统的稳定性，此时测试系统的设计和构建时就必须使输入输出同相保证实时性，即要求$\varphi(\omega)=0$。

从满足不失真测试条件和系统其他工作性能综合而言，对于一阶测试系统，时间常数τ越小越好。这是因为τ越小，则系统响应越快，例如，对斜坡函数输入激励的响应，其时间上的延迟和稳态误差都将越小，而对简谐信号输入激励的幅值放大系数A_0将会增大，更有利于系统后续环节的构建。

对于二阶测试系统，因为其特性同时受到阻尼比ξ和无阻尼固有频率ω_n的影响，其分析较为复杂，后面将在频域中予以分析。

2) 系统特性参数选择

从频域角度来看，一方面被测对象的频率范围不是无限宽的，另一方面实际的测试系统也只能在一定的工作频率范围内满足所谓的不失真测试条件，而且即便在某一确定范围内也难以实现理想的精确测试，因为测试系统存在内部和外部干扰的影响，而且输入信号也存在偏离所描述的数学函数等问题。因此，只能认为在某一频带范围内、在误差允许的条件下，测试系统能够实现不失真测试。图 4.26 给出了实际测试系统的工作带宽，也称为通频带(passband)，其中ω_c为系统截止频率(cuf-off frequency)。

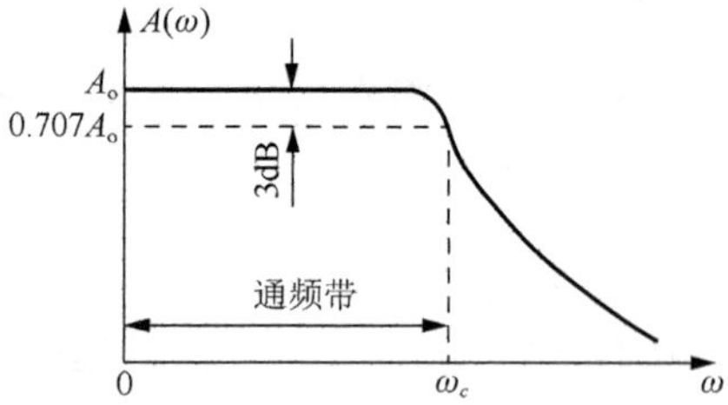

图 4.26　实际测试系统的通频带

因此，通常规定在通频带内的测量能够满足精度要求。但是要特别注意的是，测试系统的通频带不等于不失真频段，因为通频带只考虑了幅值变化，并没有考虑相位变化，而实际测试系统的相频特性，其线性段远比幅频特性曲线的平直部分要窄得多。

结合图 4.22 和图 4.26，再从频域角度分析二阶测试系统的特性参数选择问题。首先，二阶系统要在通频带内同时满足幅频的线性特性(即平直部分)和相频的线性特性(即斜率为$-\tau_0\omega$的直线部分)是不现实的；其次，在系统无阻尼固有频率ω_n附近，其幅频特性和相频特性依系统阻尼比ξ的不同会发生很大的变化；再者，对于单一频率的输入激励，其输出响应应具有频率保持性，只要幅值未进入非线性区，则测试系统的输出仍为该频率成分且不存在失真问题，但对于含有多种频率成分的输入激励，就可能出现幅度失真和相位失真问题，尤其是在 ω_n 附近的失真最为严重；最后，工程上很多测量仅要求幅频或相频的一方满足线性关系，因此要么重点考虑测试系统的幅频特性，要么着眼于相频特性的选择，以减少幅度失真或相位失真所带来的测试误差，除此之外，有时也有必要在测试系统的信号前端设置信号预处理环节，例如，采用滤波器抑制输入信号中含有的非信号频带内的噪声，避免接近或进入系统的谐振区域而使系统性能变坏。

总之，在测试系统中必须高度重视幅度失真和相位失真，因为系统中任何一个环节产生的失真，将会导致整个系统最终产生波形失真。尽管每个环节依其结构关系对波形失真的影响程度不同，但在设计和构建测试系统时应尽量保证每个组成环节都满足不失真测试条件。

从图 4.22 中可以看出，二阶系统系统的幅频和相频特性曲线是存在一定规律的，这种规律依照不同的频率和阻尼比而呈现不同的变化，这就为二阶系统动态特性参数的选择提供了依据。

(1) 系统无阻尼固有频率 ω_n 决定了系统的工作带宽。在输入激励频率 $\omega<0.3\omega_n$ 范围内，系统的幅频特性 $A(\omega)$ 几乎是一条水平直线，在该频率范围内的变化不超过 10%，而且相频特性 $\varphi(\omega)$ 的数值较小，也接近一条直线。因此，在这个范围内测量，系统的波形失真很小，可以认为是一个理想的工作区域。由此可见，ω_n 越高，则系统工作宽带越大，不失真测试的范围就越大。

(2) 系统阻尼比 ξ 决定了系统的的综合性能。当 ξ 取值很小时，系统容易产生超调和振荡现象，甚至在 ω_n 附近致使幅频特性曲线 $A(\omega)$ 不收敛，而 ξ 取值较大时，又会使 $A(\omega)$ 在高频段衰减加大，造成高频测量的幅值偏小，不利于信号输出和后续电路处理。一般来说，当 $\xi=0.6\sim0.8$ 时，二阶测试系统的综合特性较佳，此时相频特性曲线可以近似地认为是一条直线，幅频特性 $A(\omega)$ 在较宽的频率范围内接近不变。计算表明，当 $\xi=0.70$，在 $0\sim0.58\omega_n$ 的频率范围内，$A(\omega)$ 的变化＜5%，因此工程上常取二阶系统的阻尼比 $\xi=0.6\sim0.8$，以获取较为理想的综合特性。

(3) 高频段的系统特性受阻尼比 ξ 的影响小，也接近于不失真测试条件。当输入激励频率 $\omega>(2.5\sim3)\omega_n$ 范围内，其相频特性曲线 $\varphi(\omega)$ 对所有 ξ 都接近于 180°，且随 ω 变化的差值很小，因此在实测中可以采用反相器或在数据处理减去 180° 相差的方法来复现被测信号波形，只是此时幅频 $A(\omega)$ 值较小，输出信号的幅度会受到一定影响。

(4) 中频段的系统特性受阻尼比 ξ 的影响很大，需作具体分析。ξ 的选择要视其被测信号的性质而定。分析表明，ξ 越小，二阶系统对斜坡函数激励的稳态响应误差就越小；而对于阶跃函数激励时，ξ 越小，系统输出响应的超调量越大、振荡次数增多，过渡过程的时间更长。

总之，在实际测试工作中，要对测试任务要求进行分析，正确选择系统的特性参数以达到较为理想的系统特性，同时还要权衡幅度失真、相位失真以及它们对测试的影响程度。例如，在振动测量时，一般只要求拾取振动信号的频率成分和振幅大小，而对信号的相位没有要求，因此就可以注重测试系统幅频特性而忽略其相频特性的影响。而在含有控制作用的测试系统中，就要准确掌握并减少系统的时延或相位差，以提高实时性和稳定性，这时相频特性就显得尤为重要了。

以上仅针对一阶、二阶测试系统进行了不失真测试分析，高阶系统的分析原则上与一阶、二阶系统相同，但分析的复杂程度会因系统阶次的增高而加大。如前所述，高阶系统可以进一步分解为若干一阶、二阶环节的串联或并联，这样可以降低分析的难度，提高分析的准确性。

4. 测试系统的动态误差

从测试系统的基本定义可知，信号在系统中经过拾取、加工处理等过程后在输出端准确地复原被测信号，从输入端到输出端，由输入激励变为输出响应，这既是信号的传递也是信号的加工过程。从精确测试或不失真测试的角度来看，这个过程通常由测试系统的基本特性来决定。我们知道，测试系统的幅频特性和相频特性只能在有限的范围内，在误差允许的条件下才能被认为具有比较理想的系统特性，也就是说，任何测试系统都存在偏离理想特性的偏差，这些偏差可以利用系统的静态特性和动态特性来描述和定量分析。

测试系统的动态误差是指系统输出与输入之间的偏离且随时间而变化，这是一种在时域描述测出值和被测值之间偏差的表示方法。设输入激励(被测值) $x(t)$，输出响应(测出值) $y(t)$，在零初始条件下，其动态误差 $\varepsilon(t)$ 为

$$\varepsilon(t)=y(t)-x(t) \tag{4.54}$$

当系统存在内部噪声和外界干扰作用时，其输出响应可表示为

$$y(t)=y_x(t)-y_d(t) \tag{4.55}$$

式中，$y_x(t)$ 为仅由输入激励作用下产生的响应；$y_d(t)$ 为内部噪声和外界干扰作用下产生的响应。

通常，一个好的测试系统在其工作宽带范围内具有较为理想的系统特性，而且在降噪和抗干扰方面都会采取相应的技术措施，使内部噪声和外界干扰的影响降到最小。因此，测试系统的动态误差主要考虑输入激励及其所产生响应的偏差，即

$$\varepsilon_x(t)=y_x(t)-x(t) \tag{4.56}$$

式中，$\varepsilon_x(t)$ 为忽略噪声和干扰时的动态误差。

对式(4.56)取拉普拉斯变换，得到动态误差的拉氏域描述为

$$E_x(s)=Y_x(s)-X(s)=[H(s)-1]\cdot X(s) \tag{4.57}$$

式(4.57)表明，测试系统的动态误差可以用系统特性描述函数来表达和分析，其系统特性的优劣直接决定了动态误差的大小。既然传递函数 $H(s)$ 是从过渡过程到静

态过程的全域描述函数，即$H(s)$所描述的响应包含了暂态响应和稳态响应两个方面，则由式(4.57)可知，测试系统的动态误差也分为两个部分。

1) 暂态响应误差

动态误差中仅与时间有关的误差称为暂态响应误差，其特点是当$t\to\infty$时，暂态响应误差$\to 0$，工程上往往把暂态误差下降 3dB 以下时，即认为过渡过程结束而暂态响应误差可以忽略了。一阶系统的时间常数τ越小，则输出会更快地趋于稳定，过渡过程也越短。欠阻尼二阶系统的系统阻尼比ξ和无阻尼固有频率ω_n共同决定了暂态响应(瞬态响应)的衰减振荡过程。因此，暂态响应误差一方面与时间有关，另一方面则由系统特性参数决定其随时间衰减消失的情况。

2) 稳态响应误差

动态误差中只与系统的特性参数有关，而与时间无关的误差称为稳态响应误差，即$t\to\infty$时，该误差仍然存在。例如，单自由度二阶系统，对斜率函数输入激励作用下产生的稳态响应误差为$2\xi/\omega_n$，即在系统达到稳态过程后，其动态误差中还有一部分不随时间而消失，且系统阻尼比ξ越大，无阻尼比固有频率ω_n越小，这部分误差也越大。在含有控制作用的测试系统中，稳态响应误差也用一些专门术语来表示，例如，数控伺服系统常用跟踪误差或伺服滞后来描述，当输入指令位置曲线(斜坡输入信号)与位置跟踪响应曲线之间存在角位移误差时，随着时间的推移，该角位移误差就趋于稳定，此为跟踪误差；上述两条曲线在时间上的度量称为伺服滞后，如图 4.27 所示。

从上面两个例子可以看出，测试系统的动态误差不能单纯地理解为只是动态过程带来的误差，有一部分误差(稳态响应误差)从一开始就存在，知道动态过程结束也不消失，但它却是组成$\varepsilon_x(t)$中的一部分。

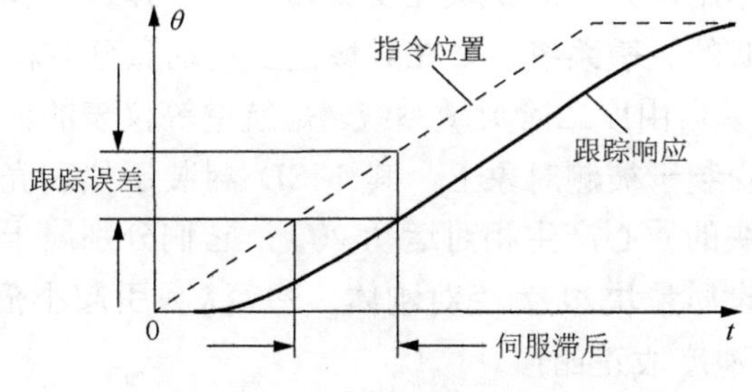

图 4.27　跟踪误差和伺服滞后

4.4　测试系统的频率响应

测试系统的输出响应正确地表示系统的输入激励，但实际上输出响应除了经常随时间变化之外，还会随被测信号的频率变化而变化。因此，测试系统在频域的特性描述与分析就显得尤为必要，这样就可以针对被测信号的频率成分去设计或改进测试系统，以获得较为理想的输出响应，也可以对系统的组成环节予以考虑，如增加前置滤波或选频设计等。总之，频率响应是测试系统的极为重要的特性，在工程上除了简谐信号以外，无论简单信号还是复杂信号都会含有多种频率成分，就需要在测试系统的线性频段中尽量地覆盖这些输入激励的有效频率，以实现精确或不失真测试。

如前所述，频率响应函数 $H(\mathrm{j}\omega)$ 是线性时不变系统的单位冲激响应 $h(t)$ 的傅里叶变换，它用于描述和分析的稳态响应，还可以分别用幅频特性 $A(\omega)$ 和相频特性 $\varphi(\omega)$ 来给出幅值和相位随频率变化的关系，同时可用伯德图或奈奎斯特来直观表示系统的幅、相特性，这就为测试系统的频率响应的描述与分析带来了方便。除此之外，在频域中输出响应 $Y(\mathrm{j}\omega)$ 等于输入激励 $X(\mathrm{j}\omega)$ 与频率响应函数 $H(\mathrm{j}\omega)$ 的乘积，比时域中的博雷尔定理采用的卷积更为简单易行，伯德图的对数坐标处理方法还进一步把串联环节的乘积变为相加，因此频率响应函数是测试系统的频率响应特性的主要分析工具。

测试系统中的敏感环节或灵敏系统，是整个系统的核心部分，在一些机械量(如力学参数)的动态测试中，由质量 m-弹簧 k-阻尼 c 组成的 MSD 系统(mass-spring-damper)构成其灵敏系统，而且在许多指示仪表和记录仪中也是其重要组成部分。所以，MSD 灵敏系统具有典型性和普遍性，以下着重讨论灵敏系统的频率响应。

4.4.1　灵敏系统的运动微分方程

测试系统中的灵敏环节，通过拾取被测信号并转换成质量块质心的运动，以位移、速度和加速度的形式体现出来。由于该环节由质量、弹簧和阻尼器构成，因此除了输入激励作用以外，质量块还受到惯性力、弹簧力和阻尼力的作用，对于自由度和阶次较低的灵敏系统，要在时域建立运动微分方程并不困难。

图 4.28 所示为单自由度二阶灵敏系统，是航空等仪表的灵敏环节力学模型示意图。图中，仪表安装于被测对象上，其 MSD 封装于仪表壳体内，感受被测振动 $x(t)$，同时质量块的质心产生相对运动 $y(t)$，它们分别属于绝对坐标系和相对坐标系。此外，假设质量块 m 为绝对刚体，弹簧 k 只引起小范围变形，阻尼 c 的黏性强(即阻尼力与速度成正比)。

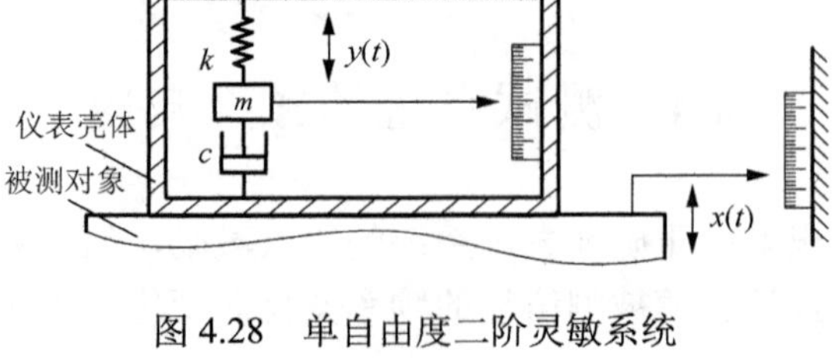

图 4.28　单自由度二阶灵敏系统

对于质量块质心运动，其运动微分方程为

$$m\frac{\mathrm{d}^2[x(t)+y(t)]}{\mathrm{d}t^2}+c\frac{\mathrm{d}y(t)}{\mathrm{d}t}+ky(t)=0 \tag{4.58}$$

式中，m 为灵敏系统运动部分质量(kg)；k 为弹簧刚度(N/m)；c 为阻尼系数($\mathrm{N/m\cdot s^{-1}}$)。

若考虑系统结构参数 ξ 和 ω_n，则式(4.58)可表示为

$$\frac{\mathrm{d}^2 y(t)}{\mathrm{d}t^2}+2\xi\omega_\mathrm{n}\frac{\mathrm{d}y(t)}{\mathrm{d}t}+\omega_\mathrm{n}^2 y(t)=-\frac{\mathrm{d}^2 x(t)}{\mathrm{d}t^2} \tag{4.59}$$

式(4.58)即为图 4.28 所示系统的时域数学模型，将单自由度二阶灵敏系统的力学模型和时域数学模型加以分析，可得出以下几个结论。

(1) 在被测振动 $x(t)$ 激励下，系统输出响应 $y(t)$ 为二阶非齐次线性微分方程。

(2) 式(4.59)对应的齐次通解，代表灵敏系统的固有振动(或自由振动)。

(3) 式(4.58)对应的非齐次特解，表示在被测振动激励下的稳态强迫振动(也称稳态受迫振动)。

(4) 当被测振动 $x(t)$ 是简谐振动时，作为一种不失真测试的特例，则 $\left.\frac{y(t)}{x(t)}\right|_{\text{稳态}}=1$，即幅值和相位均相同。

因此，该灵敏系统在简谐振动作用下，其暂态过程应该由系统的固有振动和稳态强迫振动叠加而成，而稳态强迫振动与被测振动相同。在系统阻尼力的作用下，系统的固有振动逐渐衰减，系统响应最终趋于稳态强迫振动，如图 4.29 所示。因此，为了提高测试精度和改善其频率响应，必须使系统的固有振动尽快地衰减为零，且稳态强迫振动应尽可能地准确反映被测振动。

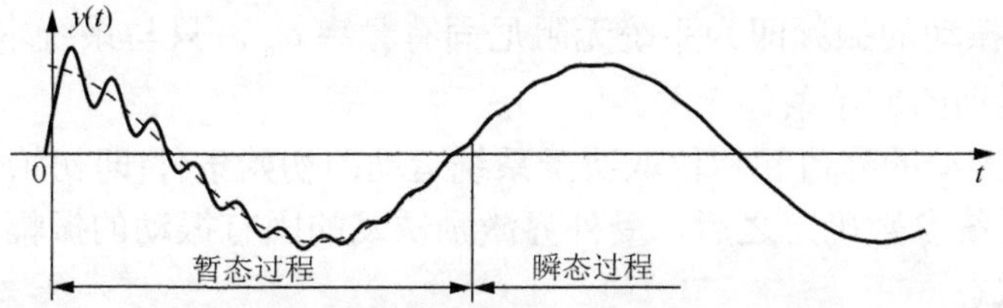

图 4.29　灵敏系统的固有振动和稳态强迫振动

4.4.2　灵敏系统的固有振动

式(4.59)表示了在被测振动作用下，系统输出响应为二阶非齐次线性微分方程。灵敏系统的固有振动是在没有外界激励时系统所具有的“运动”模式，此时式(4.59)的等式右边为零，即固有振动对应的是齐次通解。需要强调的是，尽管固有振动是通过齐次方程的通解来求取的，即不考虑外部激励(即被测振动为零)，但不等于说就与外部激励没有一点关系。事实上，在没有外部激励作用时系统不工作，其固有振动不会发生，只是系统内部的“潜在”振型，一旦有外部激励作用于系统，将会诱发系统的固有振动，同时也产生受迫振动。

令式(4.59)等式右边为零，则得到灵敏系统的齐次方程：

$$\frac{d^2y(t)}{dt^2}+2\xi\omega_n\frac{dy(t)}{dt}+\omega_n^2y(t)=0 \tag{4.60}$$

可见，灵敏系统的固有振动与系统的特性参数ξ和ω_n有关，其中ω_n表示其谐振频率，而ξ的大小决定了固有振动的衰减程度，因此，下面就按不同系统阻尼比ξ分别予以讨论。

1. 无阻尼($\xi=0$)

在无阻尼状态下，即$\xi=0$，灵敏系统的齐次方程为

$$\frac{d^2y(t)}{dt^2}+\omega_n^2y(t)=0 \tag{4.61}$$

则齐次通解：

$$y(t)=A\sin(\omega_nt+\theta) \tag{4.62}$$

式中，A和θ分别为固有振幅和相位，有

$$A=\sqrt{y_0^2+\left(\frac{v_0}{\omega_n}\right)^2}$$

$$\theta=\arctan\left(\frac{y_0}{v_0}\omega_n\right)$$

式中，y_0为初始位移；v_0为初始速度。

式(4.62)为无阻尼条件下灵敏系统的固有振动，其重要特性如下：

(1) 无阻尼灵敏系统的固有振动属于简谐振动，且是无衰减的周期振动。

(2) 固有振动的振频即为系统无阻尼固有频率ω_n，只与系统本身参数 m、k 有关，而与运动的初始条件无关。

(3) 固有振动的峰值和相位取决于系统运动的初始条件(即初始位移和速度)，也就是说当系统参数确定之后，受外界激励诱发的固有振动的振幅和相位受制于系统的初始状态。

(4) 固有振动的周期$T_0=2\pi/\omega_n$，系统无阻尼固有频率ω_n越小，固有振动的周期越长。

可见，灵敏系统的固有振动在无阻尼($\xi=0$)条件下永不消失，它会叠加在稳态强迫振动上，严重影响测试结果，因此，实际的测试系统是不允许无阻尼状态的，反而需要通过设置阻尼来衰减系统的固有振动。

2. 欠阻尼($\xi<1$)

欠阻尼状态对应于系统阻尼比$\xi<1$，此时式(4.60)的齐次通解：

$$y(t)=Ae^{-\xi\omega_nt}\sin(\omega_dt+\theta) \tag{4.63}$$

式中，$\omega_d = \omega_n\sqrt{1-\xi^2}$ 为系统有阻尼固有频率。

同样，若 y_0 、v_0 分别为系统初始位移和速度，则欠阻尼状态下系统的固有振动的峰值与相位分别为

$$A = \frac{1}{\omega_d}\sqrt{(\omega_d y_0)^2 + (v_0 + \xi\omega_n y_0)^2}$$

$$\theta = \arctan\left(\frac{\omega_d y_0}{v_0 + \xi\omega_n y_0}\right)$$

因此，欠阻尼条件下灵敏系统的固有振动可以通过式(4.63)表示，它与无阻尼情况有类似之处，但存在振幅随时间存指数衰减的性质，如图 4.30 所示，通过上式和固有振动曲线的分析，欠阻尼二阶灵敏系统具有如下的重要特性。

(1) 欠阻尼灵敏系统的固有振动也是简谐振动，但属于按指数规律衰减的周期振动。

(2) 固有振动的振频是系统有阻尼固有频率 ω_d ，小于系统无阻尼固有频率 ω_n ，与系统本身参数 m、k 和 ξ 有关，而与运动的初始条件无关。当系统 m、k 确定以后，阻尼比 ξ 越小，固有振动的振频越高，越接近系统无阻尼固有频率 ω_n 。

(3) 固有振动的峰值和相位取决于系统的运动初始状态(即初始位移和速度)，其振幅按指数规律衰减直至为零。

(4) 固有振动的周期 $T_d = 2\pi/\omega_d = T_0/\sqrt{1-\xi^2} > T_0$ ，若阻尼比 $\xi \to 1$ ，则 $\omega_d \to 0$ ，$T_d \to \infty$ ，即欠阻尼灵敏系统的固有振动随 ξ 的增大而振幅衰减越快，但振动周期延长。

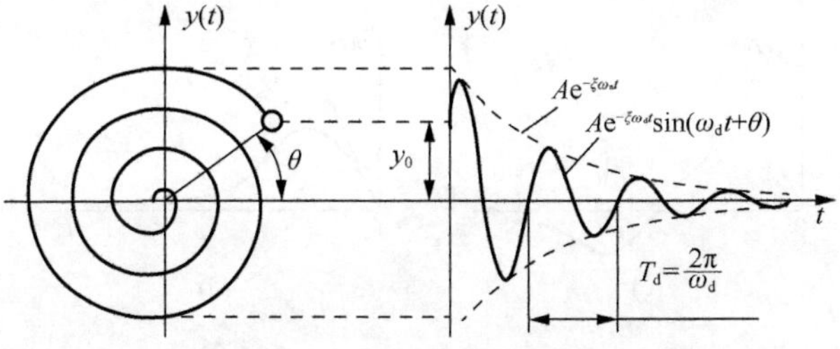

图 4.30　欠阻尼灵敏系统的固有振动

显然，由于系统存在阻尼作用，其固有振动会随时间而逐渐衰减为零，使灵敏系统进入稳态阶段。固有振动的三个要素中，振幅和相位不仅与系统参数 m、k 和 ξ 有关，也与运动的初始条件有关；振频 ω_d 仅取决于系统本身参数，其中 ξ 的大小对于振动频率或周期，以及振幅的衰减程度都有内在联系，所以在设计测试系统时，系统阻尼比 ξ 的选择是一项十分重要的工作。

3. 过阻尼($\xi>1$)

系统处于过阻尼状态时$\xi>1$，对应的齐次通解为

$$y(t)=\frac{\eta_2 y_0+v_0}{\eta_2-\eta_1}\mathrm{e}^{-\eta_1 t}-\frac{\eta_1 y_0+v_0}{\eta_2-\eta_1}\mathrm{e}^{-\eta_2 t} \tag{4.64}$$

式中，$\eta_1=\left(\xi-\sqrt{\xi^2-1}\right)\omega_{\mathrm{n}}$；$\eta_2=\left(\xi+\sqrt{\xi^2-1}\right)\omega_{\mathrm{n}}$。

式(4.63)表明，过阻尼灵敏系统的固有振动与无阻尼和欠阻尼情况存在明显差别，不属于衰减的简谐振动，且由两个指数衰减项之差构成，在相同条件下系统的过渡过程更短，因此过阻尼状态下的重要特性如下。

(1) 过阻尼灵敏系统的固有振动与系统无阻尼固有频率ω_{n}和运动的初始条件有关，如图 4.31 所示。

(2) 过阻尼状态下的固有振动属于按指数规律衰减的非周期振动，由于阻尼较大，以及两个指数衰减项之差的关系，其固有振动的衰减更快。

可见，系统阻尼比的大小决定了齐次通解的数学形式，直接影响到系统固有振动的类型和衰减程度。实际上的测试系统都需要在系统稳定工作状态下进行测量，因此希望过渡过程更短，固有振动尽快衰减。

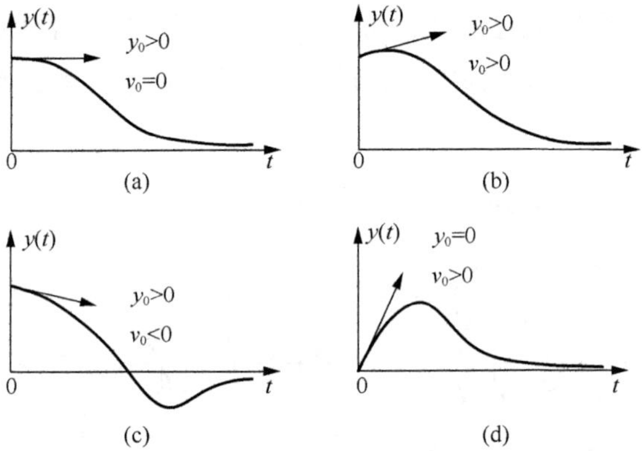

图 4.31　过阻尼灵敏系统的固有振动

4. 临界阻尼$\left(\xi=1\right)$

系统处于临界阻尼时，$\xi=1$，则齐次通解为

$$y(t)=\left[\left(\omega_{\mathrm{n}}y_0+v_0\right)t+y_0\right]\mathrm{e}^{-\omega_{\mathrm{n}}t} \tag{4.65}$$

临界阻尼是一种理想的中间状态，当系统结构参数在实际工作时发生变化时，就有可能演变为欠阻尼或过阻尼状态，因此在测试系统设计时应当避免这种状态。此时，系统固有振动具有以下重要特性。

(1) 临界阻尼灵敏系统的固有振动与运动的初始条件有关。

(2) 其固有振动也属于按指数规律衰减的非周期振动，与过阻尼状态下的固有振动的波形类似。

(3) 该固有振动的衰减很慢，要在很长时间(理论上 $t=\infty$)后才衰减为零。

通过以上四种阻尼情况下灵敏系统的固有振动分析，可见在不同阻尼状态下，系统的固有振动有简谐振动和非简谐振动两种类型，而且衰减程度不同，有的衰减很快，有的衰减很慢甚至不衰减。为了进行准确测试或不失真测试，就希望灵敏系统的固有振动尽快衰减为零，因此，在设计测试系统时，对灵敏系统的固有振动应该注意以下几个方面。

(1) 灵敏系统的固有振动仅与系统本身的结构参数，以及运动的初始条件有关，而与输入激励(被测振动)的类型无关。

(2) 为了进行不失真测试，尤其当测量时间历程极短或被测信号变化很快时，宜采用过阻尼灵敏系统。

(3) 系统阻尼比 ξ 的大小决定了固有振动的类型和衰减程度，但在设计时还应综合考虑其他因数，不能单纯地从固有振动的角度来确定。

4.4.3　灵敏系统的稳态强迫振动

有阻尼灵敏系统对输入激励的响应，在固有振动衰减为零之后，随着系统进入稳态过程，其稳态响应称为稳态强迫振动(受迫振动)。该稳态强迫振动将被转化为反映被振振动的示值，由于强迫振动与被测振动的关系会随被测信号的频率变化而变化，因此灵敏系统的稳态强迫振动是系统频率响应的重要研究内容。

如前所述，对于图 4.28 所示的二阶灵敏系统，采用集中质量 m、弹性刚度 k 和黏性阻尼 c 构成其力学模型，并假设 m、k、c 不随时间而变化，则该灵敏系统为线性时不变系统。当质量、刚度和阻尼系数三个系统参数和连接方式确定之后，系统动态特性参数 ω_n、ξ 也随之确定，其时域数学模型可以通过受力分析而得到式(4.59)，此为二阶非齐次线性微分方程，其非齐次特解即为稳态强迫振动。

对于图 4.28 所示的输入激励 $x(t)$，工程上又称为基础运动，该变量的物理意义通常有位移、速度和加速度三种。对应的数学关系为微积分形式如图 4.32 所示，因此可以构成位移计、速度计和加速度计三种测试系统。因此，单自由度二阶灵敏系统在不同的输入激励作用下，其强迫振动会呈现不同的频率响应特性，以下分三种情况分别予以讨论。

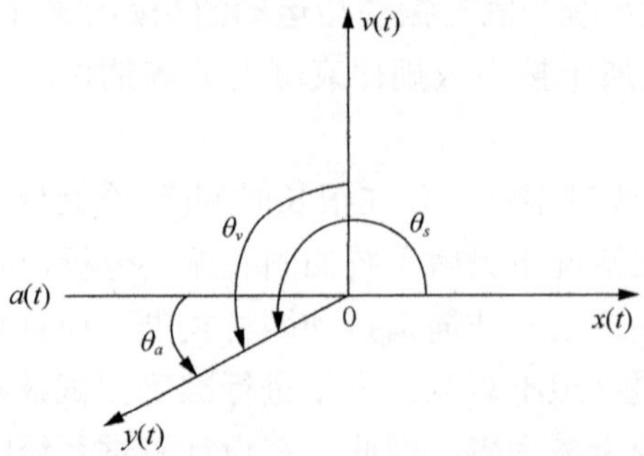

图 4.32　强迫振动与三种输入激励的关系

1. 简谐振动或位移信号作用下的强迫振动

当基础运动是被测对象的位移时，尤其是正弦变化的简谐振动时，这种情况在工程上是常见的，而且具有典型意义，因为任何复杂信号激励下的响应，都可以视为若干简谐分量激励下产生的响应之叠加。此时基础运动属于正弦函数，令

$$x(t) = X\cos(\omega t) \tag{4.66}$$

式中，X 为简谐振动的振幅；ω 为简谐振动的振频。

将式(4.66)代入式(4.59)，可得简谐振动作用下的强迫振动：

$$\frac{\mathrm{d}^2 y(t)}{\mathrm{d}t^2} + 2\xi\omega_{\mathrm{n}}\frac{\mathrm{d}y(t)}{\mathrm{d}t} + \omega_{\mathrm{n}}^2 y(t) = \omega^2 X\sin(\omega t) \tag{4.67}$$

式(4.67)的非齐次特解为

$$y(t) = Y\cos(\omega t + \theta_{\mathrm{s}}) \tag{4.68}$$

式中，Y、θ_{s} 分别为简谐振动作用下的振幅和相位。

由此可见，当基础运动为简谐振动时，其强迫振动为同频率简谐振动，且有

$$Y = \frac{\left(\dfrac{\omega}{\omega_{\mathrm{n}}}\right)^2}{\sqrt{\left[1-\left(\dfrac{\omega}{\omega_{\mathrm{n}}}\right)^2\right]^2 + \left(2\xi\dfrac{\omega}{\omega_{\mathrm{n}}}\right)^2}} X = \beta_{\mathrm{s}} X \tag{4.69}$$

$$\theta_{\mathrm{s}} = -\arctan\left[\frac{2\xi\dfrac{\omega}{\omega_{\mathrm{n}}}}{1-\left(\dfrac{\omega}{\omega_{\mathrm{n}}}\right)^2}\right] \tag{4.70}$$

式中，β_{s} 为简谐振动作用下的幅值放大倍数(动态灵敏度)。

因此，灵敏系统在简谐振动作用下的频率响应为

$$A(\omega)=\frac{Y}{X}=\beta_s=\frac{\left(\dfrac{\omega}{\omega_n}\right)^2}{\sqrt{\left[1-\left(\dfrac{\omega}{\omega_n}\right)^2\right]^2+\left(2\xi\dfrac{\omega}{\omega_n}\right)^2}} \tag{4.71}$$

$$\varphi(\omega)=\theta_s=-\arctan\left[\frac{2\xi\dfrac{\omega}{\omega_n}}{1-\left(\dfrac{\omega}{\omega_n}\right)^2}\right] \tag{4.72}$$

从式(4.69)和式(4.71)看出，幅频特性 $A(\omega)$ 即为灵敏系统的幅值放大倍数或动态灵敏度，随简谐振动激励的频率变化而变化，且受到系统阻尼比 ξ 的影响。图 4.33 给出了简谐振动激励下强迫振动的幅频特性。图 4.34 给出了三种输入激励下强迫振动的相频特性。

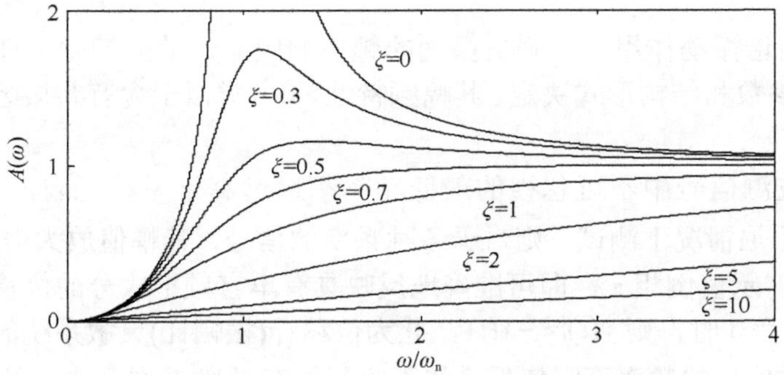

图 4.33　简谐振动激励下强迫振动的幅频特性

从简谐振动激励下的灵敏系统的频率响应特性曲线可以看出，当激励信号频率远小于系统的无阻尼固有频率 $(\omega \ll \omega_n)$ 时，质量块相对于基础振动的振幅接近于零，也就是说几乎随着被测对象一起振动；而当激励信号频率远高于系统的无阻尼固有频率 $(\omega \gg \omega_n)$ 时，其相对运动的幅值放大倍数 $A(\omega)$ 接近于 1，意味着质量块和被测对象之间的相对运动(输出)与基础振动(输入)近乎相等，这就表明质量块在绝对坐标系中几乎处于静止状态。当然，灵敏系统频率响应特性的好坏除了取决于 ω_n 之外，还受到系统阻尼比 ξ 的影响。从图中可见在无阻尼 $(\xi=0)$ 或过阻尼状态下，在简谐振动激励时的强迫振动特性都不太理想，反而在欠阻尼($\xi<1$)状态下其特性曲线在低频区和高频区是测试系统所需要的。此外，简谐振动作用下的强迫振动响应特性与高通滤波器类似，即高频区域接近于一条水平直线，但存在

一个共振区间(即 $\omega=\omega_n$ 附近)，此时 $A(\omega)$ 对频率和系统阻尼比的变化都很敏感。

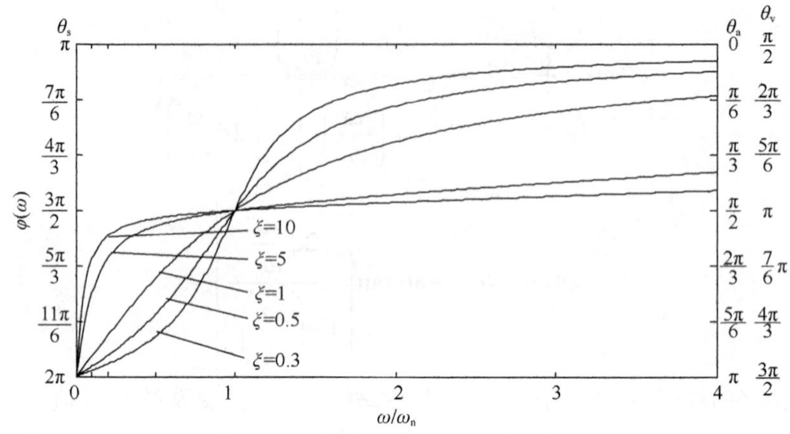

图 4.34　三种输入激励下强迫振动的相频特性

进一步分析表明，灵敏系统在简谐振动或位移信号作用下的强迫振动具有以下重要特性。

(1) 在简谐振动作用下，强迫振动的频率响应与运动的初始条件无关，仅由系统的结构参数和结构形式决定，其幅频特性 $A(\omega)$ 类似于含有共振区域的高通滤波特性。

(2) 当被测信号中不可忽视的最低频率都远远高于系统无阻尼固有频率 ω_n 时，且在欠阻尼情况下测试，则对于各种频率的信号，其幅值放大倍数(动态灵敏度)为定值 1，示值倒相 π，即可准确地反映具有丰富频率成分的位移激励信号。即 $\omega \gg \omega_n$，$\xi < 1$ 时，则 $y(t)\approx -x(t)$，此为位移计(振幅计)灵敏系统的基本要求。

(3) 被测信号的频率下限值受系统无阻尼固有频率 ω_n 的限制，而高频部分受弹性元件(弹簧)高频谐振，以及测试系统电气部分高频截止特性限制，因此其工作带宽是有限的。

(4) 降低系统无阻尼固有频率 $(\omega_n=\sqrt{k/m})$，即采用软弹簧、大质量灵敏系统，有利于扩展系统的工作带宽，但也受到弹性元件的强度和稳定性，及测试系统的尺寸和重量限制。

(5) 工程上常取 $\omega > (3\sim5)\omega_n$，$\xi=0.5\sim0.6$，可看做大质量、软弹簧、弱阻尼灵敏系统，此时具有较为理想的频率响应特性。

2. 振动速度或速度信号作用下的强迫振动

此时基础运动为被测对象的速度，即被测量是速度信号，工程上的速度计正是这种情况。由于速度与位移之间存在微分关系，如图 4.32 所示。因此，速度激励信号 $v(t)$ 可写成

$$v(t)=\frac{\mathrm{d}x(t)}{\mathrm{d}t}=\omega X\cos\left(\omega t+\frac{\pi}{2}\right) \tag{4.73}$$

式(4.73)表明，振动速度激励下的强迫振动，相当于振幅为 ωX 简谐振动作用所产生的响应，其受迫振动可表示为

$$y(t)=Y\cos(\omega t+\theta_{\mathrm{v}}) \tag{4.74}$$

式中，Y、θ_{v} 分别为振动速度作用下的强迫振动的振幅和相位。对比式(4.68)和式(4.74)可知，简谐振动激励 $X\to\beta_{\mathrm{s}}$。则振动速度激励为

$$\omega X\to\frac{\beta_{\mathrm{s}}}{\omega}=\beta_{\mathrm{v}}$$

式中，β_{v} 为振动速度作用下的幅值放大倍数(动态灵敏度)，则灵敏系统在振动速度作用下的频率响应为

$$A(\omega)=\frac{Y}{V}=\beta_{\mathrm{v}}=\frac{\dfrac{1}{\omega_{\mathrm{n}}}}{\sqrt{\left(\dfrac{\omega}{\omega_{\mathrm{n}}}-\dfrac{\omega_{\mathrm{n}}}{\omega}\right)+4\xi^2}} \tag{4.75}$$

$$\varphi(\omega)=\theta_{\mathrm{v}}=\theta_{\mathrm{s}}-\frac{\pi}{2}=\arctan\left[\frac{2\xi\dfrac{\omega}{\omega_{\mathrm{n}}}}{\left(\dfrac{\omega}{\omega_{\mathrm{n}}}\right)^2-1}\right]+\frac{\pi}{2} \tag{4.76}$$

其中，V 为振动速度信号的振幅。

可见，受迫振动的幅频特性是以 $\omega=\omega_{\mathrm{n}}$ 为坐标原点的偶函数，并随振动速度信号频率变化而变化，同时其幅频特性曲线也受到系统阻尼比 ξ 影响，如图 4.35 所示，其相频特性曲线参见图 4.34。

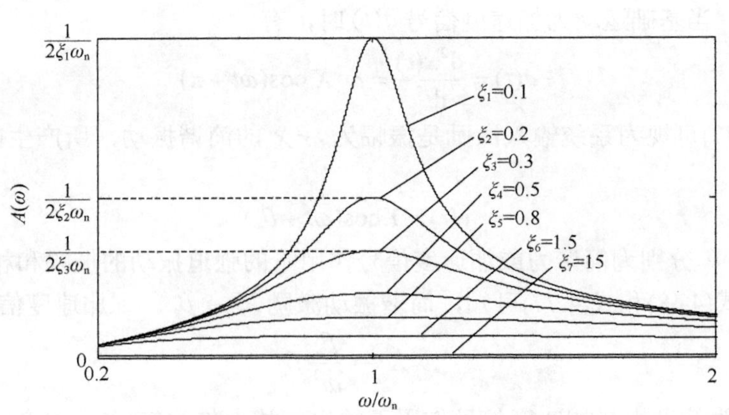

图 4.35　振动速度激励下强迫振动的幅频特性

由图 4.35 可知，在系统无阻尼固有频率 ω_n 附近，随着系统阻尼比 ξ 的增大，幅频特性曲线接近于定值 $1/(2\xi\omega_n)$ 的水平直线，类似于带通滤波特性，表明输出响应能够正确反映被测量(振动速度)的变化。也就是说，对于 ω_n 附近的激励信号频率，其幅值放大倍数(动态灵敏度)不随频率变化而变化，此时，以 ω_n 为中心频率就可以确定不失真测试的工作带宽。因此，灵敏系统在振动速度或速度信号作用下的强迫振动具有如下重要特性。

(1) 在振动速度信号作用下，强迫振动的频率响应与运动的初始条件无关，仅取决于系统的结构形式和参数，其幅频特性 $A(\omega)$ 类似于带通滤波器的特性。

(2) 被测振动速度信号的中心频率应尽量与系统的无阻尼固有频率 ω_n 一致，且在过阻尼条件下测量，即可实现不失真测试。此时幅值放大倍数(动态灵敏度)为定值 $1/(2\xi\omega_n)$，示值倒相 π，则 $y(t)\approx -v(t)/(2\xi\omega_n)$，这样就可以准确反映不同频率的振动速度激励信号，此为速度灵敏系统的基本要求。

(3) 以系统无阻尼固有频率 ω_n 为中心频率，幅频特性曲线两边下降 3dB 可以大致确定系统的工作带宽，同时尽量采用大阻尼比 ξ 灵敏系统。

(4) 根据被测振动速度信号的频率成分确定测试系统的工作带宽和中心频率，据此选择系统的动态特性参数 $\omega_n=\sqrt{k/m}$ 和 $\xi=c/(2\sqrt{km})$。但是当系统阻尼比 ξ 太大时，易使幅值放大倍数(动态灵敏度)下降，因此 ξ 的选择应结合工作带宽、中心频率和幅值放大倍数综合考虑。

(5) 工程上常取 $\omega\approx\omega_n$，ξ =5 ~ 10，即采用大质量、软弹簧、强阻尼灵敏系统，以满足系统测试的要求。

3. 简谐力或加速度振动信号作用下的强迫振动

被测对象的基础运动也可以表现为力或加速度信号形式，如前所述，主要分析系统在简谐力或加速度振动信号激励下的强迫振动，这种分析具有典型意义。

因此，当基础运动为加速度信号 $a(t)$ 时，有

$$a(t)=\frac{\mathrm{d}^2x(t)}{\mathrm{d}t^2}=\omega^2X\cos(\omega t+\pi) \tag{4.77}$$

式(4.77)可视为系统输入激励是振幅为 ω^2X 的简谐振动，所产生的强迫振动可表现为

$$y(t)=Y\cos(\omega t+\theta_a) \tag{4.78}$$

式中，Y、θ_a 分别为简谐力或加速度信号作用下的强迫振动的振幅和相位。

对比式(4.68)和式(4.77)可知，简谐振动激励 $X\to\beta_s$。则加速度信号激励：

$$\omega^2X\to\frac{\beta_s}{\omega^2}\beta_a$$

式中，β_a 为简谐力或加速度信号作用下的幅值放大倍数(动态灵敏度)。这样，灵敏系统在加速度信号激励下的频率响应可表示为

$$A(\omega)=\frac{Y}{A}=\beta_{a}=\frac{\left(\dfrac{1}{\omega_{n}}\right)^{2}}{\sqrt{\left[1-\left(\dfrac{\omega}{\omega_{n}}\right)^{2}\right]^{2}+\left(2\xi\dfrac{\omega}{\omega_{n}}\right)^{2}}} \tag{4.79}$$

$$\varphi(\omega)=\theta_{a}=\theta_{s}-\pi=\arctan\left[\frac{2\xi\dfrac{\omega}{\omega_{n}}}{\left(\dfrac{\omega}{\omega_{n}}\right)^{2}-1}\right]-\pi \tag{4.80}$$

式中，A 为加速度信号的振幅。

从式(4.79)可见，系统的动态灵敏度也随被测加速度信号频率的变化而变化，同时受到系统阻尼比 ξ 的影响。图 4.36 所示为幅频特性曲线，相频特性曲线见图 4.34。

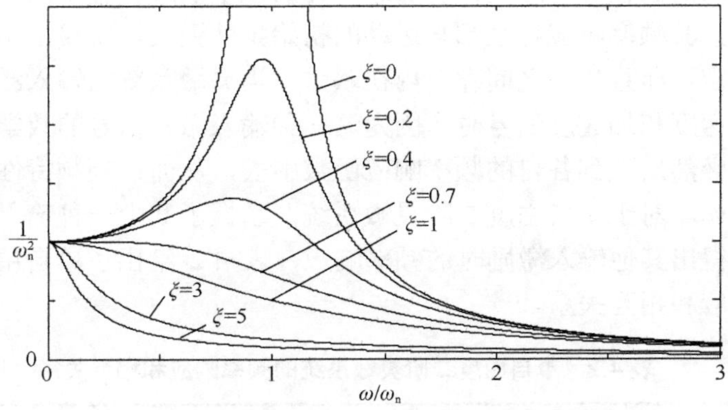

图 4.36　加速度激励下强迫振动的幅频特性

在简谐力或加速度信号激励下的强迫振动，其幅频特性曲线与简谐振动激励时的情况正好相反，呈现出类似于低通滤波器的特性。当激励信号频率远低于系统无阻尼固有频率 $(\omega \ll \omega_{n})$ 时，随着系统阻尼比 ξ 的减小，其幅值放大倍数(动态灵敏度)趋于定值 $1/\omega_{n}^{2}$ 的水平直线，即在 ω_{n} 以内的低频区域，系统的输出响应能够准确地反映被测加速度信号的变化情况，其频率与被测加速度信号频率相同，且幅值放大倍数保持恒定(不随频率变化而变化)。同样，系统阻尼比 ξ 与振动速度信号激励时的情况不同，为实现不失真测试，需要在欠阻尼条件下进行。所以，在简谐力或加速度信号作用下的强迫振动具有以下的重要特征。

(1) 在简谐力或加速度信号的作用下，强迫振动的频率响应与运动的初始条件无关，仅取决于灵敏系统的结构形式与参数，其幅频特性类似于低通滤波器的特性，但在 ω_n 附近呈现共振特性，幅频特性受到系统阻尼比 ξ 的影响明显。

(2) 为实现不失真测试，要求被测加速度信号中不可忽视的最高频率都远远低于系统无阻尼固有频率，且在欠阻尼条件下测试，即可准确反映各种频率的加速度激励信号。即当 $\omega \ll \omega_n$ ，$\xi<1$ 时，$y(t) \approx -a(t)/\omega_n^2$ ，此为加速度计灵敏系统的基本要求。

(3) 被测加速度信号的频率上限值受系统无阻尼固有频率 ω_n 的限制，若测量具有丰富频率的加速度信号，可将 ω_n 设计较大而改为宽频带加速度计。但提高系统无阻尼固有频率 ω_n，虽然有利于系统的工作带宽，但会使系统动态灵敏度下降，而且，不同的阻尼比 ξ 也会形成不同的工作带宽，因此系统动态特性参数的确定要针对测试要求来综合考虑。

(4) 工程上常取 $\omega<(1/8\sim1/10)\omega_n$ ，$\xi=0.6\sim0.7$ ，相当于采用小质量、硬弹簧、弱阻尼的灵敏系统，其频率响应特性较佳。

以上针对三种不同输入激励情况，分别讨论了单自由度二阶灵敏系统的强迫振动，所构成的位移计、速度计和加速度计的频率响应各有不同，但它们都有一个共同之处，其频率响应特性都与运动的初始条件无关，仅仅由系统的结构形式和参数来决定，而且相互之间存在内在联系，当灵敏系统的输入激励分别为简谐振动、振动速度和加速度信号时，因为这三种输入激励信号的数学关系是微积分关系，这就必然反映到各自的频率响应函数中去，从而使幅频特性和相频特性呈现一定的规律。对于单自由度二阶灵敏系统，掌握了其中一种输入激励的频率响应，就不难得出其他输入激励时的频率响应，表 4.2 给出了单自由度二阶灵敏系统的频率响应和相互关系。

表 4.2　单自由度二阶灵敏系统的频率响应和相互关系

系统类型	输入激励	输出响应	幅频特性 $A(\omega)$	相频特性 $\phi(\omega)$
位移计	$x(t)$	$y(t)$	β_s	θ_s
速度计	$\dot{x}(t)$	$y(t)$	β_s/ω	$\theta_s-\pi/2$
加速度计	$\ddot{x}(t)$	$y(t)$	β_s/ω^2	$\theta_s-\pi$
相互关系	$\dot{x}(t)\to\boxed{\beta_s}\to y(t)$ 位移计 $\dot{x}(t)\to\boxed{\dfrac{1}{\mathrm{j}\omega}}\xrightarrow{x(t)}\boxed{\beta_s}\to y(t)$ 速度计 $\ddot{x}(t)\to\boxed{\dfrac{1}{\mathrm{j}\omega}}\xrightarrow{\dot{x}(t)}\boxed{\dfrac{1}{\mathrm{j}\omega}}\xrightarrow{x(t)}\boxed{\beta_s}\to y(t)$ 加速度计			
$\beta_s=\dfrac{\left(\dfrac{\omega}{\omega_n}\right)^2}{\sqrt{\left[1-\left(\dfrac{\omega}{\omega_n}\right)^2\right]^2+\left(2\xi\dfrac{\omega}{\omega_n}\right)^2}}$	$\theta_s=-\arctan\left[\dfrac{2\xi\dfrac{\omega}{\omega_n}}{1-\left(\dfrac{\omega}{\omega_n}\right)^2}\right]$	$\omega_n=\sqrt{\dfrac{k}{m}}$	$\xi=\dfrac{c}{2\sqrt{km}}$	

如果将速度计的幅频特性乘以 $2\xi\omega_n$，加速度计的幅频特性乘以 ω_n^2，则三种系统的幅频特性都各自在不同的频率区域趋于定值 1 的水平直线，类似于归一化处理，如图 4.37 所示。从图中可看出，加速度计适合拾取系统无阻尼固有频率 ω_n 以下频率成分的加速度信号，速度计能较好地反映 ω_n 附近频率的速度信号，位移计适宜于测量 ω_n 以上频率的位移信号。

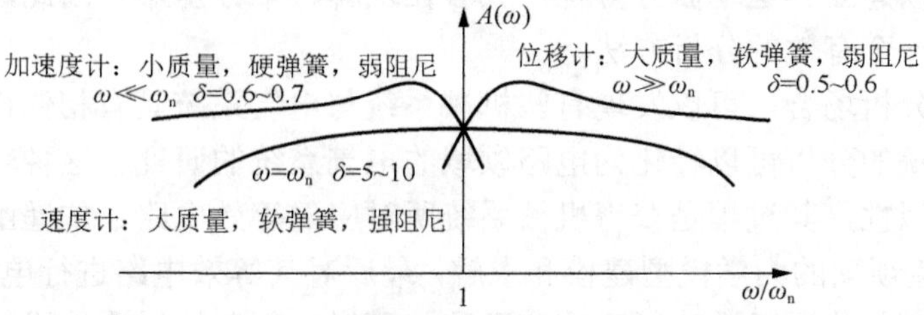

图 4.37　三种灵敏系统的工作频率区域

从以上不同输入激励作用下的强迫振动情况来看，其频率响应和信号传输特性都有所不同。灵敏系统的组成结构不同，则具有不同的传递函数或频率响应函数形式，而且系统动态特性常数 ω_n 和 ξ 又在很大程度上影响了幅频特性曲线和相频特性曲线。如前所述，ω_n 和 ξ 的选择应综合考虑测试要求，如工作带宽、动态灵敏度、仪器尺寸及重量等因素，这样才能较好地实现不失真测试，使系统具有较理想的频率响应特性。

除此之外，工程上遇到的实际系统，往往都可以简化为质量 m-弹簧 k-阻尼 c 构成的单自由度系统，而且许多复杂结构的多自由度系统都可以看成若干单自由度系统串联或并联而成。所以，对于单自由度二阶灵敏系统的固有振动和强迫振动的分析与讨论，是分析复杂结构的多自由度系统的基础。

4.5　测试系统的机电模拟分析

测试系统的特性描述和性能评估有多种方法，可以在时域、频域和拉氏域等方面进行分析。例如，力学分析法就是分析整个系统运行稳定性的常用方法，它通过实际系统的等效模型来建立时域的振动方程，再将其转化为频域的频率方程，重点分析和计算系统的最低固有频率和振型。测试系统的静态特性和动态特性则常用前面讨论过的传递函数、频率响应函数和单位冲激响应函数来描述与分析，其中传递函数与单位冲激响应函数是等效的，它们都是系统静态特性和动态特性描述与分析的全域函数，所不同的是前者在拉氏域中进行，而后者在时域中进行。频率响应特性是测试系统的一个重要特性，如前所述，频率响应函数是一个非常好的分析工具，它可以清晰地反映系统处于稳态阶段时的幅频特性和相频特性，使输出响应随输入激励的频率变化关系一目了然，这就使测试系统设计和构建时确定其结构与参数变得有章可循。

前面分别重点讨论了一阶系统和二阶系统的特性，当系统阶次增高以后，系统的结构也变得更复杂。虽然许多高阶复杂系统可视为低阶系统的串联和并联，但是毕竟也使系统分析工作趋于复杂，而且在工程上许多复杂机械方式的测试系统，有时难以建立其运动微分方程，或者在求解时十分困难。因此，对于复杂机械系统需要一个有效的分析方法。

在许多分析场合，可以发现有些机械系统与电气系统具有相似性，因而使得复杂机械系统的分析可以转化为电路领域的电气系统的研究。这种转化的理论基础是机电相似性，其过程是获得机械系统所对应的等效电路、传递函数或频率响应函数，避免烦琐的力学模型建模和求解，最后对其等效电路进行电路实验研究，或者根据得到的传递函数或频率响应函数就可以对复杂机械系统进行特性描述与分析。这种分析方法称为机电模拟分析法，它在复杂机械系统和设计初期的原理样机(prototype)分析中十分有效。

4.5.1 机电理想元件方程及连接规律

机械和电气系统都是由若干基本环节所组成的，这些环节体现了实际系统最基本的物理特性。通常，这些基本环节就是常见的机械元件和电气元件，如质量 m、弹簧 k 和阻尼 c，以及电阻 R、电容 C 和电感 L 等。把这些表达最基本物理特性的元件称为理想元件，并视为二端元件，通过理想元件的连接规律可以实现不同的单元组合，在此基础上就产生了机构、电路乃至整个系统。

1. 元件方程

理想元件方程代表了这些元件的物理特性，反映出运动学和动力学规律，其中，机械系统中的能量大多源自力或力矩，产生速度和加速度；电气系统的能量则来自电压或电流。机械和电气元件都有储能和耗能元件，其能量在动态特性中起主导作用。因此，元件方程在运动学和动力学两个方面由运动的基本方程和能量方程组成。下面以质量 m 和电容 C 为例讨论理想元件方程如何建立。

假设一个做直线运动的刚体，各质点刚性地连接在一起，具有相同的速度或加速度，则称为理想质量元件 m，其表示符号如图 4.38 所示。

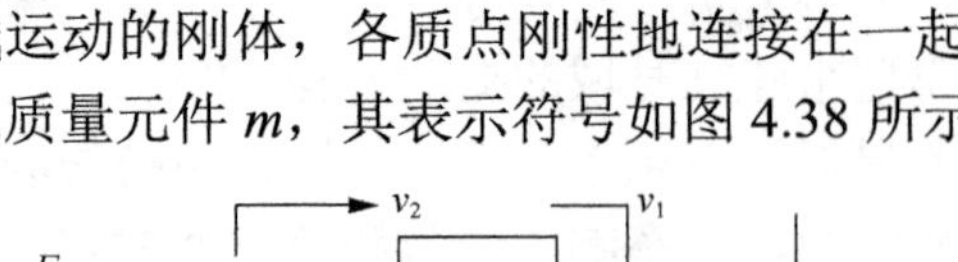

图 4.38　理想质量元件

图 4.38 中用方框代表质量，并具有二端元件的端点 1、2，F 为合力。端点 1 用虚线表示连接于参考点，此参考点没有加速度，因此端点 1 的速度 v_1 为匀速或

零。这样，端点 2 的速度 v_2 表示质量 m 的绝对速度，v_1 则表示无加速度的参考点速度，通常 v_1 取为零。

一个做直线运动的理想质量元件 m 的特性可以用三个变量来描述，即动量(或力)、绝对速度和能量。在工程实际场合中，质量的速度一般都远远低于光速，因此动量是速度的线性函数。理想质量 m 的基本运动微分方程为

$$F = m\frac{\mathrm{d}v_2}{\mathrm{d}t} = m\frac{\mathrm{d}v_{21}}{\mathrm{d}t} \tag{4.81}$$

或写成积分形式：

$$v_{21} = \frac{1}{m}\int_0^t F\mathrm{d}t + (v_{21})_0 \tag{4.82}$$

式中，v_{21} 是质量的绝对速度；$(v_{21})_0$ 是 t=0 时的初速度。

对于动量 $P = mv_2 = mv_{21}$，与力 F 一样是一个矢量。

如果在时间间隔 t_a 到 t_b 过程中，质量 m 受到力 F 作用，该质量就会产生功率传递而具有能量，其动能 E_m 为

$$E_m = \int_{t_a}^{t_b} Fv_2\mathrm{d}t = \frac{1}{2}mv_2^2 = \frac{1}{2}\frac{P^2}{m} \tag{4.83}$$

此为理想质量元件 m 的能量方程。由式(4.82)可见，质量 m 的动能直接取决于速度，而间接取决于所受的力(即存在积分关系)。因此，质量 m 是一个储能元件，且由速度来实现。

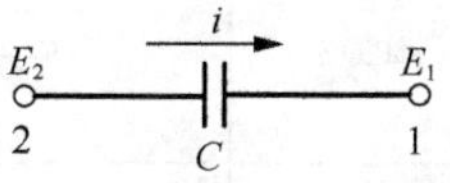

图 4.39　理想电容元件

理想电容 C 的表示符号如图 4.39 所示，其中 E_2 和 E_1 表示两个端点的电势，i 表示通过的电流。此时不考虑它的电磁现象，则电容上的电荷 q 与电势差 V_{21} 成正比，即

$$q = CV_{21} \tag{4.84}$$

由于理想电容的 C 为常值，其基本方程可表示为

$$i = \frac{\mathrm{d}q}{\mathrm{d}t} = C\frac{\mathrm{d}V_{21}}{\mathrm{d}t} \tag{4.85}$$

或写成积分形式：

$$V_{21} = \frac{1}{C}\int_0^t i\mathrm{d}t + (V_{21})_0 \tag{4.86}$$

式中，$(V_{21})_0$ 是 t=0 时的电势差。

当有电流 i 通过电容时，就会产生能量传递，该能量 E_c 可表示为

$$E_c = \int_0^{q_b} V_{21}\mathrm{d}q \tag{4.87}$$

式中，q_b 为时间间隔 $0 \sim t_b$ 所积累的电荷。

对于理想电容 C 为常量，将式(4.84)代入上式可得能量方程：

$$E_c = \frac{1}{2}CV_{21}^2 = \frac{1}{2}\frac{q^2}{C} \tag{4.88}$$

可见，理想电容 C 的能量直接取决于两端的电压，与电压的正负及电流的瞬时值无关，因而电容 C 也是一个储能元件，且由电压来实现。

从上面的推导可知，理想质量 m 与理想电容 C 在基本方程和能量方程的形式上是相似的，而且都是储能元件。以此类推，可以得出其他机械和电气理想元件方程，如表 4.3 所示。

表 4.3　机械和电气理想元件方程

元件名称	表示符号	基本方程	能量方程
质量 m	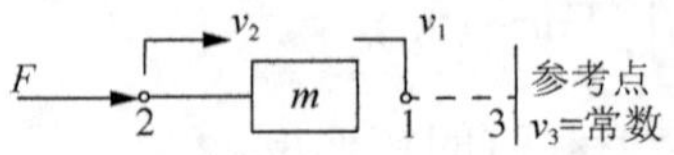	$F = m\dfrac{\mathrm{d}v_2}{\mathrm{d}t}$ $V_{21} = \dfrac{1}{m}\int_0^t F\mathrm{d}t + (V_{21})_0$	$E_m = \dfrac{1}{2}mv_2^2$
惯量 J	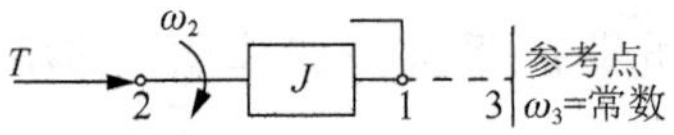	$T = J\dfrac{\mathrm{d}\omega_2}{\mathrm{d}t}$ $\omega_{21} = \dfrac{1}{J}\int_0^t T\mathrm{d}t + (\omega_{21})_0$	$E_m = \dfrac{1}{2}J\omega_2^2$
电容 C	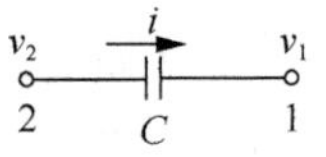	$i = C\dfrac{\mathrm{d}V_{21}}{\mathrm{d}t}$ $V_{21} = \dfrac{1}{C}\int_0^t i\mathrm{d}t + (V_{21})_0$	$E_c = \dfrac{1}{2}CV_{21}^2$
弹簧 k	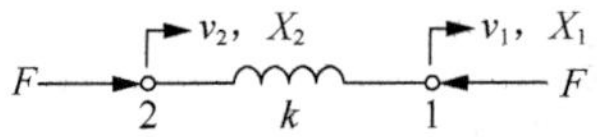	$F = k\int_0^t V_{21}\mathrm{d}t + F_0$ $V_{21} = \dfrac{1}{k}\dfrac{\mathrm{d}F}{\mathrm{d}t}$	$E_k = \dfrac{1}{2}\dfrac{F^2}{k}$
扭簧 k	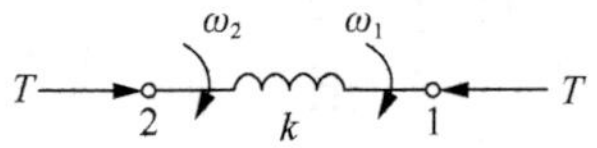	$T = k\int_0^t \omega_{21}\mathrm{d}t + T_0$ $\omega_{21} = \dfrac{1}{k}\dfrac{\mathrm{d}T}{\mathrm{d}t}$	$E_k = \dfrac{1}{2}\dfrac{T^2}{k}$
电感 L	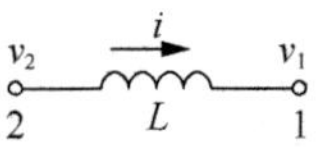	$i = \dfrac{1}{L}\int_0^t V_{21}\mathrm{d}t + i_0$ $V_{21} = L\dfrac{\mathrm{d}i}{\mathrm{d}t}$	$E_L = \dfrac{1}{2}Li^2$
阻尼 c	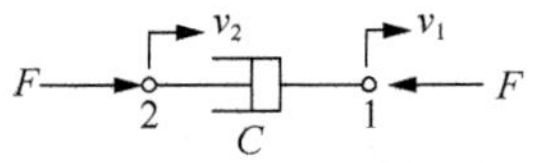	$F = cV_{21}$ $V_{21} = \dfrac{F}{C}$	$P_c = CV_{21}^2$
旋转阻尼 c	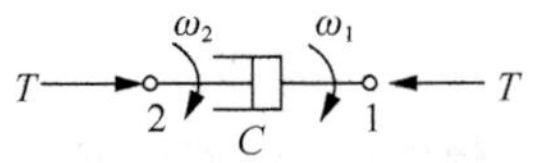	$T = c\omega_{21}$ $\omega_{21} = \dfrac{T}{C}$	$P_c = c\omega_{21}^2$
电阻 R	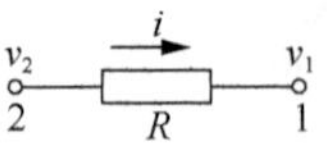	$i = \dfrac{V_{21}}{R}$ $V_{21} = Ri$	$P_R = \dfrac{1}{R}V_{21}^2$

2. 元件连接规律

机械和电气元件构成了系统的基本单元，并由它们之间的组合而产生各种组成环节，所谓组合就是元件(视为二端元件)的相互连接而构成的局部整体。既然理想元件方程代表了这些基本单元的物理特性，那么元件的连接规律就是确立这些元件方程之间的关系和建立局部整体的运动学和动力学方程的基础，因此，明确元件的连接规律是十分重要的。通常，考虑元件连接方式有两种，一种是元件之间的连接(连接处称为节点)，另一种则是当元件连接封闭成为一个回路的情况。这样，对应的元件连接规律就是节点定律和回路定律。

1) 节点定律

机械和电气元件在节点处的连接必须服从节点定律。节点定律是指元件通过连接的节点时应满足连续性条件，在机械节点上应该遵循达朗贝尔静力平衡原理，在电路节点上应该遵循基尔霍夫电流定律。

达朗贝尔静力平衡原理是指作用于一个物体上所有力的总和为零。对于其有多个回路的机械系统，则在每个节点上都应满足力的总和为零的关系，即

$$\sum_{i=1}^{r}(\dot{P}_{ki}-F_{ki})=0 \tag{4.89}$$

$$\dot{P}_{ki}=\frac{\mathrm{d}P_{ki}}{\mathrm{d}t}=\frac{\mathrm{d}(m_{ki}v_{ki})}{\mathrm{d}t}$$

式中，$\dot{P}_{ki}$ 为第 k 个节点处的第 i 个惯性力，$i=1,2,3,\cdots,r$；F_{ki} 为第 k 个节点处的外力，包括各种约束力。

例如，图 4.40 所示的质量 m 和阻尼 c 在节点 2 上的串联(series)连接关系，它们具有相同的力 F 和不同的速度 v_1、v_2。

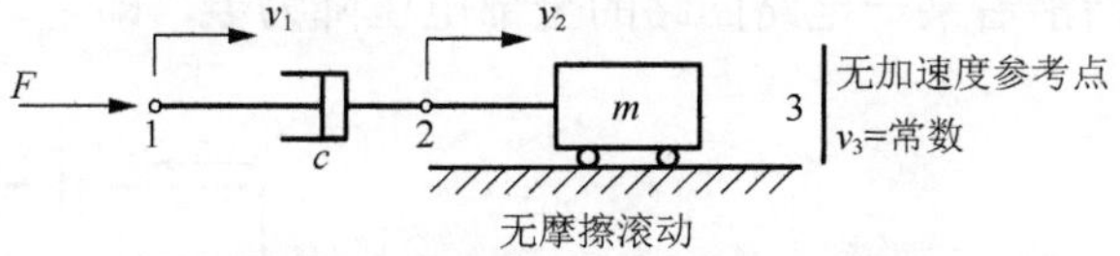

图 4.40　质量 m 和阻尼 c 的串联

又如，图 4.41 所示的电阻 R 和电容 C 在节点 2 处的串联，应满足基尔霍夫电流定律，它表示在电路中流经某个节点上的所有电流的总和为零，即

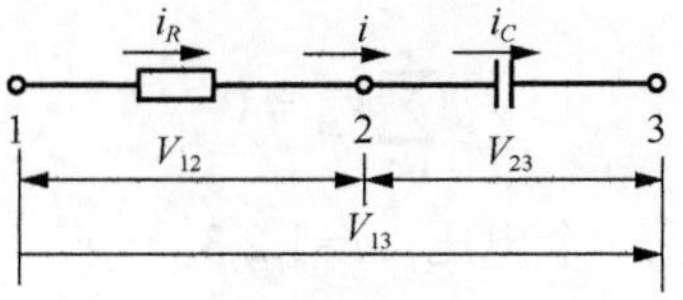

图 4.41　电阻 R 和电容 C 的串联

$$\sum_{j=1}^{r} i_{kj} = 0 \tag{4.90}$$

式中，i_{kj} 是流入(或流出)第 k 个节点的第 j 个电流，$j=1,2,3,\cdots,r$。

由图 4.41 可见，通过两个电气元件上的电流 $i_R = i_C$，但具有不同的电压 V_{12} 和 V_{23}，其中 $V_{13} = V_{12} + V_{23}$。从节点连接具有连续性这一规律而言，上面两种机械元件和电气元件的连接都是串联关系，组成的串联系统具有相似性。此外，液压系统和热力系统的节点定律分别对应于物质守恒定律和能量守恒定律。

2) 回路定律

机械和电气元件在若干节点连接后若组成封闭回路，则必须服从回路定律。回路定律是指在回路所跨越的节点处应满足相容性条件，在机械回路中应遵从空间连续律，而在电路回路中应遵循基尔霍夫电压定律。对于液压系统和热力系统，相容性是指当流动从一点到另一点时的压力和温度是标量，且直接相加。

所谓空间连续律是指绕任何一个机械回路的全部位移或速度之和为零，即

$$\sum_{i=1}^{r} v_{ki} = 0 \tag{4.91}$$

式中，v_{ki} 是第 k 回路中的第 i 个速度，$i=1,2,3,\cdots,r$。

如图 4.42 所示，由质量 m 和阻尼元件 c 的并联(parallel)所构成的机械回路，它们具有相同的速度 v 和不同的力。

又如图 4.43 所示，由电阻 R 和电容 C 的并联所组成的回路，它们具有相同的电压和不同的电流，且 $i = i_R + i_C$。此时回路应具有相容性，即满足基尔霍夫电压定律，该定律是指沿着某一电路回路的全部电压降为零，即

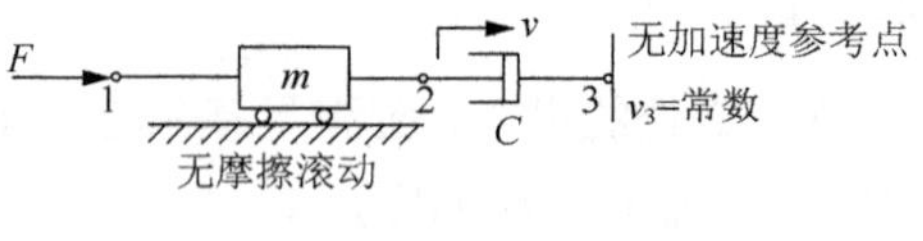

图 4.42 质量 m 和阻尼元件 c 的并联

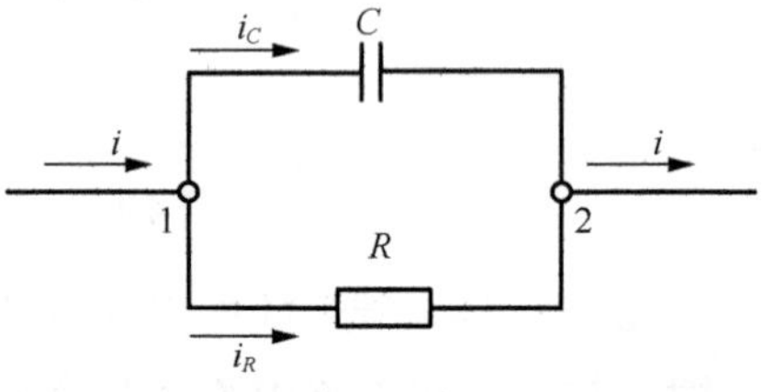

图 4.43 电阻 R 和电容 C 的并联

$$\sum_{i=1}^{r} V_{ki} = 0 \tag{4.92}$$

式中，V_{k_i} 是第 k 个回路的第 i 个电压，i=1,2,3,$\cdots$,r。

显然，机械元件并联和电气元件并联所组成的回路中，某些机械量和电量存在某种对应关系，也就是说存在相似性。

4.5.2　机电相似性

机电模拟分析是建立在机电相似性基础上的，所谓机电相似性，是指机械系统和电气系统，如果它们的运动微分方程在数学表达式的结构上相同，则称它们具有相似性。相似性是建立机械系统对应的等效电路，或者求得其传递函数或频率响应函数的前提，其中等效电路可用基尔霍夫定律建立，而传递函数或频率响应函数则由机械网络作图法获得，后面将重点讨论机械网路作图法。

下面以单自由度二阶系统为例来研究机电相似性，图 4.44 所示为机械系统和电气系统的相似性，对于单自由度质量 m-弹簧 k-阻尼 c 系统，在外力 $f(t)$ 作用下产生位移 $x(t)$，则该机械系统的运动微分方程为

$$m\frac{\mathrm{d}^2x(t)}{\mathrm{d}t^2}+c\frac{\mathrm{d}x(t)}{\mathrm{d}t}+kx(t)=f(t) \tag{4.93}$$

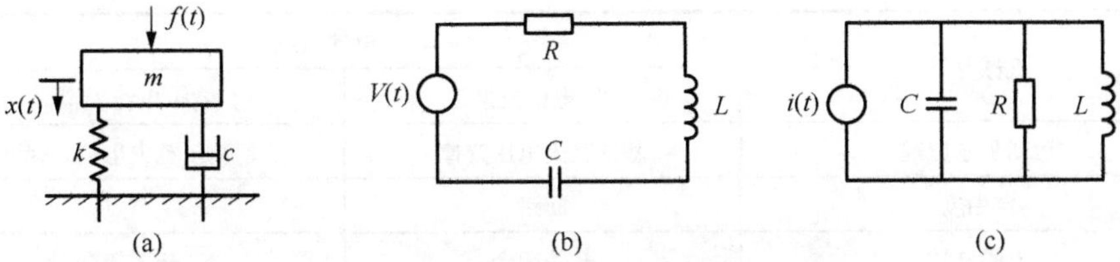

图 4.44　机械系统和电气系统的相似性

因速度 $v(t)=\dfrac{\mathrm{d}x(t)}{\mathrm{d}t}$，式(4.93)也可写成

$$m\frac{\mathrm{d}v(t)}{\mathrm{d}t}+cv(t)+k\int v(t)\mathrm{d}t=f(t) \tag{4.94}$$

对于图 4.44(b)所示的电压源 $V(t)$ 供电的电气系统，采用基尔霍夫电压定律得到其电压方程为

$$L\frac{\mathrm{d}i(t)}{\mathrm{d}t}+Ri(t)+\frac{1}{C}\int i(t)\mathrm{d}t=V(t) \tag{4.95}$$

式中，$i(t)$ 为该电气系统的回路电流。

同理，对于图 4.44(c)所示的电流源 $i(t)$ 供电的电气系统，运用基尔霍夫电流定律可得其电流方程为

$$C\frac{\mathrm{d}V(t)}{\mathrm{d}t}+\frac{1}{R}V(t)+\frac{1}{L}\int V(t)\mathrm{d}t=i(t) \tag{4.96}$$

对比式(4.94)和式(4.95)、式(4.96)可见，机械系统的运动微分方程与两个电气系统的电压方程和电流方程在数学形式上是相同的，对应的项是可以类比的，因此这三个方程描述的机械系统与电气系统具有机电相似性。

从式(4.94)和式(4.95)的相应项进行类比可知，力 $f(t)$ -电压 $V(t)$ 、质量 m-电感 L、速度 $v(t)$ -回路电流 $i(t)$ 、弹簧 k-电容倒数 $1/C$、阻尼 c-电阻 R 之间可以相互模拟，由于两个系统的激励源分别为力源和电压源，因此成为力-电压模拟。又从式(4.94)与式(4.96)类比可见，力 $f(t)$ -电流 $i(t)$、质量 m-电容 C、速度 $v(t)$ -节点电压 $V(t)$ 、弹簧 k-电感倒数 $1/L$、阻尼 c-导纳 $1/R$ 之间可以相互模拟，分别通过力源和电流源作用于各自系统，所以成为力-电流模拟。

4.5.3 机电模拟分析

从上面的讨论可以看出，当机械系统与电气系统具有机电相似性时，各自的运动微分方程中的对应项是可以类比的，也就是说机械量可以用相应的电量来模拟，此时电气系统就称为机械系统的等效电路。机电模拟分析是建立在机电相似性的基础上的，通常有力-电压模拟和力-电流模拟两种方式，如表 4.4 所示。

表 4.4 两种机电模拟方式

机械系统	电气系统	
	力-电压模拟	力-电流模拟
达朗贝尔原理	基尔霍夫电压定律	基尔霍夫电流定律
自由度	回路	节点
力的施加	开关闭合	开关闭合
力 f(N)	电压 V(V)	电流 i(A)
质量 m(kg)	电感 L(H)	电容 C(F)
位移 x(m)	电荷 q(C)	$\varphi=\int V\mathrm{d}t$
速度 $\dot{x}$(m/s)	回路电流 i(A)	节点电压 V(V)
阻尼系数 c(N · s/m)	电阻 $R(\Omega)$	电导 $\frac{1}{R}$
弹簧刚度 k(N/m)	电容倒数 $\frac{1}{C}$	电感倒数 $\frac{1}{L}$
耦合元件	两回路共用元件	耦合元件

机电模拟分析的关键点是等效电路的建立，一旦等效电路得到之后，机械系统的分析即可能转化为电路分析和实验研究了。所得出的结论可以通过类比项反映到机械系统中所对应的参数。一般来说，在拟定机械系统的等效电路时，应遵循如下原则。

(1) 力-电流模拟便于建立机电参数之间的直观联系，而力-电压模拟则应用更为方便。

(2) 若力是以串联的方式作用于机械系统，则与这些力对应的电气元件处于并联；反之，若力是并联作用，则等效电路中相应的电气元件处于串联。

(3) 无因次分析有助于使两种机电模拟完全等效于所研究的机械系统，即机械系统与等效电路彼此之间完全等同，无因次量的关系如下：

$$\frac{m_1}{m_2}=\frac{L_1}{L_2},\quad \frac{k_1}{k_2}=\frac{C_2}{C_1},\quad \omega\sqrt{\frac{m}{k}}=\omega_{\mathrm{e}}\sqrt{LC},\quad \frac{f}{kx}=\frac{VC}{q},\quad \frac{c^2}{km}=\frac{R^2C}{L}$$

式中，机电机械参数见表 4.4。下面举例说明等效电路的建立和机电模拟分析的应用。

例 4.10　图 4.45(a)为两自由度质量-弹簧-阻尼系统，试分别用力-电压模拟和力-电流模拟建立等效电路。

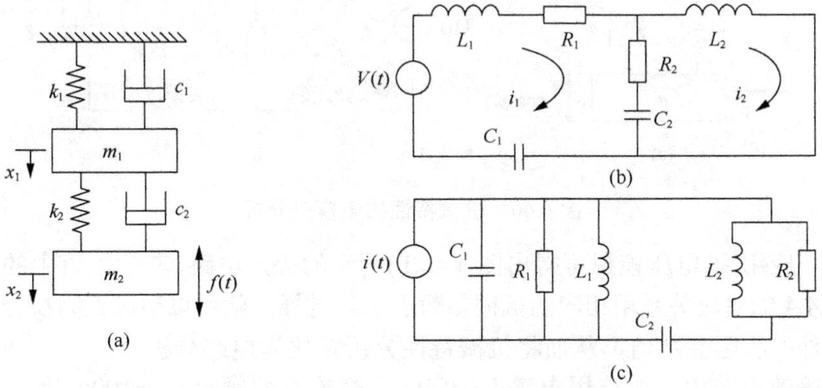

图 4.45　两自由度机械系统及其等效电路

解　对于图 4.45(a)中的机械系统，其运动微分方程可写为

$$m_1\frac{\mathrm{d}^2x_1}{\mathrm{d}t^2}+(c_1+c_2)\frac{\mathrm{d}x_1}{\mathrm{d}t}+(k_1+k_2)x_1-c_2\frac{\mathrm{d}x_2}{\mathrm{d}t}-k_2x_2=f(t)$$

$$m_2\frac{\mathrm{d}^2x_2}{\mathrm{d}t^2}+c_2\frac{\mathrm{d}x_2}{\mathrm{d}t}+k_2x_2-c_2\frac{\mathrm{d}x_1}{\mathrm{d}t}-k_2x_1=0$$

根据机电相似性，可对照表 4.4 写出力-电压模拟的电路方程为

$$L_1\frac{\mathrm{d}i_1}{\mathrm{d}t}+(R_1+R_2)i_1+\left(\frac{1}{C_1}+\frac{1}{C_2}\right)\int i_1\mathrm{d}t-R_2i_2-\frac{1}{C_2}\int i_2\mathrm{d}t=V(t)$$

$$L_2\frac{\mathrm{d}i_2}{\mathrm{d}t}+R_2i_2+\frac{1}{C_2}\int i_2\mathrm{d}t-R_2i_1-\frac{1}{C_2}\int i_1\mathrm{d}t=0$$

据此可得出力-电压模拟的等效电路，如图 4.45(b)所示。

同理，应用表 4.4 还可写出力-电流模拟的电路方程为

$$C_1\frac{\mathrm{d}V_1}{\mathrm{d}t}+\left(\frac{1}{R_1}+\frac{1}{R_2}\right)V_1+\left(\frac{1}{L_1}+\frac{1}{L_2}\right)\int V_1\mathrm{d}t-\frac{V_2}{R_2}-\frac{1}{L_2}\int V_2\mathrm{d}t=i(t)$$

$$C_2\frac{\mathrm{d}V_2}{\mathrm{d}t}+\frac{V_2}{R_2}+\frac{1}{L_2}\int V_2\mathrm{d}t-\frac{V_1}{R_2}-\frac{1}{L_2}\int V_1\mathrm{d}t=0$$

其力-电流模拟的等效电路如图 4.45(c)所示。

例 4.11　对于图 4.46(a)所示的两自由度质量-弹簧-阻尼系统，试运用机电模拟分析其机械特性。其中质量 $m = 7.2\text{kg}$ ，弹簧刚度 $k = 7200\text{N/m}$ ，阻尼系数 $c = 14.2\text{N}\cdot\text{s/m}$ ，激励力 $F_0 = 14.4\text{N}$ ，频率 $\omega = 10\text{rad/s}$ 。

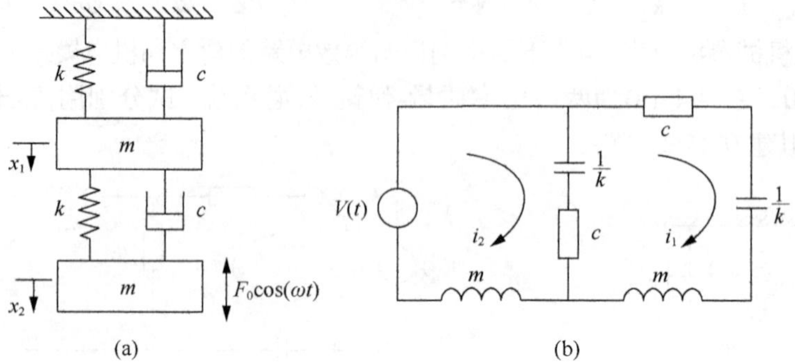

图 4.46　机械特性的电模拟分析

解　应用力-电压模拟可得出图 4.46(b)所示的等效电路，其中电路中的元件可参照表 4.4 的对应关系用相应的机械参数表示。这样，就可以通过无因次分析得出电路元件的实际参数值，从而将机械特性分析转化为电路分析。

在等效电路中，先选用电感 $L = 0.1\text{H}$ ，交流电源频率 $\omega_e = 100\text{rad/s}$ ，则机电无因次量之间的关系可得出机电参数的关系表达式如下：

$$\omega\sqrt{\frac{m}{k}} = \omega_e\sqrt{LC}$$

$$\frac{c^2}{km} = \frac{R^2C}{L}$$

$$\frac{F}{kx} = \frac{VC}{q}$$

将上述有关参数代入无因次量的关系表达式，则

$$\omega\sqrt{\frac{m}{k}} = 10\sqrt{\frac{7.2}{7200}} = \omega_e\sqrt{LC} = 100\sqrt{0.1C}$$

可得 $C = 100\mu\text{F}$ 。

$$\frac{c^2}{km} = 14.2^2/(7200\times7.2) = \frac{R^2C}{L} = \frac{R^2\times100\times10^{-6}}{0.1}$$

可得 $R = 2\Omega$ 。

$$\frac{F}{kx} = \frac{14.4}{7200x} = \frac{VC}{q} = \frac{V}{q/C} = \frac{V}{V_C}$$

最后求得机械系统中质量块的位移 x 为

$$x = \frac{2}{V}V_C(\text{mm})$$

式中，V 为外接交流电源；V_C 为电容 C 上的电压。

因此，通过测量等效电路中两个电容两端的电压，就可反映出原机械系统中两个质量块在激励力 F 作用下的位移，从而可以方便地进行定性和定量分析。此例说明了复杂机械系统的特性分析可转化为既方便、又准确的电模拟方式研究，而且在分析时还可以灵活调整等效电路中的电路元件参数，以指导修改相对应机械系统的机械参数，以改善原机械系统的特性。可以证明，机械网络 mc 与电网络 RC 是具有相似性的，此外机械网络 kc 与电网络 RL 也是相似的。这样，在建立复杂机械系统的等效电路时，就可以从局部入手，逐渐推导出整个等效电路。

对于一些常见机械结构形式，如扭转系统、齿轮传动、杠杆系统等，可以方便地运用机电模拟分析得到各自的等效电路形式。图 4.47 给出了扭转系统的等效电路。图 4.48 给出了齿轮和杠杆两种典型结构的等效电路。读者可自行推导。

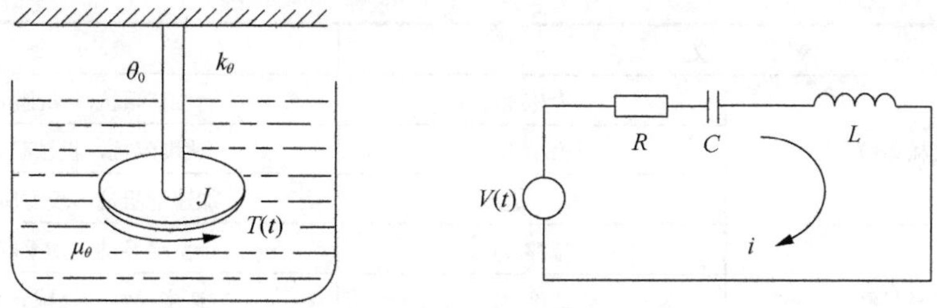

图 4.47　扭转系统的等效电路

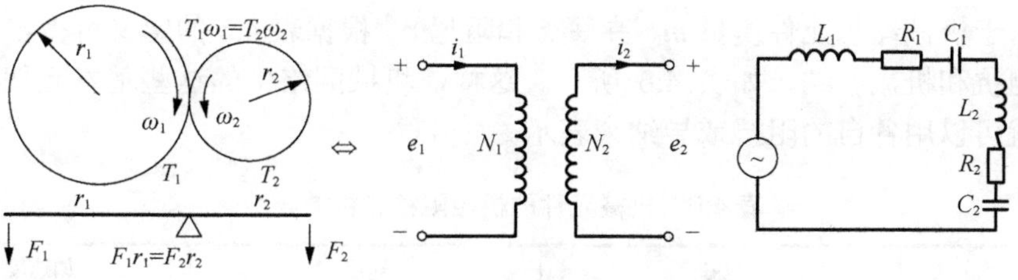

图 4.48　齿轮和杠杆典型结构的等效电路

4.5.4　机械网络作图法

在机电模拟分析时，常常针对测试系统的原理和组成部分，对其中的机械网络进行力-电压模拟或力-电流模拟。其重点和难点在于得出其等效电路。一旦等效电路得到之后，便可以利用成熟的电路分析理论和便利的实验电路进行分析研究。但是在工程实际中，当分析对象的结构复杂或者系统自由度数较多时，往往会给等效电路的建立带来一定的困难。

机械网络作图法是直接求取机械系统的传递函数或频率响应函数的作图方法，它视机械元件为二端元件并具有机械阻抗和机械导纳，根据相应的画法原则，利用控制理论的方块图合并方法，最终求出分析对象的传递函数，规避了烦琐的建立运动位移方程并求解分析的过程，在复杂机械系统的特性分析中十分有效。

1. 机械阻抗和机械导纳

在机械网络中，机械理想元件质量、弹簧和阻尼都视为二端元件，且具有机械阻抗和机械导纳。机械阻抗(mechanical impedance)是指二端元件的某一点所受的激励与另一点产生的响应之复数比，其倒数称为机械导纳(mechanical admittance)。机械阻抗表示了分析对象阻止因激励而产生运动的能力，又分为位移阻抗、速度阻抗和加速度阻抗。例如，常见的动刚度就是指位移阻抗，它是所受的力与产生的位移之比，表明抵御产生位移或变形的能力。机械阻抗和机械导纳有广义和狭义之分，如表 4.5 所示。

表 4.5　机械阻抗和机械导纳

广义		狭义
机械阻抗	力/位移	位移阻抗，动刚度
	力/速度	速度阻抗，机械阻抗
	力/加速度	加速度阻抗，表观质量
机械导纳	位移/力	位移导纳，动柔度
	速度/力	速度导纳，机械导纳
	加速度/力	加速度导纳，惯性率

对于机械理想元件质量 m、弹簧 k 和阻尼 c，根据表 4.5 的定义可得出各自的机械阻抗和机械导纳，如表 4.6 所示。这样，机械网络中的这些基本元件在作图法中就可以用各自的阻抗或导纳来表示。

表 4.6　机械元件的机械阻抗和机械导纳

元件＼分类	位移		速度		加速度	
	阻抗	导纳	阻抗	导纳	阻抗	导纳
弹簧 k	k	$\frac{1}{k}$	$\frac{k}{\mathrm{j}\omega}$	$\frac{\mathrm{j}\omega}{k}$	$-\frac{k}{\omega^2}$	$-\frac{\omega^2}{k}$
阻尼 c	$\mathrm{j}\omega c$	$\frac{1}{\mathrm{j}\omega c}$	c	$\frac{1}{c}$	$\frac{c}{\mathrm{j}\omega}$	$\frac{\mathrm{j}\omega}{c}$
质量 m	$-\omega^2 m$	$-\frac{1}{\omega^2 m}$	$\mathrm{j}\omega m$	$\frac{1}{\mathrm{j}\omega m}$	m	$\frac{1}{m}$

2. 机械网络的画法原则

运用机械网络作图法求取传递函数或频率响应函数时，掌握机械网络的画法原则尤为重要。遵从画法原则可以将机械模型转化为由若干机械元件组成和类似于控制理论方块图的形式。只要在各自元件的方块图中填入相应的机械阻抗或机械导纳，通过方块图的合并简化，就可得到传递函数或频率响应函数。

画法原则参照了等效电路关于电路元件和回路的一些概念和表示方法，将系统受到的激励视为有源元件，在机械回路中引入力流的概念，类似于电路中的电流。通常，机械网络的画法原则如下：

(1) 有源元件画在左边；

(2) 一般把质量假想接地；

(3) 同一节点上的速度 v 相同；

(4) 同一回路上的力流 F 相同；

(5) 常用机械阻抗和机械导纳来表示机械元件，如用速度导纳来分别表示质量、弹簧、阻尼。如图 4.49 所示。

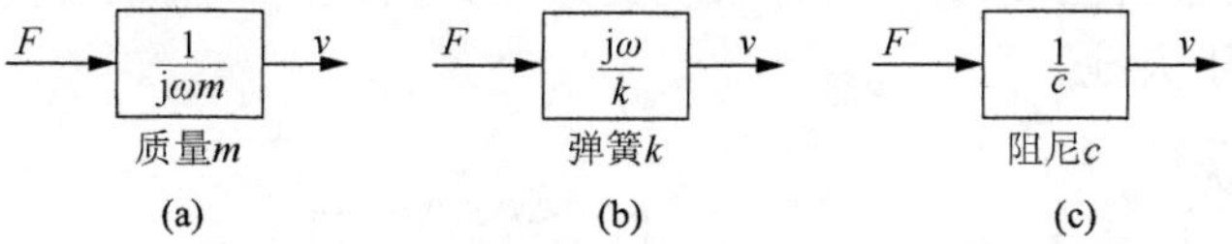

图 4.49　机械元件的速度导纳表示

3. 机械网络作图法示例

运用机械网络作图法求取系统的传递函数或频率响应函数时，首先要根据原机械系统模型进行机械元件的受力分析，明确各个二端元件的激励和响应的类型，以确保在后面方块图合并简化时填入正确的机械阻抗或机械导纳；其次，进行力流分析并按照画法原则，从有源元件开始，沿力流方向依次画出每个二端元件并标出相应的力流和方向，从而得到与原机械系统模型对应的机械网络，注意将质量假想接地，并依据力流标出各节点和回路的位置；最后，用机械阻抗或机械导纳填入各二端元件，进行方块图合并简化，得到反映输入激励与输出响应的 $H(s)$或$H(\mathrm{j}\omega)$ 简图。下面举例说明机械网络作图法的应用。

例 4.12　求图 4.50(a)所示的单自由度 m-k-c 系统的机械网络。

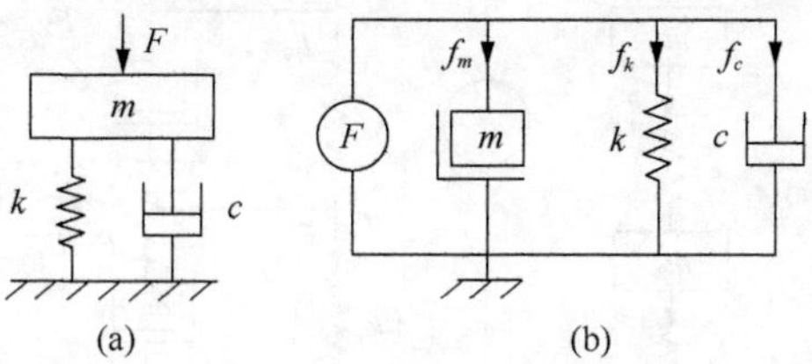

图 4.50　单自由度 m-k-c 系统的机械网络

解　先进行受力分析，外力作用于单自由度 m-k-c 系统的质量块，质量 m 因此具有惯性力 f_m，同时质量块与弹簧和阻尼器连接，通过力的传递分别产生弹簧

力 f_k 和阻尼力 f_c。从力流分析可知，总力流 F 经质量 m 产生 f_m，再流经弹簧 k 和阻尼器 c 分别产生 f_k 和 f_c，即

$$F = f_m + f_k + f_c$$

即从力流角度来看，质量、弹簧和阻尼器呈并联关系。按照画法原则，将有源元件 F 画在左边，质量 m 假想接地，三个机械元件并联，就得到图 4.50(b)所示的机械网络。

例 4.13 求图 4.51(a)所示的二自由度 m-k-c 系统的机械网络。

解 参照上例，不难发现该自由度 m-k-c 系统与单自由度系统具有一定的内在联系。首先，可视为两个单自由度 m-k-c 系统的合成，上面的单自由度 m_1-k_1-c_1 系统受外力 F_1，弹簧 k_1 和阻尼器 c_1 不是连接于大地，而是连接于有相对运动的质量 m_2；下面的单自由度 m_2-k_2-c_2 系统受外力来自于 k_1 和 c_1 的合力，其弹簧 k_2 和阻尼器 c_2 连接于大地。

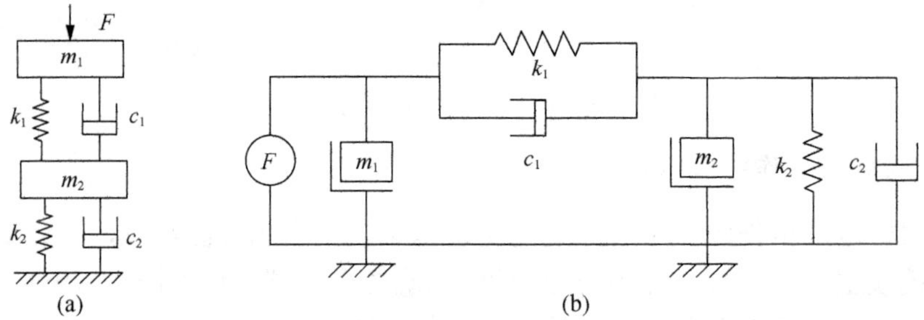

图 4.51 二自由度 m-k-c 系统的机械网络

此例关键之处在于两个单自由度系统的连接，因为单自由度系统的机械网络上例已经得出。但是从力流分析可知，下面单自由度系统的外力即为上面单自由度系统 k_1 和 c_1 的力流之和，因此就可得出图 4.51(b)所示的机械网络。

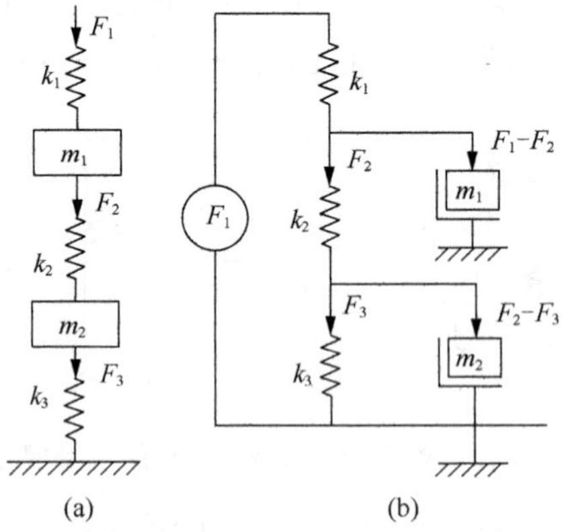

图 4.52 二自由度 m-k 系统的机械网络

例 4.14 画出图 4.52(a)所示的二自由度系统的机械网络。

解 该机械系统为二自由度质量 m-弹簧 k 系统，没有阻尼器。

首先进行力流分析，力 F_1 作用于弹簧 k_1 后经过质量 m_1 作用于弹簧 k_2，如果将原系统看做两个 m_1-k_1 系统，则作用于上面一个 m-k 系统的力为 F_1，作用于下面 m_2-k_2 系统的力则为 F_2。显然，流过弹簧 k_1 和 k_2 的力流分别为 F_1 和 F_2，则流过质量 m_1 的力流即为 $F_1 - F_2$。

同理，设流过弹簧 k_3 的力流为 F_3，则流过质量 m_2 的力流为 $F_2 - F_3$。从力流分析可知，来自质量下方的弹簧与该质量呈并联关系，然后与该质量上方的弹簧呈串联关系。将力 F_1 画在左边，质量假想接地，并根据质量与弹簧的串、并联关系，即可得出图 4.52(b)所示的机械网络。

下面再举例说明通过机械网络作图法直接得出机械系统的频率响应函数过程。

例 4.15 求图 4.53(a)所示的单自由度 m-k-c 并联系统的频率响应函数 $H(\mathrm{j}\omega)$。

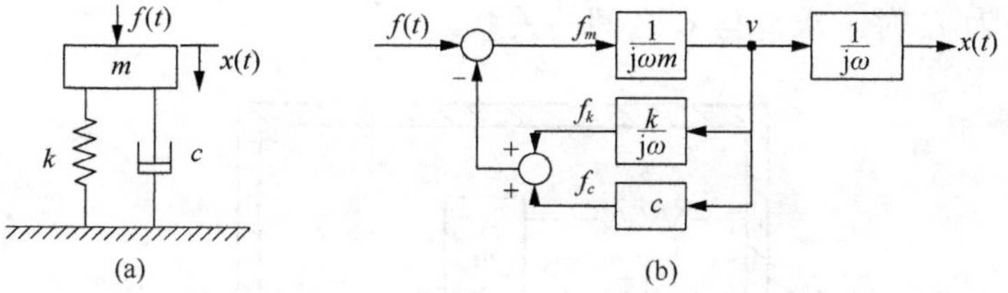

图 4.53 单自由度 m-k-c 并联系统的机械网络作图法

解 单自由度 m-k-c 并联系统的输入激励为 $f(t)$，输入响应为质心的位移 $x(t)$。根据图 4.50(b)求出该系统的机械网络，从力流来看，质量 m、弹簧 k 和阻尼器 c 呈并联关系，则

$$f(t) = f_m + f_k + f_c$$

也可写成

$$f_m = f(t) - f_k - f_c$$

采用速度阻抗和速度导纳描述二端元件 m、k、c，则它们连接于同一节点的速度 v 相同，而速度 v 与质心位移 $x(t)$ 呈积分关系。需要注意的是，力流 f_m 经质量 m 产生速度 v，所以质量元件要用速度导纳表示，而速度 v 分别经弹簧 k 和阻尼 c 变成力流 f_k 和 f_c，二者合成后与力流 f 之差得到 f_m，因此弹簧和阻尼器要用速度阻抗表示。查表 4.6 填入各自的速度阻抗和速度导纳，即可画出图 4.53(b)所示的机械网络。

运用控制理论的方块图合并方法将弹簧和阻尼器速度阻抗合并后，再与质量的速度导纳合并，最后就得出该系统的频率响应函数 $H(\mathrm{j}\omega)$，如图 4.54 所示。

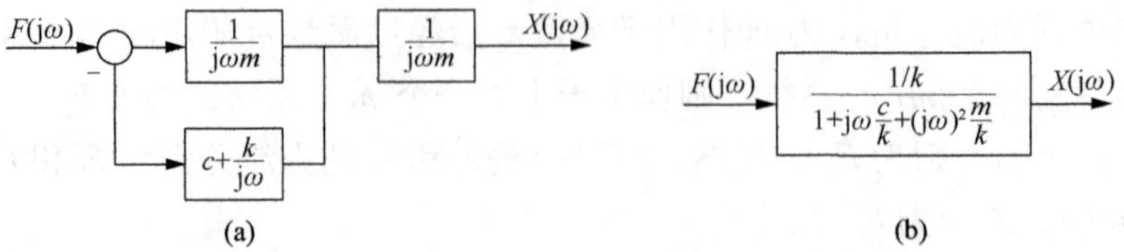

图 4.54　单自由度 *m-k-c* 并联系统的频率响应函数

由图 4.54 可见，单自由度 *m-k-c* 并联系统的频率响应函数 $H(\mathrm{j}\omega)$ 可以方便地通过机械网络作图法得到，与建立运动微分方程求解的结果是相同的，两种方法得到的都是二阶系统。

例 4.16　某测试仪器的敏感部件为单自由度 *m-k-c* 并联系统，如图 4.55 所示。设仪器壳体质量为 m_1，运动质量为 m_2；x_1、$\dot{x}_1$ 为仪器壳体的绝对位移和速度，x_2、$\dot{x}_2$ 为质量 m_2 在壳体内的相对位移和速度，x_3、$\dot{x}_3$ 为质量 m_2 的绝对位移和速度。当输入激励为 f_a 时，求 x_1 与 x_2 之间的关系。

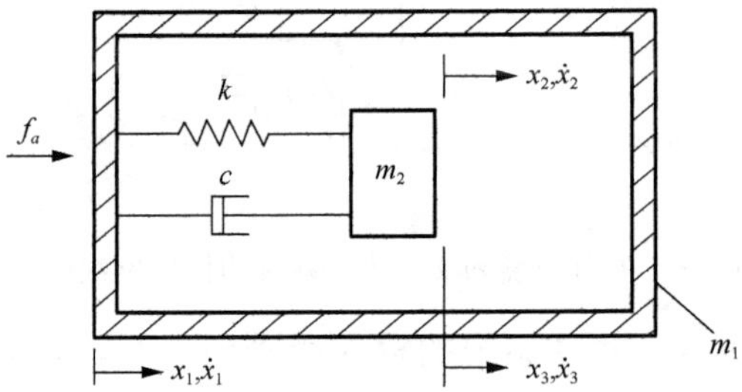

图 4.55　某测试仪器的敏感部件模型

解　采用机械网络作图法，求出 x_1 与 x_2 的频率响应函数 $H(\mathrm{j}\omega)$，即可表达 x_1、x_2 之间的关系。

此例的 m_2 质心的相对位移 x_2 相当于输出响应，当敏感部件 *m-k-c* 系统感受来自于被测对象的惯性力 f_a 时，测出 x_2、$\dot{x}_2$ 就可以反映被测对象的位移 x_1 和运动速度 $\dot{x}_1$。

首先进行力流分析，力 f_a 同时作用于 m_1 和弹簧 k、阻尼器 c，有

$$f_a = f_{m_1} + f_k + f_c$$

而力流经过弹簧 k、阻尼器 c 传递至质量 m_2，有

$$f_{m_2} = f_k + f_c$$

可见，从力流来看，k 与 c 并联后与 m_2 串联，然后与 m_1 并联。于是，将有源元件 f_a 画在左边，质量 m_1、m_2 假想接地，得到其机械网络如图 4.56 所示。

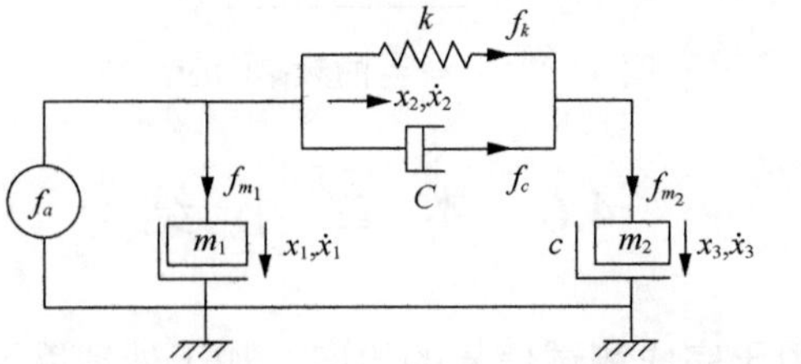

图 4.56　某测试仪器敏感部件的机械网络

其次，进行速度分析，根据坐标关系可知

$$x_2 = x_3 - x_1$$
$$\dot{x}_2 = \dot{x}_3 - \dot{x}_1$$

从上面的机械网络来看，质量 m_1、m_2 相当于假想接地的绝对速度向下为正，弹簧 k 和阻尼器 c 的相对速度 x_2 向右为正。这些速度均由各自的力流产生，因此要用速度导纳来表示这些机械元件。此外，位移与速度呈微分关系即 $\mathrm{j}\omega$，于是得到图 4.57 所示的用速度导纳表示的频率响应函数关系图，需要注意的是，图中弹簧 k 和阻尼器 c 的速度向左，因此该节点的速度为 $-\dot{x}_2$。

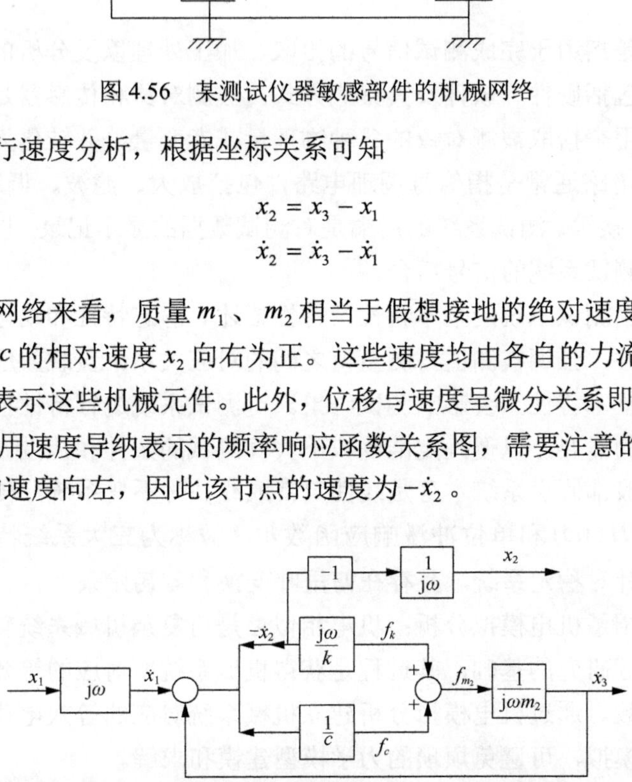

图 4.57　速度导纳表示的频率响应函数关系图

最后，按照上图中的变量关系，从 x_1 往 x_2 的方向进行合并，可得到被测对象的绝对位移 x_1 (被测值)所引起的敏感元件相对位移 x_2 (测出值)之间的频率响应函数为

$$H(\mathrm{j}\omega) = \frac{X_2(\mathrm{j}\omega)}{X_1(\mathrm{j}\omega)} = \frac{-1}{1 + \dfrac{1}{\mathrm{j}\omega m_2}\left(c + \dfrac{k}{\mathrm{j}\omega}\right)}$$

合并后的被测值 x_1 与测出值 x_2 的频率响应函数示于图 4.58。

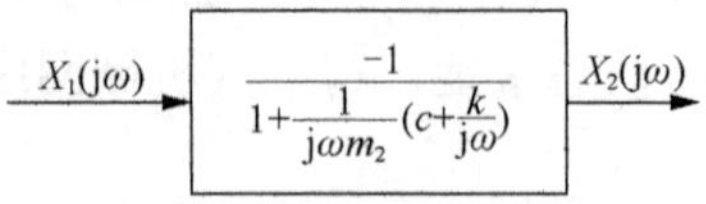

图 4.58　x_1 与 x_2 的频率响应函数

4.6 本章小结

测试系统是指用于完成测试信号的拾取、加工处理以及分析的器件、电路或装置的总体，包括硬件、软件及其集成方式。被测对象和传感器是测试系统的信号前端，通常用来拾取被测对象的各种物理量或者变量，并转化为电量供后续电路处理。后续电路通常是指信号调理电路，包括放大、滤波、调制与解调电路、模/数或数/模转换等。测试系统的后端是对测试数据的显示记录，以及进一步的分析或控制，即测试系统的信号后台。

本章给出了测试系统的基本特性及特性描述。静态特性和动态特性是测试系统最基本的特性，强调被测值与测量值之间的对应关系；负载效应和抗干扰性也是测试系统的基本特性，会影响测试结果。对测试系统进行特性描述，是为了定性和定量分析的需要，以便确定准确或不失真测试的条件和范围。对动态特性进行描述时，一般都假设系统本身是线性定常或线性时不变系统。传递函数 $H(s)$、频率响应函数 $H(\mathrm{j}\omega)$ 和单位冲激响应函数 $h(t)$ 被称为三大系统特性描述和分析函数，它们都针对稳定系统，且存在傅里叶变换和零初始条件。

本章还介绍了机电模拟分析：机电相似性是将复杂机械系统转化为电路领域的电气系统进行研究的基础，其过程是获得机械系统所对应的等效电路传递函数或频率响应函数。通过机电模拟分析建立机械系统对应的等效电路，将机械量用相应的电量来模拟，可避免烦琐的力学模型建模和求解。

习　题

4.1 试阐述测试系统的一般组成，并指出信号前端、信号调理和信号后台技术的作用和特点。

4.2 测试系统的静态特性和动态特性分别描述了什么性质的系统特性？为什么静态特性常以参数或指标来表示，而动态特性则以输入输出模型或数学方程来表示？

4.3 使用测试仪器时为什么要同时考虑其精确度和量程？如果分别用 0.5 级数

字万用表的 150V 档和 1.5 级数字万用表的 30V 档来测量 25V 直流电压，试问哪一个数字万用表的测量结果更准确？

4.4 判断下列输入输出关系的系统是否是线性、时不变，或二者俱有？

(1) $y(t)=2t^2x(t-1)$；

(2) $y(t)=x[\sin(\omega t)]$；

(3) $y(n)=x(n+1)-x(n-1)$，n 为有限正整数；

(4) $y(n)=x^2(n-2)$，n 为有限正整数。

4.5 已知一个线性时不变系统的输入为 $x(t)$，输出为 $y(t)$，其单位冲激响应函数为 $h(t)$，若定义信号 $z(t)$ 的面积为 $A_z=\int_{-\infty}^{\infty}z(t)\mathrm{d}t$，证明：

$$A_y = A_x A_h$$

4.6 试从不失真测试的角度，指出测试系统的无阻尼固有频率 ω_n 和系统阻尼比 ξ 对其幅频特性、相频特性的影响。

4.7 单自由度二阶灵敏系统的频率响应，依照不同的输入激励类型各有什么特点？为什么在设计和构建这种灵敏系统时其质量、弹簧和阻尼有大小、强弱之分？

4.8 在机电模拟分析中，机电相似性、等效电路和无因次分析三者之间的关系和作用是什么？该分析方法有什么特点？

4.9 机械网络作图法为什么可以直接求取系统的传递函数或频率响应函数？说明力流分析、画法原则和方块图合并在求解过程中的作用。

4.10 用一阶系统测量 100Hz 的正弦信号，要求幅值误差限制在 3%以内，试问其时间常数 τ 应取多少？若用该系统测量 50Hz 正弦信号，则幅度误差和相位误差各是多少？

4.11 某力传感器可视为二阶振荡环节，已知无阻尼固有频率 $\omega_{\mathrm{n}}=800\mathrm{Hz}$，系统阻尼比 $\xi=0.12$，试求：

(1) 当测量 400Hz 正弦信号时的幅频特性 $A(\omega)$ 和 $\varphi(\omega)$；

(2) 若系统阻尼比 $\xi=0.6$，试问 $A(\omega)$ 和 $\varphi(\omega)$ 如何变化？

4.12 证明下图所示的两个电路能相互模拟，且是左侧机械系统的等效电路。

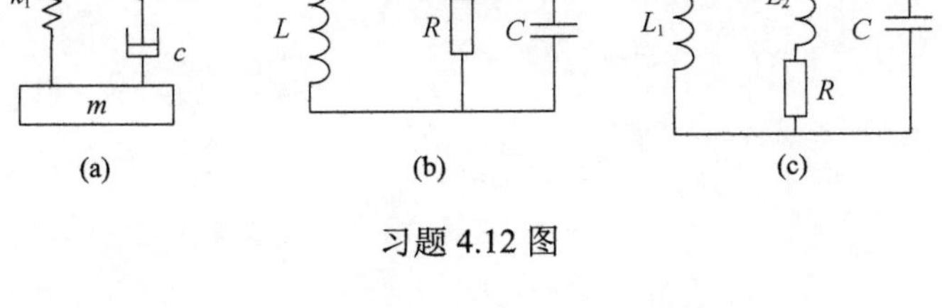

习题 4.12 图

4.13 试用机械网络作图法，求取下图所示二自由度机械系统的质心位移 x_1 与 x_2 之间的关系，并用频率响应函数 $H(\mathrm{j}\omega)=X_2(\mathrm{j}\omega)/X_1(\mathrm{j}\omega)$ 表示。

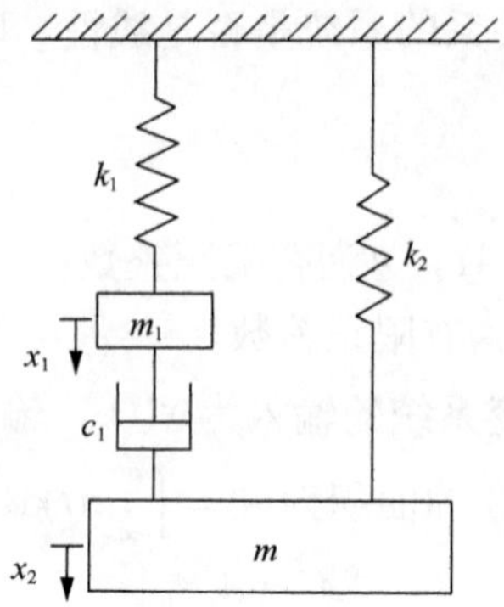

习题 4.13 图

第 5 章　信号调理电路

5.1　信号调理电路的组成

测试系统中，传感器的输出信号通常是十分微弱的，在信号的传输过程中，这些微弱的信号还可能受到噪声信号的干扰，使这些信号不仅含有反映被测参数情况的信息，而且含有器件内部产生和外界干扰引起的噪声，还有一些伴随信号。为了将传感器的输出信息变为能为计算机或 DSP(数字信号处理器)等处理的有用信号，必须将这些包含着噪声的低频微弱信号进行放大、滤波或调制解调等处理，将这样的处理过程称为“信号的调理”，经过调理之后的信号是放大了的主要包含测试信息的信号。

信号调理的目的是对由传感器输出的检测信号进行不失真的放大、滤波等处理，以提高检测信号的信噪比和抗干扰能力，进一步地进行信号的识别、分析、诊断、显示、存储、打印和记录等，以显示最明显的信号特征或检测结果。

信号调理的内容一般取决于从传感器出来的电特性和信号的用途，典型的处理包括电信号的隔离、阻抗的变换、电平的转换、放大、线性化以及模拟的或数字的计算。图 5.1 是信号调理电路的一般组成。传感器包括它的基本转换电路，如调幅电路中的电桥、调频电路中的振荡器，当然如果传感器的输出是非调制信号，显然就无需振荡器，也无需解调器。从传感器出来的信号一般比较微弱，不足以驱动显示仪器，所以需要将信号进行放大。在信号的放大部分，对从传感器来的有用信号进行放大，但同时也会有干扰噪声的放大，所以，经过放大之后的信号，要根据被测信号的特征以及应用的具体要求滤去不需要的高频或低频信号或提取某特定频段的信号，这时就需要滤波器，滤波器可以提高信噪比。经过信号调理之后的电路就可以驱动显示器和记录仪或进入计算机进行处理。

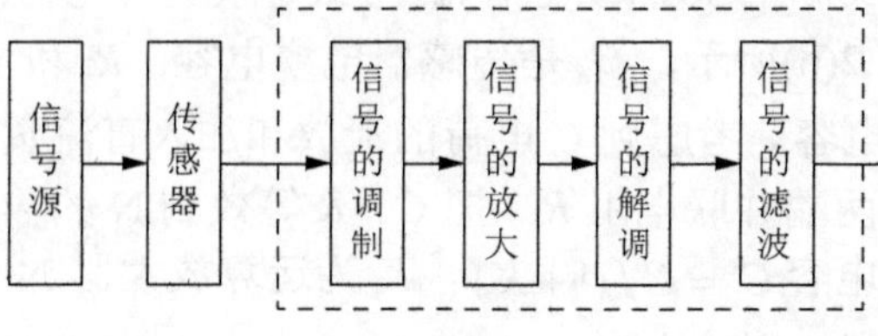

图 5.1　信号调理电路的组成

5.2　信号的放大

由于传感器的输出信号通常十分微弱，一般在毫伏数量级，有些甚至小到微伏级，而输入到放大器的噪声与放大器件自身产生的噪声往往大于放大器的输入信号，因此如何减少噪声，或把噪声与信号分离，是信号放大器的主要任务。

5.2.1　电荷放大电路

电荷放大电路是一种输出电压与输入电荷成比例关系的测量放大电路。例如，压电式传感器或电容式传感器可将某些被测量(如力、压力等)转换成电荷信号输出，再通过电荷放大电路输出放大了的电压信号。因此，电荷放大电路亦称为电荷-电压变换电路。

1. 基本原理

电荷放大电路的基本原理图如图 5.2(a)所示，运算放大器 N 的反相端与传感器相连，N 的输出经电容 C 反馈至其输入端。若 N 为理想工作状态，则反相输入端为虚“地”，直流输入电阻很高，传感器的输出电荷只对反馈电容 C 充电，电容 C 两端的电压为 $u_c = Q/C$，则电荷放大电路的输出是 $u_o = -Q/C$。

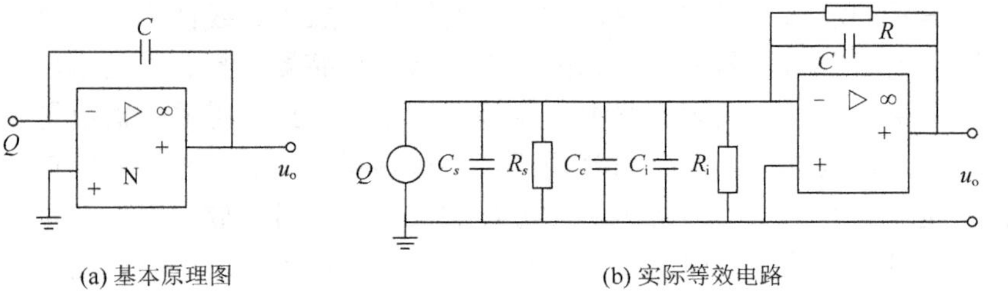

图 5.2　电荷放大电路原理图

因此，电荷放大电路的输出电压与输入电荷量成正比，与反馈电容成反比，而与电路其他参数无关。实际上压电(或电容)传感器等效为带电荷的电容器 C_s，其泄漏电阻是 R_s，如图 5.2(b)所示，C_c 是传感器电缆电容，R_i 和 C_i 分别为运算放大器的输入电阻和输入电容。考虑到 C 电荷的泄放和加入直流负反馈以稳定工作减小零漂的需要，在 C 两端并联电阻 R。把 C、R 等效到 N 的输入端时，等效电阻 $R' = R/(1+K)$，等效电容 $C' = C/(1+K)$，K 为运算放大器 N 的开环放大倍数，ω 为传感器供电角频率，则输出为

$$\dot{U}_o = -\frac{\mathrm{j}\omega K\dot{Q}}{[(1/R_s)+(1/R_i)+(1+K)/R+\mathrm{j}\omega[C_s+C_c+C_i+(1+K)C]}$$

若 K 足够大，则

$$\dot{U}_o = -\frac{j\omega\dot{Q}R}{1+j\omega RC} \tag{5.1}$$

2. 电荷放大电路的特性

1) 开环电压增益的影响

当 C_i 可忽略，且工作角频率 ω 较高时，实际电荷放大电路的相对运算误差为

$$\delta = \frac{-Q/C - \{-QK[C_s + C_c + (1+K)C]\}}{-Q/C} \times 100\%$$

$$= \frac{C_c + C_s + C}{C_c + C_s + (1+K)C} \times 100\% \tag{5.2}$$

可见，运算误差δ与开环电压放大倍数成反比。

2) 频率特性

由式(5.1)可知，输入信号频率趋于无穷大时，$u_o = -Q/C$，因此如果电荷放大电路增益下降 3dB 时，对应的下降截止频率为 $f_L = 1/(2\pi RC)$。

电荷放大电路的高频特性主要与 N 的开环频率响应有关，因此，需要高的上限频率时，必须选用高速运算放大器，如 FC91、OP37 等。若电缆很长，杂散电容和电缆的分布电容 C_c、电阻 R_c 都增加，分别对运算误差和上限频率有一定的影响。需用很长电缆时，应选用低电容电缆。

3) 噪声及漂移

运算放大器的噪声因输入电缆电容的增大和反馈电容的减小而在输出端引起较大的噪声电压。运算放大器的零漂则因反馈电阻的增大、电缆绝缘电阻的减小和放大器输入电阻的减小而增大。因此应综合考虑下限频率、噪声和漂移，选取合适的 R、C 值。一般 R 值约在 10MΩ以上，C 值取 $100 \sim 10^4$pF，采用时间和温度稳定性好的聚苯乙烯等电容器。

3. 电荷放大电路实例

图 5.3 是电荷放大电路的实例。图中，N_1 构成电荷电压转换级，输入为电荷 Q，输出为电压 u_1，其引脚 1、8 串接电位器 RP 用来调节失调，引脚 7、4 分别为外接正负电源端，与引脚 7、4 相连的电容起去耦滤波的作用。电荷放大器反馈回路中的 R 值由电容 C 的放电常数决定，一般 R 取 100kΩ ~ 10MΩ，C 取 $50 \sim 10^4$pF。二极管 VD_1、VD_2 和电阻及 $R_1(R_1 \ll R)$用来保护运算放大器 N_1 不因输入过压而烧毁。二极管的极间电容要小，反向耐压应大于 30V。开关 S_{1a} 是电路灵敏度转换开关，它与 N_2(构成放大输出级)电路的可变增益开关 S_{1b} 是联动的，这样可以补偿反馈电容 C 的容量误差。开关 S_2 用来选择电荷放电的时间常数。当采用固定的灵敏度和放电时间时，可不用开关 S_{1a} 和 S_2。

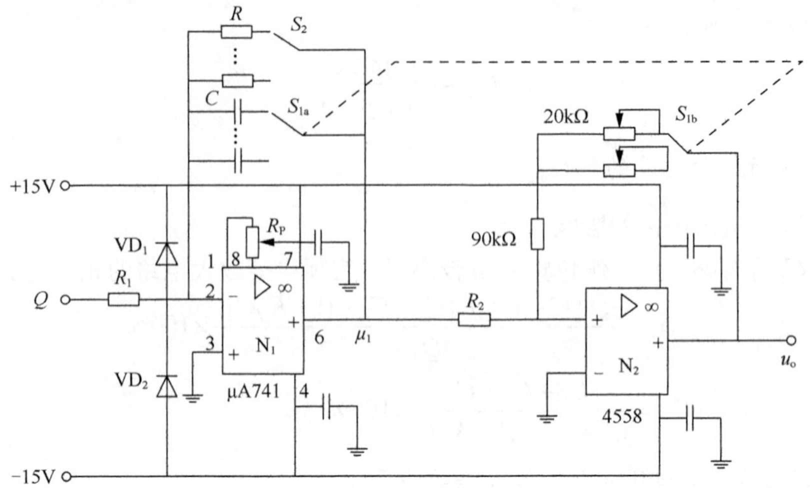

图 5.3　电荷放大电路实例

5.2.2　高共模抑制比放大电路

来自传感器的信号通常都伴随着很大的共模电压(包括干扰电压)。一般采用差动输入集成运算放大器来抑制它，但是必须要求外接电阻完全平衡对称、运算放大器具有理想特性。否则，放大器将有共模误差输出，其大小既与外接电阻对称精度有关，又与运算放大器本身的共模抑制能力有关，因此，测量放大电路一般需要高共模抑制比。一般运算放大器共模抑制比可达 80dB，而采用由几个集成运算放大器组成的测量放大电路，共模抑制比可达 100 ~ 120dB。

1. 双运放高共模抑制比放大电路

图 5.4 为由两个运算放大器组成的差动放大电路。

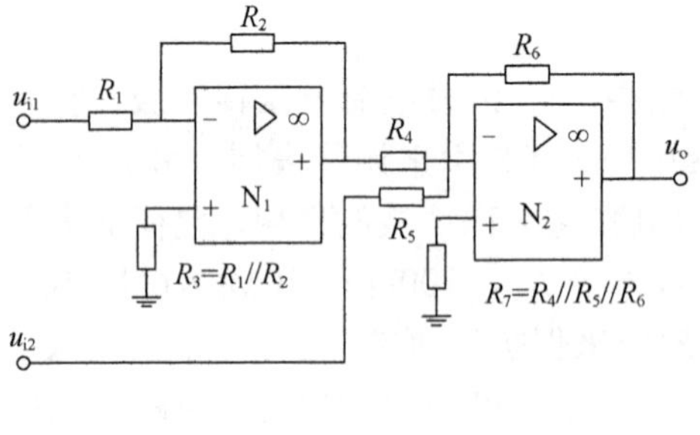

(a) 反相串联结构型

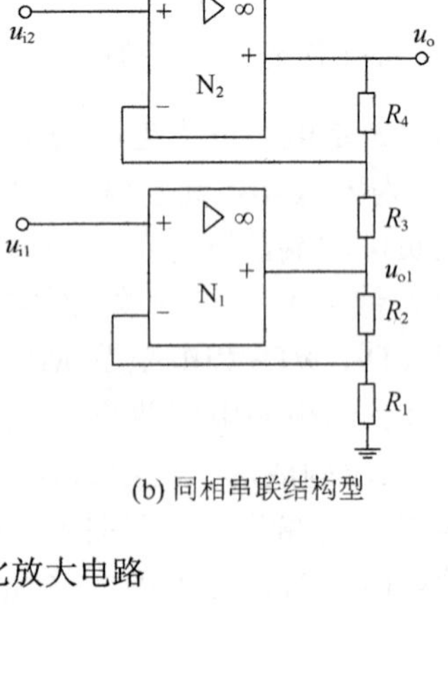

(b) 同相串联结构型

图 5.4　双运放高共模抑制比放大电路

1) 反向串联结构型

图 5.4(a)为反相输入高共模抑制比差动放大电路，其输出电压 u_o：

$$u_o = \frac{R_2}{R_1}\frac{R_6}{R_4}u_{i1} - \frac{R_6}{R_5}u_{i2} \tag{5.3}$$

当 $R_2 / R_1 = R_4 / R_5$，$u_{i1} = u_{i2}$ 时，输出电压为零，共模信号得到了抑制。由此可见，这种电路的共模抑制比能力只与外接电阻对称精度有关，但电路输入阻抗低。通常，为了使 u_{i1} 和 u_{i2} 负载相同，取 $R_1 = R_5$ 则 $R_2 = R_4$。

2) 同相串联结构型

图 5.4(b)是同相输入高共模抑制比差动放大电路。由电路可知

$$u_{o1} = \left(1 + \frac{R_2}{R_1}\right)u_{i1}, \quad \frac{u_{o1} - u_{i2}}{R_3} = \frac{u_{i2} - u_o}{R_4}$$

所以

$$u_o = \left(1 + \frac{R_4}{R_3}\right)u_{i2} - \left(1 + \frac{R_2}{R_1}\right)\frac{R_4}{R_3}u_{i1} \tag{5.4}$$

因输入共模电压 $u_{ic} = (u_{i1} + u_{i2}) / 2$，输入差模电压 $u_{id} = u_{i2} - u_{i1}$，可将式(5.4)改写为

$$u_o = \left(1 - \frac{R_2 R_4}{R_1 R_3}\right)u_{ic} + \frac{1}{2}\left(1 + \frac{2R_4}{R_3} + \frac{R_2 R_4}{R_1 R_3}\right)u_{id} \tag{5.5}$$

为了获得零共模增益，式(5.5)等号右边第一项必须为零，可取

$$\frac{R_1}{R_2} = \frac{R_4}{R_3}$$

此时，电路的差动闭环增益为

$$K_d = 1 + \frac{R_4}{R_3} \tag{5.6}$$

与三运放放大器相比，双运放除少了一个运放外，需要的电阻也少，双运放结构的缺陷是由于 u_{i1} 和 u_{i2} 输入不对称，随着频率的增加，N_1 的延时作用将使得两输入信号的共模分量不再相互抵消，导致共模抑制比随着频率的增加而过早的下降。而三运放的测量放大器的对称性好，在很宽的频带内有较高的共模抑制比。

2. 三运放高共模抑制比放大电路

目前广泛采用的是三运放高共模抑制比放大电路，很多制造商都生产由三运放组成的单片集成运算放大器。三运放高共模抑制比放大电路结构如图 5.5 所示。其中 N_1、N_2 为两个性能一致(主要指输入阻抗、高共模抑制比和增益)的同相输入通用集成运算放大器，构成平衡对称差动放大输入级，用来进一步抑制 N_1、N_2 的共模信号，并适应接地负载的需要。

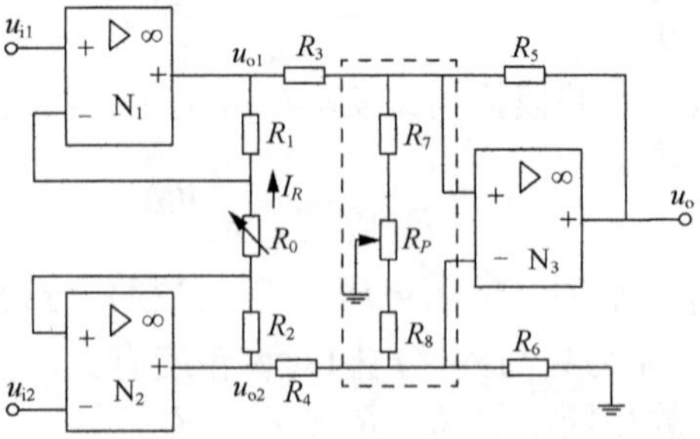

图 5.5　三运放高共模抑制比放大电路

流过 R_1、R_0 和 R_2 的电流 I_R 为

$$I_R=\frac{u_{o2}-u_{i2}}{R_2}=\frac{u_{i1}-u_{o1}}{R_1}=\frac{u_{i2}-u_{i1}}{R_0}$$

由此求得

$$u_{o1}=\left(1+\frac{R_1}{R_0}\right)u_{i1}-\frac{R_1}{R_0}u_{i2}$$

$$u_{o2}=\left(1+\frac{R_1}{R_0}\right)u_{i2}-\frac{R_2}{R_0}u_{i1}$$

于是，输入级的输出电压即运算放大器 N_2 与 N_1 输出之差为

$$u_{o2}-u_{o1}=\left(1+\frac{R_1+R_2}{R_0}\right)(u_{i2}-u_{i1})$$

其差模增益 K_d 为

$$K_d=\frac{u_{o2}-u_{o1}}{u_{i2}-u_{i1}}=1+\frac{R_1+R_2}{R_0} \tag{5.7}$$

由式(5.7)可知，当 N_1、N_2 的性能一致时，输入级的差动输出及其差模增益只与差模输入电压有关，而其共模输出、失调及漂移均在 R_0 两端相互抵消，因此电路具有良好共模抑制能力，同时不要求外部电阻匹配。但为了消除偏置电流的影响，通常取 $R_1=R_2$。另外，这种电路还具有增益调节能力，调节 R_0 可以改变增益而不影响电路的对称性。

根据共模抑制比定义，可求得输入级的共模抑制比为

$$\text{CMRR}_{12}=\frac{\text{CMRR}_1\times\text{CMRR}_2}{|\text{CMRR}_1-\text{CMRR}_2|} \tag{5.8}$$

式中，CMRR_1、CMRR_2 分别为 N_1、N_2 的共模抑制比。

由式(5.8)可见，如果 N_1、N_2 的共模抑制比不相当，将会引起附加的共模误差，使电路共模抑制能力下降。但 N_1、N_2 的共模抑制比相差不大(<0.5dB)时，输入电路的共模抑制比仍是很高的。N_3 的输出级的电阻不匹配，也会引起共模误差。

设电阻 R_3、R_4、R_5 和 R_6 的偏差均为$\pm\delta$，考虑最严重的情况，即 $R_3=R_{30}(1+\delta)$，$R_4=R_{40}(1-\delta)$，$R_5=R_{50}(1-\delta)$，$R_6=R_{60}(1+\delta)$，且 $R_{30}=R_{40}$，$R_{50}=R_{60}$，这里，R_{30}、R_{40}、R_{50}、R_{60} 分别表示电阻 R_3、R_4、R_5、R_6 的名义值，可得输出级的共模增益：

$$K_{c3}=\frac{R_6}{R_4+R_6}\left(1+\frac{R_5}{R_3}\right)-\frac{R_5}{R_3}\approx\frac{4\delta}{1+(1/K_{d3})} \tag{5.9}$$

对应的共模抑制比为

$$\mathrm{CMRR}_3'=\frac{\mathrm{CMRR}_3\times\mathrm{CMRR}_R}{\mathrm{CMRR}_3+\mathrm{CMRR}_R} \tag{5.10}$$

式中，K_{d3} 为运算放大器 N_3 的差模增益，$K_{d3}=R_{50}/R_{30}$；CMRR_3 为运算放大器 N_3 的共模抑制比；CMRR_R 为外接不对称电阻而限制的共模抑制比，$\mathrm{CMRR}_R=(1+K_{d3})/(4\delta)$。

可见，外接电阻不匹配将使输出级的共模抑制比由 CMRR_3 下降为 CMRR_3'。而图 5.5 所示的共模抑制比为

$$\mathrm{CMRR}=\frac{K_d\mathrm{CMRR}_3'\times\mathrm{CMRR}_{12}}{|K_d\mathrm{CMRR}_1+\mathrm{CMRR}_{12}|} \tag{5.11}$$

当 $\mathrm{CMRR}_{12}\gg K_d\mathrm{CMRR}_1$ 时，式(5.11)可简化为 $\mathrm{CMRR}=K_d\mathrm{CMRR}_3'$。因此为了获得高的共模抑制比，$N_3$ 必须选取具有高共模抑制比的集成运算放大器，同时精选外接电阻，尽量使 $R_3=R_4$，$R_5=R_6$，精度应控制在 0.1%内。而且通常将输入级的增益 K_d 设计得大些，输出级的增益 K_{d3} 设计得小些。这种电路由于 N_1、N_2 的隔离作用，输出级的外部电阻可以取得较小，有利于提高电阻的匹配精度，提高整个电路的共模抑制比。

如果在两输入端之间接入 $R_7=R_8$ 共模补偿电路，可以对 R_3 和 R_4 的不对称进行补偿，如图 5.5 中虚线所示，通过调节 R_P，则可补偿电阻的不对称，获得更高的共模抑制比。

如果 N_1、N_2 和 N_3 选用高精度、低漂移的集成放大器，那么，该电路可获得相当优良的性能。

5.2.3　高输入阻抗放大电路

有些传感器(如电容式、压电式)的输出阻抗很高，可达 $10^8\Omega$以上，这就要求其测量放大电路具有很高的输入阻抗。开环集成运算放大器的输入阻抗通常都很高，但对反相运算放大电路等，其输入阻抗远低于同相运算放大电路。为了提高反相(或差动)运算放大电路的输入阻抗，可在输入端加接电压跟随器，但这会引入跟随器的共模误差。在要求较高的场合下，可采用高输入阻抗集成运算放大器或采用由通用集成运算放大器组成的自举电路。

1. 高输入阻抗集成运算放大器

采用 MOS-FET 作为输入级的集成运算放大器，如 CA3140、CA3260 等，它们的输入阻抗高达$1.5\times10^6\Omega$。采用 FET 作为输入级的，如 LF356/A、LF412、LM310 和 LF444 等集成运算放大器的输入阻抗为$10^6\Omega$,它们与采用 MOS-FET 输入级的放大器相比，性能稳定且不易损坏。ICL7613、ICL7641B/C 是 CMOS 型运算放大器，输入阻抗约为$10^6\mathrm{M}\Omega$，其中 ICL7613(或 F7613)的电路中还设置了输入过电压(±200V)及偏置调节保护电路，在输出级则有输出过电压保护稳压管和相位补偿用电容，具有高输入阻抗、低失调、低漂移、高稳定性和低功耗(在+5V 的低电源电压情况下仍能正常工作，电流可低至 101μA)等优点。选用这类集成运算放大器时，还应注意其他技术指标，以满足使用要求。

高输入阻抗集成运算放大器安装在印制电路板上时，会因周围的漏电流流入高输入阻抗而形成干扰。通常采用屏蔽方法抗此干扰，即在运算放大器的高阻抗输入端周围用导体围住，构成屏蔽层，并把屏蔽层接到低阻抗处，如图 5.6 所示，其中图(a)、(b)和(c)分别为电压跟随器、同相放大器和反相放大器输入的屏蔽。这样，屏蔽层与高阻抗之间几乎无电位差，从而防止了漏电流的流入。

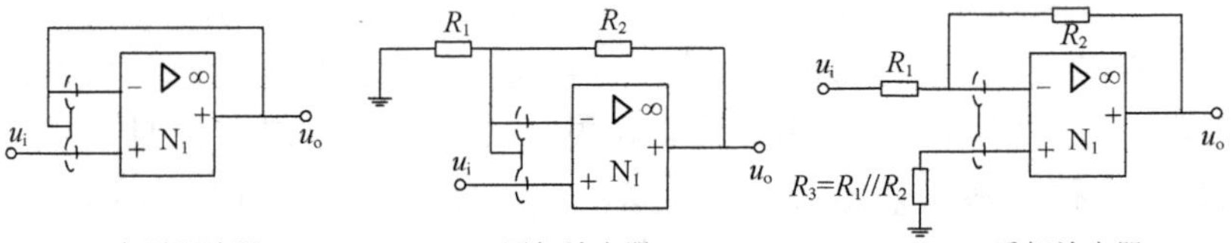

(a) 电压跟随器　　(b) 同相放大器　　(c) 反相放大器

图 5.6　高输入阻抗集成运算放大器的屏蔽

2. 自举式高输入阻抗放大电路

图 5.7 为三种常用的自举电路。图(a)是同相交流放大电路，图(b)是交流电压跟随电路，由于它们的同相输入端接有隔直电容 C_1 的放电电阻 R(图中为 R_1+R_2)，因此电路的输入电阻在没有接入电容 C_2 时将减为 R。为了使同相交流放大电路仍具有高的输入阻抗，可采用反馈的方法，通过电容 C_2 将运算放大器两输入端之间的交流电压作用于电阻 R_1 的两端。由于处于理想工作状态的运算放大器两输入端是虚短的(即近似等电位)，因此 R_1 的两端等电位，没有信号电流流过 R_1，故对交流而言，R_1 可看做无穷大。图 5.7(a)所示电路的输入阻抗为

$$Z_i=\frac{KZ_i'}{1+(R/R_2)}//(KR_1)+\frac{1}{j\omega C_1} \tag{5.12}$$

式中，K 为运算放大器的开环放大倍数；Z' 为运算放大器的开环输入阻抗。

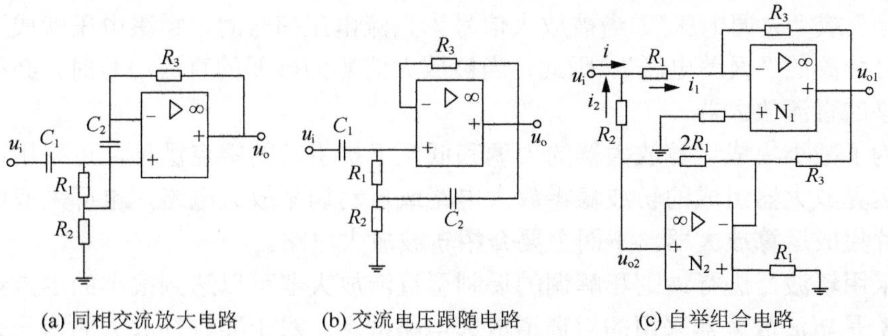

图 5.7　自举式高输入阻抗放大电路

为了减小失调电压，反馈电阻 R_3 应与 $R(R_1+R_2)$ 相等。

这种利用反馈使 R_1 的下端电位提到与输入端等电位来减小向输入回路索取电流，从而提高输入阻抗的电路称为自举电路。图 5.7(c)是由两个通用集成放大器 N_1、N_2 构成的自举组合电路。设 N_1、N_2 为理想运算放大器，由电路得

$$u_{o1}=-\frac{R_3}{R_1}u_i,\quad u_{o2}=-\frac{2R_1}{R_3}u_{o1}=2u_i$$

$$i=\frac{u_i}{R_1}-\frac{u_{o2}-u_i}{R_2}=\frac{R_2-R_1}{R_2R_1}u_i$$

输入电阻则为

$$R_i=\frac{u_i}{i}=\frac{R_1R_2}{R_2-R_1}$$

当 $R_1=R_2$ 时，有

$$i=\frac{u_{o2}-u_i}{R_2}=\frac{u_i}{R_1}=i_1 \tag{5.13}$$

式(5.13)表明，运算放大器 N_1 的输入电流 i_1，将全部由 N_2 电路的电流 i_2 所提供，输入回路无电流，输入阻抗为无穷大。实际上，R_1 与 R_2 之间总有一定的偏差。当偏差不大时，若 $(R_2-R_1)/R_2$ 为 0.01%，$R_1=10\text{k}\Omega$，则输入电阻仍可高达 $100\text{M}\Omega$。当然，运算放大器偏离理想放大器，也会使输入阻抗有所下降。

需要注意的是，测量放大电路的输入阻抗越高，输入端的噪声也越大。因此，不是所有情况下都要求放大电路具有高的输入阻抗，而是应该与传感器输出阻抗相匹配，使测量放大电路的输出信噪比达到最大值。

5.2.4　低漂移放大电路

在理想情况下，当输入信号为零时，放大器输出直流电压应为零，一般称此为零工作点，简称零点。随着温度等因素的变化，若输入信号为零时，放大器输出端却出现一定的直流电压，则该直流电压就称为“零工作点漂移”，简称“零漂”或“漂移”。输出“零漂”电压折算到放大器输入端即除以放大增益的值称为“输

入零漂”或“失调电压”。当被放大信号为直流电压信号时，零漂电压就成了无法与信号分离的“误差电压”。因此，当被放大信号为微弱的直流信号时，必须选用低漂移的直流放大器。

为了减小集成运算放大器的失调和低频干扰引起的零点漂移，可采用由通用集成运算放大器组成的斩波稳零放大电路或自动调零放大电路，也可采取低漂移的单片集成运算放大器，下面主要介绍斩波放大电路。

采用斩波器进行调制和解调的调制型直流放大器可以达到很小的零点漂移，图 5.8 是斩波放大器采用的双通道放大电路框图。对于要进行放大的信号采用双通道进行放大，主放大器 A_1 是普通的直接耦合放大器，主要用来放大输入信号中的高频分量；输入信号中的低频分量则先通过零漂极低的辅助放大器 A_2 放大以后，再送到主放大器的同相输入端和高频分量重叠。从漂移的角度看，主放大器的输入失调电压及其漂移折回到整个双通道放大器的输入端时将减小到原来的 $1/A_{od2}$。

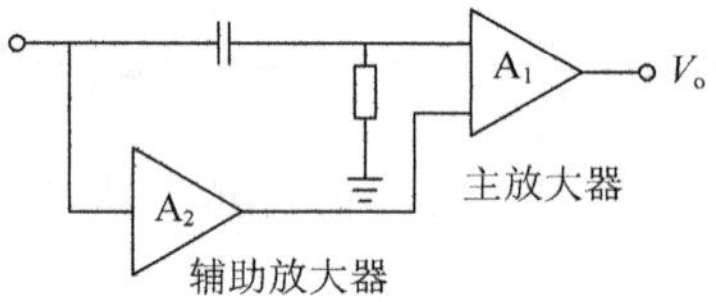

图 5.8　斩波稳零放大器

按辅助放大器的工作原理可将斩波放大器分为两类：一类是动态校零型斩波放大器；另一类是调制解调型斩波放大器。

1. 动态校零运算放大器

动态校零运算放大器又称自动稳零运算放大器。其基本设计思想是将放大器的失调电压记忆在记忆电容上，然后将它回送到放大器输入端，以抵消掉放大器本身的失调电压。基本原理如图 5.9 所示，图中 K_1、K_2、K_3 为模拟开关，C_1、C_2 为记忆电容。

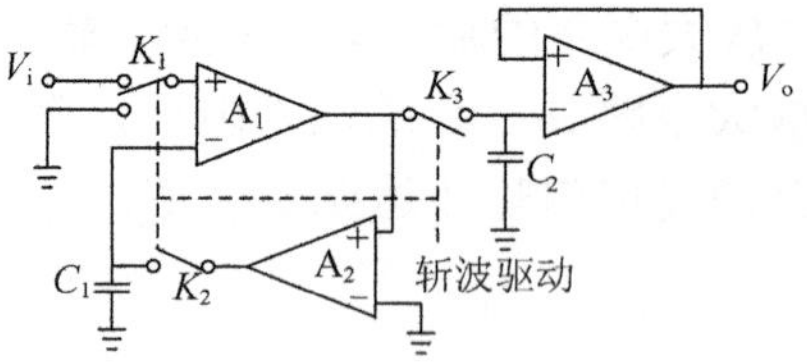

图 5.9　动态校零运算放大器

电路在一定频率的方波信号控制下分两个阶段工作，第一阶段为放大器误差检测与寄存，第二阶段为校零与放大。在第一阶段中，开关 K_1 接地、K_2 闭合、K_3

断开，使 A_1 与 A_2 构成单位增益负反馈放大器。考虑到 A_1 和 A_2 的失调电压，其等效电路如图 5.10(a)所示，此时记忆电容 C_1 上的电压 V_{C_1} 以及输出电压 V_{o1} 分别为

$$V_{C_1} = (V_{o1} - V_{os2})A_{o2} \tag{5.14}$$

$$V_{o1} = (V_{os1} - V_{C_1})A_{o1} \tag{5.15}$$

考虑到 $A_{o1}A_{o2} \gg 1$ 由式(5.14)、式(5.15)可得

$$V_{C_1} = V_{os1} - \frac{V_{os2}}{A_{o1}} \tag{5.16}$$

因为 $A_{o1} \gg 1$，所以 $V_{C_1} \approx V_{os1}$。

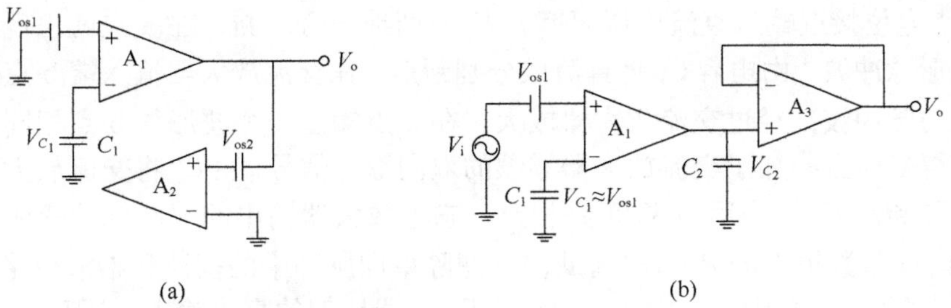

图 5.10　动态校零放大器等效电路

这一阶段是检测误差电压和寄存误差电压到记忆电容 C_1 上的工作阶段。

在第二阶段中，开关 K_1 接通输入信号 V_i，使 K_2 断开、K_3 闭合，这时 A_1 和 A_3 构成放大电路，其等效电路如图 5.10(b)所示。由于 A_3 是电压跟随器，所以，输出电压 V_o 等于 V_{C_2}。

考虑到此时电容 C_1 上的电压等于 V_{os1}，故 V_{C_2} 为

$$V_{C_2} = (V_i - V_{os1} - V_{C_1})A_{o1} = A_{o1}V_1 \tag{5.17}$$

$$V_o = V_{C_2} = A_{o1}V_1$$

需要补充说明的是在第一阶段中，虽然 K_3 断开，但由于电容 C_2 的记忆作用，输出电压仍为 $A_{o1}V_i$。在记忆电容 C_1 和 C_2 没有漏电电流的情况下，输出电压始终保持为 $A_{o1}V_i$。

另外，运放 A_3 的失调电压 V_{os3} 在两个阶段中都可造成输出误差 $\Delta V_o = V_{os3}$，但若折算到整个放大器的输入端，则 $V_{os3} = V_{os3} / V_{o1}$，因为 V_{os1} 很大，所以 V_{os3} 的影响和 V_{os2} 一样，可以忽略不计。

这种动态校零方法在 MOS 模拟集成电路中得到广泛的应用。例如，美国产 ICL7650、国产 5G7650、CF7650 就是一种动态自动校零的 CMOS 单片集成运算放大器，被列为第四代运放。它的特点是低失调($\ll \pm 1\mu$V)、低漂移($<0.01\mu$V / ℃)、高增益(134dB)、高共模抑制比(130dB)、高输入阻抗($10^{12}\Omega$)。

2. 调制解调型斩波放大器

某些由多级运放构成的放大器由于级间采用直接耦合，前级的零漂会同信号一起被后级运放放大，所以，输出零漂电压较大。斩波放大器的基本原理是：将输入直流电压信号经斩波器(也称调制器)转换为交流电压，由交流放大器放大后经解调器将放大后的交流电压转换为直流电压。由于信号的放大靠交流放大器完成，而交流放大器由于电容的隔直作用，因此，能有效地抑制零漂。

图 5.11 为斩波放大器原理示意图。图中 K_1 和 K_2 是一组同步工作的模拟开关，相互交替地闭合和断开，开关控制信号由同一振荡器提供。R_1 为限流电阻，以防信号源被短路；C_1、C_2 为隔直流电容。当 K_1 合上时，a 点处于零电位；K_1 断开时，a 点电位接近输入直流电压幅度。K_1 不断地一合一断，在 a 点就出现断续的单向矩形脉冲波；由电容 C_1 将直流成分割断后，在交流放大器输入端 b 点便得到一个双向脉冲波；经过交流放大器放大。在 c 点输出一个波形与 b 点相同，但幅度却大得多而且叠加了交流放大器零漂的双向脉冲信号，由 C_2 将交流放大器的零点漂移隔断。K_2 的作用与 K_1 正好相反，它把放大器输出的双向脉冲变成单向脉冲，用时间常数很大的 R-C_3 平滑滤波器滤除单向脉冲中的基波和谐波分量，最后在负载电阻 R_L 上得到与初始输入直流电压 U_i 成比例的直流输出电压 U_o。

如果 K_1 和 K_2 同时合也同时断，那么在 d 点便得到正向脉冲，输出为正的直流电压。如果 K_1 和 K_2 动作相反，则输出端便可得到与输入电压极性相反的直流电压。

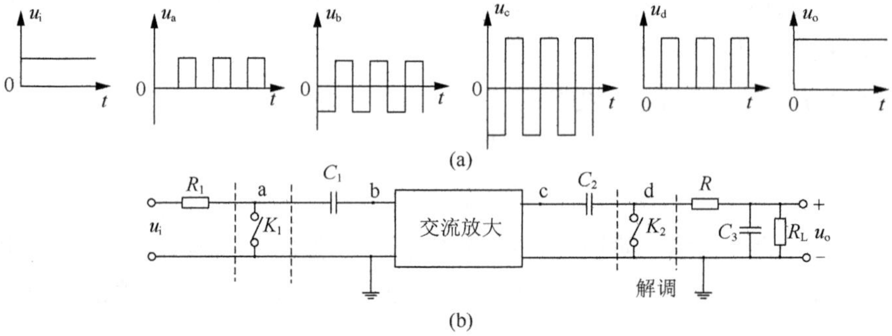

图 5.11　斩波放大器原理示意图

5.2.5　隔离放大器

在测试系统中，共模干扰是造成系统不稳定的主要原因之一，特别是存在强电干扰时，还会影响到系统和人身的安全，普通的的差动放大器和测量放大器，虽然也能抑制共模干扰，但却不允许共模电压高于放大器的电源电压，这时，就需要隔离放大器。隔离放大器不仅有很强的共模抑制能力，而且能承受上千伏的共模电压，能有效地阻断测量现场与测试系统之间的共模干扰，因此，隔离放大器一般用于信号回路有很高(数百伏甚至数千伏)的共模电压，在工业自动化检测、过程控制、计算机数据采集系统、生物医学测量领域获得广泛的应用。

隔离放大器是带隔离的放大器，其输入电路、输出电路和电源之间没有直接的电路耦合，信号的传递和电源的传递均通过磁路或光路实现。隔离放大器不仅具有通用运放的性能，而且输入公共地与输出公共地之间具有良好的绝缘性能。隔离放大器的符号如图 5.12 所示。

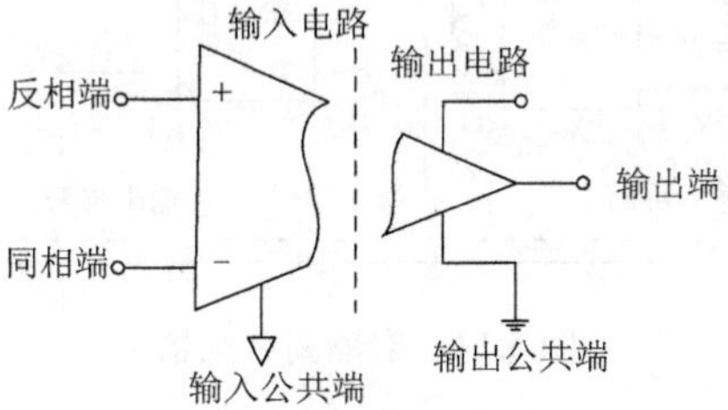

图 5.12　隔离放大器的符号

根据信号隔离传送方式的不同，隔离放大器可分为磁隔离放大器和光隔离放大器。磁隔离放大器利用变压器耦合实现载波调制，通常具有较高的线性度和隔离性能，但是带宽一般在 1kHz 以下。光隔离放大器利用光电耦合方式实现载波调制，可获得 10kHz 带宽，但其隔离性能不如变压器耦合。

1. 磁隔离放大器

磁隔离放大器一般是基于调制解调和变压器耦合的原理。调制型磁隔离放大器由下列基本部件组成：①高性能的输入放大器；②高频载波变压器；③调制 / 解调器；④输出放大器；⑤振荡器；⑥隔离电源。

图 5.13 是 AD277 磁隔离放大器的原理框图。振荡器产生的高频(100kHz)信号经高频载波变压器 T_1 耦合至隔离电源输入端，隔离电源对高频振荡信号进行整流滤波，产生±15V 的浮置电源对输入电路供电，同时这组浮置电源通过引脚输出可给外部电路供电。输入放大器是由精密运放 A_1 组成的，放大后的信号经调制器能转换成高频调制信号，通过高频变压器 T_2 耦合到输出电路。输出电路包含相敏解调器和由精密运放 A_2 组成的输出放大器两部分。高频调制信号经相敏解调和输出放大器放大后变成与输入信号呈线性关系的输出电压信号。输入放大器和输出放大器之间的隔离是一个高绝缘性能的耦合变压器，有很高的阻抗，保证了共模电压在输入回路中产生的电流可以忽略不计，大大提高了共模抑制比。同时，由于输出放大器和输入放大器的相互隔离，因此负反馈一般也各自构成回路，不能像普通运放那样从最后的输出端反馈到最前的输入端。

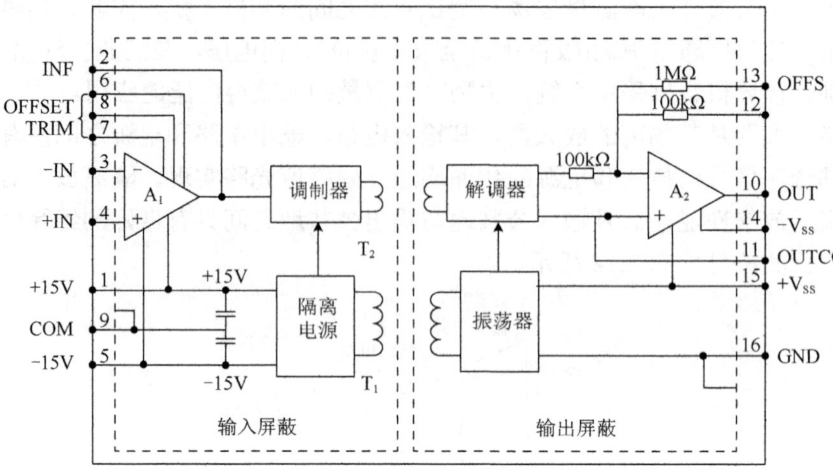

图 5.13　磁隔离放大器

以上分析说明，磁隔离放大器是利用高频变压器的磁耦合传送信号的，其输入电路和输出电路间在电气上是完全隔离的，能有效地抑制地间共模电压的干扰，提高了系统工作的可靠性。

2. 光隔离放大器

用光电耦合器件就可组成简单的光电隔离放大器，但是，光电耦合器的电流传输系数是非线性的，直接用来传输模拟量时，会造成非线性失真和精度差等问题。图 5.14 是一个线性度较好的光隔离放大器。G_1 和 G_2 是两个性能、规格相同的光电耦合器或同一封装的双光电耦合器。G_1 和 G_2 的初级串联并用同一偏置电流 I_1 激励。设 G_1 和 G_2 的电流传输系数分别为 a_1 和 a_2 。

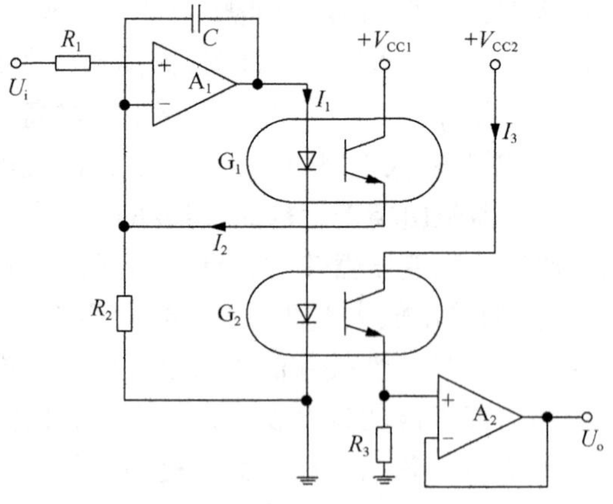

图 5.14　光隔离放大器

设集成运放 A_1 具有理想特性，则

$$I_2 = a_1 I_1 \tag{5.18}$$

$$I_3 = a_2 I_1 \tag{5.19}$$

有 $U_1 = I_2 R$ 。而输出电压 U_o 可由式(5.20)确定：

$$A_U = \frac{U_o}{U_1} = \frac{I_3 R_3}{I_2 R_2} \tag{5.20}$$

把式(5.18)、式(5.19)代入式(5.20)可得

$$A_U = \frac{R_3 a_2}{R_2 a_1}$$

由于 G_1 和 G_2 是同性能同型号的光电耦合器，因此，G_1 和 G_2 的电流传输系数 a_1 和 a_2 可看做是相等的，所以电压增益为

$$A_U = \frac{R_3}{R_2} \tag{5.21}$$

与 G_1 和 G_2 的电流传输系数 a_1 和 a_2 无关，实际上这是利用了 G_1 和 G_2 的电流传输系数的对称性补偿了它们间的非线性。

图 5.14 中的集成运放 A_2 接成跟随器形式，用来提高光隔离放大器的输出能力。电容 C 用来消除电路的自激振荡。由于光电耦合器初次级之间存在传输延迟，使 G_1 和 R_2 组成的负反馈电路显得迟缓，容易引起电路自激振荡。连接了电容 C 后，可保证电路对瞬变信号的负反馈作用，提高了电路的稳定性。电容 C 的容量可根据电路的频率特性要求来确定。

5.2.6　数控增益放大器

在模拟信号送到模数转换系统时，希望输入的模拟信号尽可能大。经传感器输出的模拟信号幅值差异也较大，或者由于多路模拟信号通道输入的模拟信号范围较大，当被测参量变化范围较大时，要求放大后的电压尽可能与后续的模数转换器的输入电压范围相匹配，以充分发挥模数转换器的精度，这时就可使用增益随输入信号的大小而变化的数控增益放大器。目前数字测控系统中使用的数控增益放大器有以下三种类型，即浮点放大器、增益电阻切换型放大器和 D/A 转换型放大器。

1. 浮点放大器

这种数控增益放大器通过数控开关来增加或减少串接放大器的节数，以此改变放大器的总增益，如图 5.15 所示。这种数控增益放大器也称为浮点放大器。

图 5.15(a)中的每节放大器的增益均为 2^2 。开关 $K_0 \sim K_7$ 称为增益开关，受增益逻辑电路控制，任何时刻只有一个开关接通。因此 $K_0 \sim K_7$ 单独接通时，浮点放大器的增益分别为 $4^0, 4^1, \cdots, 4^7$ 。

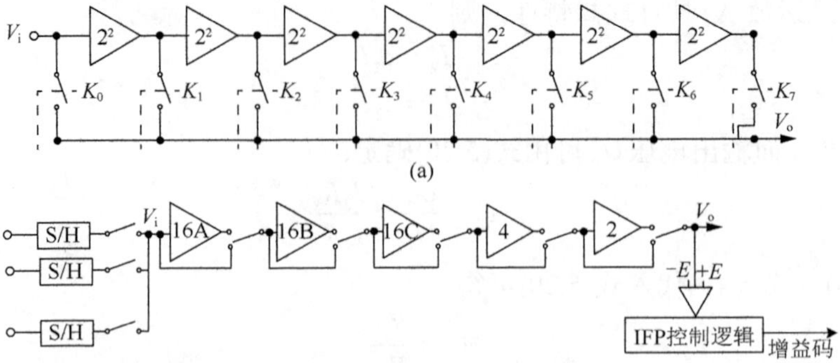

图 5.15　浮点放大器

图 5.15(b)中，增益逻辑电路通过把 5 节放大器中的一节或几节用开关旁路或接入的办法来改变整个放大器的增益。5 节放大器全被旁路时的总增益为 2^0，5 节放大器全被接入时的总增益为 2^{15}。

2. 增益电阻切换型放大器

这种数控增益放大器采用多路开关来切换放大器中决定增益的电阻，以此改变放大器的增益。

图 5.16 为结构较为简单的、由比例运算放大器和多路开关组合而成的数控增益放大器。

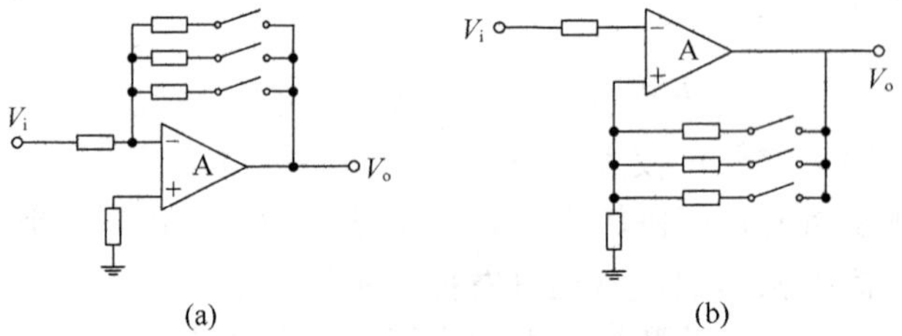

图 5.16　简单的数控增益放大器

用多路模拟开关组成的程控增益放大器如图 5.17 所示，微型计算机根据输入模拟量的大小送出相应的二进制代码到多路开关 CD4501 的数据输入端 A、B、C，使 $S_1 \sim S_8$ 中的某一个开关闭合，接入相应的反馈电阻，从而实现程控增益的目的。

例如，当 ABC 为 000 时，开关 S_1 闭合，此时放大器的增益 $A_d = [1 + (2R' / R_f)]$；当 ABC 为 001 时，开关 S_2 闭合，则 $A_d = -[1 + (4R' / R_f)]$。

由于集成模拟开关 CD4501 有 8 个开关，因此图 5.17 电路可给出 8 档增益。

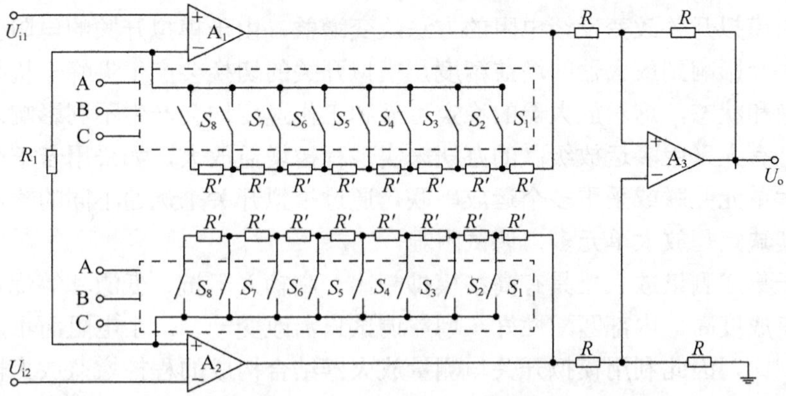

图 5.17　可编程增益仪用放大器

图 5.18 为利用 AD521 测量放大器与模拟开关结合组成的程控增益放大器，通过改变其外接电阻 R_G 的办法来实现程控增益控制。

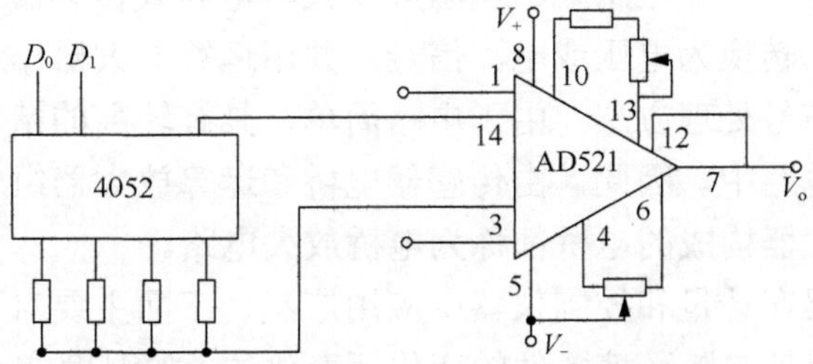

图 5.18　AD521 构成的程控增益放

3. D/A 型程控增益放大器

图 5.19 为利用 D/A 转换器构成的程控增益放大器，其中输入信号加在 D/A 转换器的 R_{Fab} 端，而反馈从 V_R 端引入，当 D_i 为全 0 时，放大器开环，而当 D_i 为 10000000 时，放大倍数为 2 倍，当 D_i 为全 1 时，放大倍数为 1024/1023 倍，其输入输出关系为 $V_o=V_i/D_i$。

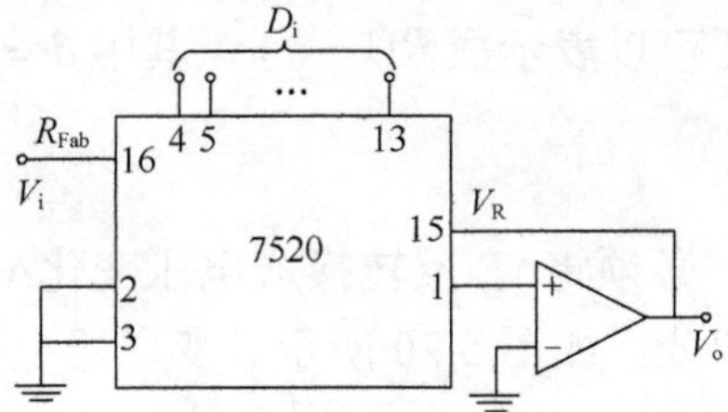

图 5.19　由 D/A 构成的程控增益放大器

利用模拟开关改变反馈电阻的方法改变增益，由于模拟开关的电阻受温度变化影响也会影响到放大器的增益精度，模拟开关的切换会产生尖峰干扰导致放大器进入饱和状态，这对放大器的稳定可靠和工作速度均会产生不利影响。针对这些问题，有人采用多运放级联的办法来实现程控增益放大，如采用若干个固定增益的放大单元并联或采用多个运放串联，通过模拟开关来选通不同的输出端的办法，但其缺点是放大单元多，调试困难。

由于集成测量放大器具有高共模抑制比、高输入阻抗、低漂移等优点，并且由于其集成度高，内部匹配性好，增益调试只需改变一、二个电阻而不影响其高共模抑制比，因此利用模拟开关与测量放大器结合构成的程控增益放大器，不仅性能比常规的放大器有较大提升，而且其增益调试方便，如在 1～1000 的整个增益范围内，能够实现包括非整数在内的任意增益倍数并保证其规定性能。

5.2.7　传感器桥放大器

电参量式传感器，如电感式、电阻应变式、电容式传感器，经常通过电桥将这些电参量的变化转换为电压或电流信号，并用运算放大器作进一步放大。电桥是测试中常用的信号处理方法，由于电路简单，具有较高的精确度和灵敏度，被广泛使用在测试电路中。因此，由传感器电桥和运算放大器组成的放大电路或由传感器和运算放大器构成的电桥都称为电桥放大电路。

电阻式变送器在计量和控制仪器中应用广泛，下面主要对其进行详细介绍。电阻式变送器的阻值是随环境条件的变化而变化的，如温度(热敏电阻、电阻式温度检测器等)、光(光敏电阻)、应力(应变计)和压力(压敏电阻变送器)等。把这些器件作为电路的一部分，可以产生电信号并经适当整定后，可用于监视和控制影响该器件的物理过程。通常希望最终输出信号和原始物理过程变量呈线性关系，这样最终输出信号可直接用原始物理过程变量的单位定标。

1. 变送器阻值偏差

变送器阻值表示成 $R+\Delta R$，其中 R 是在某些参考条件下的阻值，例如，温度变送器中的 0 或应变计中没有应变时，而 ΔR 代表影响变送器的物理条件变化时导致的偏差。变送器阻值还可以表示成 $R(1+\delta)$，其中 $\delta=\Delta R/R$ 代表相对偏差。

2. 变送器桥路

为了测量阻值偏差，必须将 ΔR 反转换成电压变化 ΔV。最简单的方法就是使变送器成为分压器的一部分，如图 5.20 所示。变送器电压的直观形式为

$$V_1=\frac{V_{\text{REF}}R(1+\delta)}{R_1+R(1+\delta)}$$

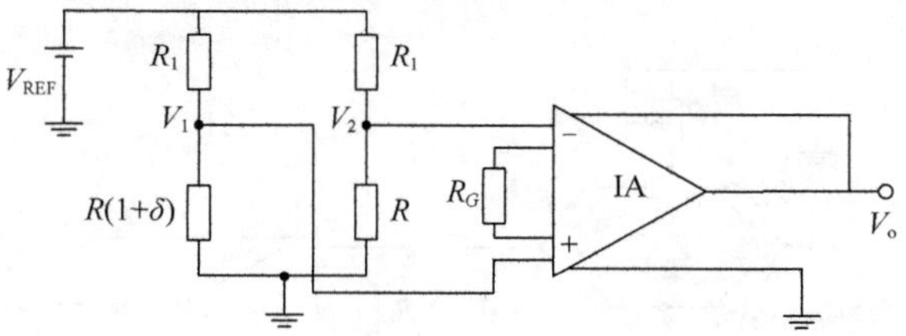

图 5.20　传感器桥路和仪器放大器

$$V_1 = \frac{R}{R_1+R}V_{REF} + \frac{\delta V_{REF}}{2+R_1/R+R/R_1+(1+R/R_1)\delta} \tag{5.22}$$

式中，$\delta = \Delta R/R$。可见 V_1 为一个确定项和一个由 $\delta = \Delta R/R$ 控制的项之和。后一项能够满足我们的要求，所以要放大它并去掉前一项。为达到此目的，用了一个分压器得到

$$V_2 = \frac{R}{R_1+R}V_{REF} \tag{5.23}$$

之后用一个 IA 去取 V_1 与 V_2 之差。用 A 表示 IA 的增益，有 $V_o = A(V_1 - V_2)$，即

$$V_o = AV_{REF}\frac{\delta}{1+R_1/R+(1+R/R_1)(1+\delta)} \tag{5.24}$$

这四个电阻构成电桥。

显然，V_o 不是 δ 的线性函数，在基于微处理器的系统中，应用软件可以很容易实现非线性函数的线性化。然而，通常 $\delta \ll 1$，所以

$$V_o \approx \frac{AV_{REF}}{2+R_1/R+R/R_1}\delta \tag{5.25}$$

式(5.25)表明 V_o 与 δ 呈线性关系，许多电桥都设计成 $R = R_1$，此时式(5.24)和式(5.25)变成

$$V_o = \frac{AV_{REF}}{4}\frac{\delta}{1+\delta/2}$$

$$V_o \approx \frac{AV_{REF}}{4}\delta \tag{5.26}$$

3. 桥路校准

当 $\Delta R = 0$ 时，变送器桥路应该平衡，中间抽头之间的电压差为零。实际上，由于电阻公差和变送器基准误差，桥路很可能不平衡，要想使其平衡需要微调电位器。此外，电阻和基准的偏差将影响桥路的灵敏度 $(V_1 - V_2)/\delta$，从而又需要调整该参数。

图 5.21 给出了两者都可以调节的电路。调节 R_2 的滑动端，可使一个桥臂上的电阻值增加，另一个减少，从而补偿其不匹配。调节 R_3 可改变桥路电流，即改变变送器产生的电压幅度，达到调节灵敏度的目的。

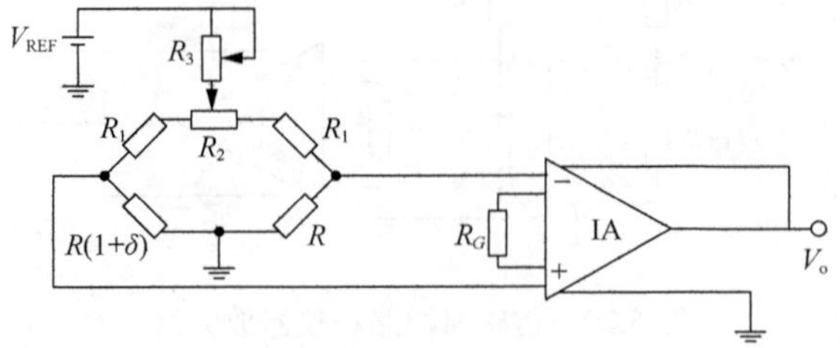

图 5.21　桥路的校准

4. 应变片桥路

电阻率为ρ，横截面积为S，长度为l的导线的电阻$R=\rho l/S$。拉伸导线使其长度为$l+\Delta l$，面积为$S-\Delta S$，阻值为

$$R+\Delta R=\frac{\rho(l+\Delta l)}{S-\Delta S}$$

由于它的体积不变，有

$$(l+\Delta l)(S-\Delta S)=Sl$$

消去$S-\Delta S$，得

$$\Delta R=R\frac{\Delta l}{l}\frac{2+\Delta l}{l}$$

由于$\Delta l/l\ll 2$，因此

$$\Delta R=\frac{2R\Delta l}{l} \tag{5.27}$$

式中，R为没有应变时的阻值；$\Delta l/l$为相对的伸长量。将电阻材料按某种模式沉积在柔性基底上，使得其在给定应变下伸长量最大，制成应变片。由于应变片对温度也敏感，因此需要采取特殊措施把温度引起的误差消除掉，通常的做法是用变送器去相互补偿温度的变化。

图 5.22 所示结构的应变片称为测压元件。用V_B表示电桥电压，并暂时不考虑R_1，由分压公式得

$$V_1=\frac{V_B(R+\Delta R)}{R+\Delta R+R-\Delta R}=\frac{V_B(R+\Delta R)}{2R}$$

$$V_2=\frac{V_B(R-\Delta R)}{2R}$$

$$V_1-V_2=\frac{V_B\Delta R}{R}=V_B\delta$$

可以表示为

$$V_o=AV_{REF}\delta \tag{5.28}$$

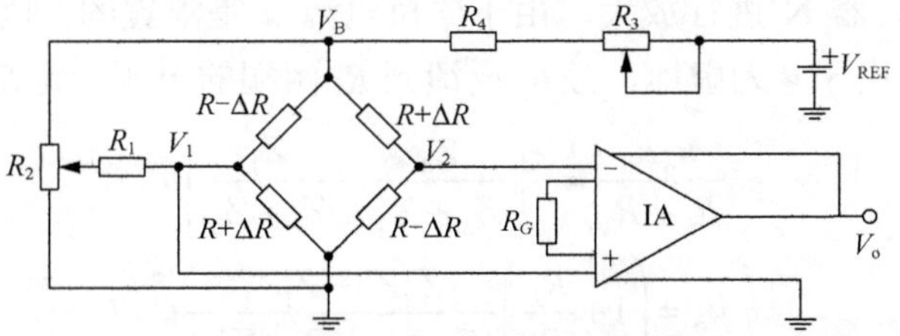

图 5.22　应变传感器桥路和仪器放大器

其灵敏度为式(5.25)的 4 倍，所以降低了对 IA 的要求。而且，应用成对应变片的另一个好处是 V_o 与 δ 呈线性关系。为获得 $+\Delta R$ 及 $-\Delta R$，把两个应变片放在发生应变的结构的一侧，另外两个放在另一侧。即使只允许在一侧安装，用四个应变片也是值得的，用两个补偿应变片对两个工作应变片进行温度补偿。压敏电阻压力传感器也应用这种结构。

图 5.22 给出了另一种电桥平衡技术，在没有应力的情况下，每个抽头的电压应为 $V_B/2$，但实际上存在偏差，它是由四个应变片的原始偏差造成的。调整 R_2 的滑动端可调整流过 R_1 的电流，从而可调整相应抽头的电压，直到电桥输出电压为零。R_3 和 R_4 把 V_{REF} 降到 V_B，并且 R_3 可调节灵敏度。

5. 桥放大器的输入形式

桥放大器有单端输入和差动输入两类

1) 单端输入电桥放大电路

图 5.23 为单端输入电桥放大电路，图(a)是传感器电桥接到运算放大器的反相输入端，称为反相输入电桥放大电路。

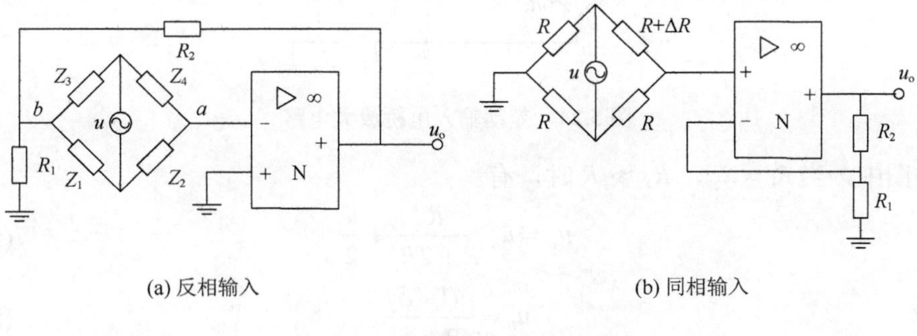

图 5.23　单端输入电桥放大电路

图中，电桥对角线 a、b 两端的开路输出电压 u_{ab} 为

$$u_{ab}=\left(\frac{Z_4}{Z_2+Z_4}-\frac{Z_3}{Z_1+Z_3}\right)u \tag{5.29}$$

u_{ab} 通过运算放大器 N 进行放大，由于电桥电源 u 是浮置的，因此 u 在 R_1 和 R_2 中无电流通过。由于 a 为虚地，故 u_o 反馈到 R_1 两端的电压一定是 $-u_{ab}$，即

$$\frac{u_o R_1}{R_1+R_2}=-\left[\frac{Z_4}{Z_2+Z_4}-\frac{Z_3}{Z_1+Z_3}\right]u$$

$$u_o=\left(1+\frac{R_2}{R_1}\right)\frac{Z_2Z_3-Z_1Z_4}{(Z_1+Z_3)(Z_2+Z_4)}u \tag{5.30}$$

若令 $Z_1=Z_2=Z_4=R$，$Z_3=R(1+\delta)$，δ 为传感器电阻的相对变化率，$\delta=\Delta R/R$，则

$$u_o=\left(1+\frac{R_2}{R_1}\right)\frac{u}{4}\frac{\delta}{1+(\delta/2)} \tag{5.31}$$

图 5.23(b)中，传感器电桥接到运算放大器 N 的同相输入端，称为同相输入电桥放大电路，其输出 u_o 的计算公式与式(5.31)相同，只是同相输出符号相反。由此可知，单端输入电桥放大电路的增益与桥臂电阻无关，增益比较稳定，但电桥电源一定要浮置，且输出电压 u_o 与桥臂电阻的相对变化率 δ 是非线性关系，只有当 $\delta \ll 1$ 时，u_o 与 δ 才近似按线性变化。

2) 差动输入电桥放大电路

图 5.24 为电路把传感器电桥两输出端分别与差动运算放大器的两端输入端相连，构成差动输入电桥放大电路。

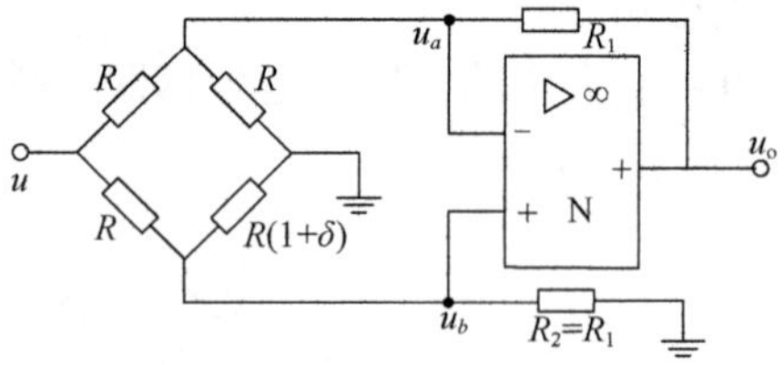

图 5.24　差动输入电桥放大电路

图中，当 $R_1=R_2$，$R_2 \gg R$ 时，有

$$u_a=u_o\frac{R}{R+2R_1}+\frac{u}{2} \tag{5.32}$$

$$u_b=\frac{u(1+\delta)}{2+\delta} \tag{5.33}$$

若运算放大器为理想工作状态，即 $u_a=u_b$，可得到

$$u_o=\left(1+\frac{2R_1}{R}\right)\frac{u}{4}\frac{\delta}{1+(\delta/2)} \tag{5.34}$$

由式(5.34)可知，电桥四个桥臂的电阻同时变化时，电路的电压放大倍数不是常量，

且桥臂电阻 R 的温度系数与 R_1 不一致时，增益也是不稳定的。另外，电路的非线性仍然存在，只有当 $\delta \ll 1$ 时，u_o 与 δ 才近似为线性关系。当共模电压较大时(幅值大于 10V)，输入信号将被淹没。因此，这种电路只适用于低阻值传感器，且测量精度要求不高的场合。

6. 桥路的线性化

除了图 5.22 所示的电路外，上述讨论的电路都是在满足条件 $\delta \ll 1$ 的前提下响应是线性的，所以要寻求无论 δ 多大时响应都是线性的电路。

图 5.25 用恒流源驱动的线性化桥路，它是把整个桥路放在了悬浮式负载的 V/I 变换器反馈回路中。桥路电流为 $I_B = V_{REF} / R_1$。用一对敏感元件，如图 5.25 所示，I_B 被两个桥路等分。运放 A 使得桥路下边的节点的电位保持在 V_{REF}，则有 $V_2 = V_{REF} + RI_B / 2$，$V_2 = V_{REF} + RI_B / 2$ 和 $V_1 - V_2 = R\delta I_B / 2$，所以

$$V_o = \frac{ARV_{REF}}{2R_1}\delta \tag{5.35}$$

式中，A 为仪用放大器 IA 的放大倍数。

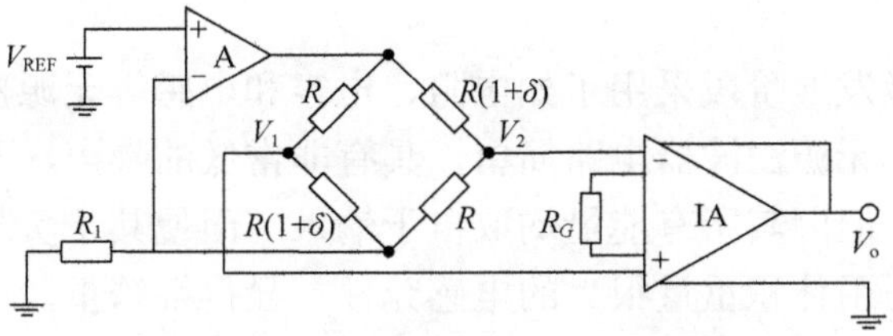

图 5.25　恒流源线性化桥路

图 5.26 用了一个敏感元件和一对反相放大器，把桥路放在 V/I 变换器 A_1 的反馈回路中，输出响应也是线性的。经推导有

$$V_o = \frac{R_2 V_{REF}}{R_1}\delta \tag{5.36}$$

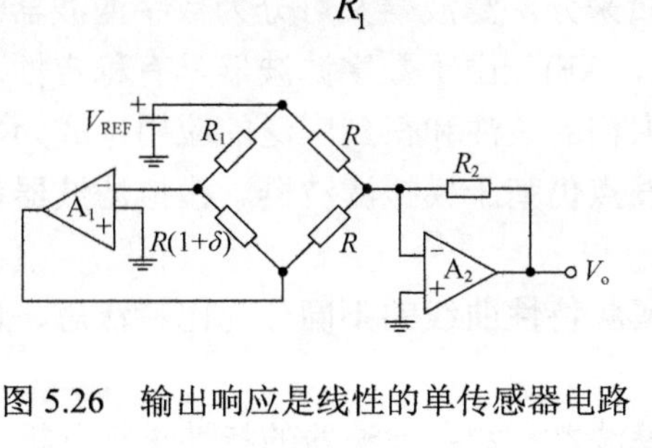

图 5.26　输出响应是线性的单传感器电路

5.3 信号的滤波

在通信、测量和控制系统中，经常需要对频率进行选择性的信号处理，滤波器就是一种选频网络，可以使信号中的特定频率成分通过，而极大地衰减其他频率成分，滤波器这种选频作用，可以滤除干扰噪声或进行频谱分析。

5.3.1 滤波器的分类

滤波器的种类较多，不同的分类方法，可分出不同种类的滤波器。

一般根据滤波器的选频段，将滤波器分为低通、高通、带通和带阻滤波器。低通滤波器，可以使信号中低于某一频率的成分几乎不受衰减地通过，而高于此频率的成分受到极大的衰减。高通滤波器与低通滤波相反，它使信号中高于某一频率的成分几乎不受衰减地通过，而低于此频率的成分将受到极大的衰减。带通滤波器使信号中在某段频率的成分可以不受衰减地通过，而其他成分受到衰减。

从构成滤波器的元器件是否含有有源元件来分，滤波器可分为有源滤波器和无源滤波器。

滤波器在初级发展阶段采用了如电阻、电容和电感等无源器件组成的无源网络实现滤波功能。无源滤波器电路简单，具有非常低的噪声，不需要能源，具有宽广的动态范围。但因其所有能量均取自于输入，而使其带负载的能力很差，如要达到低频特性需用体积重量很大的电感元件，显得很笨重，这就限制了它的应用。在半导体集成电路发展起来后，用 RC 无源网络和运算放大器结合构成的有源滤波器具有更为优越的可调节性及多种形式：能覆盖更为宽广的频率范围；具有很高的输入阻抗和很低的输出阻抗，使它们互相之间或与外电路相联接简化，同时它们还可以简单地由低通转接为高通，并可组合为带通和带阻滤波器；有源滤波器体积小、重量轻，现在已发展成为滤波器的主要实用形式。

从处理的信号性质来分，滤波器又可分为数字滤波器(digital filter，DF)和模拟滤波器(analog filter，AF)。由于数字滤波器具有稳定性高、精度高、灵活性大等优点，越来越受到人们的关注和得到广泛的应用，成为数字信号处理的重要基础，但其基本原理出发点仍基于模拟滤波器。模拟滤波器在自动检测、自动控制领域仍有广泛应用。

按设计滤波器的幅频特性曲线的不同分为巴特沃思、切比雪夫、反切比雪夫和椭圆函数四种类型。

下面分别就模拟滤波器和数字滤波器的特性进行分析。

5.3.2　模拟滤波器

1．理想滤波器

1) 模型

理想滤波器是一个理想化的模型，是根据滤波网络的某些特性理想化而定义的，是一种物理不可实现的系统。但对它的研究，有助于理解滤波器的传输特性，并且由此导出的一些结论，可作为实际滤波器传输特性分析的基础。

滤波器选频功能的实现主要是利用滤波器电路频响函数的特性。一个理想滤波器应在所需的通带内幅频特性为常数，相频特性为通过原点的直线；在通带外幅频特性值应为零，如图 5.27 所示。这样才能使通带内输入信号的频率成分得以不失真地传输，而在通带外的频率成分全部衰减掉。

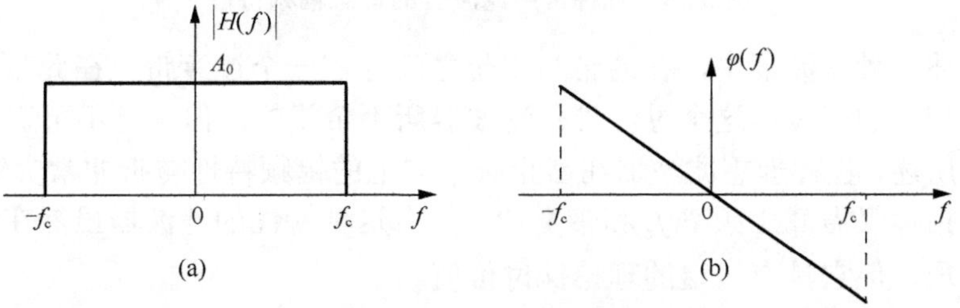

图 5.27　理想滤波器的频率特性

图 5.28(a)是低通滤波器的幅频特性。它对信号中低于某一频率 f_{c2} 的成分均能以常值增益通过，而高于 f_{c2} 的频率成分都被衰减掉，所以称它为低通滤波器，f_{c2} 称为此低通滤波器的上截止频率。

图 5.28(b)是一高通滤波器的幅频特性。信号中凡有高于 f_{c1} 的频率成分均能以常值增益通过，而低于 f_{c1} 则被衰减掉。f_{c1} 称为此高通滤波器的下截止频率。

图 5.28(c)是一带通滤波器的特性，它是仅让高于频率 f_{c1} 和低于频率 f_{c2} 的频率成分以常值增益通过。f_{c1}、f_{c2} 分别称此带通滤波器的下、上截止频率，f_c 称为带通滤波器的中心频率，中心频率的定义是上下截止频率的几何平均值，即

$$f_c = \sqrt{f_{c1} f_{c2}} \tag{5.37}$$

又 $f_{c2} - f_{c1} = B$ 称为此滤波器的带宽，并定义带通滤波器的品质系数为

$$Q = \frac{f_0}{f_{c2} - f_{c1}} = \frac{f_0}{B} \tag{5.38}$$

图 5.28(d)是一带阻滤波器的特性，它仅让两截止频率之间的频率成分不通过。

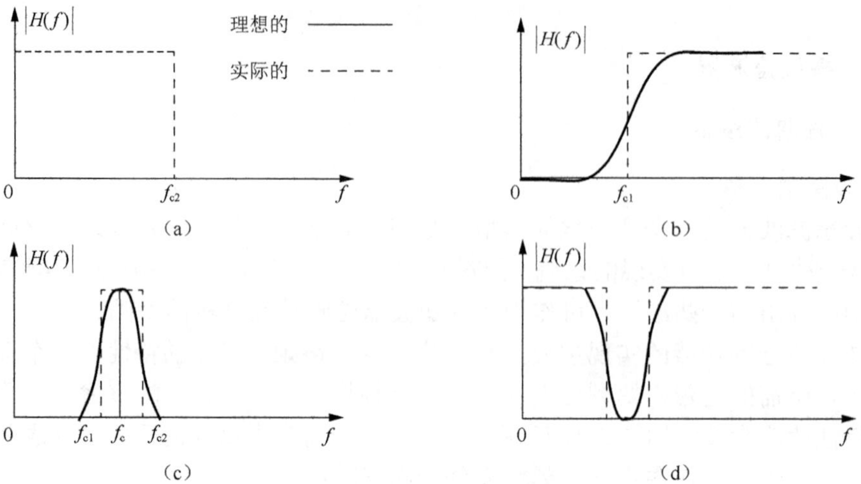

图 5.28　几种常用滤波器的理想幅频特性

在上述四种滤波器中，在通带与阻带之间存在一个过渡带，在此带内，信号受到不同程度的衰减。这个过渡带是滤波器所不希望的，但也是不可避免的。

综上所述，各种理想滤波器在截止频率点上的幅频特性转折非常尖锐、陡峭，描绘它的指标仅需截止频率 f_c 和带宽 B。具有这种特性的滤波器虽然在实际工作中难以实现，但它具有一定的理论探讨价值。

在频域上，理想滤波器具有矩形幅度特性和线性相位特性，其频率响应函数为

$$H(f)=\begin{cases}A_0\mathrm{e}^{-2\pi f\tau}, & -f_c<f<f_c\\ 0, & \text{其他}\end{cases} \tag{5.39}$$

所以其幅频及相频特性分别为

$$\begin{cases}H(f)=A_0\\ \varphi(f)=-2\pi f\tau\end{cases} \tag{5.40}$$

这种理想滤波器，将信号中低于截止频率 f_c 的频率成分传输，而无任何失真，将高于 f_c 的频率成分则完全衰减掉。

2) 脉冲响应

根据线性系统的传输特性，当 δ 函数通过理想滤波器时，其脉冲响应函数 $h(t)$ 应是频率响应函数 $H(f)$ 的傅里叶逆变换。由此可得到如下的频响函数对单位脉冲信号输入的响应：

$$\begin{aligned}h(t)&=F^{-1}[H(f)]\\ &=\int_{-\infty}^{\infty}H(f)\mathrm{e}^{\mathrm{j}2\pi ft}\mathrm{d}f=\int_{-f_c}^{f_c}A_0\mathrm{e}^{-\mathrm{j}2\pi ft_0}\mathrm{d}f\\ &=2A_0f_c\frac{\sin[2\pi f_c(t-\tau_0)]}{2\pi f_c(t-\tau_0)}=2A_0f_c\sin[2\pi f_c(t-\tau_0)]\end{aligned} \tag{5.41}$$

脉冲响应的波形如图 5.29 所示，其波形是一个峰值位于τ_0时刻的$\sin t$型函数。

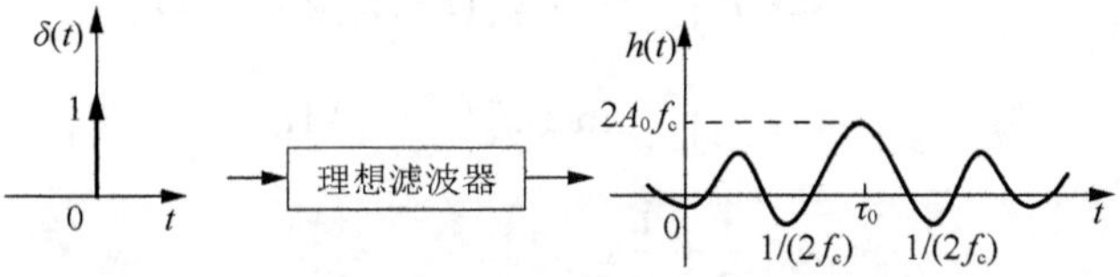

图 5.29　理想滤波器的脉冲响应

由以上分析可知：

(1) 当$t=\tau_0$时，$h(t)=2A_0 f_c$，τ_0称为相时延，表明了信号通过系统时的时间滞后，即响应时间滞后于激励时间。

(2) 当$t=\tau \pm n/(2f_c)$ (n=1,2,⋯)时，$h(t)=0$表明函数的周期性。

(3) 当$t \leqslant 0$时，$h(t)\neq 0$，表明了当激励信号在$\delta(t)=0$时刻加入，而响应却在t为负值时已经出现。

由此可知，这种理想滤波器是不可能实现的。因为$h(t)$的波形表明，在输入$\delta(t)$到来之前，滤波器就应该早有与该输入相对应的输出，显然，任何滤波器都不可能有这种“先知”，所以，理想滤波器是不可能存在的。可以推论，理想的高通、带通、带阻滤波器都是不存在的。实际滤波器的频域图形是不可能出现直角锐变，也不可能在有限频率上完全截止。原则上讲，实际滤波器的频域图形将延伸到$|f|\to\infty$，所以一个滤波器对信号中通带以外的频率成分只能极大地衰减，却不能完全阻止。

3) 阶跃响应

讨论理想滤波器的阶跃响应，是为了进一步了解滤波器的传输特性，确立关于滤波器响应的上升时间与滤波器通频带之间的关系。把一个单位阶跃信号$u(t)$输入到一个理想滤波器，其输出在时域是该输入与此系统的脉冲响应函数$h(f)$的卷积；在频域是输入信号的频谱与此系统频响函数的乘积。在解析表达运算上也可以通过这两个域来进行，分别得到时域和频域的响应，然后通过傅里叶变换或其逆变换求得另一域相应的响应。

如果滤波器的单位阶跃输入为

$$u(t)=\begin{cases}1, & t>0\\ \dfrac{1}{2}, & t=0\\ 0, & t<0\end{cases}$$

则滤波器的输出$y_u(t)$将是该输入与脉冲响应函数的卷积：

$$
\begin{aligned}
y_u(t) &= h(t) * u(t) \\
&= 2A_0 f_c \sin 2\pi f_c (t-\tau_0) * u(t) \\
&= 2A_0 f_c \int_{-\infty}^{\infty} \sin 2\pi f_c (\tau-\tau_0) u(t-\tau) \mathrm{d}\tau \\
&= 2A_0 f_c \int_{-\infty}^{t} \sin 2\pi f_c (\tau-\tau_0) \mathrm{d}\tau \\
&= A_0 \left(\frac{1}{2} + \frac{1}{\pi} \mathrm{si}[y] \right)
\end{aligned}
\tag{5.42}
$$

式中，$\mathrm{si}[y]$ 表示正弦积分，其表达式为

$$
\mathrm{si}[y] = \int_0^y \frac{\sin x}{x} \mathrm{d}x \tag{5.43}
$$

其中

$$
y = 2\pi f_c (t-\tau_0); \quad x = 2\pi f_c (\tau-\tau_0)
$$

正弦积分值可查数学手册求得。对式(5.42)求解后，可以得到理想低通滤波器对单位阶跃输入的响应，如图 5.30 所示。

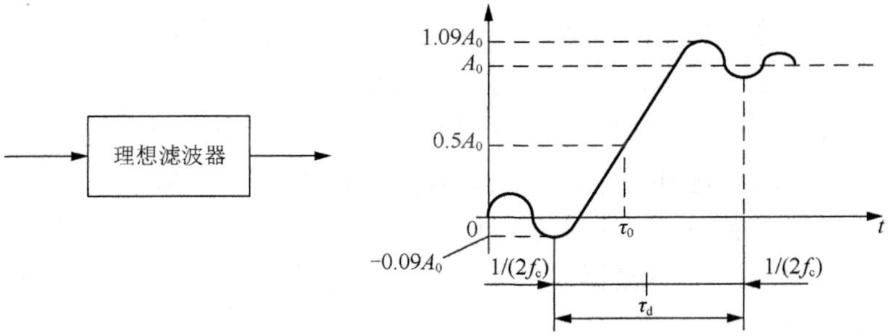

图 5.30　理想低通滤波器对单位阶跃输入的相应

(1) 当 $t=\tau_0$ 时，$y_u(t)=0.5A_0$，τ_0 是阶跃信号通过理想滤波器的延迟时间，或称为相时延。

(2) 当 $t=\tau_0+1/(2f_c)$ 时，$y_u(t)\approx 1.09A_0$；当 $t=\tau_0-1/(2f_c)$，$y_u(t)\approx -0.09A_0$。

从 $\tau_0-1/(2f_c)$ 至 $\tau_0+1/(2f_c)$，或 $\tau_d=1/f_c$，是滤波器对阶跃响应的时间历程。如果定义 τ_d 为阶跃响应的上升时间，滤波器的带宽为 $B=f_c$，则有

$$
\tau_d = \frac{1}{B} \tag{5.44}
$$

由以上可知：单位阶跃信号 $u(t)$ 输入截止频率为 f_c 的低通滤波器后得到了输出 $y_u(t)$，它虽也是一个跃变过程，但显然是有一定的上升过程，而不像输入那样垂直陡峭地跃变。根据公式所求结果在图上标出，可见理想低通滤波器的截止频率 f_c 越小，输出 $y_u(t)$ 上升时间越慢。所以可以得到一个结论：滤波器的上升时间与其截止频率(带宽)成反比。达一结论对其他类型的滤波器也适用。

式(5.44)的物理含义可作如下解释：输入信号突变处(间断点)必然含有丰富的高频分量，低通滤波器衰减了高频分量，其结果是把信号波形“圆滑”了。通带越宽，衰减的高频分量越少，使信号能量更多、更快地通过，所以上升时间就短；反之，则长。

滤波器带宽表示它的频率分辨率，通带越窄则分辨率越高。因此，上述这一结论具有重要意义。它提示我们，滤波器的高分辨率和测量时快速响应的要求是互相矛盾的。如果要用滤波的方法从信号中择取某一很窄的频率成分(如希望高分辨力的频谱分析)，就需要有足够的时间。如果时间不够，必然会产生谬误和假象。

2. 实际滤波器

对于理想滤波器，只需规定截止频率就可以说明它的性能，因为在截止频率 f_{c1}、f_{c2} 之间的幅频特性为常数 A_0，截止频率以外则为零，如图 5.31 所示。而对于实际滤波器(图中实线)，由于它的特性曲线没有明显的转折点，通频带中幅频特性也并非常数，因此需要用更多的参数来描述实际滤波器的性能，主要参数有纹波幅度、截止频率、带宽、品质因数、倍频程选择性等。

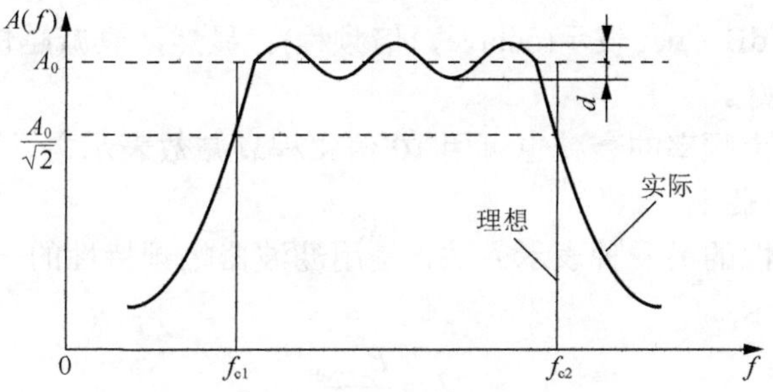

图 5.31　理想带通与实际带通滤波器的幅频特性

1) 纹波幅度 d

在一定频率范围内，实际滤波器的幅频特性可能呈波纹变化。其波动幅度 d 与幅频特性的平均值 A_0 相比，越小越好，一般应远小于−3dB，即 $d \ll A_0/\sqrt{2}$。

2) 截止频率 f_c

幅频特性值等于 $A_0/\sqrt{2}$ 所对应的频率称为滤波器的截止频率。以 A_0 为参考值，$A_0/\sqrt{2}$ 对应于−3dB 点，即相对于 A_0 衰减 3dB。若以信号的幅值平方表示信号功率，则所对应的点正好是半功率点。

3) 带宽 B 和品质因数 Q 值

上下两截止频率之间的频率范围称为滤波器带宽，或−3dB 带宽，单位为 Hz。带宽决定着滤波器分离信号中相邻频率成分的能力——频率分辨力。

在电工中，通常用 Q 代表谐振回路的品质因数。在二阶振荡环节中，Q 值相当于谐振点的幅值增益系数，$Q=1/(2\xi)$（ξ为阻尼率）。对于带通滤波器，通常把中心频率 f_0 和带宽 B 之比称为滤波器的品质因数 Q。例如，一个中心频率为 500Hz 的滤波器，若其中−3dB 带宽为 10Hz，则称其 Q 值为 50。Q 值越大，表明滤波器分辨力越高。

4) 倍频程选择性 W

在两截止频率外侧，实际滤波器有一个过渡带，这个过渡带的幅频曲线倾斜程度表明了幅频特性衰减的快慢，它决定着滤波器对带宽外频率成分衰减的能力。通常用倍频程选择性来表征。所谓倍频程选择性，是指在上截止频率 f_{c2} 与 $2f_{c2}$ 之间，或者在下截止频率 f_{c1} 与 $f_{c1}/2$ 之间幅频特性的衰减值，即频率变化一个倍频程时的衰减量：

$$W=-20\lg\left[\frac{A(2f_{c2})}{A(f_{c2})}\right] \tag{5.45}$$

或

$$W=-20\lg\left[\frac{A(f_{c1}/2)}{A(f_{c1})}\right] \tag{5.46}$$

倍频程衰减量以 dB / oct 表示(octave，倍频程)。显然，衰减越快(即 W 值越大)，滤波器选择性越好。

对于远离截止频率的衰减也可用 10 倍频程衰减数表示之，即 dB/(10oct)。

5) 滤波器因素 λ

滤波器选择性的另一种表示方法，是用滤波器幅频特性的−60dB 带宽与−3dB 带宽的比值来表示：

$$\lambda=\frac{B_{-60\text{dB}}}{B_{-3\text{dB}}} \tag{5.47}$$

理想滤波器 $\lambda=1$，通常使用的滤波器 $\lambda=1$。有些滤波器因器件影响(如电容漏阻等)，阻带衰减倍数达不到−60dB，则以表明的衰减倍数(如−40dB 或−30dB)带宽与−3dB 带宽之比来表示其选择性。

3. 滤波器的基本特性

滤波器的主要原理是其频率特性，使信号中的某些频率成分通过，而另一些不能通过。采用电路形式来处理电信号的滤波器也主要是这些电路的频响函数能符合某种滤波特性的要求。实现滤波特性的电路种类很多。在测试系统中，常用 RC 滤波器，因为在这一领域中，信号频率相对不高，而 RC 滤波器电路简单，抗干扰性强，有较好的低频性能，并且选用标准阻容元件容易实现。

1) 无源滤波器

这种滤波器仅由电阻、电容等无源元器件组接而成。

(1) 一阶 RC 低通滤波器。

RC 低通滤波器的典型电路及其幅频、相频特性如图 5.32 所示。

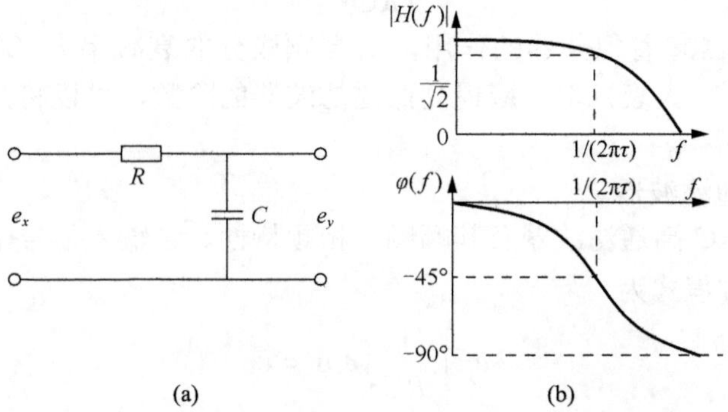

图 5.32　一阶低通滤波器及幅频、相频特性

设滤波器的输入电压信号为 e_x，输出为 e_y，电路的微分方程式为

$$RC\frac{\mathrm{d}e_y}{\mathrm{d}t}+e_y=e_x$$

令 $\tau=RC$，称时间常数(即阶跃响应的上升时间 τ_{d})。对上式取拉氏变换，可分别得传递函数、频率响应函数、幅频特性及相频特性如下：

$$H(s)=\frac{U_{sc}(s)}{U_{sr}(s)}=\frac{1}{1+RCs}=\frac{1}{\tau s+1} \tag{5.48}$$

$$H(\omega)=\frac{1}{\tau\mathrm{j}\omega+1} \tag{5.49}$$

$$A(\omega)=|H(\omega)|=\frac{1}{\sqrt{1+(\tau\omega)^2}} \tag{5.50}$$

$$\varphi(\omega)=-\arctan(\omega\tau) \tag{5.51}$$

或

$$A(f)=|H(f)|=\frac{1}{\sqrt{1+(2\pi f\tau)^2}} \tag{5.52}$$

$$\varphi(f)=-\arctan(2\pi ft) \tag{5.53}$$

分析如下：

当 $f\ll 1/(2\pi RC)$ 时，$A(f)=1$，此时信号几乎不受衰减地通过，并且 $\phi(f)-f$ 也近似呈线性关系，因此可认为在此情况下，RC 低通滤波器近似为一个不失真传输系统。

当 $f=1/(2\pi RC)$ 时，$A(f)=1/\sqrt{2}$，此时滤波器的−3dB 点对应的频率即为截止频率。可知，RC 值决定着上截止频率，因此，适当改变 RC 的值，就可以改变滤波器截止频率，也可改变通频带。如降低 RC 值，可提高 ω_c，即可增大通频带。

当 $f \gg 1/(2\pi RC)$ 时，输出 e_y 与输入 e_x 的积分成正比，即

$$e_y = \frac{1}{RC}\int e_x \mathrm{d}x$$

此时，RC 滤波器起着积分器的作用，对高频成分的衰减率为−20dB/(10oct) (或−6dB/oct)。若要加大衰减率，应提高低通滤波器的阶数，可以将几个一阶低通滤波器串联使用。

(2) RC 高通滤波器。

图 5.33 为 RC 高通滤波器及其幅频、相频特性。设输入信号电压为 e_x，输出为 e_y，则微分方程式为

$$e_y + \frac{1}{RC}\int e_x \mathrm{d}t = e_x$$

令 $RC=\tau$，则 RC 高通滤波器的传递函数、频率响应函数、幅频特性、相频特性如下：

$$H(s) = \frac{\tau s}{1+\tau s} \tag{5.54}$$

$$H(\omega) = \frac{\mathrm{j}\omega\tau}{1+\mathrm{j}\omega\tau} \tag{5.55}$$

$$A(\omega) = \frac{\omega\tau}{\sqrt{1+(\omega\tau)^2}} \tag{5.56}$$

$$\varphi(\omega) = \arctan\left(\frac{1}{\omega\tau}\right) \tag{5.57}$$

或

$$A(f) = \frac{2\pi f\tau}{\sqrt{1+(2\pi f\tau)^2}} \tag{5.58}$$

$$\varphi(f) = \arctan\left(\frac{1}{2\pi f\tau}\right) \tag{5.59}$$

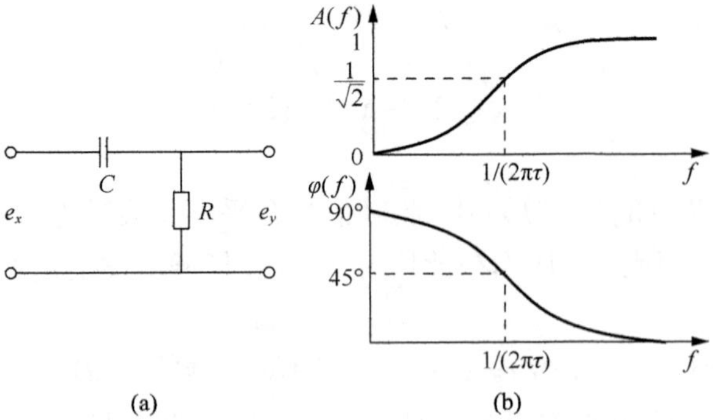

图 5.33　RC 高通滤波器及其幅频、相频特性

分析如下：

当 $f = 1/(2\pi RC)$ 时，$A(f) = 1/\sqrt{2}$，滤波器的-3dB 截止频率为 $f_{c1} = 1/(2\pi RC)$；

当 $f \gg 1/(2\pi RC)$ 时，$A(f) \approx 1$，$\varphi(f) \approx 0$，即当 f 相当大时，幅频特性接近于 1，相移趋近于零，此时 RC 高通滤波器可视为不失真传输系统；

当 $f \ll 1/(2\pi RC)$ 时，RC 高通滤波器的输出和输入的微分成正比，起着微分器的作用。

(3) RC 带通滤波器。

带通滤波器可以看成低通滤波器和高通滤波器的串联组合，如图 5.34 所示。串联后的传递函数、频响函数、幅频特性、相频特性分别如下：

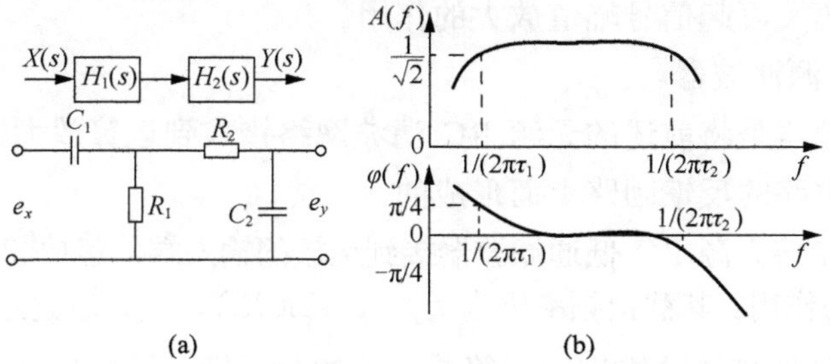

图 5.34　RC 带通滤波器及其幅频、相频特性

$$H(s) = H_1(s) \cdot H_2(s) = \frac{\tau_1 s}{\tau_1 s + 1} \frac{1}{1 + \tau_2 s} \tag{5.60}$$

$$H(f) = \frac{\mathrm{j}2\pi f \tau_1}{1 + \mathrm{j}2\pi f \tau_1} \frac{1}{1 + \mathrm{j}2\pi f \tau_2} \tag{5.61}$$

$$A(f) = \frac{2\pi f \tau_1}{\sqrt{1 + (2\pi f \tau_1)^2}} \frac{1}{\sqrt{1 + (2\pi f \tau_2)^2}} \tag{5.62}$$

$$\varphi(f) = \varphi_1(f) + \varphi_2(f) = \arctan\left(\frac{1}{2\pi \tau_1}\right) - \arctan(2\pi f \tau_2) \tag{5.63}$$

分析如下：

当 $f = 1/(2\pi\tau_1)$ 时，$A(f) = 1/\sqrt{2}$，此时对应的频率 $f_{c1} = 1/(2\pi R_1 C_1)$，即原高通滤波器的下截止频率，此时为带通滤波器的下截止频率。

当 $f = 1/(2\pi\tau_2)$时，$A(f) = 1/\sqrt{2}$，可认为是 $f \gg 1/(2\pi\tau_1)$，对应于原低通滤波器的上截止频率，此时为带通滤波器的上截止频率。分别调节高、低通滤波器的时间常数 τ_1、τ_2，就可以得到不同的上、下截止频率和带宽的带通滤波器。但需注意，当高低通两级串联时，应消除两级耦合时的影响，因为后一级成为前一级的“负载”，而前一级又是后级的信号源内阻。实际上两级间常用射极输出器或者用运算放大器进行隔离。所以实际的带通滤波器常常是有源滤波器。

2) 有源滤波器

上述低阶无源滤波器的幅频特性的衰减都很缓慢，根据测量装置动态特性的分析，滤波器的阶次和幅频特性的斜率直接有关。因此滤波器在通带外的衰减特性反映到其选择性指标上，也就是反映出与理想滤波器的差距，主要由滤波器的频响函数的阶次所决定。根据计算，一阶滤波器的幅频特性在截止频率处为−6dB/oct。所以在过渡区域衰减缓慢，选择性不佳。把无源 RC 滤波器串联，虽然可以提高阶次，但受级间耦合的影响，效果是互相削弱的，而且信号的幅值也将逐渐减弱，为克服这些缺点，就需采用有源滤波器了。

有源滤波器由 RC 调谐网络和运算放大器组成，运算放大器是有源器件，既可作为极间隔离又可起信号幅值放大的作用。

(1) 一阶有源滤波器。

这一种滤波器是将前述的无源 RC 滤波网络接入到运算放大器的输入端或接入运算放大器电路的反馈回路上而形成的。

图 5.35(a)是将无源 RC 低通滤波器接到运放的输入端，运放起到隔离、增益和提高带负载能力作用。其截止频率仍为 $f_{c2}=1/(2\pi RC)$，放大倍数为 $K=1+R_F/R_1$。

图 5.35(b)是把高通网络作为运算放大器的负反馈，根据控制工程中对反馈传递函数的分析，结果是获得低通滤波器的作用，其截止频率为 $f_{c2}=1/(2\pi RC)$ 直流放大倍数 $K=R_F/R_1$。

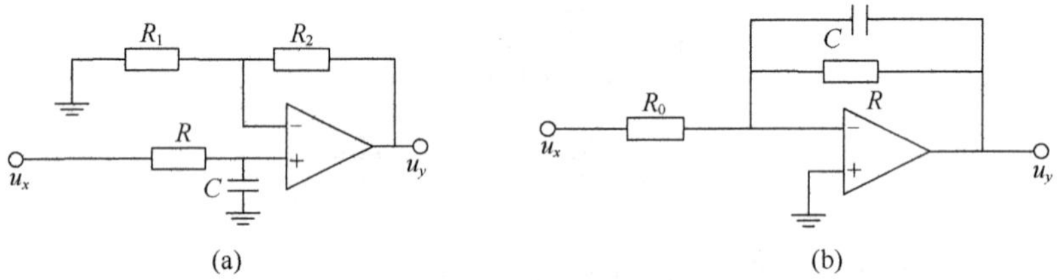

图 5.35　一阶有源低通滤波器

一阶有源滤波器虽然在隔离、增益性能方面优于无源网络，但是它仍然存在过渡区域衰减缓慢的严重弱点，不能满足高性能滤波要求，所以就需寻求过渡带更为陡峭的高阶滤波器。

(2) 二阶有源滤波器。

把较为复杂的滤波网络与运算放大器组合就可以得到二阶的有源滤波器。这种滤波器有两种基本形式和一种发展形式。

① 多路负反馈型。

它是把滤波网络接在运算放大器的反相输入端，其线路结构如图 5.36 所示。

图中 Y_1～Y_5 是各元件的导纳。假设运算放大器具有理想参数，根据基尔霍夫定律可写出图中各节点的电流方程。

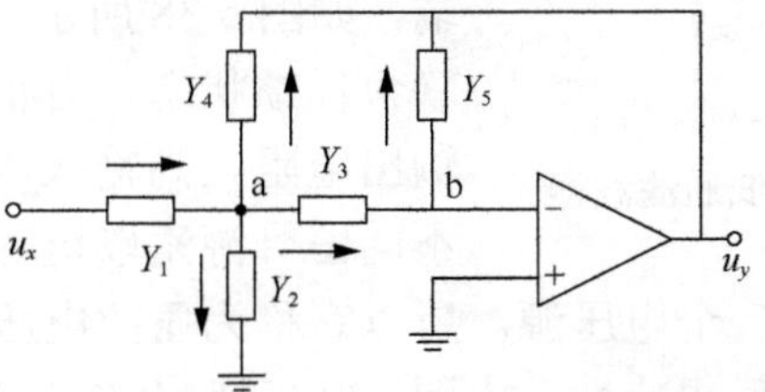

图 5.36　多路负反馈型滤波器

节点 a 和 b 的电流方程分别为

$$(u_a - u_\tau)Y_1 + u_a Y_2 + (u_a - u_b)Y_3 + (u_a - u_v)Y_4 = 0 \tag{5.64}$$

$$(u_b - u_a)Y_3 + (u_b - u_y)Y_5 = 0 \tag{5.65}$$

根据理想运放特性 $u_b \approx 0$ 可得到图 5.37 电路的传递函数为

$$H(s) = \frac{-Y_1 Y_3}{Y_5(Y_1 + Y_2 + Y_3 + Y_4) + Y_3 Y_4} \tag{5.66}$$

图 5.36 是原型形式，适当地将 Y_1～Y_5 用电阻、电容来代替即可组合出二阶低通、带通和带阻等不同类型的滤波器。图 5.37 是多路负反馈二阶低通滤波器的电路及其幅频特性。

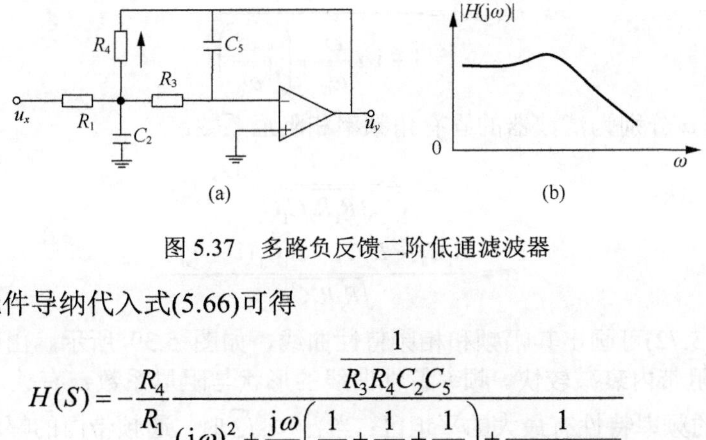

图 5.37　多路负反馈二阶低通滤波器

将各元件导纳代入式(5.66)可得

$$H(S) = -\frac{R_4}{R_1} \frac{\dfrac{1}{R_3 R_4 C_2 C_5}}{(j\omega)^2 + \dfrac{j\omega}{C_2}\left(\dfrac{1}{R_1} + \dfrac{1}{R_3} + \dfrac{1}{R_4}\right) + \dfrac{1}{R_3 R_4 C_2 C_5}} \tag{5.67}$$

其幅频特性如图 5.37(b)所示，是一具有低通特性的图形，该电路具有直流增益为 $K = -R_4 / R_1$。其−3dB 截止频率可以求得

$$\omega_0 = \sqrt{\frac{1}{R_3 R_4 C_2 C_5}} \tag{5.68}$$

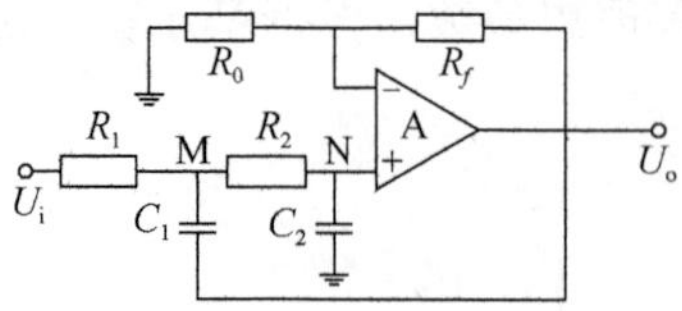

图 5.38　有限电压放大型低通滤波器

② 有限电压放大型。

它把滤波网络接在集成运放的同相输入端，如图 5.38 所示。集成运放工作在电压串联负反馈状态，有很高的输入电阻和很低的输出电阻。高输入电阻意味着集成运放几乎不向信号源索取电流，只取电压，低输出电阻表示集成运放可视为一个电压源。所以它称为压控电压源型滤波器。

假设集成运放具有理想特性，由图 5.38 可列出节点方程如下：

M 点方程为

$$\left(\frac{1}{R_1}+\frac{1}{R_2}+sC_1\right)U_M-\frac{1}{R_1}U_1-\frac{1}{R_{21}}U_N-sC_1U_0=0 \tag{5.69}$$

N 点方程为

$$\left(\frac{1}{R_2}+sC_2\right)U_N-\frac{1}{R_2}U_M=0 \tag{5.70}$$

集成运放的闭环增益为

$$A_{uf}=\frac{U_o}{U_N}=1+\frac{R_f}{R_0} \tag{5.71}$$

可得到频率特性为

$$H(j\omega)=\frac{A_{uf}}{1+j\alpha\frac{\omega}{\omega_0}+\left(j\frac{\omega}{\omega_0}\right)^2} \tag{5.72}$$

式中，ω_0 和 α 分别为滤波器的固有角频率和阻尼系数：

$$\omega_0=\frac{1}{\sqrt{R_1R_2C_1C_2}} \tag{5.73}$$

$$\alpha=\frac{R_1C_2+R_2C_2+R_1C_1(1-A_{uf})}{\sqrt{R_1R_2C_1C_2}} \tag{5.74}$$

根据式(5.72)可画出其幅频和相频特性曲线，如图 5.39 所示。由图可知，二阶滤波器在阻带内衰减较快。频率特性曲线的形状与阻尼系数 α 有关。当 $\alpha=\sqrt{2}$ 时，通带内的频率特性有最大的平坦区；当 $\alpha<\sqrt{2}$ 时，通频带内的幅频特性有一定波纹，而且 α 越小波纹越大。当 $\alpha\geqslant\sqrt{2}$ 时，幅频特性呈单调下降的特性，平坦区变小，但相频特性却接近线性关系。

由式(5.74)可以看出，当集成运放的闭环增益 A_{uf} 增加到某一值时，α 便为负值，滤波器就会产生自激振荡现象。因此压控电压源型滤波器稳定工作的条件为

$$A_{uf}<1+\frac{C_2}{C_1}+\frac{R_2C_2}{R_1C_1} \tag{5.75}$$

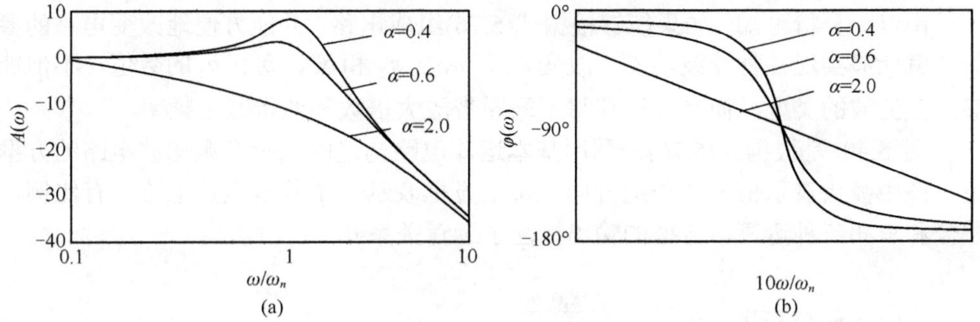

图 5.39　有限电压放大型滤波器的频率特性

③ 状态变量型。

这是许多仪器中常常选的一种有源滤波器，它将比例、积分、求和等基本运算电路结合在一起，并能够对所构成的电路自由设置传递函数，实现各种滤波功能，所以常称为“万能滤波器”。

二阶状态变量型有源滤波电路的传递函数为

$$A_U(s)=\frac{a_0+a_1s+a_2s^2}{b_0+b_1s+b_2s^2} \tag{5.76}$$

根据低通、高通、带通和带阻滤波电路传递函数的表达式，合理选择 a_0、a_1、a_2 和 b_0、b_1、b_2 的数值(称为编程)，即可实现任意传递函数。

当 $a_1=a_2=0$ 时，式(5.76)变为

$$A_U(s)=\frac{a_0}{b_0+b_1s+b_2s^2} \tag{5.77}$$

表明电路实现二阶低通滤波器。当 $a_0=a_1=0$ 时，式(5.76)变为

$$A_U(s)=\frac{a_2s^2}{b_0+b_1s+b_2s^2} \tag{5.78}$$

表明电路实现二阶高通滤波器。当 $a_0=a_2=0$ 时，式(5.76)变为

$$A_U(s)=\frac{a_1s}{b_0+b_1s+b_2s^2} \tag{5.79}$$

表明电路实现二阶带通滤波器。当 $a_1=0$ 时，式(5.76)变为

$$A_U(s)=\frac{a_0+a_2s^2}{b_0+b_1s+b_2s^2} \tag{5.80}$$

表明电路实现二阶带阻滤波器。

由以上分析可知，如果能够根据式(5.76)组成电路，并能方便地改变电路的参数，就能够实现各种滤波功能。改变 a_0、a_1、a_2 和 b_0、b_1、b_2 的数值，不但能够改变滤波的类型，而且可以获得不同通带放大倍数和通带截止频率。

图 5.40 是根据式(5.76)，利用基本运算电路构造的二阶有源滤波电路的方框图，图中箭头表示信号的传递方向，每个方框表示一个基本运算电路，有比例、积分和求和三种运算，方框的输出标注了运算关系式。

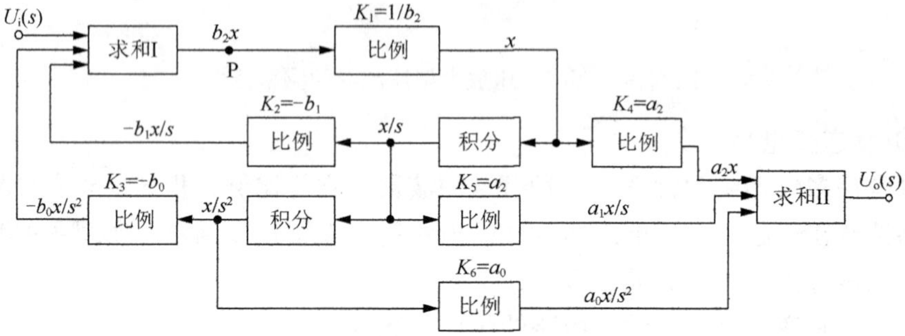

图 5.40　二阶状态变量型有源滤波电路方框图

输入电压所接的求和运算电路的输出 P 点的表达式为

$$U_P(s)=b_2x=U_i(s)-\frac{b_1x}{s}-\frac{b_0x}{s^2}$$

经整理，可得

$$U_i(s)=\left(\frac{b_0}{s^2}+\frac{b_1}{s}+b_2\right)x \tag{5.81}$$

输出电压表达式为

$$U_o(s)=\left(\frac{a_0}{s^2}+\frac{a_1}{s}+a_2\right)x \tag{5.82}$$

所以，传递函数为

$$A_U(s)=\frac{U_o(s)}{U_i(s)}=\frac{a_0+a_1s+a_2s^2}{b_0+b_1s+b_2s^2} \tag{5.83}$$

因此，按照上述方框图组成的电路，就能实现式(5.76)的传递函数。改变求和电路的输入，就可改变 $A_U(s)$，从而得到不同类型的滤波电路。用实际电路取代方框图时，可以适当简化。合理选择积分运算电路的 R 和 C，可以不需要比例电路，直接获得合适的 b_0、b_1。利用二阶电路的构思方法，可以实现高阶滤波电路。

3) 实际滤波器特性的逼近

由以上分析可知，实际滤波器与理想滤波器在频响特性上(主要在幅频特性上)的差别在于：一是通带和阻带范围内的特性曲线的平直程度；二是过渡带的陡直程度。在设计和制作滤波器时常是在一定限度内用实际滤波器可实现的特性去逼近理想滤波特性。目前主要有两种逼近原则：一种是满足幅频特性，而不考虑相频特性的逼近原则，按这一原则实现的滤波器如巴特沃思滤波器和切比雪夫滤波器；另一种是只满足相频特性而不考虑幅频特性的逼近原则，按这一原则实现的滤波器有贝塞尔滤波器。贝塞尔滤波器是从相频特性提出的最佳逼近要求，但幅频特性较差。

为了寻求逼近理想特性的规律，下面分析由集中参数元件所构成的滤波系统，其传递函数的一般形式为

$$H(s)=\frac{Y(s)}{X(s)}=\frac{b_m s^m+b_m^{-1s^{m-1}}+\cdots+b_1 s+b_0}{a_n s^n+a_n^{-1s^{n-1}}+\cdots+a_1 s+a_0}=\frac{k\prod_{j=1}^{m}(s-b_j)}{\prod_{i=1}^{n}(s-a_i)} \tag{5.84}$$

取 $s=\mathrm{j}\omega$，则系统的频率响应函数为

$$H(j\omega)=\frac{k\prod_{j=1}^{m}(\mathrm{j}\omega-b_j)}{\prod_{i=1}^{n}(\mathrm{j}\omega-a_i)} \tag{5.85}$$

式中，a_i 为第 i 个极点位置；b_j 为第 j 个零点位置；零点 m 个，极点 n 个，一般 $m\leqslant n$；k 为常数。

要实现逼近理想特性的滤波网络，问题的实质是决定式(5.85)中的全部系数 a、b 以及阶次 n。系数 a、b 决定于网络元件参数，n 值表示了极点数目，即滤波器的阶次。n 值与实现此函数所需滤波器的元件数量有关，影响着传输函数特性。对于同一类型的逼近函数，n 值越大，逼近特性越好。

(1) 巴特沃思滤波器。

巴特沃思滤波器是满足幅频特性逼近的滤波器，其设计主考虑是在滤波器的通带和阻带内具有最平直的幅频特性，所以也称为最平幅度逼近法。其幅频响应表达式为

$$|H(\omega)|=\frac{1}{\sqrt{1+(\omega/\omega_c)^{2n}}} \tag{5.86}$$

将式(5.86)绘制成曲线如图 5.41 所示。

可以看出，当 $\omega=0$ 取得最大值，$|H(\omega)|$ 取得最大值，$|H(0)|=1$；当 $\omega=\omega_c$ 时 $|H(\omega_c)|=1/\sqrt{2}$，即衰减特性为−3dB，常取此点作为低通滤波器的截止频率。随着 n 值增大，函数曲线与理想特性的近似特性的近似程度改善，因为在 $(\omega/\omega_c)<1$(通带)范围内，n 增加，则 $(\omega/\omega_c)^{2n}$ 减小，曲线越平；在 $(\omega/\omega_c)>1$(阻带)范围内，n 增大，$|H(\omega)|$ 越趋向于零值，衰减越快。

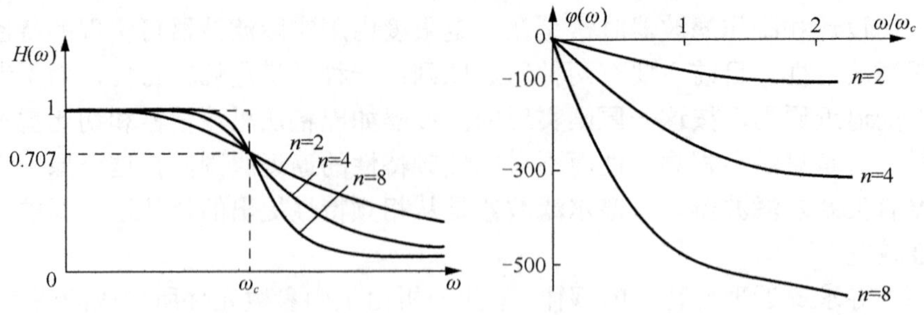

(a) 幅频特性　　(b) 相频特性

图 5.41　巴特沃思滤波函数特性

(2) 切比雪夫滤波器。

切比雪夫滤波器也是从幅频特性方面提出逼近要求的，其幅频响应表达式为

$$|H(\omega)| = \frac{1}{\sqrt{1+\varepsilon^2 T_n(\omega/\omega_c)}} \tag{5.87}$$

其特性曲线如图 5.42 所示。式(5.87)中，ε 为决定通带波纹大小的系数，波纹的产生是由于实际滤波网络中含有电抗元件；T_n 为第一类切比雪夫多项式，它的定义是

$$T_n(x) = \begin{cases} \cos(n\arccos x), & |x| \leqslant 1 \\ \mathrm{ch}(n\,\mathrm{arcch}x), & |x| > 1 \end{cases} \tag{5.88}$$

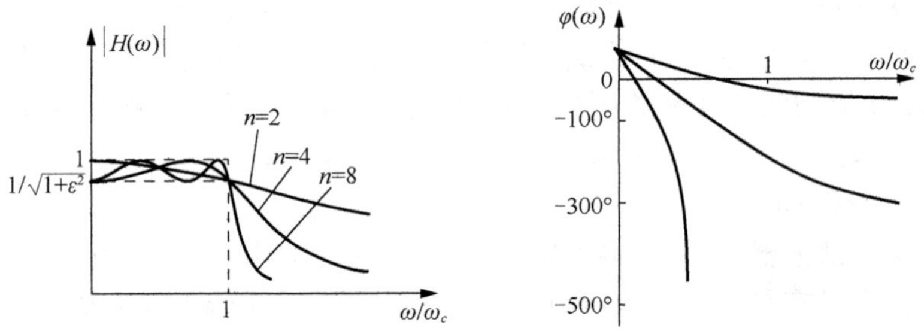

(a) 幅频特性　　(b) 相频特性

图 5.42　切比雪夫滤波器

由图可以看出，在$(\omega/\omega_c)<1$时为通带，$(\omega/\omega_c)>1$时为阻带。与巴特沃思逼近特性相比，这种特性虽然在通带内有起伏，但对同样n值在进入阻带以后衰减陡峭，更接近理想情况。在截止频率点$(\omega/\omega_c)=1$处，其衰减不一定是下降 3dB，而是按$1/\sqrt{1+\varepsilon^2}$来计算。ε值越小，通带起伏越小，截止频率点衰减的分贝值也越小，但进入阻带后衰减特性变化缓慢。

将切比雪夫滤波器与巴特沃思滤波器进行比较，切比雪夫滤波器的通带有波纹，过渡带较陡直，因此，在不允许通带内有纹波的情况下，巴特沃思滤波器更可取；从相频响应来看，巴特沃思型要优于切比雪夫型，由图 5.41(b)与图 5.42(b)比较看出，前者的相频响应更接近于直线。

5.3.3　数字滤波器

数字滤波器具有稳定性高、精度高、灵活性强和可预见性、不要求阻抗匹配等优点，在数字信号分析处理中起重要的作用，比模拟滤波器有明显的优点。它通常可以由软件实现，所以可以进行软件仿真和预先设计测试。随着大规模集成技术和数字计算机技术的发展，数字滤波将广泛应用于许多科学技术领域，正因如此，数字滤波技术的研究相当深入、成果丰富、发展迅速。

1. 数字滤波器的分类

数字滤波器有许多种类，但总起来可以分成两大类：一类称为经典滤波器，即一般的滤波器，特点是如果输入信号中有用的频率成分和希望滤除的频率成分各占有不同的频带，则通过一个合适的选频滤波器达到滤波目的；另一类是所谓的现代滤波器，如维纳滤波器、卡尔曼滤波器、自适应滤波器等，这些滤波器可按照随机信号内部的一些统计分布规律，从干扰中最佳地提取信号。数字滤波器的分类也有不同的标准。

1) 按滤波器的选频作用分类

根模拟滤波器的分类一样，数字滤波器按选频作用可以分为低通型、高通型、带通型、带阻型、全通型等五种基本形式，其中低通型是最基本的形式，将其作适当变换可以成为其他形式的数字滤波器。

理想数字滤波器频率特性如图 5.43 所示，图中 ω_c 为截止频率，这些频率特性都是以 2π为周期的连续函数。而且，当系统单位取样值响应 $h(n)$ 为 n 的实函数时，幅度特性呈周期偶对称，相位特性呈周期奇对称。因此，对数字滤波器频率特性只要给出 $0<\omega\leqslant\pi$ 之间的 $H(e^{j\omega})$ 的变化情况即可。

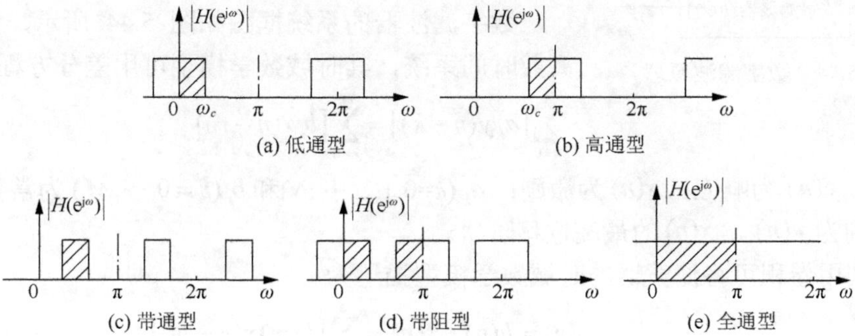

图 5.43　理想滤波器频率特性

2) 按实现方法或单位取样响应序列长度分类有 IIR、FIR 滤波器之分

数字滤波器是线性时不变离散系统，其系统函数 $H(z)$ 是 z 的有理函数，其响应函数可写成

$$y(n)=a_0x(n)+a_1x(n-1)+a_2x(n-2)+b_1y(n-1)+b_2y(n-2) \tag{5.89}$$

可以看出，若 $a_k=0(k=1,2,\cdots,N)$，则 $H(z)$是 z^{-1} 的多项式，如式(5.90)所示：

$$H(z)=\sum_{r=0}^{M}\left(b_r z^{-r}\right) \tag{5.90}$$

即相应的单位取样响应 $h(n)$ 是有限长的。若 $a_k \neq 0$，则相应的单位取样值响应 $h(n)$ 是无限长的。

因此，根据 $h(n)$ 序列长度无限、有限可将滤波器分为两类：无限冲激响应(infinite impulse response，IIR)滤波器和有限冲激响应(finite impulse response，FIR)滤波器。

这两类滤波器无论在性能上还是在设计方法上都有着很大的区别，FIR 滤波器可以对给定的频率特性直接进行设计，而 IIR 滤波器目前最通用的方法是利用已经很成熟的模拟滤波器的设计方法来进行设计。而模拟滤波器的设计方法又有巴特沃思滤波器、切比雪夫滤波器等不同设计方法。

3) 按实现滤波的物理方式

按实现滤波的物理方式可将滤波器分为数字硬件滤波器和数字软件滤波器。前者是用数字硬件装配成的一台专用设备(数字信号处理机)或一块芯片；后者是用计算机软件编写而能直接在通用计算机上运行的程序。

2. 数字滤波器原理

数字滤波器是利用线性时不变离散时间系统的特性对输入信号波形(或频率)进行加工处理，或者利用数字方法按预定要求对信号进行变换，把输入序列 $x(n)$ 变成一定的输出序列，从而达到改变信号频谱的目的。从广义上讲，数字滤波是具有某种算法的数字处理过程。

图 5.44　数字滤波原理

数字滤波器的系统框图如图 5.44 所示，由于是离散时间系统，其时域数学模型可用差分方程描述：

$$\sum_{k=0}^{N}\left[a_k y(n-k)\right]=\sum_{r=0}^{M}\left[b_r x(n-r)\right] \tag{5.91}$$

式中，$y(n)$ 为响应；$x(n)$ 为激励；$a_k\,(k=0,1,2,\cdots,N)$和 $b_r\,(r=0,\cdots,M)$ 为常数；N、M 分别为 $y(n)$、$x(n)$ 的最高位移阶次。

利用卷积可将滤波器的时域数学模型描述为

$$y(n)=h(n)*x(n)=\sum_{m=0}^{\infty}\left[h(m)x(n-m)\right] \tag{5.92}$$

式中，$h(n)$ 为系统的单位取样响应。

若 $x(n)$，$y(n)$ 的傅里叶变换存在，则输入输出的频域关系为

$$Y(e^{j\omega}) = X(e^{j\omega})H(e^{j\omega}) \tag{5.93}$$

式中，$H(e^{j\omega})$ 为单位取样响应 $h(n)$ 的离散傅里叶变换，又称为系统的频率响应，表示输出序列的幅度和相位相对于输入序列的变化，一般是 ω 的连续函数。通常 $H(e^{j\omega})$ 是复数，所以可写成

$$H(e^{j\omega}) = \left|He^{j\omega}\right|e^{j\varphi(\omega)} \tag{5.94}$$

式中，$H(e^{j\omega})$ 为离散系统的幅度响应；$\varphi(\omega)$ 为相位响应。

由式(5.94)可以看出，数字滤波器的频率响应 $H(e^{j\omega})$ 能对输入序列的频谱进行加权改造，这就是滤波器的工作原理。图 5.45 反映了滤波过程中信号的变化，其中，图(a)是输入信号——典型的矩形序列的时域波形和幅频特性曲线。图(b)是系统——理想低通滤波器的时域波形和幅度特性曲线，由式(5.92)或式(5.94)可知，信号经过系统的变化是时域卷积和频域相乘，输出结果如图(c)所示。显然，从幅频特性曲线上看，$|\omega|<\omega_c$ 频率段信号能够通过，其他频率段 $\omega_c<|\omega|<\pi$ 信号衰减(截止)。因此，设计出不同形状的 $H(e^{j\omega})$，就可以得到不同的滤波结果。

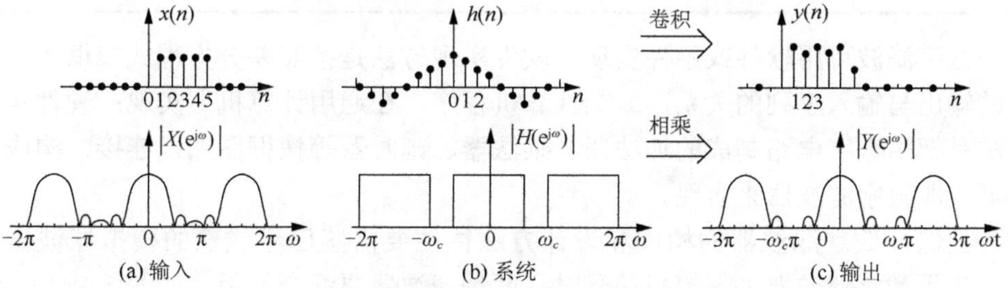

图 5.45　滤波信号的变化

由于数学模型是差分方程，则滤波器的运算为延时、加法、乘法，所以数字滤波器用硬件实现时，其物理模型由延时器、加法器、乘法器等元器件构成。当用软件实现时，即为一段线性卷积的程序。我们知道，模拟滤波器只能用硬件来实现，其实现硬件是 R、L、C 及运算放大器或开关电容。因此数字滤波器的实现要比模拟滤波器容易得多。数字滤波器主要用于信息处理、抗干扰滤波、信号限带(低通、高通、带通、带阻等)。

由于数字滤波器的频率响应 $H(e^{j\omega})$ 是以 2π 为周期的周期函数，在它确定之后，一般由软件来实现，实际上数字滤波器已经变成一种算法，不再有通常意义上的“器”或“装置”的含义。

1) 数字滤波器和模拟滤波器的比较

数字滤波器与模拟滤波器的作用相同但分析方法不同。数字滤波器在体积、重量、精度、稳定性、可靠性、存储功能、灵活性以及性能价格比等方面与模拟

滤波器相比有明显的优点，最重要的是数字滤波器可以用软件来实现，这给计算机仪器、虚拟仪器提供了基础；它可用数字元器件实现，这样便有了芯片滤波器，两者对比如表 5.1 所示。

表 5.1　数字滤波器与模拟滤波器的比较

比较项目	模拟滤波器	数字滤波器
输入、输出	模拟信号	数字信号
系统	连续时间	离散时间
系统特性	时不变、叠加、齐次	非移变、叠加、齐次
数学模型	微分方程式	差分方程式
运算内容	微积分、乘、加	延时、乘、加
系统构成	分立元件(电容、电阻、运算放大器)	软件：程序 硬件：乘、加、延时运算块
系统函数	$H(s)=\dfrac{Y(s)}{X(s)}$ (s 域) $H(\omega)=\dfrac{Y(\varpi)}{X(\varpi)}$	$H(z)=\dfrac{Y(z)}{X(z)}$ (z 域) $H(e^{j\varpi})=\dfrac{Y(e^{j\varpi})}{X(e^{j\varpi})}$

数字滤波可用软件或硬件实现。软件实现方法是按照差分方程式或框图所表示的输出与输入序列的关系，编制计算机程序，在通用计算机上实现；硬件实现方法是把用数字电路制成的加法器、乘法器、延时器等按框图加以连接，构成运算器，即数字滤波器来实现。

当然，数字滤波器的构成和设计方法往往要借鉴已经成熟的模拟滤波器技术，当用数字滤波器处理模拟信号时，两种滤波器要混合使用。如图 5.46 所示，模拟信号数字处理框图等效一个高性能的模拟滤波器。

图 5.46　模拟信号的数值处理框图

数字滤波器的应用与模拟滤波器相类似，除用来对信息处理加工外，还用做抗干扰滤波器以及对信号限带需要的低通、高通、带通以及带阻滤波器，还可用于各种校正环节的反滤波等。

2) 数字滤波器的设计概述

对于数字滤波器，从实现方法上有 IIR 数字滤波器和 FIR 数字滤波器，虽然这两种滤波器的设计方法不同，但一般都包含三个基本步骤：

(1) 给出技术指标。

(2) 由技术指标确定数字滤波器的系统函数 $H(z)$，并实现频率特性的要求。

(3) 通过算法实现 z^{-1}。

FIR、IIR 滤波器的 $h(n)$ 分别为有限长和无限长序列，这两类滤波器无论在性能上还是在设计方法上都有很大的区别。

IIR 数字滤波器设计的通用方法是借助于模拟滤波器的设计方法。模拟滤波器设计已经有了一套相当成熟的方法，它不但有完整的设计公式，而且还有较为完整的图表供查询，因此，充分利用这些已有的资源将会给数字滤波器的设计带来很大方便。IIR 数字滤波器的设计步骤如下。

(1) 按一定规则将给出的数字滤波器的技术指标转为模拟低通滤波器的技术指标。

(2) 根据转换后的技术指标设计模拟低通滤波器 $H_a(s)$。

(3) 再按一定规则将 $H_a(s)$ 转换成 $H(z)$。若设计的数字滤波器是低通的，那么上述设计工作可以结束，若设计的是高通、带通或带阻滤波器，那么还有步骤(4)。

(4) 将高通、带通或带阻数字滤波器的技术指标先转化为低通滤波器的技术指标，然后按步骤(2)设计出低通 $H_a(s)$，再将 $H_a(s)$ 转换为所需的 $H(z)$。

FIR 数字滤波器是直接进行设计的，常用的方法有窗函数法、频率采样法和等波纹逼近法等。

FIR 数字滤波器的单位采样响应是有限长的，其系统函数只有零点，没有有限的极点，因此它总是稳定的；而 IIR 数字滤波器的系统函数是一个有理函数，具有零点和极点，因此 IIR 系统存在稳定性问题。另外，FIR 数字滤波器是直接设计的，可以容易地设计出有严格线性相位的 FIR 系统，而 IIR 滤波器不具备线性相位特性，这是因为模拟滤波器，如巴特沃思、切比雪夫等的相位特性都是非线性的。因此 FIR 滤波器的应用越来越广泛，越来越受到人们的重视，但要获得好的特性，要求 FIR 滤波器应有较长的冲激响应序列 $h(n)$，也就是 n 值要大，这样算法较复杂。

3) 数字滤波器的实现

根据给定的技术指标，设计出数字滤波器的系统函数 $H(z)$ 后，就要解决把 $H(z)$ 变成具体的数字系统，所谓的“数字滤波器的实现”问题。但是实现过程并不简单，工程技术人员不仅要熟悉信号处理的理论和方法，而且要掌握计算机编程知识以及各种通用与专用数字硬件知识，微处理器和计算机硬件等基础知识与相关技术。下面将实现问题中某些基本的重要方面作简要介绍。

数字滤波器对信号处理的过程，实际上就是将输入序列通过一定的运算转变为输出序列的过程，运算的规则是由设计时确定的差分方程所规定的。数字滤波器的系统函数一般表示为

$$H(z)=\frac{\sum_{r=0}^{M}\left(a_r z^{-r}\right)}{1-\sum_{k=1}^{N}\left(b_k z^{-k}\right)} \tag{5.95}$$

其所对应的差分方程为

$$y(n)=\sum_{r=0}^{M}\left[a_r x(n-r)\right]+\sum_{k=1}^{N}\left[b_k y(n-k)\right] \tag{5.96}$$

从这一差分方程可见，可以用任何一台数字系统(如计算机)来实现上述运算，即系统需要完成对现时刻输入数据 $x(n-r)$ 的采集和存取、过去时刻输出数据 $y(n-k)$ 的存取、方程系数 a_r, b_k 的存取。上述一系列数据的延时、相乘、相加等运算所得的结果即为系统每一时刻的输出。若上述数据的采集、存储、延时等运算由硬件来实现，则称为数字滤波器的硬件实现。目前硬件实现的典型处理器是数字信号处理器(DSP)。如果利用通用计算机编程来实现，则称为数字滤波器的软件实现。

(1) 软件实现。

软件实现的过程，首先建立数学模型，其次是选择适当的算法，然后进行软件的编制，关键是算法的选择。

以一个二阶 IIR 数字滤波器为例来介绍软件实现的过程。设其系统函数为

$$H(z)=\frac{a_0+a_1 z^{-1}+a_2 z^{-2}}{1-b_1 z^{-1}-b_2 z^{-2}}$$

相应的差分方程为

$$y(n)=a_0 x(n)+a_1 x(n-1)+a_2 x(n-2)+b_1 y(n-1)+b_2 y(n-2)$$

这一差分方程可以使用汇编语言或各种高级语言编制程序，实现滤波。

软件实现的主要特点为：设计简单，灵活性好，只需改变程序，即可完成不同的信号处理任务；主要缺点为：有些运算，特别是滤波中常用的乘法运算，一般通用机都采用移位相加的方法编制程序模块实现，耗费时间长，成了高速信号实时处理的主要障碍；同时，通用机的资源配置以适用性广为其主要目的，这与大多数信号处理要求的有限运算功能不大协调，往往会造成资源的浪费。

因此，软件实现一般应用于不要求进行高速实时处理的场合。例如，一些处理过程复杂，运算量大，而又允许离线进行信号处理的任务，以及对信号处理系统进行模拟研究的情况。另外，在一些过程测试与控制的系统中，若运行速度要求不高，数字滤波只是其中的局部任务，这时，数字滤波的实现只需编制一段软件程序，插入总的控制程序中执行即可。

为了克服软件实现的不足，或者那些不适合软件实现的场合，尤其是要求高速实时信号处理时，可以采用硬件实现的方案。

(2) 硬件实现。

为了实现实时数字信号技术所应用的硬件包括数字信号处理器(DSP)、通用微处理器(MPU)、微控制器(MCU)三种。这三者中，MPU 大量用于计算机；MCU 适用于以控制为主的数字信号处理过程；DSP 用于高性能、重复性、数值运算密集型的实时处理。目前最成功、最有影响、最大的 DSP 芯片供应商是美国德州仪器公司。该公司自 1982 年成功推出 DSP 芯片 TMS32010 及其系列产品，之后成功推出多个系列的 DSP 芯片。该公司的产品大约占全世界 DSP 市场份额的 50%。国际上，日本的 Hitachi 公司和 Fujitsu 公司、美国的 AT&T 公司、Motoiola 公司、美国模拟器件公司都拥有自己特色的 DSP 芯片。

由于数字信号处理有别于一般的科学计算与分析，它特别强调运算处理的实时性，因此 DSP 除了具备普通微处理器的高速运算和控制功能外，针对实时数字信号处理，在处理器结构、指令系统、指令流程等方面有自己的结构特点。

① DSP 普遍采用了数据总线和程序总线分离的哈佛结构及改进的哈佛结构，属于并行结构，其主要特点是将程序和数据存储在不同的存储空间中，即程序存储器和数据存储器是两个相互独立的存储器，每个存储器独立编址、独立访问，与两个存储器相对应，芯片中设置了程序总线和数据总线两条总线，使数据吞吐量提高了一倍。而传统处理器的冯·诺依曼结构则是将指令、数据、地址存储在同一存储器中，统一编址，依靠指令计数器提供的地址来区分是指令、数据还是地址，取指令和取数据访问的是同一个存储器，数据吞吐率低。

在哈佛结构中，指令和数据分别存储在两个存储器的空间，因此，取指令和执行能够完全重叠运行。为了进一步提高运行速度和灵活性，TMS320 系列 DSP 芯片对基本哈佛结构作了改进：一是允许数据存放在程序存储器中，并被算术运算指令直接使用，增强了芯片的灵活性；二是指令存储在高速缓冲器(cache)中，当执行存储在 Cache 中的指令时，不必到存储器中进行读取，可以节约一个指令周期的时间。

② 与哈佛结构相协调，DSP 大多采用流水线技术，即每条指令都由片内多个功能单元分别独立地完成取值、译码、取数、执行等多个步骤，从而在不提高时钟频率的条件下减少了每条指令执行的时间，增强了信号处理的能力。

③ 片内有多条总线可以同时进行取指令和多个数据存取操作，并有辅助寄存器用于寻址，它们可以在寻址访问前或访问后自动修改内容，以指向下一个要访问的地址。

④ 针对滤波、矩阵运算等需要大量的乘法累加运算的需要，DSP 大都设有独

立的乘法器和加法器，使得在同一时钟周期内可以完成相乘、累加运算，甚至可以同时完成乘、加、减运算，大大加快了 FFT 的运算过程。

⑤ 许多 DSP 带有 DMA 通道控制器以及串行通信口等，配合片内多总线结构，数据块传送速度大大提高。

⑥ 配有中断处理器和定时控制器，便于构成一个小型系统。

⑦ 具有软、硬件等待功能，能够与各种存储器接口。

由于 DSP 芯片的上述特点再加上电路集成的优化设计，使芯片指令周期大大缩短，从而使 DSP 芯片在实时信号处理的硬件实现中得到了广泛应用。DSP 在信号处理中的应用目前有大量的参考书，这里不再作进一步的介绍，有关 DSP 芯片更进一步的技术内容，可参看有关的书刊和其他资料。

4) 数字滤波器类型的选择原则

IIR 和 FIR 数字滤波器的设计和实现是不同的，那么，什么情况下选择哪类滤波器呢？下面对这两类滤波器的主要特点进行比较，作为选用的考虑依据。

(1) 从频响特性看。

IIR 数字滤波器的设计方法，充分利用了模拟滤波器的经验和成果，模仿其频响特性，设计简单，但其一般限于频段为常值的频响特性，如低通、高通、带通、带阻等滤波器，其相位特性在设计时并不考虑，通常是非线性的。而 FIR 数字滤波器则在保证幅频特性满足技术要求的同时，还能获得严格的线性相位特性，同时应用窗函数法及其他算法都能够逼近更加任意的频响特性，性能优越，适应范围广。

(2) 稳定性问题。

IIR 滤波器设计时，极点必须在单位圆之内，而 FIR 滤波器的系统函数是 z^{-1} 的多项式，从而系统函数的所有极点总在单位圆内，始终是稳定的。

(3) 结构的影响。

IIR 滤波器一般采用递推结构，存在输出对输入的反馈，前面所说的有限字长对滤波器所需的阶次低，则运算次数少，存储单元少。需要的硬件设备少，运算速度快，经济性好。FIR 滤波器正好相反。

(4) 设计工作量。

IIR 滤波器设计方便，有现成的计算公式和数据表格可查，在滤波器的技术指标与设计参数之间有计算公式可循。而 FIR 滤波器则没有现成公式可循，为了满足预定的技术要求，大多数设计方法都要用迭代法，计算量大。

由此可知，两类滤波器各有千秋，在实际应用时，应根据对滤波性能的要求，综合考虑，作出正确的选择。

5.4　信号的调制与解调

在测试技术中，许多情况下需要对信号进行调制。例如，在非电量测量仪器中，被测信号比较弱时，在信号传送过程中，易受其他同频信号干扰，不宜采用直接放大形式，经常采用调制-解调方法，提高电路的抗干扰能力、传输能力及有效提高信噪比；在精密测量中为了尽可能减小各种干扰的影响，希望在形成测量信号的同时，就对它进行调制，因此常常在传感器中实现调制，电容和电感等传感器就采用了调频电路，将被测物理量转换为频率的变化；在信号分析中，信号的截断、窗函数加权等也是一种振幅调制。对于混响信号，所谓由回声效应引起的信号叠加、乘积、卷积等，其中乘积为调幅现象。

调制在时域上是用一个低频信号对一高频信号某一特征参量进行的控制。低频信号称为调制信号，高频信号称为载波，而调制出来的信号称为已调制波。所以调制的过程在时域就是使载波的某一特征参量随调制信号的变化而变化的过程。调制过程在频域上是一个移频的过程，这是调制在科学技术上得到广泛应用的根本原因。

调制-解调的作用在于某种调制方法，将原始的低频信号频谱，调制到另一个具有高频的频谱上，经调制后，高频调制波具有原始输入信号的全部信息，再经过有效的交流放大后，使调制波信号增强，然后采用解调技术又从调制波中解调出原始的输入信号，这时的信号已经是放大的输入信号。由于调制-解调方法是将低频信号的传送变为高频信号的放大传送，因此它将有效抑制低频干扰和直流漂移。

调制的类型有许多种，载波信号若用高频正(余)弦波，可调制的特征参量是幅值、频率和相位，从而可形成幅值调制、频率调制和相位调制等三种调制形式。频率调制和相位调制在本质上具有角度调制的特点，所以在具体处理上具有共同的特点。载波信号若用高频周期方波脉冲，则有脉幅调制、脉宽调制和脉位调制等脉冲调制形式。

解调是从已调制波中不失真地恢复原有的低频调制信号的过程。

5.4.1　幅度调制与解调

1. 调幅与解调原理

调幅是将一个高频正弦信号(或称载波)与测试信号相乘，使载波信号幅值随测试信号的变化而变化。现以频率为 f_z 的余弦信号 $z(t)$ 作为载波进行讨论。

由傅里叶变换的性质可知，在时域中两个信号相乘，则对应在频域中为这两

个信号的卷积，即

$$x(t)\cdot z(t) \rightleftharpoons X(f)*Z(f) \tag{5.97}$$

余弦函数的频域图形是一对脉冲谱线，即

$$\cos(2\pi f_z t) \rightleftharpoons \frac{1}{2}\delta(f-f_z)+\frac{1}{2}\delta(f+f_z) \tag{5.98}$$

一个函数与单位脉冲函数卷积的结果，就是将其图形由坐标原点平移至该脉冲函数处。所以，若以高频余弦信号作载波，把信号 $x(t)$ 和载波信号 $z(t)$ 相乘，其结果就相当于把原信号频谱图形由原点平移至载波频率 f_z 处，其幅值减半，如图 5.47 所示，即

$$x(t)\cos(2\pi f_z t) \rightleftharpoons \frac{1}{2}X(f)*\delta(f+f_z)+\frac{1}{2}X(f)*\delta(f-f_z) \tag{5.99}$$

这一过程就是调幅，所以调幅过程相当于频率“搬移”过程。这种调幅波具有极性变化，即在信号过零线时，其幅值发生由正到负(或由负到正)的突然变化，此时调幅波的相位(相当于载波)也相应发生 180° 的相位变化。此种调制方法称为抑制调幅。

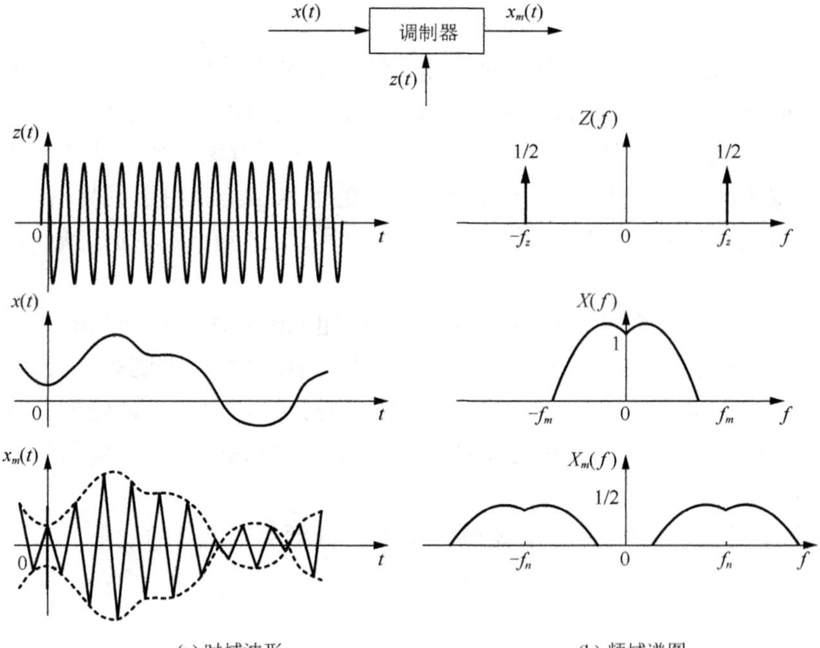

(a) 时域波形　　　　(b) 频域谱图

图 5.47　调幅过程

若把调制信号 $x(t)$ 进行偏置，叠加一个直流分量 A，使偏置后的信号都具有正电压，此时调幅波表达式为

$$x_m(t)=[A+x(t)]\cos(2\pi f_z t) \tag{5.100}$$

或

$$x_m(t)=A[1+mx(t)]\cos(2\pi f_z t)$$

式中，$m\leqslant 1$，m 称为调幅系数。这种调制方法称为非抑制调幅，或偏置调幅。其调幅波的包络线具有原信号形状，如图 5.48(a)所示。

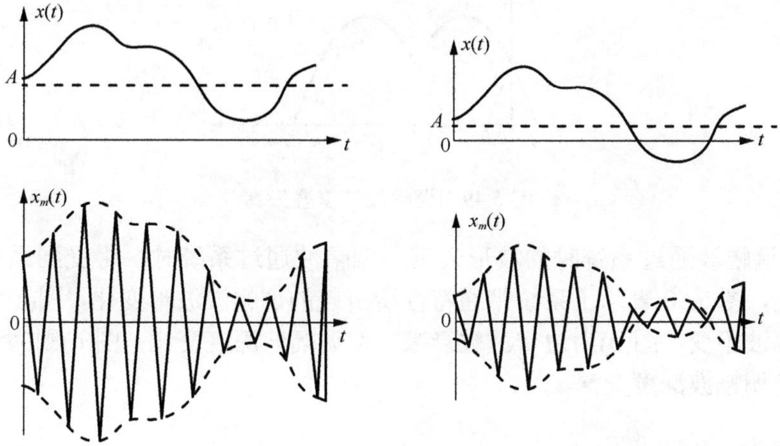

(a) 正常调制　　　　(b) 过调

图 5.48　非抑制调幅波

幅值调制的频移功能在工程技术上具有重要意义。例如，所测信号的频率很低，而常用的电子放大器在低频段工作特性不佳或容易混入低频噪声信号(如工频干扰)，干扰被测信号，则可采用幅值调制方法，将所测信号频率移至放大器增益保持常值和不易受噪声干扰的频段上待放大后，再设法移回原处，恢复已放大了的原测试信号。另外，在广播事业中为了防止各电台的相互干扰和适于发射，须将各台的声频信号移频至各自分配的高频、超高频频段上；在通信事业中也同样利用这一特性实现频分复用获得很好的效果。

2. 调幅波的波形失真

信号经过调制以后，有下列情况可能出现波形失真现象。

(1) 过调失真。对于非抑制调幅，其直流偏置必须足够大，要求调幅系数 $m\leqslant 1$。因为，当 $m\geqslant 1$ 时，若 $x(t)$ 取最大负值，可能使 $A[1+mx(t)]<0$，这就意味着 $x(t)$ 的相位将发生 180° 倒相，如图 5.48(b)所示，此称为过调。此时，如果采用包络法检波，则检出的信号就会失真，而不能恢复原信号。

(2) 重叠失真。调幅波是由一对每边为 f_m 的双边带信号组成。当载波频率 f_z 较低时，正频端的下边带将与负频端的下边带相重叠，如图 5.49 所示。这类似于采样频率较低时发生的频率混叠效应，因此，要求载波频率 f_z 必须大于调制信号 $x(t)$ 中的最高频率，即 $f_z > f_m$。实际应用中，往往选择载波频率至少为信号最高频率的十倍。

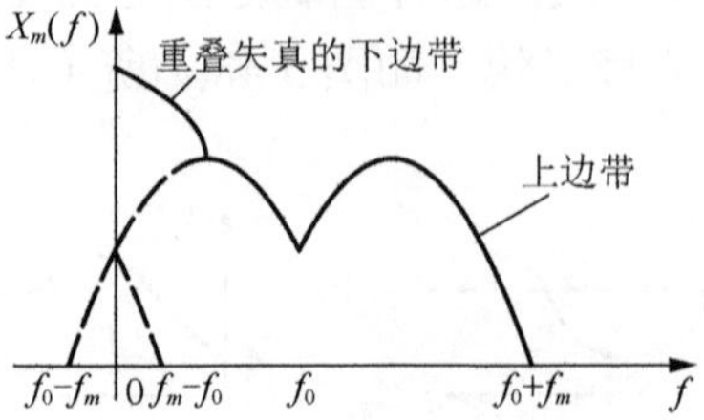

图 5.49　调幅波的重叠失真

(3) 调幅波通过系统时的波形失真。调幅波通过系统时，将受到系统频率特性的影响，图 5.50 表示了系统带通特性所引起的调幅波波形变化，图(a)为理想情况下调幅波不变；图(b)为边带波被衰减，使调幅波深度变浅；图(c)则为边带波被放大，使调幅波深度变深。

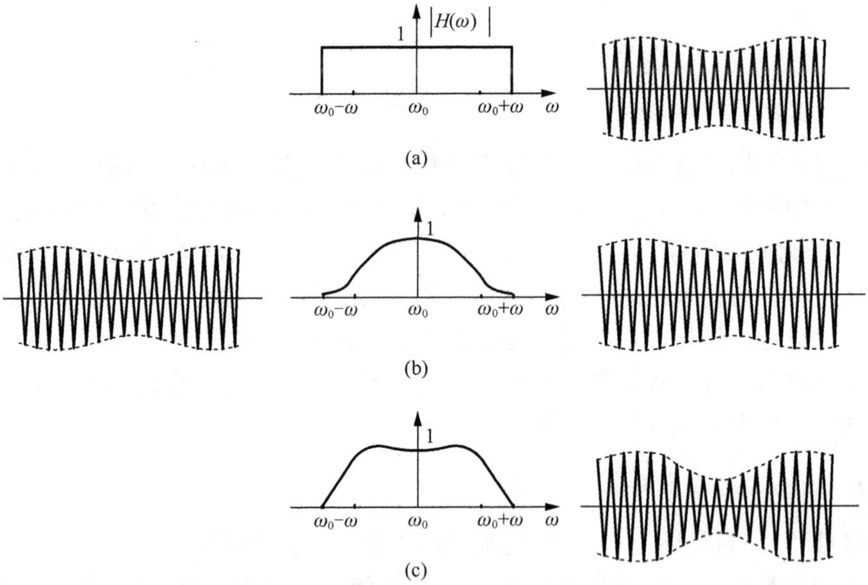

图 5.50　调幅波通过系统时的波形变化

3. 典型调幅波及其频谱

图 5.51 是一些典型调幅波的波形及频谱。

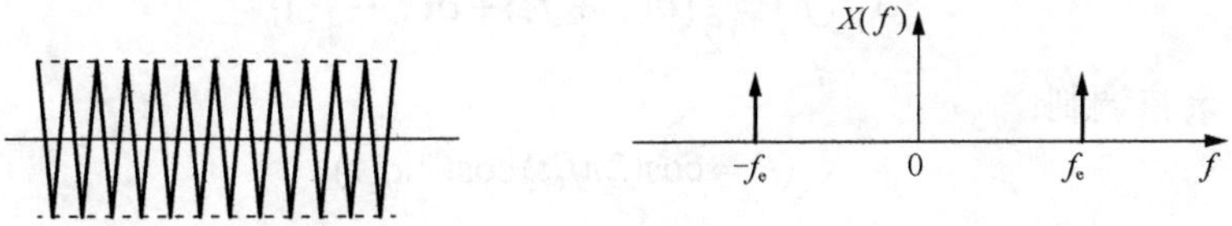

(a) 直流调制

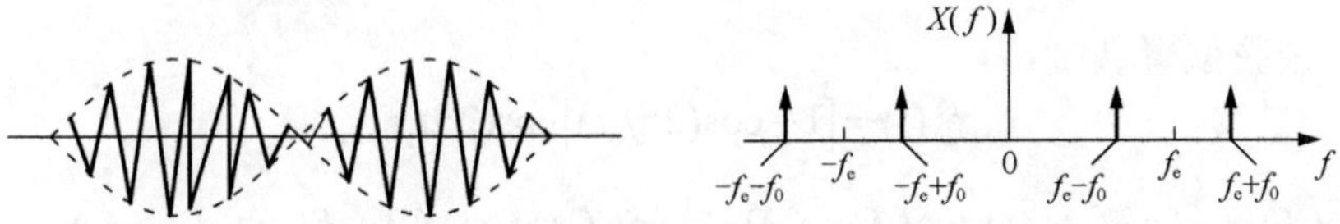

(b) 余弦调制

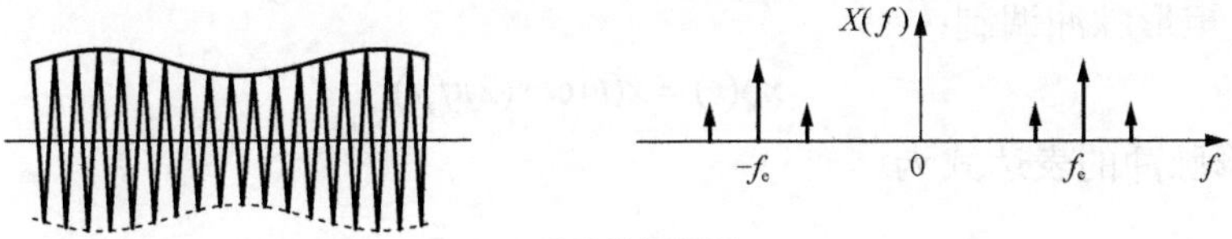

(c) 余弦偏置调制

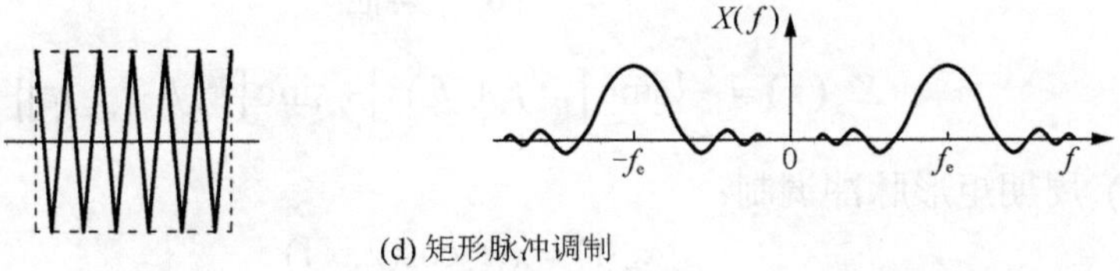

(d) 矩形脉冲调制

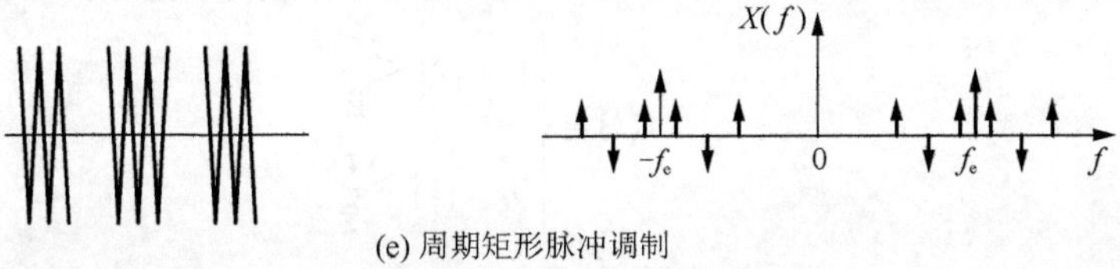

(e) 周期矩形脉冲调制

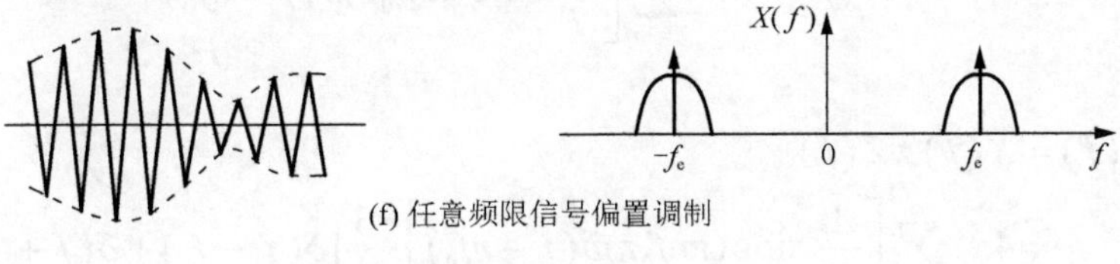

(f) 任意频限信号偏置调制

图 5.51　典型调幅波的波形及频谱

(1) 直流调制：

$$x_m(t) = 1 \times \cos(2\pi f_z t)$$

$$X_m(f)=\frac{1}{2}[\delta(f+f_z)+\delta(f-f_z)] \tag{5.101}$$

(2) 余弦调制：

$$x_m(t)=\cos(2\pi f_0 t)\cos(2\pi f_z t)$$

$$X_m(f)=\frac{1}{4}\delta(f+f_z+f_0)+\delta(f+f_z-f_0)+\delta(f-f_z-f_0)+\delta(f-f_z+f_0) \tag{5.102}$$

(3) 余弦偏置调制：

$$x_m(t)=\left[1+\cos(2\pi f_0 t)\right]\cos(2\pi f_z t)$$

$$\begin{aligned}X_m(f)=&\frac{1}{2}[\delta(f+f_z)+\delta(f-f_z)]+\frac{1}{4}[\delta(f+f_z+f_0)+\delta(f+f_z-f_0)\\&+\delta(f-f_z-f_0)+\delta(f-f_z+f_0)]\end{aligned} \tag{5.103}$$

(4) 矩形脉冲调制：

$$x_m(t)=x(t)\cos(2\pi f_z t)$$

矩形脉冲的表达式为

$$x(t)=\begin{cases}1, & |t|\leqslant\dfrac{\tau}{2}\\ 0, & 其他\end{cases}$$

$$X_m(f)=\frac{t}{2}\left\{\operatorname{sinc}\left[\pi(f+f_z)\tau\right]+\operatorname{sinc}\left[\pi(f-f_z)\tau\right]\right\} \tag{5.104}$$

(5) 周期矩形脉冲调制：

$$x_m(t)=x(t)\cos(2\pi f_z t)$$

周期矩形脉冲信号在一周期内的表达式及其傅里叶变换为

$$x(t)=\begin{cases}1, & |t|<\dfrac{\tau}{2}\\ 0, & |t|>\dfrac{\tau}{2}\end{cases}$$

$$X(f)=4\pi^2\sum_{n=-\infty}^{\infty}\left[\frac{A\tau}{T}\operatorname{sinc}(\pi n f_0\tau)\delta(f-nf_0)\right]$$

则

$$\begin{aligned}X_m(f)&=X(f)*Z(f)\\&=4\pi^2\sum_{n=-\infty}^{\infty}\left[\frac{A\tau}{T}\operatorname{sinc}(\pi n f_0\tau)\delta(f-nf_0)\right]*\frac{1}{2}[\delta(f-f_z)+\delta(f+f_z)]\\&=2\pi^2\sum_{n=-\infty}^{\infty}\left\{\frac{A\tau}{T}[\operatorname{sinc}(\pi n f_0\tau)\delta(f-nf_0-f_z)+\operatorname{sinc}(\pi n f_0\tau)\delta(f-nf_0+f_z)\right\}\end{aligned} \tag{5.105}$$

(6) 任意限频信号偏置调制：

$$x_m(t) = [1 + x(t)]\cos(2\pi f_z t)$$

$$X_m(f) = \frac{1}{2}[\delta(f + f_z) + \delta(f - f_z)] + \frac{1}{2}[X(f + f_z) + X(f - f_z)] \tag{5.106}$$

4. 幅度调制的解调

幅值调制的解调过程是将已调制波恢复为原低频调制信号的过程。恢复原波形包括幅值和正负符号两方面的内容。实现这一过程有如下几种方法。

1) 整流检波解调

这种解调方法针对非抑制调幅，在时域内的信号流程如图 5.52 所示。由于被测信号进行幅值调制前，先预加一直流偏置，使之不再具有双向极性(图 5.52(b))，然后再与高频载波相乘得已调制波(图 5.52(c))。在解调时只需对已调制波作整流(图 5.52(d))和检波(图 5.52(e))，最后再将所加直流偏置去除，就可以恢复原调制信号(图 5.52(f))了。

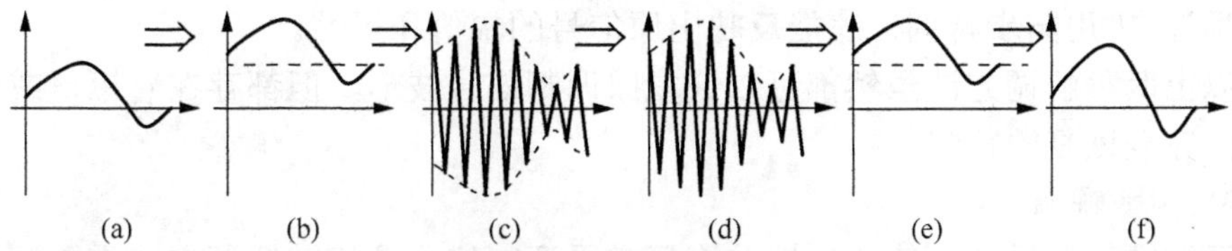

图 5.52　整流检波解调

这种方法虽然可以恢复原波形，但在调制解调过程中有一加、减直流过程，由于实际工作中要使每一直流本身很稳定，且使两个直流完全对称较难实现，致使原波形与恢复后波形虽然幅值上可以成比例(因中间有放大环节未予标出)，但在分界正负极性的零点上可能有漂移，而使分辨原波形正负极性上可能有误。

2) 同步解调

同步解调是将已调制波再与原载波信号作一次乘法运算，其过程见图 5.53。由上述调制过程的频域分析可知，调制信号与载波信号在时域相乘，造成频域内以坐标原点为中心的调制信号频谱搬移到以载波频谱为中心处。现在已调制波与载波相乘同样在频域会造成再一次的频移，即将 $x_m(t)$ 与 $z(t)$ 相乘积的傅里叶变换为

$$F[x_m(t)z(t)] = \frac{1}{2}X(f) + \frac{1}{4}X(f + 2f_z) + \frac{1}{4}X(f - 2f_z) \tag{5.107}$$

这次频移是以坐标原点为中心的已调制波频谱搬移至以载波为中心处。这样由于载波频谱与原来调制时的相同而使第二次搬移后的频谱有一部分搬移到原点处，因此同步解调后的频谱包含有与原调制信号相同的频谱和附加的高频频谱两部分，前者是恢复波形所需要的，后者是不需要的，应进一步采取低通滤波将高频部分滤除，从而留下了需要的原调制信号的频谱(只是其幅值减少了一半，这可用放大处理来补偿)，也就是说在时域恢复了原波形，这一过程称为同步解调，“同

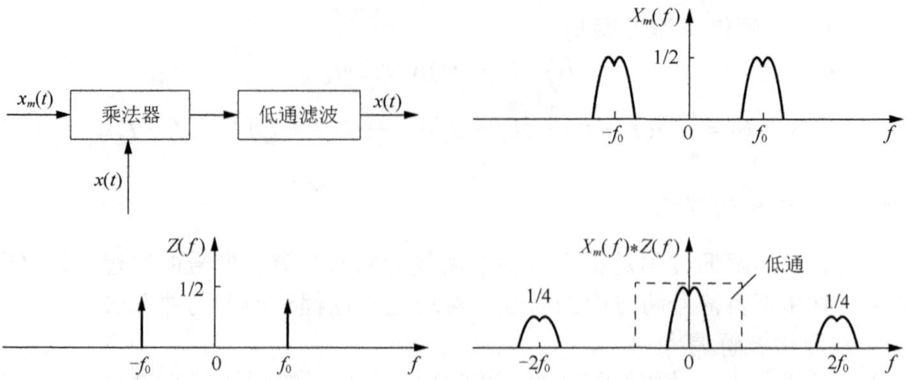

图 5.53　同步解调

步”是指解调时所乘的信号与调制时的载波信号具有相同的频率和相位。

同步解调没有任何施加直流的过程，不存在恢复波形中的零漂移问题，所以在鉴别原调制信号幅值的正负极性方面是可靠的。对于需要辨别原信号极性的“抑制调幅”，需用同步解调，才能反映出原信号的幅值和极性。

以上两种解调方法虽然都可以恢复原调制信号波形，但都存在着幅值或极性上不能完全恢复的缺陷。

3) 相敏解调

已调幅的信号在幅值和极性上恢复成原调制信号是相敏解调方法需要解决的问题，特别是后者更是相敏解调的独到之处。实现相敏解调有数种方案，环形相敏解调器是测试中应用的较为基本的一种。

图 5.54 是实现相敏解调的环形相敏检波电路原理图。四个特性一致的晶体二极管组成一个桥式线路，各桥臂上有附加电阻(未绘出)可将此电桥预调平衡，桥路的两对对角线端通过两个变压器分别输入上述的已调制波 e_y 和参考电压 U，参考电压是由前述作调制时的交流电桥激励电源提供的同一个载波信号 e_0。根据前述分析，当调制波 ΔR 处于正半周时，已调制波 e_y 与载波二者同相；而在调制波 ΔR 处于负半周时，已调制波与载波二者反相。相敏检波就是利用已调波 e_y 与载波 U(即 e_0)这种同相与反相关系来鉴别调制波 ΔR 的正负极性的。

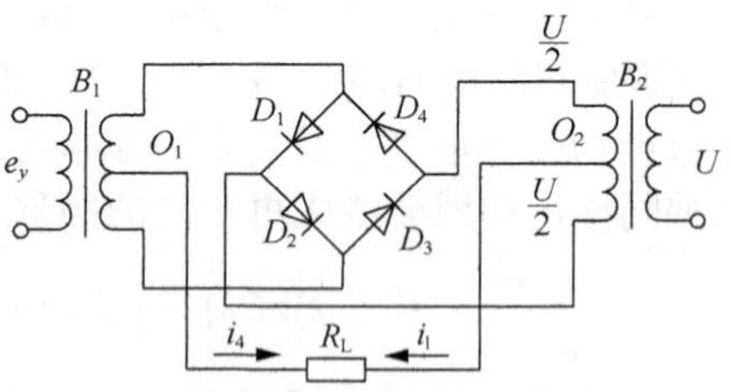

图 5.54　环形相敏检波器

在频域，解调所得的频谱难以直接推导，现借助其时域波形来加以分析。由解调时域波形可以认为它由两个波形相乘而得，如图 5.55 所示。若原调制信号为 $x_m(t)$，则解调输出如式(5.108)所示：

$$e'_y = x_m(t)\left|E_0 \sin(\omega_0 t)\right| \tag{5.108}$$

即认为是原调制信号 $x_m(t)$ 与载波的绝对值信号的乘积。这是因为已调制波是

$$e'_y = x(t) E_0 \sin(\omega_0 t) \tag{5.109}$$

其波形是具有正负值的双向波形，而解调输出 e'_y 波形的幅值取决于 e_y 值，而正负完全取决于 $x(t)$，是经过全波整流的载波即 $\left|E_0 \sin(\omega_0 t)\right|$ 与 $x(t)$ 的乘积。

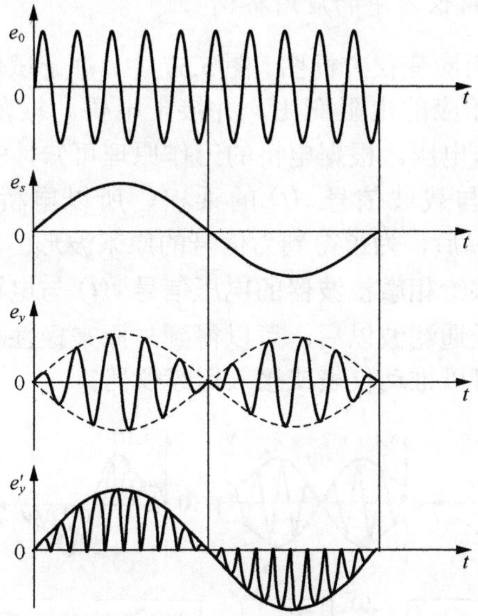

图 5.55　相敏解调波形

在时域内调幅波 $x_m(t)$ 与载波 $\left|E_0 \sin(\omega_0 t)\right|$ 的乘积是解调波，其频谱应为这两个波的频谱卷积，则应是 $x(\omega)$ 在 $\left|E_0 \sin(\omega_0 t)\right|$ 各谱线处重构波形，从而得到一系列重复性的频谱，如图 5.56 所示。

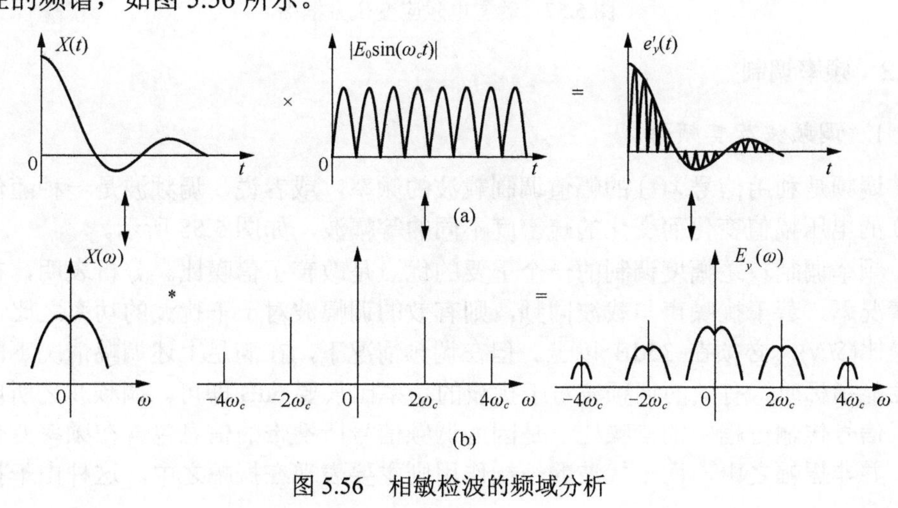

图 5.56　相敏检波的频域分析

显然只有以零点为中心的那组频谱是原调制信号的频谱，其他均应滤去。所以在解调后再作低通滤波才能最后恢复调制信号。

由以上分析可知，相敏解调既在幅值上又在正负极性上忠实于原调制信号，也就是说能够完全恢复原调制信号波形，所以它较前述两种解调方法为优，从而在实际仪器中得到广泛应用。

5. 幅度调制在测试仪器中的应用举例

图 5.57 为动态电阻应变仪方框图。图 5.57 中，贴于试件上的电阻应变片在外力 $x(t)$ 的作用下产生相应的电阻变化，并接于电桥。振荡器产生高频正弦信号 $z(t)$，作为电桥的工作电压。根据电桥的工作原理可知，它相当于一个乘法器，其输出应是信号 $x(t)$ 与载波信号 $z(t)$ 的乘积，所以电桥的输出即为调制信号 $x_m(t)$。经过交流放大以后，为了得到力信号的原来波形，需要相敏检波，即同步解调。此时由振荡器供给相敏检波器的电压信号 $z(t)$ 与电桥工作电压同频、同相位。经过相敏检波和低通滤波以后，可以得到与原来极性相同，但经过放大处理的信号 $\hat{x}(t)$。该信号可以推动仪表或接入后续仪器。

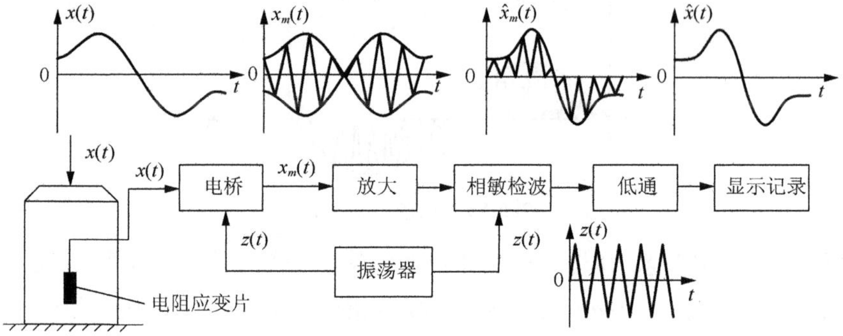

图 5.57　动态电阻应变仪方框图

5.4.2 频率调制

1. 调频波及其频谱

调频是利用信号 $x(t)$ 的幅值调制载波的频率，或者说，调频波是一种随信号 $x(t)$ 的电压幅值变化而变化的疏密度不同的等幅波，如图 5.58 所示。

频率调制较之幅度调制的一个重要的优点是改善了信噪比。分析表明，在调幅情况下，若干扰噪声与载波同频，则有效的调幅波对于干扰波的功率之比，即信噪比(S/N)，必须在 35dB 以上。但在调频情况下，在满足上述调幅情况下的相同性能指标时，有效的调频波对干扰波的功率比只要 6dB 即可。调频波之所以改善了信号传输过程中的信噪比，是因为调频信号所携带的信息包含在频率变化之中，并非振幅之中，而干扰波的干扰作用则主要表现在振幅之中。这种由干扰引起的幅度变化，往往可以通过限幅器而有效地消除掉。

调频的方法也存在着严重的不足：调频波通常要求很宽的频带，甚至为调幅所要求带宽的 20 倍；调频系统较之调幅系统复杂，因为频率调制是一种非线性调制，它不能运用叠加原理。因此，分析调频波要比分析调幅波困难，实际上，对调频波的分析是近似的。

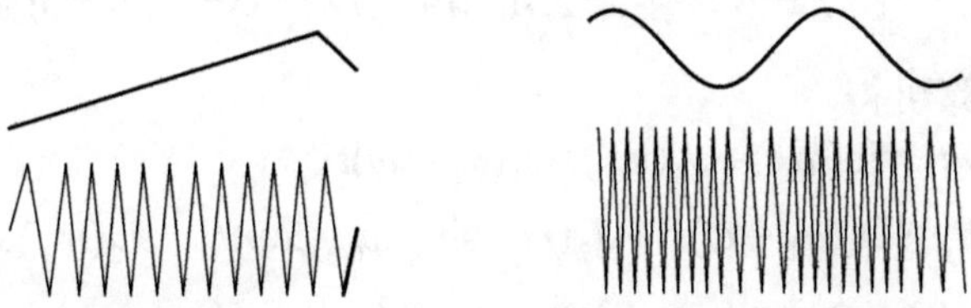

(a) 锯齿波调频　　(b) 正弦波调频

图 5.58　调频波

频率调制是载波频率对应于调制信号 $x(t)$ 的幅值的变化。由于信号 $x(t)$ 的幅值是一个随时间而变化的函数，因此，调频波的频率应是一个随时间而变化的频率，对于频率，定义为相位对时间的导数，即 $\omega = \mathrm{d}\phi / \mathrm{d}t$ 。

确切地说，ω 应为角速度，称为角频率(rad/s)，或简称为频率，式中的相位角 ϕ 应为波形表达式 $u(t) = A\cos\phi$ 中的 ϕ，通常在单一频率时，相位角 $\phi = \omega t + \theta$，式中，θ 为初相位，是一常数。因此，它的导数 $\omega = \mathrm{d}\phi / \mathrm{d}t$ ，此即所谓角频率。频率调制就是利用瞬时频率 $\mathrm{d}\phi / \mathrm{d}t$ 来表示信号的调制，即

$$\frac{\mathrm{d}\phi}{\mathrm{d}t} = \omega_0 \left[1 + x(t)\right] \tag{5.110}$$

式中，ω_0 为载波中心频率；$x(t)$ 为调制信号；$\omega_0 x(t)$ 为载波被信号所调制部分。此式表明，瞬时频率是载波中心频率 ω_0 与随信号 $x(t)$ 幅值而变化的频率 $\omega_0 x(t)$ 之和。对式(5.110)积分得

$$\phi = \omega_0 t + \omega_0 \int x(t)\mathrm{d}t \tag{5.111}$$

如果设定调制信号是单一余弦波，即

$$x(t) = A\cos(\omega t)$$

则调频波表达式为

$$\begin{aligned} g(t) = G\sin\phi &= G\sin\left[\omega_0 t + \omega_0 \int x(t)\mathrm{d}t\right] \\ &= G\sin\left[\omega_0 t + \omega_0 \int A\cos(\omega t)\mathrm{d}t\right] \\ &= G\sin\left[\omega_0 t + \frac{A\omega_0}{\omega}\sin(\omega t)\right] \\ &= G\sin\left[\omega_0 t + m_f \sin(\omega t)\right] \end{aligned} \tag{5.112}$$

式中，$m_f = A\omega_0 / \omega$ ，称为调频指数；$A\omega_0$ 是实际变化的频率幅度，称为最大频率

偏移，或表示为$\Delta\omega_0 = A\omega_0$。为了研究调频波的频谱，将式(5.112)展开，此时需要利用贝塞尔函数式：

$$\cos\left[m_f \sin(\omega t)\right] = J_0(m_f) + 2\sum_{n=1}^{\infty}\left[J_{2n}(m_f)\cos(n\omega t)\right] \tag{5.113}$$

$$\sin\left[m_f \sin(\omega t)\right] = 2\sum_{n=0}^{\infty}\left\{J_{2n+1}(m_f)\sin\left[(2n+1)\omega t\right]\right\} \tag{5.114}$$

由简单的计算可得

$$\begin{aligned} g(t) = G\{&J_0(m_f)\sin(\omega_0 t) + J_1(m_f)\sin[(\omega_0+\omega)t] \\ &- J_1(m_f)\sin[(\omega_0-\omega)t] + J_2(m_f)\sin[(\omega_0+2\omega)t] + J_2(m_f)\sin[(\omega_0-2\omega)t] \\ &+ \cdots + J_n(m_f)\sin(\omega_0+n\omega)t + (-1)^n J_n(m_f)\sin[(\omega_0-n\omega)t]\} \end{aligned} \tag{5.115}$$

式中，$J_n(m_f)$为m_f的 n 阶贝塞尔函数；m_f为自变量；而下角 n 为整数。因为$m_f = A\omega_0/\omega$，它不仅依赖与最大频率偏移$\Delta\omega_0 = A\omega_0$，而且决定于调制信号频率$\omega$本身。

根据式(5.115)求得调频波的频谱，如图 5.59 所示，并由此可以得出如下结论。

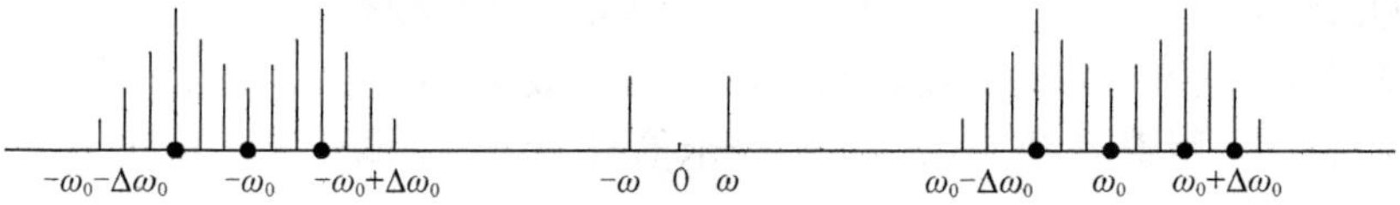

图 5.59　调频波的频谱

(1) 用单一频率ω调制时，调频波可用载频ω_0与许多对称的位于载频两侧的边频$(\omega_0 \pm n\omega)$之和的形式来表示，邻近的边频彼此之间相差为ω。

(2) 每一个频率分量的幅值等于$GJ_n(m_f)$，当 n 为偶数时，高低对称边频有相同的符号；当 n 为奇数时，它们的符号相反。

(3) 在理论上，边频数目无穷多，不过，由于从$n = m_f + 1$开始，随 n 的增加，边频幅值很快衰减，实际上认为，有效边频数目为$2(m_f + 1)$。

2. 频率调制的解调

频率调制后的解调电路常称为鉴频器，其作用是将已调频波的频率变化转换成电压的变化，也就恢复出原被测信号的波形。

1) 振幅鉴频器

图 5.60 是常用的一种谐振振幅鉴频器，它由两部分组成：左半部是线性变换部分，右半部为幅值检波器。其工作原理是：线性变换电路将调频波变换为调频调幅波，然后用幅值检波电路将调频调幅波变换成仅有幅值变化的电压波形，实

现恢复原调制信号的要求。线性变换电路的工作原理是基于谐振回路的频率特性，图中已调频波 e_f 经过 L_1、L_2 的耦合，加于由 L_2、C_2 组成的谐振回路上，在回路的谐振频率 ω_n 处，线圈 L_1、L_2 中的耦合电流最大，副边输出电压 e_a 也最大。e_f 频率偏离 ω_n， e_a 也随之下降。所以 e_a 的频率与 e_f 保持一致的变化，同时 e_a 的幅值随谐振曲线上 e_f 频率所对应的电压而变化。通常利用谐振曲线亚谐振区近似直线的一段来工作，将调频时的载波频率 ω_0 设置在直线工作段的中点附近，在有频偏 $\Delta\omega$ 时，就在 ω_0 附近工作。图 5.61 表示频偏 $\Delta\omega$ 是一正弦波，则 $\omega_0 \pm \Delta\omega$ 所对应的线性变换输出为一频率为 $\omega_0 \pm \Delta\omega$ 的正弦波，幅值随这些频率变化对应的谐振曲线上各 e_a 点的值，所以 e_a 是一个既有频率变化又有幅值变化的调频调幅波。由于在特性曲线的直线段工作，因此 e_a 的幅值变化与 $\Delta\omega$ 变化呈线性关系。后续的幅值检波电路是最常见的整流滤波部分，它将调频调幅波变换成只剩下它的包络线的电压变化波形，它与原始的频偏信号 $\Delta\omega$ 也就是与被测量相对应的ΔC 信号在幅值变化上是完全一致的。

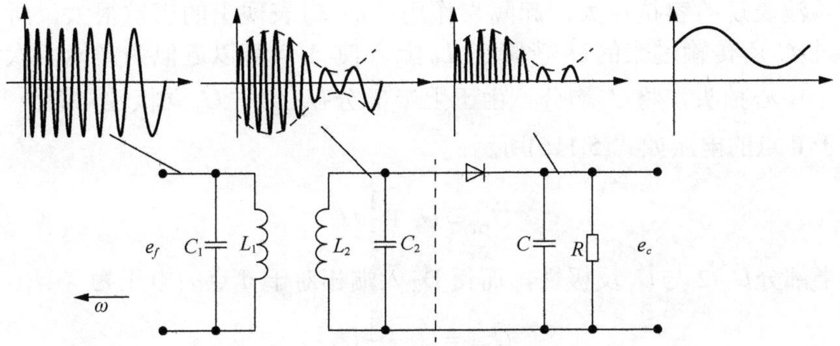

图 5.60　调频波的幅值解调

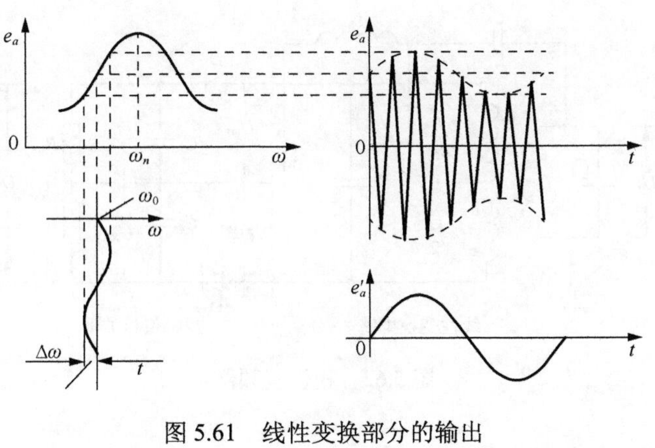

图 5.61　线性变换部分的输出

随着测量参数的变化，幅值 e_a 随调频波频率近似线性变化，调频波 e_f 的频率却和测量参数保持近似线性关系。因此，把 e_a 进行幅值检波就能获得测量参数变化的信息，且保持近似线性关系。

2) 相位鉴频器

振幅鉴频器虽然在幅值上恢复原调制信号的波形，但是对于这一信号相对原始零点是正向偏离还是负向偏离它就无力鉴别了。相位鉴频器是既能解决幅值恢复又能识别正负的调频解调电路。在概念上类似调幅解调中的相敏检波，同时在幅值相位上恢复原调制信号的波形。图 5.62 是一种基本的相位鉴频器的原理电路。它也分成线性变换部分和幅值检波部分，但与幅值鉴频有两点不同：一是它具有两套类似幅值鉴频的电路；二是它还由线性变换的输入部分引出信号通过 CL_0 接到后续电路上，并与电感耦合的副边中心抽头相连。线性变换是双调谐，即 C_1L_1 和 C_2L_2 两旁调谐电路。选配电路参数使初级改组回路的谐振频率相同，并谐振于调频信号的载波频率。输入的调频信号 $\dot{U}_1$ 一方面通过 L_1 和 L_2 的互感耦合到次级回路，形成 $\dot{U}_2$；另一方面通过电容 C 的耦合送入 L_0 支路。电容对调频波表现的容抗很大，起隔直作用；而 L_0 表现出的感抗很大，所以可以认为通过 C 所传输过来的 $\dot{U}_1$ 皆降在 L_0 上，使 d 点可以近似为虚地。次级线圈 L_2 有一个中心抽头，将 $\dot{U}_2$ 均分，由于上半部分 $\dot{U}_2/2$ 与 $\dot{U}_1$ 同极性，而使 D_1 输入端相对于 d 点的电压如式(5.116)所示：

$$\dot{U}_{D1}=\dot{U}_1+\frac{1}{2}\dot{U}_2 \tag{5.116}$$

由于下半部分 $\dot{U}_2/2$ 与 $\dot{U}_1$ 反极性，而使 D_2 入端相对于 d 点的电压为

$$\dot{U}_{D2}=\dot{U}_1-\frac{1}{2}\dot{U}_2 \tag{5.117}$$

$\dot{U}_{D1}$、$\dot{U}_{D2}$ 都是两个向量的合成，假若 $\dot{U}_1$ 幅值是某定值，$\dot{U}_2/2$ 的幅值也按耦合比

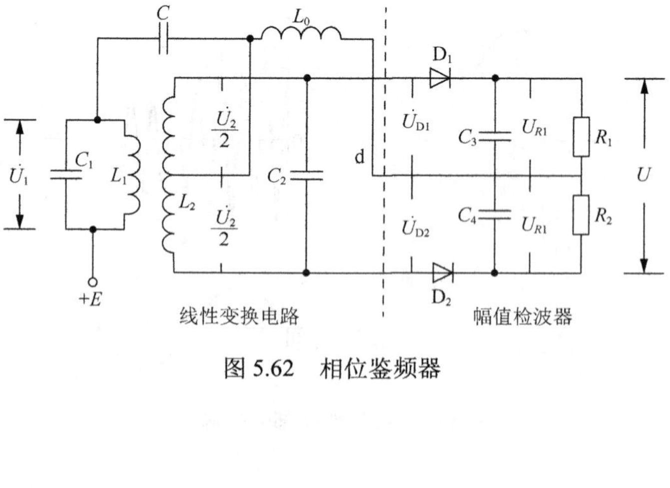

图 5.62　相位鉴频器

例是另一定值。但是$\dot{U}_1$与$\dot{U}_2/2$之间向量合成时，如果相角不同则会得到不同的结果，这一鉴频方法正是利用这一点实现鉴频的。

谐振回路的一个重要特点是其阻抗性质与大小是随着输入电压的频率变化而变化的。输入电压频率ω等于谐振回路的谐振频率ω_n，则谐振回路呈现纯电阻的阻抗；若$\omega \neq \omega_n$则呈现电感性或电容性阻抗。现分三种情况讨论其阻抗及对矢量合成的影响。

(1) $\omega = \omega_n$，则谐振阻抗为纯电阻，根据电工学上的分析可知，$\dot{U}_2$比$\dot{U}_1$滞后270°，相量合成如图 5.63(a)所示，合成的结果$\dot{U}_{D1}$和$\dot{U}_{D2}$的相量幅值相等。

(2) $\omega > \omega_n$，谐振阻抗为电感性，$\dot{U}_2$比$\dot{U}_1$滞后，大于 270°，合成的$\dot{U}_{D1}$相量的幅值大于$\dot{U}_{D2}$相量的幅值(图 5.63(b))。

(3) $\omega < \omega_n$，谐振阻抗为电容性，$\dot{U}_2$比$\dot{U}_1$滞后小于 270°，合成的$\dot{U}_{D1}$相量的幅值小于$\dot{U}_{D2}$相量的幅值(图 5.63(c))。

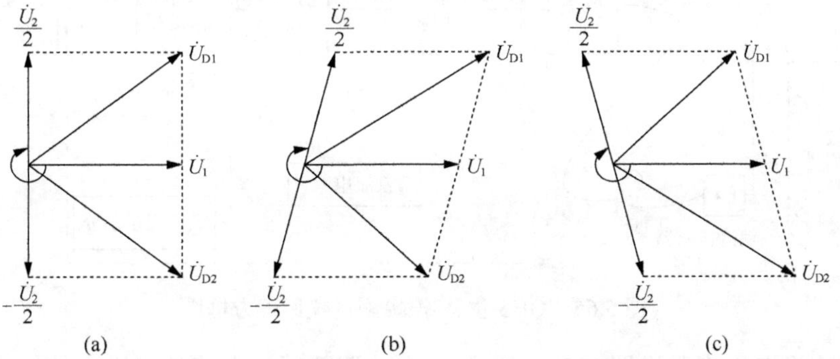

图 5.63　相量合成

ω离ω_n越远，这种效果越显著，两合成相量的幅值差越大。

在幅值检波部分是将相量$\dot{U}_{D1}$和$\dot{U}_{D2}$分别变成仅有幅值变化的非相量，然后二者相减，最后输出U_D。在$\dot{U}_{D1}$大于$\dot{U}_{D2}$时，输出U_D为正值；则在$\dot{U}_{D1}$小于$\dot{U}_{D2}$时，输出U_D为负值。图 5.64 是二者幅值加减后输出U_D随频率变化的情况。

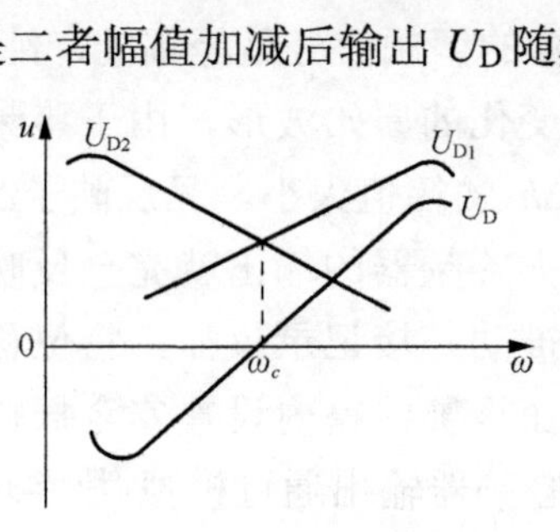

图 5.64　相位鉴频器特性

根据以上分析可以看到，如果原始测量参数设置某一值作为零位时，设 $\Delta\omega = 0$，此时调频电路输出为载波频率 $\omega = \omega_n$，则最后解调输出为零。被测参数超过设置零值 $\Delta\omega > 0$，调频电路输出电压频率为 $\omega = \omega_c + \Delta\omega$，则最后解调输出为正，反之则为负，所以就实现了在幅值和极性上恢复原被测信号。

3. 调频和鉴频的应用

调频与鉴频的方法由于具有一系列优点，因此在精密动态测试中得到较多的应用。QH5 型非接触电涡流位移-振幅测量仪是其典型应用，其原理方框图如图 5.65 所示。

该仪器用来测量被测件的位移或振动幅值，它由涡流传感器、前置器、鉴频器和显示记录器等主要部分组成。

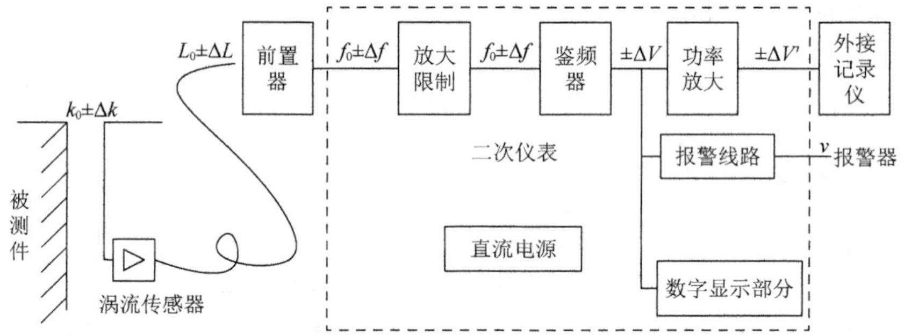

图 5.65　QH5 位移-振幅测量仪原理方框图

测量前将传感器设置在某一距离 h_0 上，调整后续电路的参数，使输出显示为零。当被测件有一偏离 h_0 的微位移量 Δh 时，涡流传感器的等效电感就会有一增量 ΔL，前置器是电容三点式振荡器，振荡频率随接入在振荡回路的电感量变化，实现了调频功能，这一调频信号经放大就得到较强的信号。但为了防止噪声干扰引起幅值变化而使解调时掺入幅值变化的因素，所以在鉴频前常加一个限幅器将干扰消去，使进入鉴频器的调频信号是等幅的，纯粹由频率来反映有用信息。经过鉴频后就恢复了位移变化的原始波形，由于鉴频器采用了相位鉴频电路，所以恢复的信号既反映了 Δh 的幅值大小，又反映了 Δh 偏离原设置零点 h_0 的数值是正向还是负向的，这样鉴频器的输出就完全反映了位移变化的规律。鉴频器的输出经功率放大就能推动外接记录仪器，将位移变化信号记录下来。鉴频器的输出还可用来报警，在报警线路内设置安全振幅阈值，鉴频器输出超过此值，就予以报警。另外，鉴频器输出通过模拟-数字转换器最后用数字形式显示位移数值。

5.5　信号的线性化电路

测试系统一般要求是线性的，线性系统就是其输入与输出之间应是成比例的。非线性度就是偏离这种比例关系的量度。如果测试系统是线性的，其被测量和显示或记录的幅值呈比例关系，这样具有很多优点：一是显示记录的标度是均匀的，在制造上易行，互换性好，安装调试方便；二是使用时读数误差小，两刻度间的数值容易正确估读；三是在动态测试中所得信号和数据无需作校正处理就能真实反映被测量的变化，可以节省大量后续处理工作。

在测试系统中，由于传感器或信号变换电路(如电桥放大器)的非线性，或者由于系统可采用的元器件的性质以及内外部的随机因素造成的对线性关系的偏离，使系统的输出和输入之间呈非线性关系。为了使系统成为线性系统，必须采用非线性校正，常用的措施有下列几种。

(1) 在设计变换环节时，选择与输入量线性关系最好的参数作为输出量。如电容式传感器中电容变换的函数为$C=\varepsilon s/\delta$，若选择相互覆盖面积s或介电常数ε作为输入量，则此环节显然是线性的。若选极距δ作为输入量，那么电容C的变化与δ的变化关系就是非线性的。但如果不取电容，而以容抗$Z_0=1/(\omega c)$作为输出量，那么极距变化与输出量$Z_0=\delta/(\omega\varepsilon s)$之间就是线性关系。

(2) 如已制成的系统或环节是非线性的，在工程上常用缩小测试系统工作范围的办法近似地作为线性处理。在工程允许的非线性误差范围内，在此工作段内当做线性特性，所取工作段越小，工作范围越窄，非线性误差就越小。

(3) 如果非线性交换函数在时间上是稳定的，可以统计出非线性误差值，从而可以列出校正值表格，在测量结果中加上相应的校正值，从数据处理的角度校正非线性，就可得到准确的数值。

校正非线性的线性化环节实现方案有多种形式，主要可分为模拟和数字线性化两大类。

5.5.1　模拟线性化

在测试系统中，如果传感器或变换电路中存在非线性，此时信号流程仍处于模拟形式，为校正非线性，通常在此模拟信号流程的某一步上进行线性化处理。在不采用数字技术或数字技术使用受到限制的情况下是适宜的，同时模拟处理实现起来较为简单而且经济。

1. 开环式非线性校正

所谓开环式非线性校正，就是在非线性环节的后面接一个适当的非线性校正环节(称为线性化电路或线性化器)，其特性应与非线性环节的特性呈反函数关系，从而使整个系统的输入-输出特性呈线性关系。

图 5.66 是将线性化环节串接在模拟信号变换后部分的一个测试系统。该系统的第一个环节是非线性环节，其特性设为 $x_1 = f(x)$，系统的其他环节假设均为线性特性，可以等效为线性放大环节，其特性为 $x_2 = k_2 x_1$。要求整个系统的输出特性为线性，即 $y = kx$，则可由各环节特性和总体特性及它们之间的关系求出线性化环节的特性，即 y 与 x_2 间的关系：

$$x_2 = k_2 x_1 = k_2 f(x) = k_2 f\left(\frac{y}{x}\right) \tag{5.118}$$

故

$$\frac{x_2}{k_2} = f\left(\frac{y}{k}\right) \tag{5.119}$$

则

$$y = kf^{-1}\left(\frac{x_2}{k_2}\right) \tag{5.120}$$

式(5.120)表明线性化环节的特性应与非线性环节输出特性的反函数成正比。

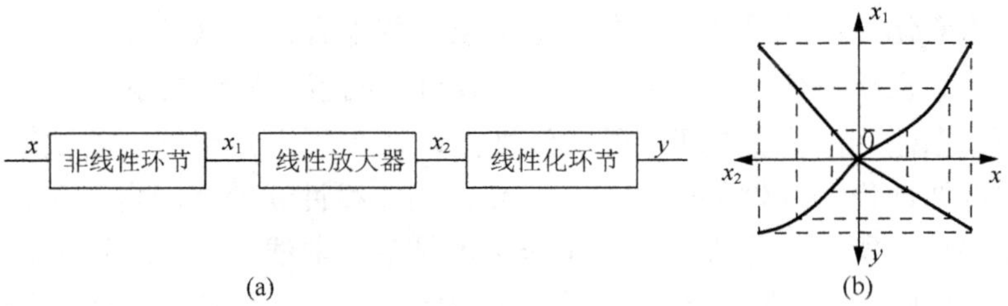

图 5.66　线性化环节框图

线性化环节的特性也可根据其他环节的特性用图解法求得，图解法比较简单、实用。图 5.66(b)是图解方法求取线性化环节特性的过程。

(1) 将非线性环节的特性曲线 $x_1 = f(x)$ 表示在第一象限；将线性环节特性曲线 $x_2 = k_2 x_1$ 表示在第二象限，而第四象限是所要求的整个系统的总特性 $y = kx$。

(2) 根据精度要求，将 x 轴分成 n 段，然后通过各点作 x 轴的垂线，分别与 $x_1 = f(x)$ 曲线和 $y = kx$ (k 为系统灵敏度)曲线相交，再从各点作 x 轴的平行线。

(3) 从 x 轴上方各水平线与 $x_2 = k_2 x_1$ 曲线的交点作 x 轴的垂线，这些垂线与从 $y = kx$ 曲线交点所作的水平线相交，位于第三象限的这些交点的连线便是所要求的线性化环节的特性曲线 $y = f_2(x_2)$。

实现这种原理的方法可采用简单的具有互补(即反函数)的非线性元器件或特殊设计的电路。例如，若传感器具有指数函数的特性，便可选用具有对数特性的电路来作线性化环节，这种具有特定非线性的电路有的已制造出集成电路块可供选购。对于不同的非线性特性，还可巧妙地借用其他通用元器件的非线性来作校正环节。

图 5.67(a)是对不平衡电桥非线性校正的实例。根据纯电阻电桥单臂工作的失衡输出电压为

$$\Delta e_y=\left(\frac{R_1+\Delta R_1}{R_1+\Delta R_1+R_2}-\frac{R_4}{R_3+R_4}\right)U \tag{5.121}$$

若取 $R_1=R_2=R_3=R_4=R$ ，则式(5.121)简化为

$$\Delta e_y=\frac{\Delta R}{2(2R+\Delta R)}U \tag{5.122}$$

在电桥工作于微偏差电阻 $R\gg\Delta R$ 状态下，有

$$\Delta e_y\approx\frac{\Delta R}{4R}U \tag{5.123}$$

即可近似认为Δe_y与$\Delta R/R$呈线性关系。但若电桥工作在大偏差电阻状态下，那么公式中分母所含ΔR就不能忽略了，这样，Δe_y与$\Delta R/R$就不能近似看做线性关系了，这时电桥的输出电压为

$$\Delta e_y=\frac{\Delta R/R}{4\left(1+\dfrac{\Delta R/R}{2}\right)}U \tag{5.124}$$

令$\Delta R/R=M$ ，则

$$\Delta e_y=\frac{M}{4\left(1+\dfrac{M}{2}\right)}U \tag{5.125}$$

由此可见，输出电压与输入参数 M 之间是非线性函数关系。

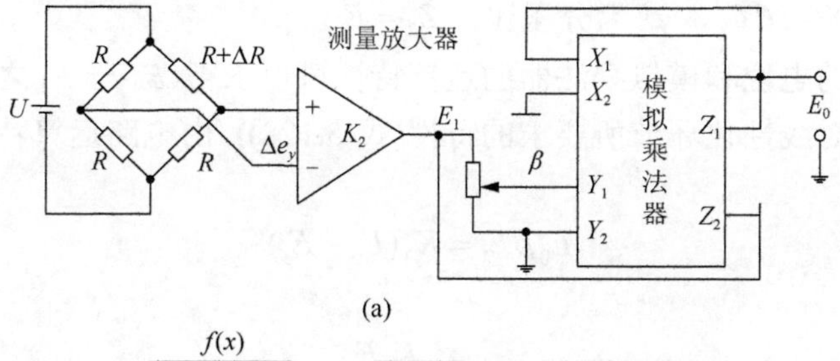

(a)

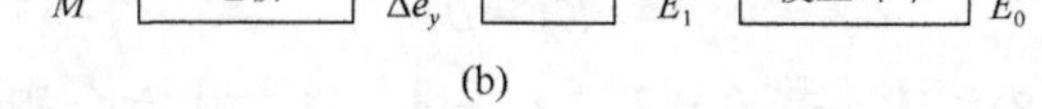

(b)

图 5.67　不平衡电桥的非线性校正

电桥的输出电压经过具有线性放大倍数 K_2 的放大器得 $E_1=K_2\Delta e_y$ 。其输入输出之间仍然是非线性关系：

$$E_1 = \frac{M}{4\left(1+\frac{M}{2}\right)} K_2 U \tag{5.126}$$

为了校正这一非线性关系，在此后串接一个非线性校正环节。图 5.67(b)是对应于前述分析线性化过程的原理方框图。根据前述分析，线性化环节应具有与非线性环节特性互补的特性，即

$$y = Kf^{-1}\left(\frac{x_2}{k_2}\right)$$

原有的非线性函数为

$$f(x) = \frac{x}{4\left(1+\frac{x}{2}\right)} U$$

这样就可以求出反函数为

$$y = \frac{4x_2}{K_2 U - 2x_2} \tag{5.127}$$

将本例参数代入，参照图 5.67(b)，最后的线性化环节特性应为

$$E_0 = \frac{4E_1}{K_2 U - 2E_1} \tag{5.128}$$

在本例中实现这一线性化特性函数的环节是采用了模拟乘法器的通用集成电路，它的运算特性是

$$(X_1 - X_2)(Y_1 - Y_2) = K_3(Z_1 - Z_2) \tag{5.129}$$

式中，X、Y、Z 是集成电路块相应接插脚处的电位。

由图中接线状态可知，$X_2 = Y_2 = 0$，$Z_1 = E_0 = X_1$，Y_1 是通过电位器对 E_1 分压后得到的，$Y_1 = \beta E_1$，β 为分压比，$Z_2 = E_1$。

根据各点的电位和模拟乘法器的运算特性可以求得 E_0 与 E_1 之间的函数，这一关系应满足对线性化环节所要求的特性(式(5.128))。由电路运算特性可以写出各点电位关系为

$$E_0 \beta E_1 = K_3(E_0 - E_1)$$

由此可解出

$$E_0 = \frac{K_3 E_1}{K_3 - \beta E_1} \tag{5.130}$$

将式(5.130)与式(5.128)相比，若 $\beta = 2$，$K_3 = 4$，则二式完全相同，也就是说将电路参数按此条件调整后，模拟乘法器所具有的特性满足对电桥电路非线性作线性校正的函数要求，即校正环节特性是非线性函数的反函数。

最后根据此电路解出总的系统特性，即 E_0 与 M 的函数关系。由于

$$E_0\beta E_1 = K_3(E_0 - E_1)$$

而

$$E_1 = K_2U\frac{M}{4\left(1+\frac{M}{2}\right)}$$

从而

$$E_0\left[\frac{K_2U\beta}{4}\frac{M}{1+\frac{M}{2}}\right] = K_3\left[E_0 - \frac{K_2UM}{4\left(1+\frac{M}{2}\right)}\right]$$

因

$$\frac{K_2\beta U}{K_3} = 2$$

故

$$E_0 = \frac{K_2UM}{4} \tag{5.131}$$

这一总的系统特性表明最后的输出电压 E_0 是与输入参量 M 呈线性关系的，也就说明线性化环节确实起到了对非线性函数的校正作用。

2. 闭环式非线性校正

除了开环线性化方法之外，还有闭环线性化方法。闭环线性化方法是将线性化环节接在反馈回路中达到线性化的目的。图 5.68 是采用输出信号反馈对非线性环节作线性校正的原理方框图。

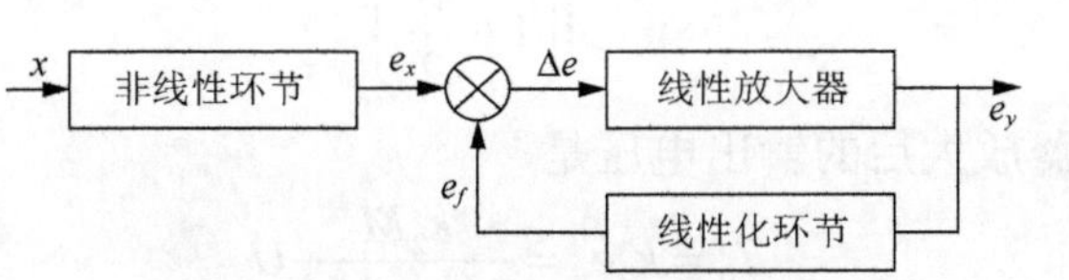

图 5.68　闭环校正非线性方框图

若该系统中的非线性环节特性为

$$e_x = f(x)$$

线性放大器的特性为

$$e_y = k_2\Delta e$$

输出电压 e_y 通过线性化环节后得到 e_f。将 e_f 与非线性环节的输出 e_x 同时送入比较环节后得到二者的差值为

$$\Delta e = e_x - e_f$$

若要求系统总特性为线性：

$$e_y = kx$$

将上述各式进行运算，求出线性化环节特性，即 e_f、e_y 的关系为

$$e_f = f\left(\frac{e_y}{k}\right) - \frac{e_y}{k_2}$$

使 $k_2 \gg 1$，则

$$e_f \approx f\left(\frac{e_y}{k}\right) \tag{5.132}$$

此式表明，对非线性环节作线性校正，位于反馈通道上的线性化校正环节须具有与非线性环节相同的特性函数。图 5.69 是利用测试系统输出对非线性环节的激励电源加以控制的线性化措施。

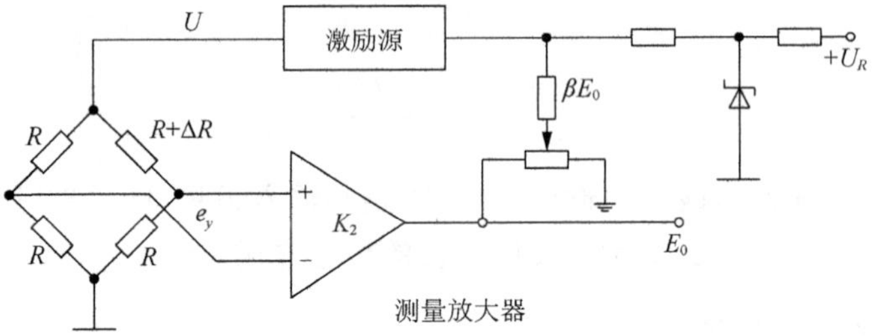

图 5.69　利用反馈作非线性校正

单臂工作的不平衡电桥输出电压为

$$e_y = \frac{M}{4\left(1+\frac{M}{2}\right)}U$$

经线性测量放大器放大后的输出电压是

$$E_0 = k_2 e_y = \frac{k_2 M}{4\left(1+\frac{M}{2}\right)}U \tag{5.133}$$

这是一个非线性输出特性。为了校正这一非线性，采用了对电桥激励电压 U 作修正的方法。由于电压 E_0 具有与原非线性环节相同的非线性特性，因此将 E_0 取出部分反馈施加到原非线性环节上，将 E_0 经分压取出 βE_0 加到激励电源中。

$$U = U_R + \beta E_0 \tag{5.134}$$

将式(5.134)代入式(5.133)得

$$E_0 = \frac{K_2 M}{4\left(1+\dfrac{M}{2}\right)}(U_{\mathrm{REF}} + \beta E_0)$$

经移项合并后：

$$E_0 = \frac{K_2 M U_R}{4 + M(2 - K_2 \beta)}$$

选择参数使 $K_2 \beta = 2$，则

$$E_0 = \frac{K_2 U_R M}{4} \tag{5.135}$$

这样就实现了 E_0-M 特性关系的线性化。这种利用反馈来调节电源电压以校正电桥的非线性特性的线性化电路已做成集成电路器件，通过不同的接插脚外接相应的阻容元件来调节 K_2，β 以达到需要值，并可调节 U_{REF} 值以改变输出灵敏度。本例中可以将 βE_0 直接反馈到电桥激励电源上，得到相应的 E_0-M 公式，但在输出处要加一参考电压以消除直流分量。

从理论上推导，可以直接把非线性环节作为非线性校正环节放在反馈回路中。但是在实际工作中，如果非线性环节是传感器，其输入量是非电量，输出量是电量，而反馈线性校正环节处在电路系统中工作，要求输入输出均为电量，因而不可能把传感器直接置身于电路系统中作为校正环节。所以通常用一个与传感器特性相同的电路作为非线性校正环节接入反馈回路中。

实现与传感器特性相同的电路方法有两种：一种是采用特殊元器件产生与传感器特性相近似的平滑拟合方法；另一种是采用通用元器件组合成的电路以多段折线拟合传感器的非线性特性。

3. *差动补偿法*

传感器敏感元件的输出的级数形式为

$$y(x) = a_0 + a_1 x + a_2 x^2 + \cdots + a_n x^n \tag{5.136}$$

式(5.136)表明，传感器敏感元件的输出除了线性项 $a_1 x$ 外，还包括含有非线性的二次以上的高次项。在小信号的情况下，二次项的数值较大，随着次数的增加，它们的数值渐趋于零。将信号中的非线性项消除，保留线性成分，就能达到线性化的目的。

差动补偿法利用两个特性相同的敏感元件在相反方向工作，并取它们的信号差作为传感器的输出，就能使信号的线性度得到改善。

设敏感元件 1 的输出特性为

$$y_1(x_1) = a_0 + a_1x_1 + a_2x_1^2 + \cdots + a_{2n+1}x_1^{2n+1} \tag{5.137}$$

敏感元件 2 的输出特性为

$$y_2(x_2) = a_0 + a_1x_2 + a_2x_2^2 + \cdots + a_{2n+1}x_2^{2n+1} \tag{5.138}$$

敏感元件 1、2 的特性相同，但在工作时输入信号反向，则有

$$x = x_1 = -x_2$$

式(5.138)中将不包含偶次项，只残留奇次项，当奇次项的数值很小时，输出信号的线性度得到很大的改善。

差动补偿法只能抵消二次以上的偶次非线性项，希望在敏感元件的输出特性中，三次以上的奇次项应尽量小，以获得较好的线性化效果。差动补偿不但能减小测试量的非线性成分，而且能消除对两个敏感元件起同样作用的干扰，从而有效地减小误差。但所采用的两个传感器元件应有尽可能一致的特性，以获得更好的补偿效果。

4. 分段校正法

分段校正法的实质就是将图 5.70 中的传感器的输出特性 $U_{实} = f(x)$，由逻辑控制电路分段逼近到希望的特性 $U_{校} = K_2x$ 上。方法如下。

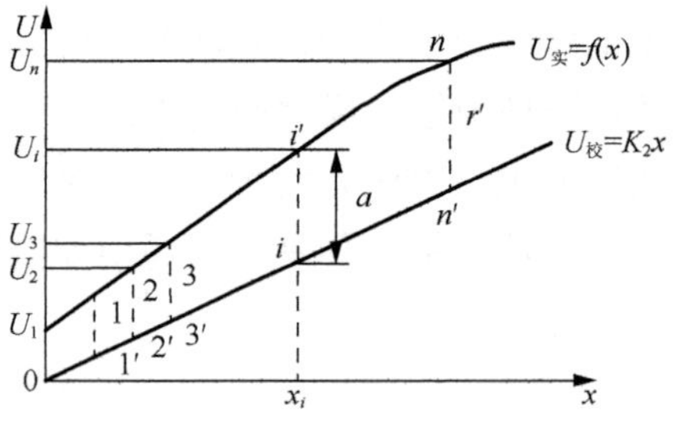

图 5.70　传感器输出特性

首先按精度要求把 $f(x)$ 划分为 n 段。当 n 足够大时，每一小段均可看成直线，并由 $U_{实} = f(x)$ 上的 $1,2,3,\cdots,n$ 点得到相应 $U_{校} = K_2x$ 上的 $1',2',3',\cdots,n'$ 点。校正电路根据 $f(x)$ 的大小由逻辑电路判断属于哪一小段上，再经过模拟运算，进行线性变换使 $f(x)$ 上的 i 段落到 $U_{校} = K_2x$ 相应的 i 段上。因此，经 n 段校正后，就可以得到由 $1',2',3',\cdots,n'$ 连接起来的校正曲线 $U_{校} = K_2x$。由图 5.70 可得 i 段直线方程为

$$U_{实i} = U_i + K_1(x - x_i) \tag{5.139}$$

式中，U_i 为该段的初始值；K_1 为 i 段直线斜率。

相应的第 i 段直线方程为

$$U_{校i}=(U_i-a)+K_2(x-x_i) \tag{5.140}$$

式中，a 为 i 段与 i'段的初始之差。

令第 i 段与 i'段的斜率之差为 K，即

$$K=K_1-K_2 \tag{5.141}$$

由式(5.140)、式(5.141)有

$$\begin{aligned}U_{校i}&=(U_i-a)+(K_1-K)(x-x_i)\\&=[U_i+K_1(x-x_i)]-[a+K(x-x_i)]\\&=U_{实i}-[a+K(x-x_i)]\end{aligned} \tag{5.142}$$

将式(5.139)代入式(5.142)可得

$$U_{校i}=U_{实i}-\left[a-\left(\frac{K}{K_1}\right)U_i+\left(\frac{K}{K_1}\right)U_{实i}\right] \tag{5.143}$$

式(5.143)右边第二项 $[a-(K/K_1)U_i+(K/K_1)U_{实i}]$ 即为线性变换的校正部分，它可以通过以集成运算放大器为核心的比例电路来实现，也可以通过软件编程来实现。图 5.71 中虚线框内的电路为硬件实现的电路，它为式(5.143)的运算电路。

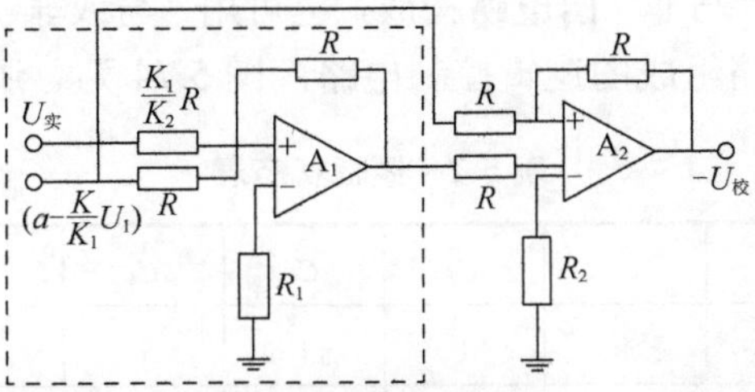

图 5.71　模拟运算电路

校正电路的参数与 U_i 及 K 值有关，因此 n 段直线中每一段的校正电路参数是不同的，也就是说 n 段有 n 个参数不同的校正电路。为了电路能按式(5.143)的关系进行运算，就要求控制电路能根据 $U_实$ 的大小来进行判断，确定属于哪一段，并使该段的校正电路自动接到后面运算放大电路，而其他校正电路均与后面校正电路断开。

判断电路可由初值分段比较电路及译码电路组成。图 5.72 为 n=8 时的初值比较电路。表 5.2 为鉴别器 C_1～C_7 的输出状态。

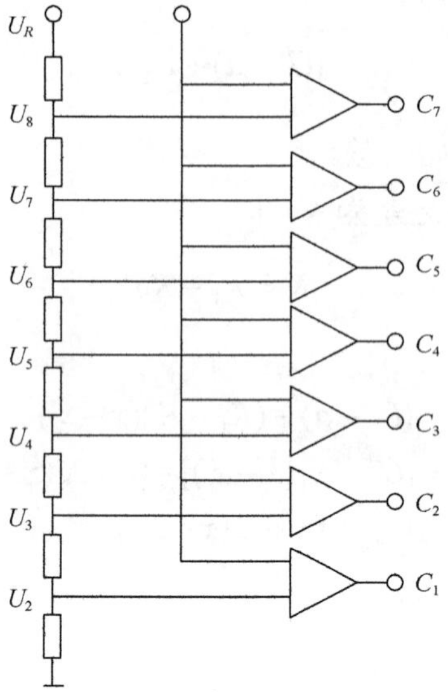

图 5.72　初值比较电路

由表 5.2 可直接列出逻辑函数式为

$$A_0 = C_1C_2 + C_3C_4 + C_5C_6 + C_7$$
$$A_1 = C_2C_4 + C_6$$
$$A_2 = C_4$$

该逻辑函数可用“与非”门电路构成，也可用“与或非”门电路构成。图 5.73 即为由“与非”门电路组成的逻辑控制电路，图 5.74 为总逻辑控制电路图。

表 5.2　逻辑状态表

U 值	C_1	C_2	C_3	C_4	C_5	C_6	C_7
$U_{实} > U_8$	1	1	1	1	1	1	1
$U_8 > U_{实} > U_7$	1	1	1	1	1	1	0
$U_7 > U_{实} > U_6$	1	1	1	1	1	0	0
$U_6 > U_{实} > U_5$	1	1	1	1	0	0	0
$U_5 > U_{实} > U_4$	1	1	1	0	0	0	0
$U_4 > U_{实} > U_3$	1	1	0	0	0	0	0
$U_3 > U_{实} > U_2$	1	0	0	0	0	0	0
$U_2 > U_{实} > U_0$	0	0	0	0	0	0	0

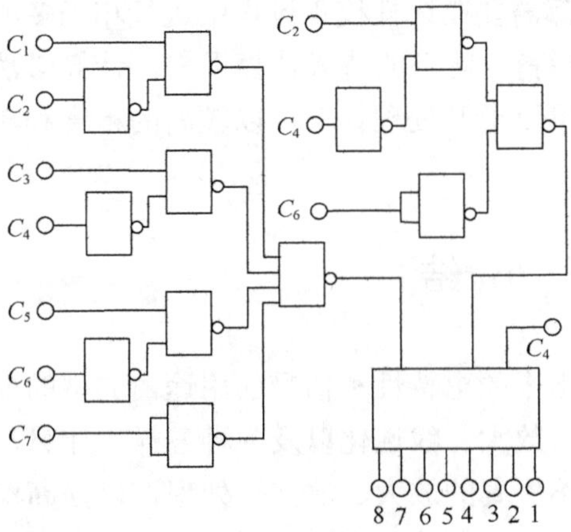

图 5.73　逻辑控制电路

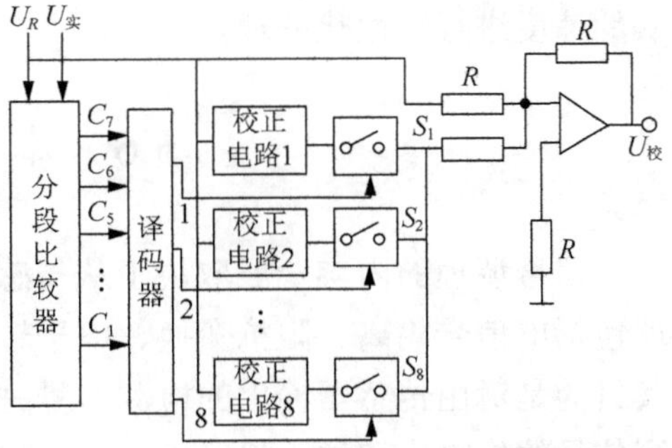

图 5.74　总逻辑控制图

5.5.2　用软件实现线性化

硬件线性化器的最大优点是实时处理，但精度受到体积、成本的限制。若要求的精度比较高，就得增加器件的数目，随着精度要求的提高，其器件的数目及成本增加更快。由于计算机科学的发展，数字计算机具有编程的能力，它能提供最为综合的、准确的以及各种形式的函数发生器，这样就能对任何已数字化的非线性输出作线性化处理。用计算机实现线性化，用的是软件，无须增加硬件设备，与硬件补偿方法相比，既可大大提高精度，又能降低成本、提高可靠度。线性化算法的关键在找到一合适的校正函数，根据对传感器特性的标定情况，线性化方法可有曲线拟合、插值、查表等多种方法。

曲线拟合法是用一个确定的解析函数来拟合所得标定曲线(校准曲线)，包括确定该函数的类型、具体结构形式及其一切必要的参数，然后通过函数的数值计算求得精确的测量结果。

插值法又称为分段拟合法，它把校准曲线的整个区间划分成若干段，每段用一个多项式拟合，根据输入量 x 所在的区段，即可按该段的拟合多项式计算出准确的测量结果。插值法通常有线性插值和抛物线插值两种形式。

查表法是事先用表格形式确定输出量与输入量之间的关系，并将表格按一定方法(如大小顺序)存入内存单元。处理过程中，先取得输出量结果，然后查表得到输入量真值。

最简单的表格形式是清单，把一列无序数据依次存入内存一些相连的存储单元中，就成为一张清单。存储地址可以任意选取，不过应以某种方式记住，以便检索。例如，可以把清单首地址存入某一指定的存储单元 DATA 和 DATA+1 中，检索时再从这里取清单首址。

无论曲线拟合法还是插值法线性化，都需要在线性校正过程中进行相当多的复杂的计算。若计算处理不当(字节数不够等)，就可能造成计算误差，计算必然使得程序变长，处理速度降低。而查表法可以避开处理计算，以较高的精度和较快的速度进行线性化处理。

5.6 本章小结

信号调理的内容一般取决于从传感器出来的电特性和信号的用途，典型的处理包括电信号隔离、阻抗变换、电平转换、放大、线性化以及各种各样的计算，其目的是对由传感器输出的检测信号进行不失真的放大、滤波等处理，以提高检测信号的信噪比和抗干扰能力，进一步地进行信号的识别、分析、诊断、显示、存储、打印和记录等，以显示最明显的信号特征或检测结果。

本章介绍了信号放大电路、信号滤波、信号调制与解调以及信号的线性化处理方法。放大电路将从传感器拾取到的微弱有用信号进行放大，但同时也会将干扰噪声放大。因此，要用滤波器根据被测信号的特征以及应用的具体要求滤去不需要的高频或低频信号或提取某特定频段的信号。信号调制在时域上是用一个低频信号对一高频信号某一特征参量进行的控制，在频域上是一个移频过程。信号的解调过程是将已调制波恢复为原低频调制信号的过程。测试系统一般要求是线性的，即其输入与输出是成比例的，为了使系统成为线性系统必须采用线性矫正。

习　题

5.1 电荷放大电路的噪声与漂移与什么因素有关？怎样减少其影响？

5.2 什么是高共模抑制比放大电路？应用于何种场合？

5.3 在图 5.4(b)所示的电路中，N_1、N_2 为理想运算放大器，$R_2 = R_4 = R_1 = R_3 = R$，试求其闭环电压放大倍数。

5.4 在图 5.5 所示的电路中，N_1、N_2、N_3 工作在理想状态，$R_1 = R_2 = 100\text{k}\Omega$，$R_0 = 100\text{k}\Omega$，$R_3 = R_4 = 20\text{k}\Omega$，$R_5 = R_6 = 60\text{k}\Omega$，$N_2$ 同相输入端接地，试求电路的差模增益。电路的共模抑制能力能否降低？为什么？

5.5 什么是自举电路？应用于何种场合？

5.6 根据 LF347 和 CD4066 的引脚图，将集成运算放大器 LF347 和集成模拟开关 CD4066 连接成自动调零放大电路。

5.7 隔离放大电路有什么特点？应用于什么场合？

5.8 数控增益放大器与常规的放大器相比有什么特点？有哪些类型的数控增益放大器？

5.9 画出可获得 1、20、100 十进制增益的电路原理图。

5.10 何谓电桥放大电路？应用于何种场合？

5.11 已知理想低通滤波器的传输函数。

$$H(\omega)=\begin{cases}A_0\mathrm{e}^{-\mathrm{j}\omega\tau_0}, & -\omega_c<\omega<\omega_c\\ 0, & \text{其他}\end{cases}$$

当阶跃信号通过此滤波器以后，试求：①时域波形；②频谱；③滤波器带宽 $(B_f=\omega_c/(2\pi))$ 与滤波器上升时间之间的关系。

5.12 试求调幅信号 $x_A(t)=[1+\cos t]\cos(100t)$ 通过带通滤波器时的输出信号 $y_A(t)$ 及其频谱 $y_A(\omega)$。带通滤波器的传输特性为

$$H(\omega)=\frac{1}{1+\mathrm{j}(\omega-100)}$$

5.13 余弦函数被矩形脉冲调幅，其数学表达式如下，求其频谱。

$$x_s(t)=\begin{cases}\cos(\omega_0 t), & |t|<T\\ 0, & |t|>T\end{cases}$$

5.14 非线性校正的开环校正与闭环校正各有什么特点？

第6章 信号转换电路

6.1 信号转换电路的组成

现代测控系统中，信号的处理几乎无一例外地使用计算机(微处理器)作为系统的控制核心。然而，计算机只能对数字信号进行处理，而测控系统需要处理的信号中的绝大多数是模拟信号；因此，需要将模拟信号转换为数字信号的电路，称为模数转换电路或A/D转换电路。

A/D信号转换电路主要是将经过信号调理电路处理之后的模拟信号转换为数字信号，存入指定的地方。在进行信号转换时，需要考虑以下两个问题：①转换电路应具有所需特性；②要求信号转换电路具有一定的输入阻抗和输出阻抗以及与之相连的器件阻抗匹配。

图6.1是信号转换电路的典型组成，如果需要处理的是多路模拟信号，就必须送入多路模拟开关，多路开关主要用于信号切换，如在某一时刻接通某一路，让该路信号输入而让其他路断开，分时切换不同的信号进入转换通道，让计算机分时处理。

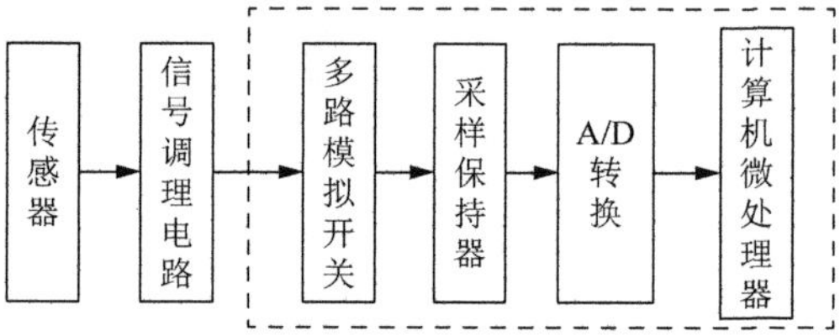

图6.1 信号转换电路的典型组成

当输入信号变化频率较高时，为了减少动态数据测量的孔径误差，对于快速动态信号应设置采样/保持电路以防止采样过程中信号发生变化。A/D转换器负责将模拟信号转换为数字信号送入微处理器进行处理。

6.2 多路模拟开关

多路模拟开关是数据采集系统中的主要部件之一，它的作用是切换各路输入信号。在测试系统中，被测物理量经常是几个甚至几十个，如果每一路都单独采用各自的输入回路，不仅成本较大，而且会导致系统体积庞大，所以，通常采用公共的采样/保持及 A/D 转换电路，这时就需要多路开关，轮流把各路被测信号分时地与这些公用器件接通。

多路模拟开关是一种在数字信号控制下将模拟信号接通或断开的元件或电路，该电路由开关元件和控制电路两部分组成。如图 6.2 所示。

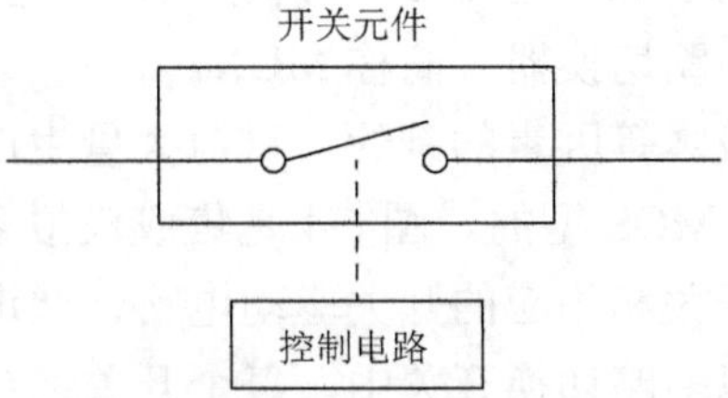

图 6.2 模拟开关组成

根据开关元件切换的对象是电压还是电流，由此可以把模拟开关分为电压开关和电流开关两种，分别如图 6.3(a)和(b)所示。电压模拟开关的特点是当开关断开时，跨于它两端的电压总是与被换接的电压 V_r 有关，而通过开关的电流则与负载 R_L 有关。电流模拟开关的特点是，无论负载电阻 R_L 的大小如何，流过开关的电流总是和被换接的电流 I_r 相等，而被换接的电压则由 R_LI_r 决定。图 6.3(c)、(d)为这两种开关的应用实例，图 6.3(c)中 VK 开关为电压开关，图 6.3(d)中 IK 开关为电流开关。

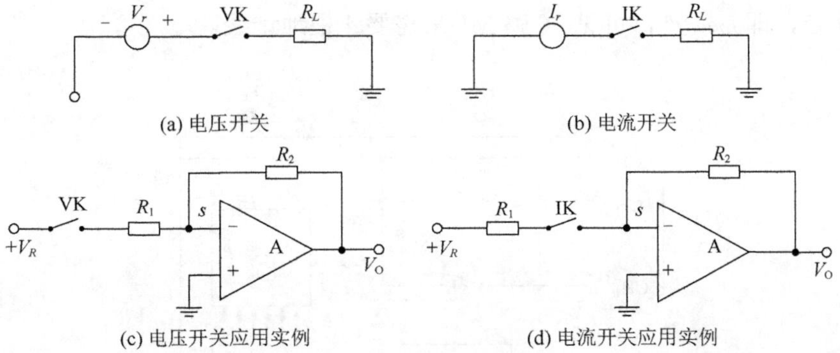

图 6.3 电压开关与电流开关

多路模拟开关有机械触点式的开关和半导体模拟开关。机械触点式开关中最常用的是干簧继电器，它的导通电阻小，但切换速率慢。模拟集成电子开关的体积小，切换速率快，无抖动，耗电少，工作可靠，容易控制。它的缺点是导通电阻较大，输入电压电流容量有限，动态范围小。现在常用的是半导体模拟开关。

理想的模拟开关应该是：接通时，电阻等于零，无附加残余电动势，能不失真地传输模拟信号；断开时，电阻无穷大，无泄漏电流，但实际并不能完全实现这些特性。

6.2.1　多路模拟开关原理

多路模拟开关是具有公共输出端(或公共输入端)的多个模拟开关的集合体。多路模拟开关又称模拟多路切换器，简称 MUX。

由于精度、速度和成本等因素的制约，目前大量生产和广泛应用的模拟多路切换开关组件几乎全是 CMOS 型的。图 6.4 是集成模拟多路切换开关的一种典型结构。它包括一组模拟开关和相应的开关驱动电路、通道地址输入缓冲寄存器和通道地址译码器。在模拟多路切换开关中，每个开关切换一个通道的信号，它们都有自己的地址码。当模拟多路切换开关接收地址总线送来的地址代码 $dA_1 \sim dA_4$ 之后，首先存入通道地址输入缓冲寄存器，再经通道地址译码器译出选通信号，控制被选通道的开关的驱动电路，使该开关导通，于是选中通道的信号便加到模拟多路开关的输出端，在任何时刻模拟多路开关最多只能有一个通道的开关接通。当禁止端加一个低电平信号时，模拟多路开关中所有开关均截止，在多个集成模拟多路开关组件并接时，选通信号由禁止端加入。当欲选通的某一通道开关包含在某个模拟多路开关中时，除在地址总线上给以相应的地址译码以外，还需在该模拟多路开关的禁止端加高电平信号，而其他模拟多路开关的禁止端一律加低电压信号予以封锁。模拟多路开关的所需地址线的数目 n 由它包含的通道开关数 m 决定，即 $m = 2^n$，可见 16 路 MUX 需要 4 根地址线。

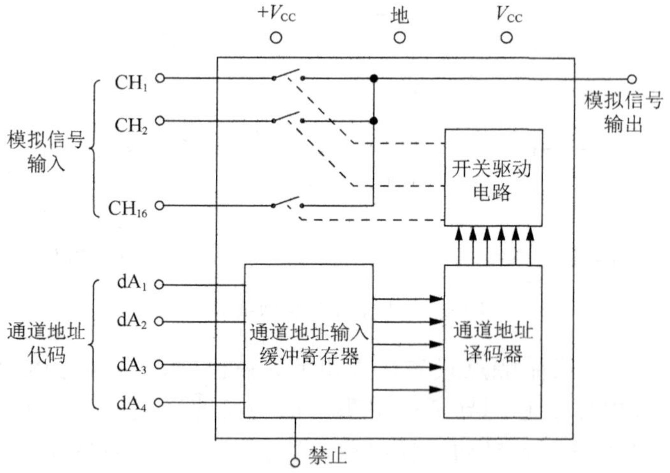

图 6.4　集成 MUX 结构框图

图 6.5 为两个八通道 MUX-5G4501 并接成的 16 通道模拟多路开关的连接电

路。当地址码 A3=0 时，芯片Ⅰ被选中；当 A3=1 时，芯片Ⅱ被选中，故芯片Ⅰ的地址代码为 0000～1111，芯片Ⅱ的地址代码为 1000~1111。

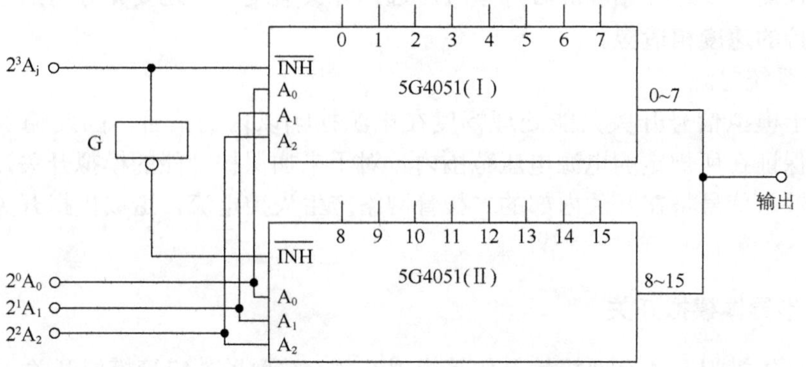

图 6.5　16 选 1 开关连接法

6.2.2　多路模拟开关的主要参数及选择

1) 通道数量

通道数量是多路模拟开关的主要指标之一，表示最多输入的路数。当某一路开关被选通时，其他被阻断的通道并不是完全断开，而是处于高阻状态，泄漏电流将对导通的那一路产生影响。显然通道数增加，开关的寄生电容及泄漏电流的影响也增大，从而降低传输的准确度和切换速率。

2) 泄漏电流

由于实际的开关断开时漏电流不为零，因此若信号源内阻很高，就会影响传输准确度，在这种情况下，应特别考虑开关泄漏电流的影响。一般希望泄漏电流越小越好。

3) 导通电阻

模拟开关的导通电阻 R_{on} 会使信号电压产生跌落，跌落量与流过开关的电流成正比，对应于正常的工作电流，其中跌落量应处在系统容许的误差范围之内。R_{on} 越小越好，但 R_{on} 小的器件成本较高，应根据实际需要加以权衡。

R_{on} 不仅随输入电压的变化而变化，而且与开关的供电电压有关，一般随电源电压的减小而增大。R_{on} 确定后，还需要考虑通道间的失配度及 R_{on} 的平坦度。通道失配度用来描述同一芯片的不同通道间的 R_{on} 的区别；R_{on} 的平坦度用于描述每一通道的 R_{on} 在所规定的信号范围内的变化量。失配度/R_{on}、平坦度/R_{on} 这两个比值越小，说明模拟开关的正确性越高、性能越好。

4) 切换速度

切换速度是模拟开关的重要指标，表明模拟开关接通或断开的速度，通常用

t_{on} (接通时间)和 t_{off} (断开时间)来表示。传输快速变化的信号，要求开关的切换速度也要快。通常希望器件具有短的开关时间，但是需要在导通电阻和开关时间之间进行权衡，以选择相应的芯片型号。选择开关速度时，还要充分考虑与后级的采样保持的速度相适应。

5) 系统电源

由于模拟信号开关只能处理幅度在电源摆幅以内的信号，因此输入信号幅度必须保证在所规定的电源电压范围内。对于未加保护功能的模拟开关，过高或过低的输入信号将在开关内部的二极管网络产生失控电流，造成模拟开关的永久损坏。

6.2.3　半导体模拟开关

半导体模拟开关有双极性晶体管模拟开关、结型场效应管模拟开关、MOS 场效应管模拟开关等。

由于双极性晶体管在饱和导通时有饱和压降(残余压降)，而且难以驱动，除此之外，由于其单向导电性，使信号只能沿一个方向传输，因此应用较少。下面仅介绍结型场效应管和 MOS 场效应管模拟开关。

1. 结型场效应管模拟开关

结型场效应管构成的模拟开关导通电阻小，而且没有残余电压，因而可以用来执行高准确的电压切换，结型场效应管不仅可以用来构成分立元件的开关，而且可以构成集成开关组件。

图 6.6 为 N 沟道耗尽型场效应管的工作原理示意图。当栅源电压 $V_{GS}=0$ 时，栅、源极之间的导电沟道最宽，如图 6.6(a)所示，因此开关的导通电阻最小。当 $V_{GS(OFF)}<V_{GS}<0$ 时($V_{GS(OFF)}$ 为场效应管的夹断电压)，随 $|V_{GS}|$ 增加，耗尽层加宽，导电沟道变窄，因此开关电阻增大，如图 6.6(b)所示；当 $V_{GS}\leqslant V_{GS(OFF)}$ 时，沟道消失，开关截止，如图 6.6(c)所示。为使开关性能最佳，应保证导通时 $V_{GS}=0$，而截止时应保证 $V_{GS}<V_{GS(OFF)}$。

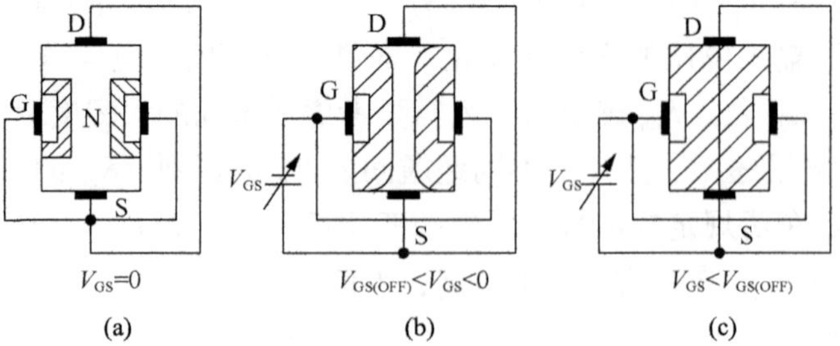

图 6.6　$V_{DS}=0$ 时 V_{GS} 对导电沟道的控制作用

2. MOS 场效应管模拟开关

MOS 场效应管即金属氧化物半导体场效应管。与结型管开关相比，MOS 管开关的主要优点是栅-漏极间泄漏电流极小，而且几乎不随温度变化，适于切换低电平信号；另一个优点是易于集成在单片晶体上，因而成本低、尺寸小，易于制成多路开关。它的缺点是导通电阻随外加电压而变。

CMOS 是一种应用最普遍的模拟开关，它能克服单沟道场效应管开启电阻随输入电压变化而变化的缺点。采用并联结构的 CMOS 开关，其通道电阻基本不随输入电压变化而变化。利用 P 沟道 MOS 管和 N 沟道 MOS 管的互补性可以构成图 6.7 所示的 CMOS 传输门。

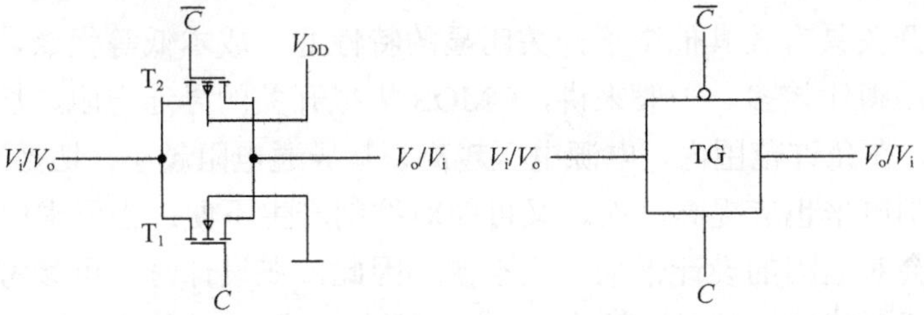

图 6.7　传输门的电路结构和逻辑符号

传输门的一个重要用途是作为模拟开关，其基本电路由 CMOS 传输门和反向器组成，如图 6.8 所示。和 CMOS 传输门一样，它也是双向器件。这种开关，对于负输入信号，N 沟道 MOS 管具有最低的导通电阻；对于正输入信号，P 沟道 MOS 管具有最低的导通电阻，并联组合的电阻变化比任何一种单独的场效应管的导通电阻变化量都小得多。

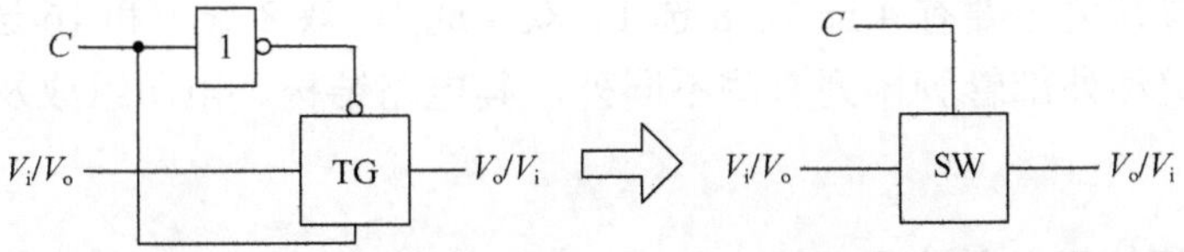

图 6.8　CMOS 双向模拟开关电路结构和符号

6.2.4　集成多路模拟开关

集成多路模拟开关是指在一个单片上包含多路开关的集成开关。随着大规模集成电路的发展，各种各样的多路模拟开关相继问世：从多路开关的通道数来分，有 4 通道、8 通道、16 通道等；从组成开关的电路来分，有 TTL 电路和 CMOS 电路；从输入端连接方式分，有单端输入的、双端输入(差动)的；从传输信号的类型来看可以分为电压开关和电流开关，二者分别用来传输电压信号和电流信号；

按信号传输方向可以分为单向开关和双向开关。双向开关可以实现两个方向的信号传输(如 74HC4051、74HC4052 等)，即可实现从多到一的转换，如图 6.9(a)所示；也可完成从一到多的转换，如图 6.9(b)所示。

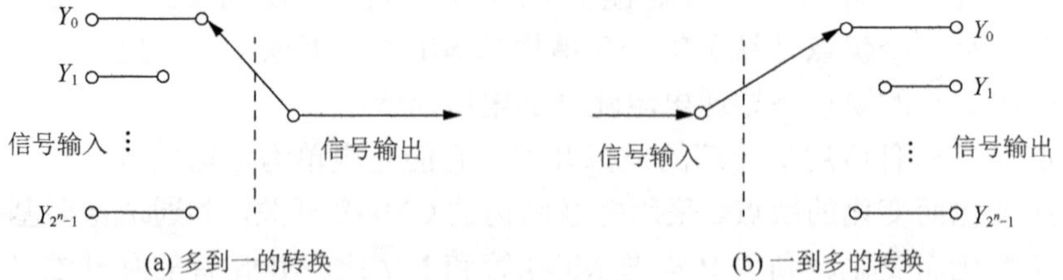

图 6.9　双向开关两个方向的信号传输

CMOS 开关具有较其他电子开关明显的特性好、成本低等优点，所以，目前 CMOS 开关用得比较多。一般来讲，CMOS 模拟开关的导通电阻、切换速度与电源电压有关，在允许范围内，电源电压越高，其导通电阻越小，切换速度也越快，但相应的控制电平也应提高，而这又可能对控制产生不便：当要求电压大于 TTL 电平时，就会对电路的设计带来一些不便。因此，在设计时，可参考不同电源电压下的电阻情况(如 CD4501，在 $V_{OD}-V_{EE}=5V$ 时，$R_{ON}=270\Omega$；$V_{OD}-V_{EE}=10V$，$R_{ON}=120\Omega$)，再选择适当的电源电压。

由于模拟开关在接通时，有一定的导通电阻，在某些情况下，可能会对信号的传递精度带来较大的影响。作为一种补救，一般应尽可能使负载阻抗大一些，必要时可在负载前加缓冲器。另外，为了防止两个通道在切换瞬间同时导通(多选开关)，往往在某一通道断开到后一通道闭合之间加一些延时，当然这会影响到模拟开关的切换速度。

多路模拟开关主要有 4 选 1、8 选 1、双 4 选 1、双 8 选 1 和 16 选 1 五种，它们之间除通道和外部管脚排列有些不同外，其电路结构、电源组成及工作原理基本相同。

6.2.5　多路模拟开关的应用

1. 多路开关在矩形波发生器电路中的应用

在图 6.10 所示的矩形波发生器电路中，输入信号 V_i 经运放 A_1 同相放大后，得到 $2V_i$ 的输出，这个信号电压一路加到多路开关的 $1Y_1$ 上，另一路再经放大器 A_2 反相放大后，得到 $-2V_i$ 输出，加到多路开关的 $1Y_0$ 上，即在多路开关的两路输入端(其余端未用)加入了大小相等、极性相反的信号(均为 $2V_i$)。在时钟信号 CLK 的控制下，两路信号轮流接通，在输出端(1Z 端)可得到 $\pm 2V_i$ 的输出，经运放 A_3

放大后输出电压 V_o 为 $\pm 4V_i$。若 $\pm 2V_i$ 的输出，经运放 A_3 放大后输出电压 V_o 为 $\pm 4V_i$。若 $V_i = 2.5V$，则 $V_o = \pm 10V$。由于运放 A_3 为电流反馈型高速运放，因此可得到跳沿在 50ns 以下的矩形波。

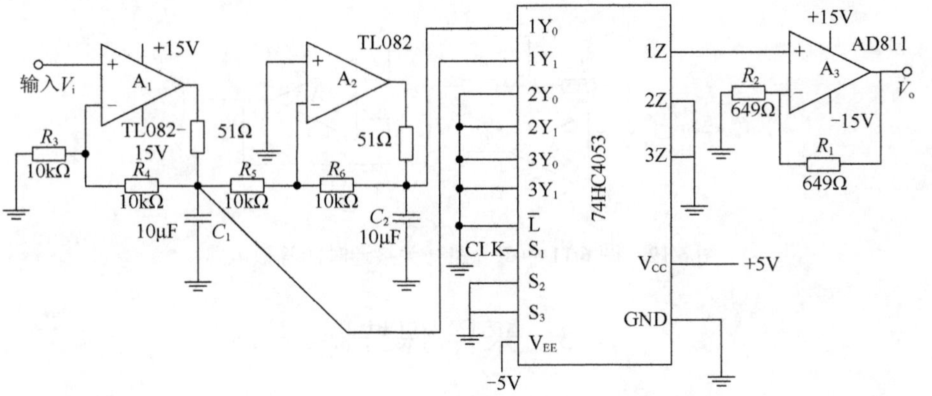

图 6.10　矩形波发生器电路

2. 多路开关在量程转换电路中的应用

在图 6.11 所示量程转换电路中，当通道选择控制输入 S_1S_0 分别为 00、01、10、11 时，多路开关分别选通 $1Y_0(2Y_0)$、$1Y_1(2Y_1)$、$1Y_2(2Y_2)$、$1Y_3(2Y_3)$。由于多路开关的每两路输入连在了一起，因此有图 6.12 所示的等效电路。根据此等效电路，则输出 V_o 分别等于 $-0.1V_i$、$-0.01V_i$、$-0.001V_i$。

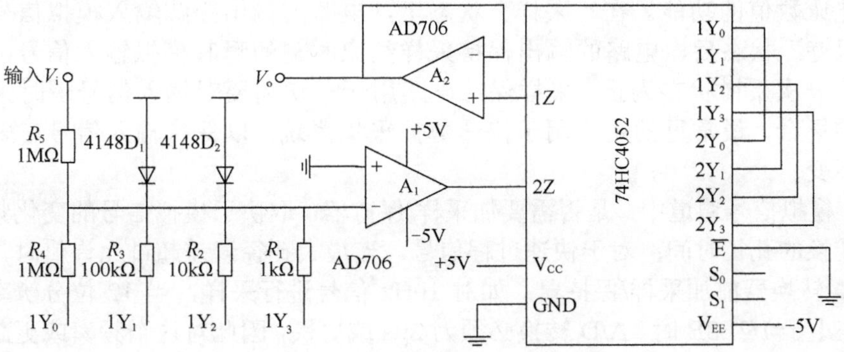

图 6.11　交流量程转换电路

在图 6.12 中，由于运放的输入电流近似为零，因此在开关导通电阻 R_{on1} 上的压降近似为零，则有

$$\frac{V_i}{R_5} = -\frac{V_o}{R_F}, \quad V_o = -\frac{R_F}{R_5}V_i$$

式中，R_F分别为图 6.11 中的R_4、R_3、R_2、R_1。在此电路中，两路开关的导通电阻对电路的输出几乎无影响，可大大提高测量的准确度。

由于 74HC4052 为高速多路开关，此电路特别适合交流信号的量程转换。

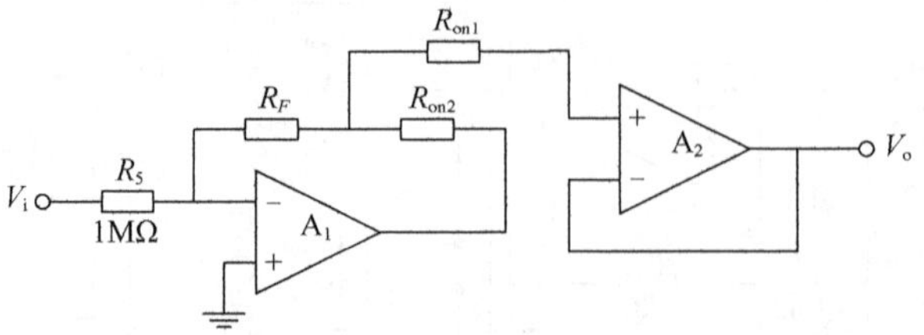

图 6.12　图 6.11 中每一路开关接通时的等效电路

6.3　采样/保持器

在对模拟信号进行模数转换时，从启动变换到变换结束的数字量输出，需要一定的时间，即 A/D 转换器的孔径时间，当输入信号频率较高时，孔径时间的存在，会造成较大的转换误差，要防止这种误差的产生，必须在 A/D 转换开始时将信号电平保持住，这时相当于一个“模拟信号存储器”。而在 A/D 转换结束后又能跟踪输入信号的变化，即对输入信号处于采样状态。在模拟量输出通道，为了使输出得到一个平滑的模拟信号，或对多通道进行分时控制时，也常使用采样/保持器。

采样保持电路(S/H)具有采集某一瞬间的模拟信号，根据需要保持并输出采集的电压数值的功能。在“采样”状态下，电路的输出跟踪输入模拟信号；转为“保持”状态后，电路的输出保持采样结束时刻的瞬时模拟输入信号，直到进入下一次采样状态为止。采样保持电路用于一切需要对输入信号瞬时采样和存储的场合，最常见的是应用于快速数据采集系统，以保持输入信号在采样过程中不变。

在模拟信号通道中，是否需要加采样/保持器，取决于模拟信号的变化频率和 A/D 转换的孔径时间；对于快速过程信号，当最大孔径误差超过允许值时，必须在 A/D 转换器前加采样/保持器，如对 10Hz 信号进行采样，当 12 位分辨率、孔径误差小于 1/2LSB 时，A/D 转换必须为 2μs 或更快，因此对这个频率或更高频率信号进行采集，就需加采样/保持器。但如果采集的是缓变信号，并有意识地利用双积分型的 A/D 转换器过滤除高频干扰，此时可不加采样/保持器。总之，是否加采样/保持电路，完全取决于使用对象。当然如果是通用型采集系统，为满足不同信号的输入，一般在 A/D 转换前加上采样/保持电路。

理想采样/保持器的输出$V_o(t)$与输入$V_i(t)$关系为

$$V_o(t)=V_i(t),\quad t_1\leqslant t\leqslant t_2\ (\text{采样期间})$$

$$V_o(t)=V_i(t_2)\,,\quad t_2\leqslant t\leqslant t_3\,(\text{保持期间})$$

也就是说，在“采样”状态下，电路的输出跟踪输入模拟信号；在“保持”状态下，电路输出保持着采样结束时刻的输入模拟信号的瞬时值。因此，采样 / 保持器也称为跟踪/保持器(简称 T/H)。

6.3.1 采样/保持原理

原理上，一个开关和一个电容就可构成 S/H 电路。电容用以存储模拟电压，开关用来转换工作状态，其等效电路如图 6.13 所示。

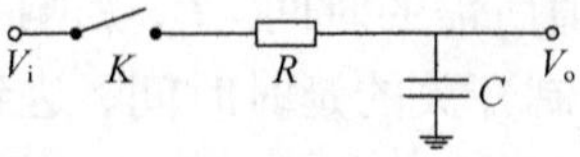

图 6.13 采样/保持原理电路

采样时，开关 K 闭合，输入信号电压 V_i 通过限流电阻 R 对电容 C 充电，在电容值合理的情况下，V_o 随 V_i 的变化而变化；在保持期间，开关 K 断开，由于电容 C 有一定容量，此时输出 V_o 保持输入信号在 K 断开时的电平值。

如图 6.14 所示，在 t_1 时刻前，处于采样状态，此时 K 为闭合状态，输出信号 V_o 跟踪输入 V_i 保持同步变化；而在时间 t_1，K 断开，此时处于保持状态，输出电压恒值保持在 A_2 不变；而在 t_2 时刻，保持结束，新一个采样时刻到来，此时相当于 K 重新闭合，V_o 又随 V_i 同步变化，直至时刻 t_3 新的保持信号到来，K 断开，V_o 保持 A_1 的电位不变。

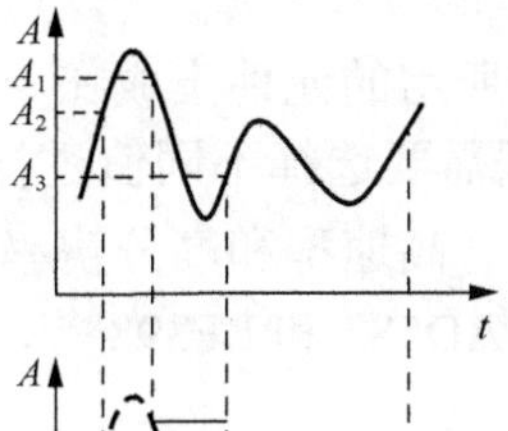

图 6.14 采样/保持原理

对采样/保持器的基本要求是：采样时应尽快逼近输入信号电压即充电时间常数越小越好；保持期间，电路输出尽可能恒定，即放电时间常数越大越好。由于存储电容 C 的容量应同时兼顾这两个要求，减小充电电阻 R_c 和增大放电电阻 R_H 就成了满足这两个要求的关键。为了减小 R_c，在状态开关和输入信号源之间需接入输入缓冲放大器；为了增大 R_H，在存储电容与负载之间需接入输入缓冲放大器。因此，一个完整的 S/H 电路至少应包括存储电容(保持电容)、输入与输出缓冲放大器、状态开关及其驱动电路。

6.3.2　采样/保持器的性能指标

采样/保持器的性能指标有：

(1) 孔径时间 t_{AP}，是指在保持命令发出后直到逻辑输入控制的开关完全断开所需的时间。实际上，因 t_{AP} 存在，采样时间被延长，A/D 转换的值将不是保持值，而是在 t_{AP} 内的一个输入信号的变化值，这将影响转换精度。

(2) 捕捉时间 t_{AC} (采样时间)，是指采样命令发出后，S/H 电路的输出从所保持的值到达当前输入信号的值所需的时间。t_{AC} 影响采样频率的提高，对转换精度无影响。t_{AC} 包括逻辑输入控制开关的延时时间、达到稳定值的建立时间、保持值到终值的跟踪时间等。

(3) 保持电压的下降率。在保持模式时，保持电容 C_H 的漏电流使保持电压值有所下降，下降率为 $\Delta V / \Delta T = I / C_H$，其中，$I$ 为下降电流，它包括缓冲放大器的输入电流、模拟开关截止时的漏电流和电容内部漏电流等。漏电流增大会减少保持电压的变化率，但会增加捕捉时间，因此，能采取的办法是尽力减小泄漏电流，采用高输入阻抗的运放作为缓冲放大器，选择优质电容作为保持电容，选用漏电流小的模拟开关等。

此外，还有输入电压、输入电阻和输出电阻等参数，选用时要予以考虑。

6.3.3　集成采样/保持器

目前大都把采样 / 保持器所用的元件集成在一块芯片上，构成集成采样/保持器，但保持电容 C_H 由用户根据需要选择不同值进行外接。集成采样保持器芯片型号很多，大致可以分为通用型、高速型和高分辨率型三类。

常用的集成采样保持器有 AD582 和 LF398 等，其引脚及接法如图 6.15 所示。

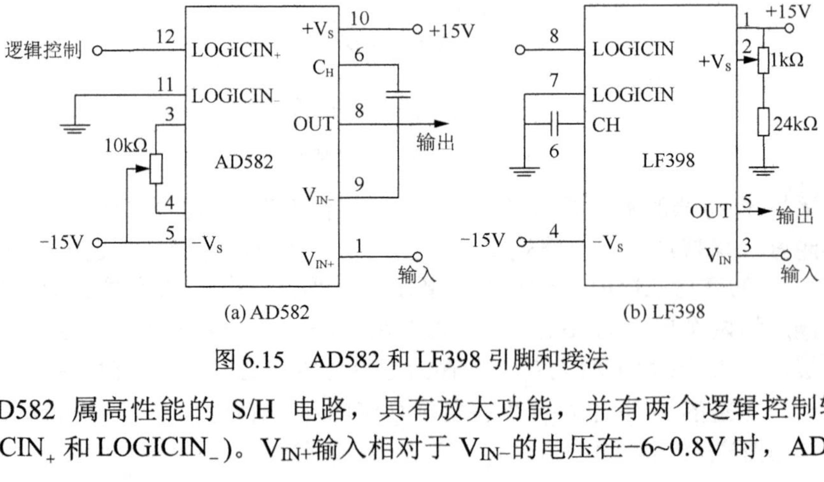

图 6.15　AD582 和 LF398 引脚和接法

AD582 属高性能的 S/H 电路，具有放大功能，并有两个逻辑控制输入端 (LOGICIN$_+$ 和 LOGICIN$_-$)。V_{IN+}输入相对于 V_{IN-}的电压在−6~0.8V 时，AD582 处

于采样模式；V_{IN+}偏置为+2V 和$+V_s$之间，处于保持模式。

LF398 性能与 AD582 相近，但无放大功能，且 S/H 模式所需的控制电平与 AD582 相反。LF398 在 V_{IN+}= “0” 及 V_{IN-}= “0” 时处于保持状态，只有当 V_{IN-}不变和 V_{IN+}变到“1” (大于 1.4V)时，才转到采样模式。

图 6.16 为 LF398 和 A/D 用于采集的例子。电路中的逻辑控制由 CPU 给出启动脉冲，单稳触发电路产生 10μs 采样脉冲，在采样脉冲结束时，A/D 转换器开始转换。经过 40μs 时间转换完成后，状态端(READY)变为高电平。每一个输入信号的总转换时间为 50μs，即每秒可完成 2000 次转换。

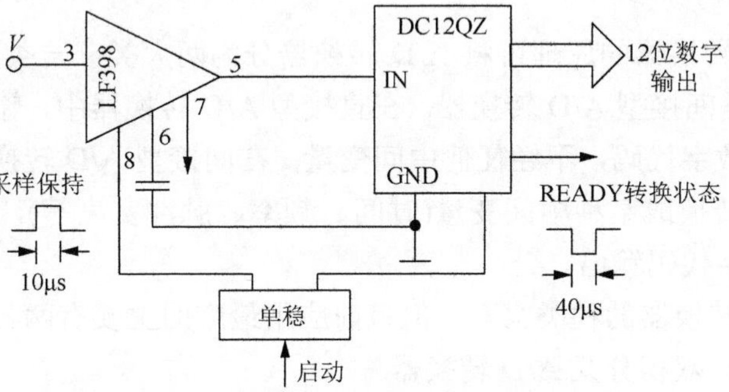

图 6.16　LF398 在数据采集中的应用

在实际应用中，如果要求采样时间短且电压下降率小，则可采用图 6.17 所示的采样保持级联电路来满足实际需要。图中第一级 S/H 将很快对模拟信号采样，第二个 S/H 采集并保持第一个 S/H 输出的稳定信号。由于第二个 S/H 采用大容量的电容(50μF)，电压下降率很低。但此方案中的采样速率由两个 S/H 采样速率之和确定，电路中的采样脉冲由精密定时器 LM3905 提供。

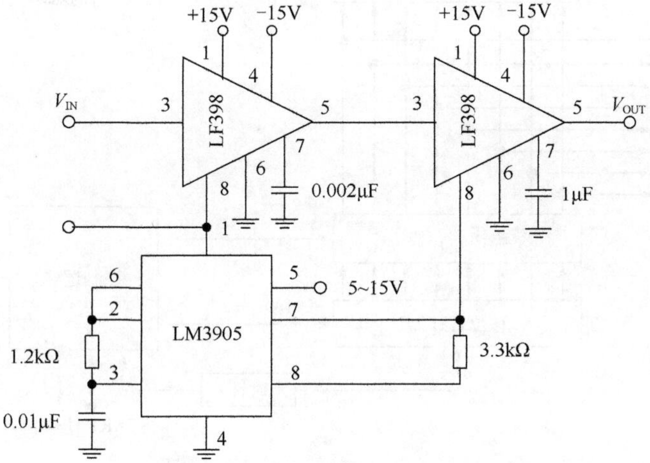

图 6.17　采样保持器级联

6.4　模数转换器

模数转换器(A/D 转换器)是一种能将输入模拟电压或电流转换成与它成正比的数字量，即能将被控对象的各种模拟信号变换成计算机可以识别的数字信息。无论分析或设计 A/D 转换器接口电路，还是面对课题项目选购 ADC 芯片，都会涉及有关的 ADC 的技术指标和术语。

6.4.1　A/D 转换器的原理

根据 A/D 转换器的原理可将 A/D 转换器分为两大类：一类是直接型 A/D 转换器；另一类是间接型 A/D 转换器。在直接型 A/D 转换器中，输入的模拟电压将被直接转换成数字代码，不经任何中间变量；在间接型 A/D 转换器中，首先把输入的模拟电压转换成某种中间变量(时间、频率、脉冲宽度等)，然后把这个中间变量转换为数字代码输出。

尽管 A/D 转换器的种类很多，但目前应用最广的主要有两种类型：逐次逼近式 A/D 转换器、双积分式 A/D 转换器。

1. 逐次逼近式 A/D 转换器的原理

图 6.18 是逐次逼近式 A/D 转换的电路原理图。其主要原理为：将一待转换的模拟输入信号 U_{IN} 与一个推测信号 U_i 相比较，根据推测信号大于还是小于输入信

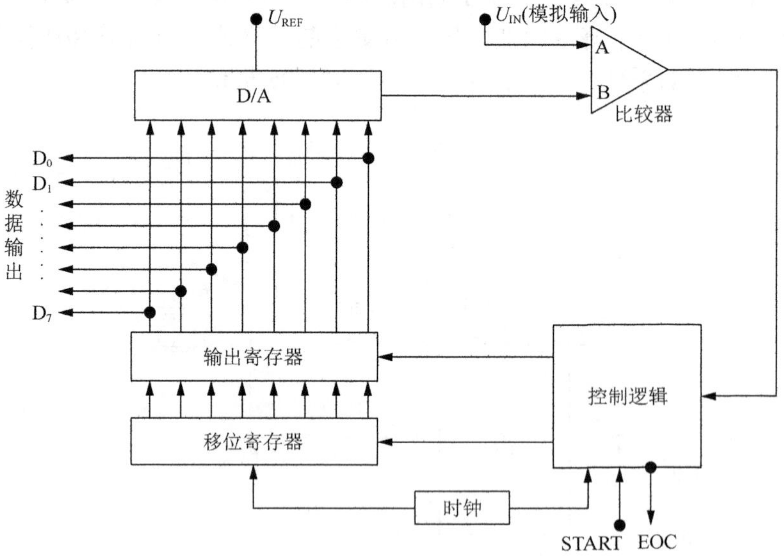

图 6.18　逐次逼近式 A/D 转换器原理图

号来决定增大还是减少推测信号，以便向模拟输入信号逼近。推测信号由 D/A(数模转换器)输出获得，当推测信号与模拟信号相等时，向 D/A 转换器输入的数字就是对应模拟输入量的数字量。

推测值的算法如下：使二进制计数器中(输出锁存器)的每一位从最高位起依次置 1，每接一位时，都要进行测试。若模拟输入信号 U_{IN} 小于推测信号 U_i，则比较输出为零，并使该位清零；若模拟输入信号 U_{IN} 大于推测信号 U_i，比较器输出为 1，并使该位保持为 1。无论哪种情况，均应继续比较下一位，直到最末位为止。此时，D/A 转换器的数字输入即为对应模拟输入信号数字量。

逐次逼近式 A/D 转换器从速度和转换精度来看比较适中，即有较高的速度和精度，电路结构又不太复杂，因而得到广泛的应用，尤其是在一些实时控制系统应用最多的一种。

2. 双积分式 A/D 转换器的原理

如图 6.19(a)所示，双积分 A/D 转换器由电子开关、积分器、比较器、计数器和控制逻辑等五部分组成。所谓双积分就是进行一次 A/D 转换需要两次积分。电路先对被测的输入电压 V_X 进行固定时间(T_0)的正向积分，然后控制逻辑将积分器的输入端用电子开关接参考电压 V_{REF}，由于参考电压与输入电压相反，且参考电压值是恒定的，因此反向积分的斜率是固定的，直至反向积分输出返回到起始值。则对参考电压进行反向积分的时间 T，正比于输入电压。如图 6.19(b)所示，输入电压越大，反向积分时间越长。用高频标准时钟计数测量这个时间，即可得到相应于输入电压的数字量。

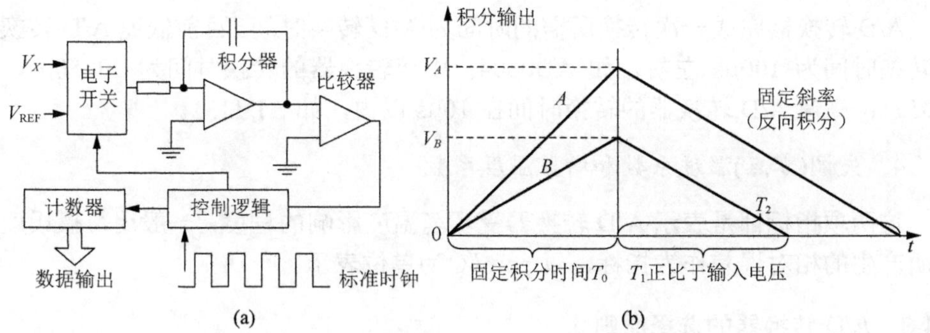

图 6.19 双积分 A/D 转换器原理

双积分式转换器的特点是能消除干扰和电源噪声，精度高，速度慢，主要用于数字式的测量仪表中。

6.4.2 A/D 转换器的主要技术指标

1. 分辨率与量化误差

A/D 转换器的分辨率表示输出数字量变化一个相邻数码所需输入模拟电压的变化量，习惯上以输出二进制位数或者满刻度电压与 2^n 之比表示。例如，A/D 转换器 AD574A 的分辨率为 12 位，即该转换器的输出数据可以用 2^{12} 个二进制数进行量化，其分辨率为 1LSB。如果用百分数来表示分辨率，其分辨率为

$$2^N \times 100\% = 1/2^{12} \times 100\% = 1/4096 \times 100\% = 0.0244\%$$

即一个 10V 满刻度的 12 位分辨率的 A/D 转换器能够分辨输入电压变化的最小值为 2.4mV。

量化误差和分辨率是统一的，量化误差是由于有限数字对模拟数值进行离散取值而引起的误差。因此，量化误差理论上为一个单位分辨率，即±1/2LSB。提高分辨率可减少量化误差。

2. 转换精度

A/D 转换器转换精度反映了一个实际 A/D 转换器在量化值上与一个理想 A/D 转换器进行模数转换的差值，可表示成绝对误差或相对误差。对于 A/D 转换器不同厂家，不同产品其精度指标表达方式可能不完全相同，有的给出综合误差指标，有的给出分项误差指标，通常给出的分项误差指标有非线性误差、失调误差或零点误差、增益误差或标度误差、微分线性误差等。

3. 转换时间

A/D 转换器完成一次转换所需的时间为 A/D 转换时间。目前低速 A/D 转换器的转换时间为 100μs 左右，如 AD0804；中速转换器的转换时间为 20~50μs，如 AD571；高速 A/D 转换器的转换时间在 10μs 以内，如 AD1131。

4. 失调(零点)温度系数和增益温度系数

这两项指标都是表示 A/D 转换器受环境温度影响的程度，一般用每摄氏度变化所产生的相对误差作为指标，以 ppm/℃为单位表示。

6.4.3 A/D 转换器的选择原则

A/D 转换器是前向通道中的一个环节，在输入是模拟量，并且进入的计算机接口是数字码时，就必须要用到 A/D 转换器，一般按下面原则确定 A/D 转换器的芯片。

(1) 根据前向通道的总误差，选择 A/D 转换器精度及分辨率。用户提出的数

据采集精度要求是综合精度要求，它包括了传感器精度、信号调节电路精度和 A/D 转换精度。应将综合精度在各个环节上进行分配，以确定对 A/D 转换器的精度要求，据此确定 A/D 转换器的位数。选用 8 位、10 位或 12 位以上分辨率芯片或相应的 3(1/2)，4(1/2)的双积分 BCD 码输出 A/D 转换芯片。

(2) 根据信号对象的变化率及转换精度要求，确定 A/D 转换速度，以保证系统的实时性要求。对于快速信号要估计孔径误差以确定是否需要加采样、保持电路。因为对快速信号采集时，为了保证有小的孔径误差常常要求有高的转换速度，这大大加高了 A/D 转换器的成本，而且有时找不到高速的 A/D 转换芯片，故对快速信号必须考虑采样/保持电路。

(3) 根据环境条件选择 A/D 转换芯片的一些环境参数要求，如工作温度、功耗、可靠性等级等性能。

(4) 根据计算机接口特征，考虑如何选择 A/D 转换器的输出状态，例如，A/D 转换器是并行输出还是串行输出；是二进制码还是 BCD 码输出；是用外部时钟、内部时钟还是不用时钟、有无转换结束信号；与 TTL、CMOS 电路的兼容性；与微机接口是否容易连接等输出功能。

6.4.4 A/D 转换过程及其频谱分析

1. A/D 转换过程

A/D 转换过程包括了采样、量化、编码，其转换过程如图 6.20 所示。

(1) 采样，是利用采样脉冲序列 $p(t)$，从连续时间信号 $x(t)$ 中抽取一系列离散样值，使之成为采样信号 $x(n\Delta t)$ 的过程，$n=1,2,\cdots$；Δt 称为采样间隔，$1/\Delta t=f_s$ 称为采样频率。

(2) 量化，又称幅值量化，把采样信号 $x(n\Delta t)$ 经过舍入或截尾的方法变为只有有限个有效数字的数，这一过程称为量化。

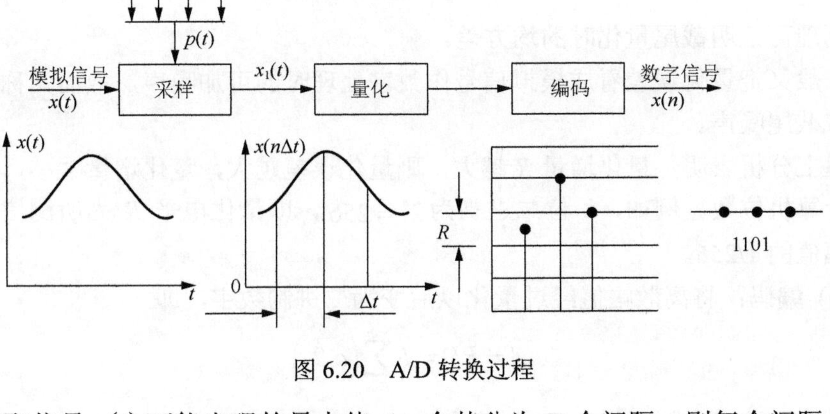

图 6.20　A/D 转换过程

若取信号 $x(t)$ 可能出现的最大值 A，令其分为 D 个间隔，则每个间隔长度为

$R=A/D$，R 称为量化增量或量化步长。当采样信号 $x(n\Delta t)$ 落在某一小间隔内，经过舍入或截尾方法而变成有限值时，在产生量化误差，如图 6.21 所示。

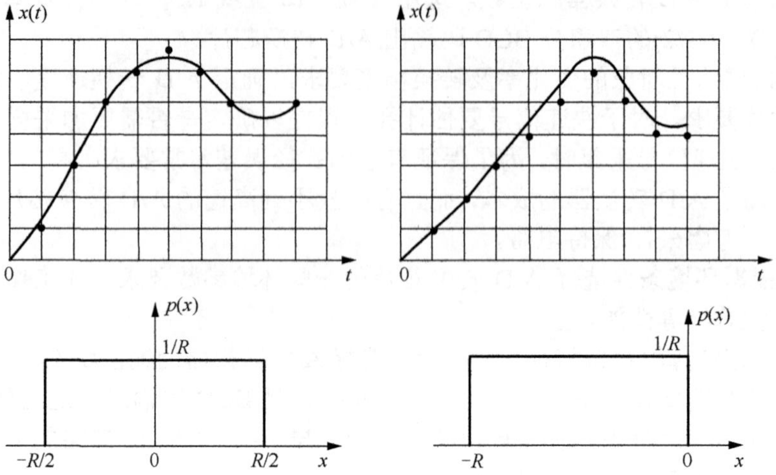

(a) 舍入量化　　(b) 截尾量化

图 6.21　舍入量化及截尾量化

量化误差呈等概率分布，其概率密度函数 $p(x)=1/R$，当舍入量化时，最大量化误差为±$0.5R$；截尾量化时，最大量化误差为$-R$。舍入量化时的均方差为

$$\sigma_x^2=\int_{-\infty}^{\infty}(x-\mu_x)^2p(x)\mathrm{d}x=\int_{-0.5R}^{0.5R}(x-\mu_x)^2p(x)\mathrm{d}x$$

将 $p(x)=1/R$，$\mu_x=0$ 代入，则有

$$\sigma_x^2=\frac{R^2}{12}$$

或

$$\sigma_x^2=0.29R$$

同理可证明截尾量化时的均方差。

一般又把量化误差看成模拟信号作数字处理时的可加噪声，故而又称为舍入噪声或截尾噪声。

以上分析表明，量化增量 R 越大，则量化误差越大，量化增量大小，一般取决于计算机位数。例如，8 位二进制为 $2^8=256$，即量化电平 R 为所测信号最大电压幅值的 1/256。

(3) 编码：将离散幅值经过量化以后变为二进制数字，即

$$A=RD=R\sum_{i=n}^{-m}\left(a_i2^i\right)$$

式中，a_i 取“0”或“1”。

信号 $x(t)$ 经过上述变换以后，即可成为时间上离散、幅值上量化的数字信号。

2. 采样信号的频谱

1) 时域采样

采样过程是通过采样脉冲序列 $p(t)$ 与连续时间信号 $x(t)$ 相乘来完成的。根据采样脉冲序列的形状，可分为理想采样脉冲与矩形脉冲采样。理想脉冲采样如图 6.22 所示，其采样脉冲序列为

$$p(t)=\delta_{T_s}(t)=\sum_{n=-\infty}^{\infty}\delta(t-nT_s)$$

采样信号为

$$x_s(t)=x(t)p(t)$$

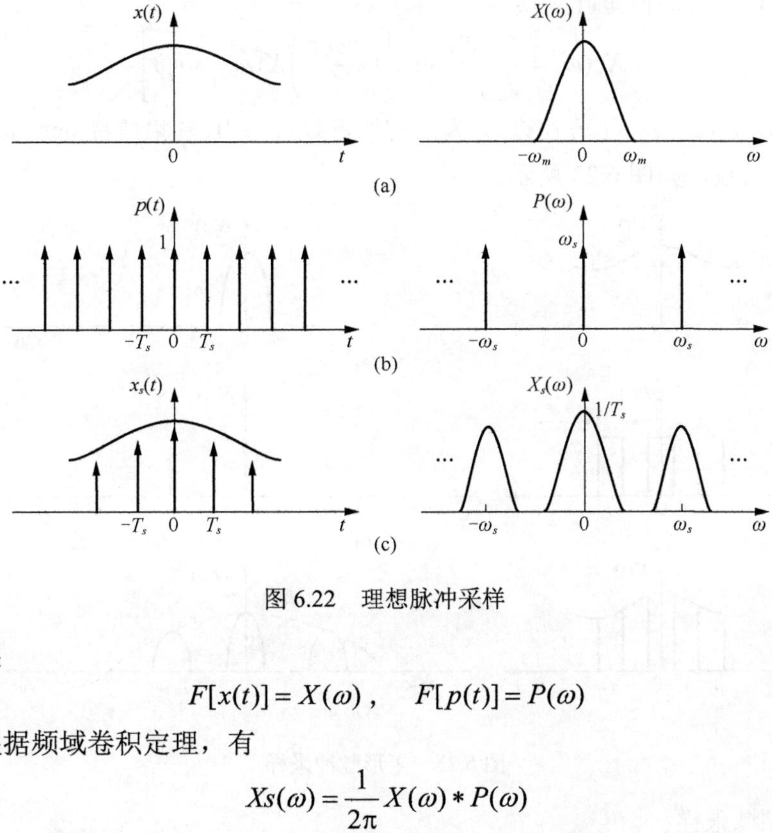

图 6.22　理想脉冲采样

如果

$$F[x(t)]=X(\omega)\,,\quad F[p(t)]=P(\omega)$$

那么，根据频域卷积定理，有

$$Xs(\omega)=\frac{1}{2\pi}X(\omega)*P(\omega) \tag{6.1}$$

另外，采样脉冲序列是一个周期函数，所以序列 $p(t)$ 的傅里叶变换应为

$$P(\omega)=2\pi\sum_{n=-\infty}^{\infty}\left[C_n\delta(\omega-n\omega_s)\right] \tag{6.2}$$

式中，C_n 为 $p(t)$ 的傅里叶系数，即

$$C_n = \frac{1}{T_s}\int_{-\frac{T_s}{2}}^{\frac{T_s}{2}} p(t)\mathrm{e}^{-\mathrm{j}n\omega_s t}\mathrm{d}t$$

当 $p(t)$ 为脉冲序列时，$C_n = 1/T_s$，所以

$$X_s(\omega) = \sum_{n=-\infty}^{\infty}\left[C_n X(\omega - n\omega_s)\right] = \frac{1}{T_s}\sum_{n=-\infty}^{\infty} X(\omega - n\omega_s) \tag{6.3}$$

此式表明，一个连续信号经过理想采样以后，它的频谱将沿着频率轴每隔一个采样频率 $\omega_s(2\pi/T_s)$，重复出现一次，即频谱产生周期延拓。其幅值被傅里叶系数 C_n 所加权，因为 $C_n = 1/T_s$，所以频谱形状不变。

当采样脉冲为矩形脉冲序列时，此时傅里叶系数为

$$C_n = \frac{E\tau}{T_s}\mathrm{sinc}\left(\frac{n\omega_s\tau}{2}\right)$$

所以，采样信号的傅里叶变换为

$$X_s(\omega) = \frac{E\tau}{T_s}\sum_{n=-\infty}^{\infty}\mathrm{sinc}\left[\left(\frac{n\omega_s\tau}{2}\right)X(\omega - n\omega_s)\right] \tag{6.4}$$

显然，$X_s(\omega)$ 是 $X(\omega)$ 在以 ω_s 为周期的重复过程中，其幅值按 $\mathrm{sinc}(n\omega_s\tau/2)$ 规律变化的函数，如图 6.23 所示。

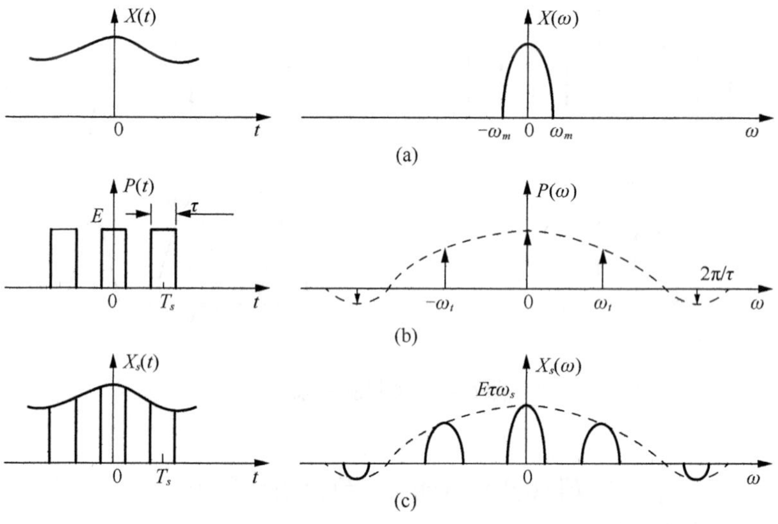

图 6.23　矩形脉冲采样

2) 频域采样

如图 6.24 所示，已知连续频谱函数 $X(\omega)$，其对应的时间函数为 $X(t)$，若 $X(\omega)$ 在频域中被间隔为 ω_1 的脉冲序列 $\delta_\omega(\omega)$ 所采样，采样后的频谱函数为 $X_1(\omega)$，其所对应的时间函数为 $X_1(t)$，现在分析 $X_1(t)$ 和 $X(t)$ 之间的关系。

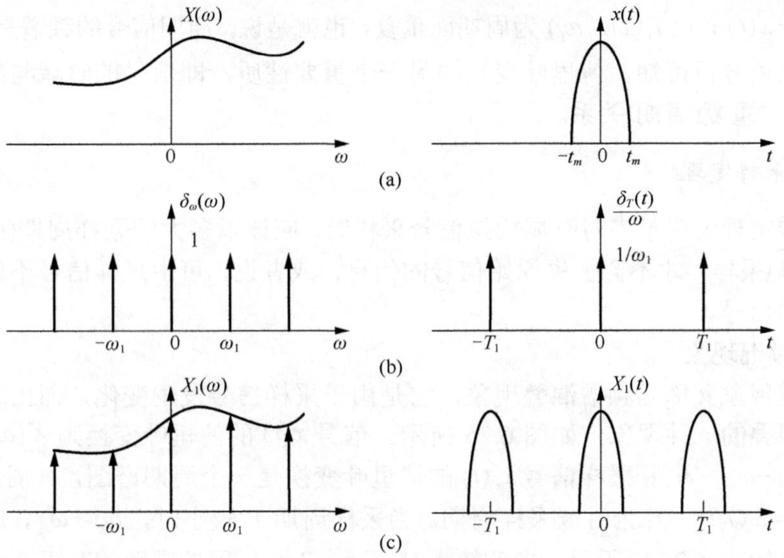

图 6.24　频域采样

已知 $X(\omega)=F[x(t)]$，若频域采样过程满足条件：

$$X_1(\omega)=X(\omega)\delta_{\omega}(\omega) \tag{6.5}$$

式中，脉冲序列为

$$\delta_{\omega}(\omega)=\sum_{n=-\infty}^{\infty}\delta(\omega-n\omega_1) \tag{6.6}$$

根据

$$F\left[\sum_{n=-\infty}^{\infty}\delta(t-nT_1)\right]=\omega_1\sum_{n=-\infty}^{\infty}\delta(\omega-n\omega_1)$$

则式(6.6)的傅里叶逆变换为

$$F^{-1}[\delta_{\omega}(\omega)]=F^{-1}\left[\sum_{n=-\infty}^{\infty}\delta(\omega-n\omega_1)\right]=\frac{1}{\omega_1}\sum_{n=-\infty}^{\infty}\delta(t-nT_1)=\frac{1}{\omega_1}\delta_T(t) \tag{6.7}$$

又根据时域卷积定理，有

$$F^{-1}[X_1(\omega)]=F^{-1}[X(\omega)]*F^{-1}[\delta_{\omega}(\omega)]$$

即

$$x_1(t)=x(t)*\frac{1}{\omega_1}\sum_{n=-\infty}^{\infty}\delta(t-nT_1) \tag{6.8}$$

这样便可以得到 $X(\omega)$ 被采样以后 $X_1(\omega)$ 所对应的时间函数：

$$x_1(t)=\frac{1}{\omega_1}\sum_{n=-\infty}^{\infty}x(t-nT_1) \tag{6.9}$$

此式表明，若 $x(t)$ 的频谱 $X(\omega)$ 被间隔为 ω_1 的脉冲序列在频域中采样，则在时域

中等效于 $x(t)$，以 $T_1(2\pi/\omega_1)$ 为周期而重复，也就是说，周期信号的频谱是离散的。

由上述分析可知，傅里叶变换的另一个重要性质，即信号的时域与频域呈采样(离散)与重复(周期)关系。

3. 采样定理

采样定理说明了当对时域模拟信号采样时，应该以多大的采样周期(或称采样时间间隔)采样，才不会丢失原始信号的信息，或者说，可由采样信号不失真地恢复出原始信号。

1) 频混现象

频混现象又称为频谱混叠现象，它是由于采样信号发生变化，而出现高、低频成分混叠的一种现象，如图 6.25 所示。信号 $x(t)$ 的傅里叶变换为 $X(\omega)$，其频带范围为 $-\omega_m \sim \omega_m$；采样信号 $x_s(t)$ 的傅里叶变换是一个周期谱图，其周期为 ω_s，并且 $\omega_s = 2\pi / T_s$，T_s 为时域采样周期。当采样周期 T_s 较小时，$\omega_s > \omega_m$，周期谱图相互分离如图 6.25(b)所示；当 T_s 较大时，$\omega_s < 2\omega_m$，周期谱图相互重叠，即谱图之间高频与低频部分发生重叠，如图 6.25(c)所示，此即混频现象，这将使信号复原时丢失原始信号的高频信息。

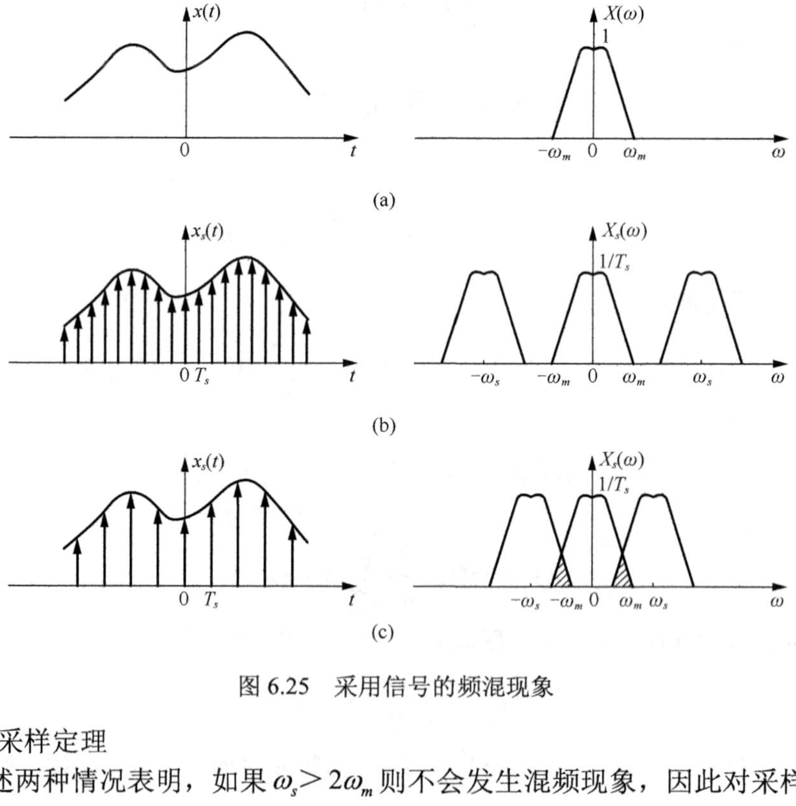

图 6.25　采用信号的频混现象

2) 采样定理

上述两种情况表明，如果 $\omega_s > 2\omega_m$ 则不会发生混频现象，因此对采样脉冲序

列的间隔 T_s 须加以限制，即采样频率 $\omega_s(2\pi/T_s)$ 或 $f_s(1/T_s)$ 必须大于或等于信号 $x(t)$ 中最高频率 ω_m 的两倍，即 $\omega_s > 2\omega_m$，或 $f_s \geqslant 2f_m$，此称为采样定理。又因为时域采样间隔 T_s 决定于 f_s，所以又称为时域采样定理。

这一定理可作如下物理解释：一个频谱受限的信号 $x(t)$，如果频谱只占据 $-\omega_m \sim \omega_m$ 范围，则信号可以用等间隔采样值来唯一地表示，而采样间隔必须不大于 $1/(2f_m)$，或者说最低采样频率为 $2f_m$。

也可以这样理解：一个频带有限信号，其频率大小，反映在时域内，就是它的波形变换速度，即它的最高变换速度将受最高频率分量 ω_m 的限制。因此，为了保留这一频率分量的全部信息，一个周期的间隔内，至少采样两次，即必须满足 $\omega_s > 2\omega_m$。

3) 信号复原

为了从采样信号频谱 $X_s(\omega)$ 中无失真地选出 $X(\omega)$，还须采用频域矩形窗函数 $H(\omega)$ 与 $X_s(\omega)$ 相乘，即 $X(\omega) = X_s H(\omega)$。

实现这一过程的方法，就是将采样信号 $x_s(t)$ 通过理想低通滤波器，此滤波器的传递函数为 $H(\omega)$，这样在滤波器的输出端可以得到频谱为 $X(\omega)$ 的连续信号 $x(t)$，如图 6.26 所示。

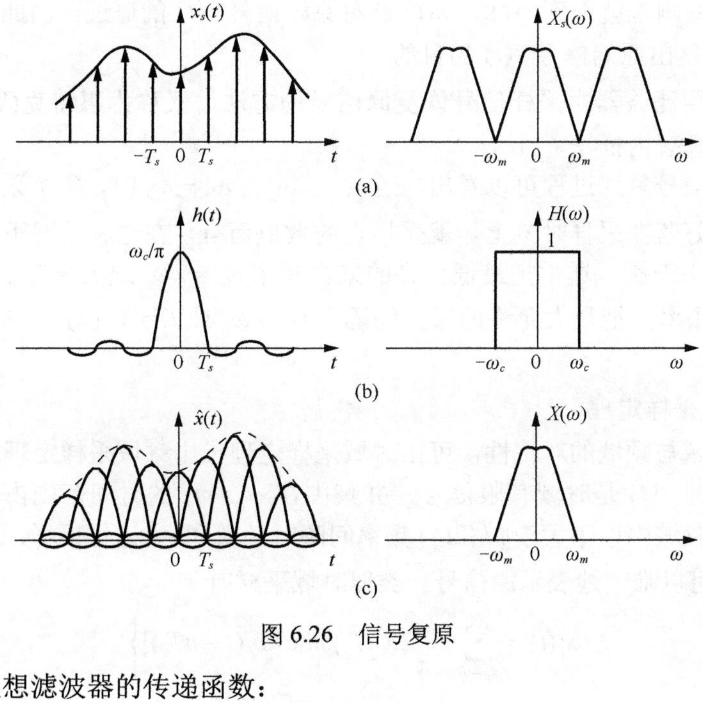

图 6.26　信号复原

已知理想滤波器的传递函数：

$$H(\omega)=\begin{cases}1, & |\omega| < \omega_c \\ 0, & |\omega| > \omega_c\end{cases}$$

根据傅里叶变换的时域、频域对称特性，可有

$$h(t) = F^{-1}[H(\omega)] = \frac{\omega_c}{\pi}\operatorname{sinc}(\omega_c t) \tag{6.10}$$

又根据时域卷积定理，复原信号 $x_0(t)$ 可表示为

$$x_0(t) = x_s(t) * h(t)$$

所以有

$$x_0(t) = \sum_{n=-\infty}^{\infty}\left[x(nT_s)\delta(t-nT_s)\right] * \frac{\omega_c}{\pi}\operatorname{sinc}(\omega_c t) = \sum_{n=-\infty}^{\infty}\left\{\frac{\omega_c}{\pi}x(nT_s)\operatorname{sinc}[\omega_c(t-nT_s)]\right\} \tag{6.11}$$

若取 $\omega_s = 2\omega_m$，而且 $\omega_c = \omega_m$，则

$$x_0(t) = \sum_{n=-\infty}^{\infty}\frac{\omega_m}{\pi}x(nT_s)\operatorname{sinc}[\omega_m(t-nT_s)] = \sum_{n=-\infty}^{\infty}\left[\frac{\omega_m}{\pi}x(nT_s)\operatorname{sinc}(\omega_m t - n\pi)\right] \tag{6.12}$$

式(6.12)表明，连续信号可以展开成正交采样函数的无穷级数，级数的系数等于采样值 $x(nT_s)$。也可以说，若在采样信号 $x_s(t)$ 的每一个采样值上画一个峰值为 $x(nT_s)$ 的 sinc t 型函数波形，则合成的波形就是 $\hat{x}(t)$，而 sinc t 波形就是理想滤波器的脉冲响应。所以，若 $x_s(t)$ 通过理想低通滤波器，每个采样值产生一个脉冲响应，叠加这些响应就得到 $\hat{x}(t)$，$\hat{x}(t)$ 是对原始信号 $x(t)$ 的逼近，由此达到由采样信号 $x_s(t)$ 恢复出原始信号 $x(t)$ 的目的。

上述运用滤波器由采样信号恢复原信号的方法，又称为惠特克(Whittaker)波形重构法或理想内插法。

从上述信号复原过程可以看出，当 $\omega_s = 2\omega_m$，$\omega_c = \omega_m$ 时，各个采样的冲激响应零点，恰好落在采样时刻上。就采样点的数值而言，在这种情况下，各个冲激响应互相产生干扰。通常把最低允许的采样频率 $\omega_s = 2\omega_m$ 或 $f_s = 2f_m$ 称为奈奎斯特(Nyquist)频率，把最大允许的采样间隔 $T_s = \pi/\omega_m$ 或 $T_s = 1/(2f_m)$ 称为奈奎斯特采样间隔。

4) 频域采样定理

根据时域与频域的对称性，可由时域采样定理推出频域采样定理。

如果信号 $x(t)$ 是时域有限信号，并集中在 $-t_m \sim t_m$ 的时间范围内，如图 6.24 所示，若在频域中以不大于 $1/(2t_m)$ 频率间隔对频谱 $X(\omega)$ 进行采样，则采样后的频谱 $X_1(\omega)$ 可以唯一地表示原信号。类似时域采样有

$$x_1(t) = \sum_{n=-\infty}^{\infty}\left\{\frac{\omega_c}{\pi}x(nT_s)\operatorname{sinc}[\omega_c(t-nT_s)]\right\} \tag{6.13}$$

$$X_1(\omega) = \sum_{n=-\infty}^{\infty}\left\{X\left(\frac{n\pi}{t}\right)\operatorname{sinc}\left[t_m\left(\omega - \frac{2\pi}{t_m}\right)\right]\right\} \tag{6.14}$$

此式表明，在频域中对 $X(\omega)$ 进行采样，等效于 $x(t)$ 在时域中重复，只要采样间隔不大于 $1/(2t_m)$，则在时域中波形不会产生混叠，用矩形脉冲作为选通信号就可以不失真地恢复原信号 $x(t)$，即应满足关系式 $f_0 \leqslant 1/(2t_m)$，此称为频域采样定理。

需要说明的是，频域采样以后，只能获得采样点的频率成分，其余的频率成分一概被舍去，这犹如透过栅栏观赏光景，只能看到一部分，就可能使一部分有用的频率成分被漏掉，而丢掉了部分有用信息，此种现象称为栅栏效应。

6.5 本 章 小 结

信号转换电路一般由多路模拟开关、信号采样/保持器和 A/D 转换器组成。多路模拟开关是一种在数字信号控制下将模拟信号接通或断开的元件或电路，其作用是切换各路输入信号。采样保持电路(S/H)具有采集某一瞬间的模拟信号，根据需要保持并输出采集的电压数值的功能。A/D 转换器能将输入模拟电压或电流转换成与它成正比的数字量，即将被控对象的各种模拟信号变换成计算机可以识别的数字信息。在模拟信号通道中，是否需要加采样/保持器，取决于模拟信号的变化频率和 A/D 转换的孔径时间；输入信号频率较高时，由于 A/D 转换器孔径时间的存在，会造成较大的转换误差，要防止这种误差的产生，必须在 A/D 转换电路前设计采样保持电路将信号电平保持住。

习 题

6.1 试述在 S/H 电路中对模拟开关、存储电容及运算放大器这三种主要元器件的选择有什么要求？

6.2 试用多路模拟开关 CD4501 设计一程控放大电路。

6.3 如果要求一个 D/A 转换器能分辨 5mV 的电压，设其满量程电压为 10V，试问其输入端数字量要多少数字位？

6.4 一个 6bit 的逐次逼近式 A/D 转换器，分辨率为 0.05V，若模拟输入电压 $u_{\mathrm{i}} = 2.2\mathrm{V}$，试求其数字输出量的数值。

6.5 已知任意信号 $x(t)$ 被理想脉冲序列 $p(t)=\sum\limits_{n=-\infty}^{\infty}\delta(t-nT_s)$ 所采样，试求采样信号的频谱；式中 T_s 为脉冲序列的周期。

6.6 已知任意信号 $x(t)$，被周期矩形脉冲序列采样，该周期矩形序列的幅度为 A，脉冲宽度为 τ，周期为 T_s，试求采样信号的频谱。

第 7 章　频 谱 估 计

将测试信号的时间历程通过傅里叶变换到频域内进行分析处理，称频域分析或频谱分析。通过频谱分析可以了解信号的频率结构特点，分析在时域中无法分析的小信号。

对不同类型的信号和不同的分析参数，频谱可表示为不同形式：对周期信号，可展开为傅里叶级数，求得不同频率成分的幅值和相位，构成离散的幅值谱；对非周期信号，根据傅里叶变换，获得随频率连续分布的幅值谱密度、相位谱密度或功率谱密度；对随机信号，由于它的幅值、相位是随机的，所以理论上不能作幅值谱和相位谱。通常用具有统计特征的功率谱密度进行分析；对于动态测试信号，通常混杂有确定性信号和随机信号，不能由确定性函数计算它们的谱函数，而且实验只能在有限时间内进行，因而不能按照频谱定义，从无限区间求得真实的频谱。通常由有限长的离散时间采样序列求得的频谱，它只是信号真实频谱的一种估计值，故称为谱估计。如何使谱估计值接近于真实值，是数字谱分析研究的重要内容。

7.1　经典频谱估计的基本方法及改进

7.1.1　经典频谱估计的基本方法

经典频谱估计以傅里叶变换为基础，对有限长的信号进行线性估计。其主要方法有周期图法和自相关法。

1. 周期图法

周期图法又称为直接法，即直接用傅里叶变换求功率谱。其基本步骤为：将长度为 N 的随机信号 $x(n)$视为一能量有限信号 $x(n)$视为一能量有限信号 $x_N(n)$，则 $x_N(n)$ 的傅里叶变换为

$$X_N(\omega)=\sum_{n=0}^{N-1}\left[x(n)\mathrm{e}^{-\mathrm{j}n\omega}\right]$$

显然，$X_N(\omega)$ 是周期性的。将 $X_N(\omega)$ 的模的平方除以 N，从而得到对 $x(n)$功率谱 $P(\omega)$ 的估计 $\hat{P}_{\mathrm{per}}(\omega)$，即

$$\hat{P}_{\mathrm{per}}(\omega)=\frac{1}{N}\left|X_N(\omega)\right|^2 \tag{7.1}$$

上述谱估计方法包含了如下假设和步骤。

(1) 把平稳随机信号 $X(n)$视为各态遍历的，用其一个样本 $x(n)$来代替 $X(n)$，并且仅利用 $x(n)$的 N 个观察值 $x_N(n)$ 来估计 $x(n)$的功率谱 $P(\omega)$。

(2) 从记录到一个连续信号 $x(t)$ 到估计出 $\hat{P}_{\text{per}}(\omega)$，还包括对 $x(t)$ 的离散化(A/D)、必要的预处理(如除去均值、除去信号的趋势项、滤波)等。

这种将周期图作为功率谱估计的方法的主要优点是计算方便，即它可以直接用 FFT 算法从 $x(n)$得到 $X_N(\omega)$，从而得到 $\hat{P}_{\text{per}}(\omega)$。正是由于它的这个优点，使这种方法成为一种十分通用的方法。

用周期图法进行谱估计，由于卷积的运算过程会导致功率谱真实值的尖峰附近产生泄漏，相对地平滑了尖峰值，故可造成谱估计的失真。另外，当 $N\to\infty$，功率谱估计的方差不为零，即 $\text{Var}\left[\hat{P}_{\text{per}}(\omega)\right]\neq 0$，所以是非一致性估计，并且功率谱估计在$\omega$等于 $2\pi/N$ 整数倍的各数字频率点互不相关，其谱估计的波动比较显著，特别是 N 越大，$2\pi/N$ 越小时，波动越明显。如果 N 取得太小，又会造成分辨力的下降。

例 7.1　若信号为

$$x(t)=\sin(2\pi\times 50t)+2\sin(2\pi\times 100t)+w(t)$$

式中，$w(t)$为白噪声。设采样频率 F_s=2000Hz，试用周期法计算当数据长度分别为 N_1=256 和 N_2=1024 时，上述信号的功率谱。

由图 7.1 可以看出，在频率为 50Hz、100Hz 处出现有两个峰值，表明信号中含有这两个频率的周期成分。但同时也可以看到，功率谱密度都在较大的范围内波动，而且没有因为数据长度增加而有所改进。

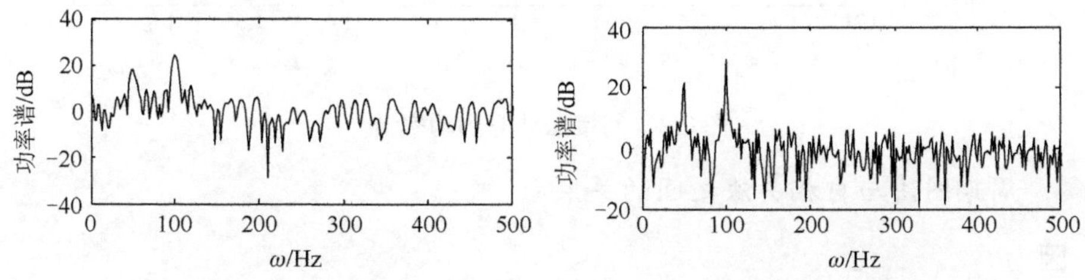

(a) 数据长度 N_1=256　　(b) 数据长度 N_2=1024

图 7.1　周期法计算的功率谱

2. 自相关法

自相关法也称间接法或 BT 法，其方法的理论基础为维纳-辛钦定理，通过自相关函数间接求出信号的功率谱。

该方法的具体实现步骤如下。

(1) 先计算 $x_N(n)$ 自相关函数的估计值 $\hat{r}(m)$，即

$$\hat{r}(m)=\frac{1}{N}\sum_{n=0}^{N-1-|m|}\left[x(n)x(n+m)\right],\quad |m|\leqslant N-1 \tag{7.2}$$

(2) 根据维纳-辛钦定理，即相关函数与谱密度函数互为傅里叶变换，对 $\hat{r}(m)$ 求傅里叶变换，得到 $x_N(n)$ 的功率谱，记为 $\hat{P}_{\mathrm{BT}}(\omega)$，即

$$\hat{P}_{\mathrm{BT}}(\omega)=\sum_{m=-M}^{M}\left[\hat{r}(m)\mathrm{e}^{-\mathrm{j}\omega m}\right],\quad |M|\leqslant N-1 \tag{7.3}$$

式中，m 为自相关函数 $\hat{r}(m)$ 的最大延迟。当 M 较小时，上式的计算量不是很大，因此，该方法在 FFT 问世之前常用的谱估计方法。

例 7.2　序列 $x(n)=\exp(100\mathrm{j}\pi n-\mathrm{j}\pi)+\exp(50\mathrm{j}\pi n-0.7\pi)+e(n)$ 为复正弦加白噪声的平稳信号，信噪比为 10dB，利用间接法估计其功率谱(图 7.2)。

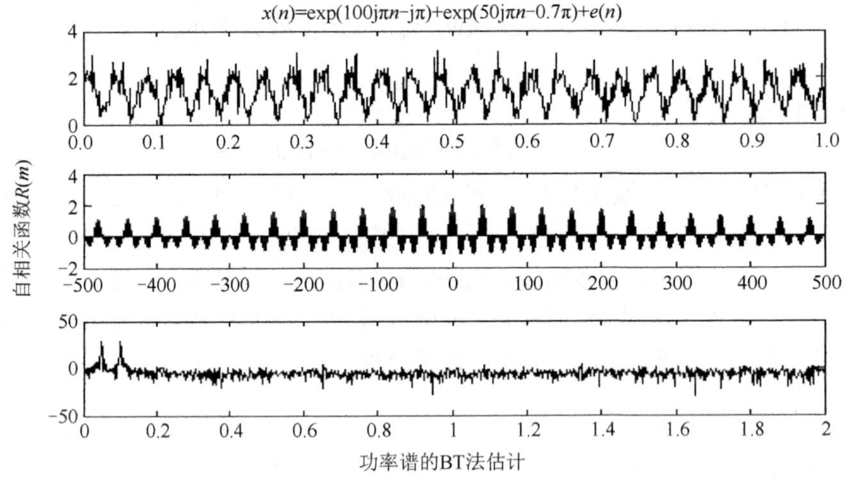

图 7.2　间接法计算的功率谱

3. 周期图法与自相关法之间的关系

因为

$$\hat{r}(m)=\frac{1}{N}\sum_{n=0}^{N-1-|m|}\left[x(n)x(n+m)\right],\quad |m|\leqslant N-1$$

其单边最大长度 $m=N-1$，总的长度为 $2N-1$，又

$$\sum_{m=-(N-1)}^{N-1}\left[\hat{r}(m)\mathrm{e}^{-\mathrm{j}wm}\right]=\frac{1}{N}\left|X_{2N}(k)\right|^2$$

$$\hat{P}_{\mathrm{per}}(k)=\frac{1}{N}\left|X_N(k)\right|^2$$

有

$$\hat{r}(m)=\mathrm{IDFT}\left[\frac{1}{N}\left|X_{2N}(k)\right|^2\right]=\mathrm{IDFT}\left[\hat{P}_{\mathrm{per}}^{2N}(k)\right]$$

式中，$\hat{P}_{\mathrm{per}}^{2N}(k)=\frac{1}{N}\left|X_{2N}(k)\right|^2$ 是将 $x_N(n)$ 补 N 个零后，用周期图求出的功率谱。又由式(7.3)有

$$\hat{P}_{\mathrm{BT}}^{2N}(k)=\sum_{m=-(N-1)}^{N-1}\left[\hat{r}(m)\mathrm{e}^{-\mathrm{j}\frac{2\pi}{2N}mk}\right]$$

比较上面两个公式，有

$$\hat{P}_{\mathrm{BT}}(k)\big|_{M=N-1}=\hat{P}_{\mathrm{BT}}^{2N}(k)=\hat{P}_{\mathrm{per}}^{2N}(k) \tag{7.4}$$

因此，周期图法可以看做自相关法的一个特例，即当自相关法中所使用的自相关函数的最大延迟 $m=N-1$ 时，二者是相同的。但是是 $\hat{r}(m)$ 对 $r(m)$的估计偏差变大，这时估计出的功率谱的质量必然下降。因此，在使用间接法时，取 $m \ll N-1$，这意味着对最大长度 $2N-1$ 的自相关函数 $\hat{r}(m)$ 做截断，即施加了一个窗函数 $v(m)$，其宽度为 $2m+1$，由于该窗函数的宽度远小于求 $\hat{r}(m)$ 时所加的窗函数，则 $v(m)$的频谱 $V(\omega)$主瓣的宽度远大于第一次窗函数频谱的主瓣的宽度，故其作用等效于在频域作 $\hat{P}_{\mathrm{per}}(\omega)*V(\omega)$，这对周期图起了“平滑”作用，因此，对周期图的平滑也可直接在 $x_N(n)$ 上载乘以数据窗来实现，当然也必然消耗较多的计算时间。

由于 FFT 的出现，直接法和间接法往往被结合起来使用，其一般步骤如下：

(1) 对 $x_N(n)$ 补 N 个零，求 $\hat{p}_{\mathrm{per}}^{2N}(k)$；

(2) 由 $\hat{p}_{\mathrm{per}}^{2N}(k)$ 作傅里叶逆变换，得 $\hat{r}(m)$，这时 $|m|\leqslant N-1$；

(3) 对 $\hat{r}(m)$ 加窗函数 $v(m)$，这时 $|m|\leqslant M \ll N-1$，得 $\hat{r}_M(m)$；

(4) 求 $\hat{r}_M(m)$ 的傅里叶变换，即

$$\hat{p}_{\mathrm{BT}}(\omega)=\sum_{m=-M}^{M}\left[\hat{r}(m)v(m)\mathrm{e}^{-\mathrm{j}\omega m}\right]=\sum_{m=-M}^{M}\left[\hat{r}_M(m)\mathrm{e}^{-\mathrm{j}\omega m}\right]$$

上面的步骤可以画成图 7.3 所示的流程图。

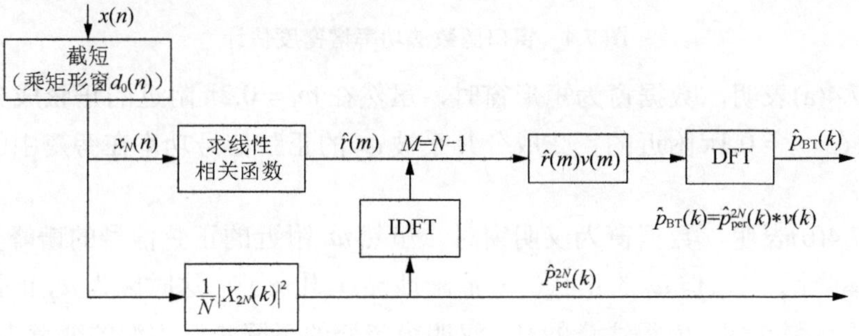

图 7.3 $\hat{p}_{\mathrm{Per}}(\omega)$ 和 $\hat{p}_{\mathrm{BT}}(\omega)$ 之间的关系

7.1.2 经典频谱估计的改进方法

经典频谱估计的功率谱估计量均为有偏估计，但是渐近无偏的。直接采用上述估计方法估计的值，不是信号功率谱的一致估计，直接估计出的谱性能不好，当数据长度 N 太大时，谱曲线起伏加剧，N 太小时，谱的分辨率差，因此需要对经典频谱估计进行改进，主要是改进方差特性。

通常，经典频谱估计的改进方法主要为平滑法和平均法。

1. 平滑周期法(窗口函数法)

在 FFT 出现并广泛应用以前，主要用窗口处理法进行平滑，即选择适当的窗口函数作为加权函数进行加权平均来加快收敛速度。

无限长信号被截断，可以看做原始信号乘上一个矩形窗函数。虽然矩形窗的傅里叶变换的主瓣比其他形状的窗的主瓣要窄，因而周期图被平滑的程度最轻，但由于其旁瓣比其他形状的窗的旁瓣高，因此旁瓣泄漏掩盖弱窄带成分的现象就最严重。这将影响信号分析精度。因此，为了减少泄漏，可采取不同的窗函数，如汉宁窗、汉明窗、高斯窗等。

例 7.3 若信号为

$$x(t) = 0.03\sin(\omega_1 n + \varphi_1) + \sin(\omega_2 n + \varphi_2) + w(t)$$

$\omega_1 = 0.1\pi$，$\omega_2 = 0.2\pi$，$w(t)$ 为白噪声，观测数据个数 $N=128$，试用窗口函数法求信号的功率谱密度估计(图 7.4)。

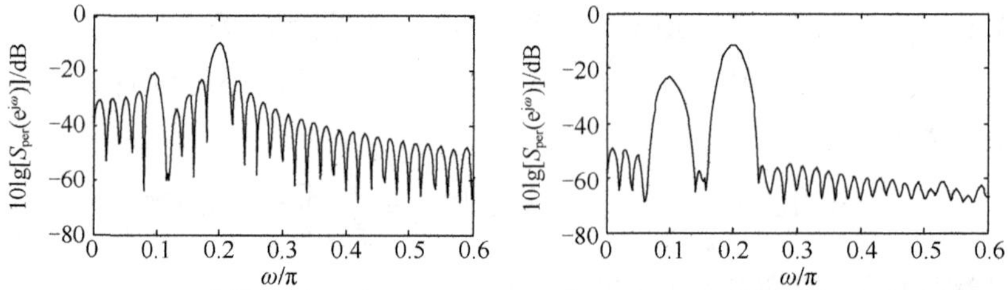

(a) 数据窗为矩形窗　　(b) 数据窗为汉明窗

图 7.4　窗口函数法功率谱密度估计

图 7.4(a)表明，数据窗为矩形窗时，虽然在 $\omega_2 = 0.2\pi$ 附近的正弦成分的谱峰很窄，但在 $\omega_2 = 0.1\pi$ 附近的正弦成分几乎被 ω_2 的正弦信号功率在旁瓣中的泄漏完全掩盖了。

图 7.4(b)表明，数据窗为汉明窗时，虽然 ω_2 附近的正弦信号的谱峰变宽 (频率分辨率降低了)，但 ω_1 的正弦信号清晰地显现出来了，这时因为 ω_2 正弦功率在旁瓣中的泄漏减弱。值得注意的是，汉明窗旁瓣的下降是以主瓣的变宽为代价的。

2. 平均周期法

平均法的指导思想是把以长度为 N 的信号 $x_N(n)$ 分成 L 段，分别求每一段的功率谱，然后加以平均，从而得到信号的频谱估计。

由概率论可知，对 L 个具有相同的均值 μ 和方差 σ^2 的独立随机变量 $X_1, X_2, \cdots, X_L$，新随机变量 $X=\left(X_1+X_2+\cdots+X_L\right)/L$ 的均值也是 μ，方差为 σ^2/L。因此，可以得到改善的 $\hat{p}_{\text{per}}(\omega)$ 方差特性的有效方法。

方法一：分段平均周期图法(Bartlett 法)。将采样数据 $x_N(n)$ 分成 L 段，且数据互不重叠，每段的长度为 M，即 N=LM，第 i 段数据为

$$x_N^i(n)=x_N\left[n+(i-1)M\right],\quad 0\leqslant n\leqslant M-1;\ 1\leqslant i\leqslant L$$

分别计算每一段的功率谱 $\hat{p}_{\text{per}}^i(\omega)$，即

$$\hat{p}_{\text{per}}^i(\omega)=\frac{1}{M}\left|\sum_{n=0}^{M-1}\left[x_N^i(n)\mathrm{e}^{-\mathrm{j}\omega n}\right]\right|^2,\quad 1\leqslant i\leqslant L$$

把 $\hat{p}_{\text{per}}^i(\omega)$ 对应相加，再取平均，得到平均值周期图 $\overline{p}_{\text{per}}(\omega)$，即

$$\overline{p}_{\text{per}}(\omega)=\frac{1}{L}\sum_{i=1}^{L}\hat{p}_{\text{per}}^i(\omega)=\frac{1}{ML}\sum_{i=1}^{L}\left|\sum_{n=0}^{M-1}\left[x_N^i(n)\mathrm{e}^{-\mathrm{j}\omega n}\right]\right|^2$$

分段 L 增加，可使估计值的方差减少，若 L 能趋于∞，则 $\overline{p}_{\text{per}}(\omega)$ 是 $p(\omega)$ 的一致估计。但 M 减少又引起功率谱主瓣增宽，偏差加大，分辨率下降，所得到的估计值仍然是有偏估计。因此，方差性能的改善是以牺牲偏差和分辨率为代价的。

例 7.4　若信号为 $x(t)=\sqrt{10}\sin(\omega_1 n+\varphi_1)+\sqrt{10}\sin(\omega_2 n+\varphi_2)+w(t)$，$\omega_1=0.2\pi$，$\omega_2=0.25\pi$，$w(t)$ 为白噪声，观测数据个数 N＝512，试用周期图法和 Bartlett 法求信号的功率谱密度估计。

如图 7.5 所示，可以看出，Bartlett 周期图的方差虽然随着 L 的增加而减小，但是，两个正弦信号的谱降随之有明显的展宽，这说明频率分辨率变差了。

方法二：在对 $x_N(n)$ 分段时，为了减少分段后由于各段长度缩短而造成频谱分辨率下降，允许每一段的数据有所交叠。例如，若按 2∶1 重叠分段，这时的段数为

$$L=\frac{N-M/2}{M/2}\tag{7.5}$$

式中，M 是每段的长度。

假设 N=1024，M＝256，每段重叠 $M/2$＝128，则分段数 L 为

$$L=\frac{N-M/2}{M/2}=\frac{1024-128}{128}=7$$

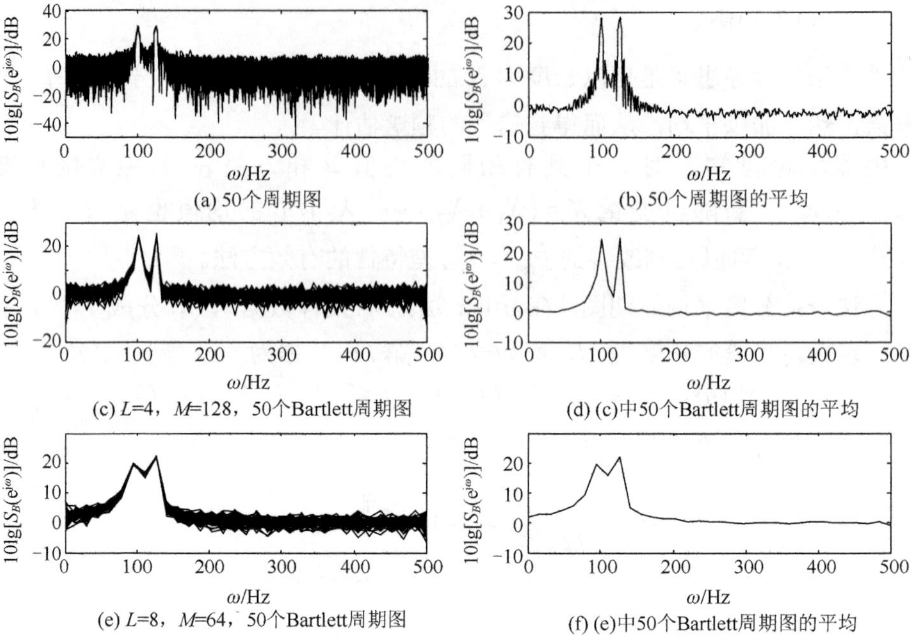

图 7.5　周期图法和 Bartlett 法比较

其分段示意图如图 7.6 所示。然后对每一小段信号序列进行功率谱估计，然后再取平均值作为整个序列的功率谱估计。

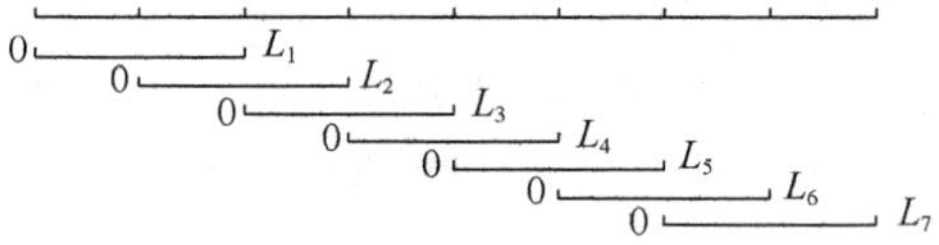

图 7.6　分段示意图

例 7.5　若信号为

$$x(t)=\sin(2\pi\times 50t)+2\sin(2\pi\times 120t)+w(t)$$

式中，$w(t)$ 为白噪声。设采样频率 F_s=1000Hz，试用平均周期法的两种方法求信号的功率谱密度估计。

由图 7.7 可知，分段重叠法估计曲线较分段互不重叠法平滑。平均周期法功率谱估计可以减小估计误差和波动，但由于这种方法将长信号分段成短信号，从而使谱分辨率下降。此外，平均周期法特别适合于应用 FFT 算法。因此在 FFT 出现以后这个方法比下面将要讨论的利用窗口函数的处理法用得更多。而在 FFT 出现以前主要是用窗口函数法。

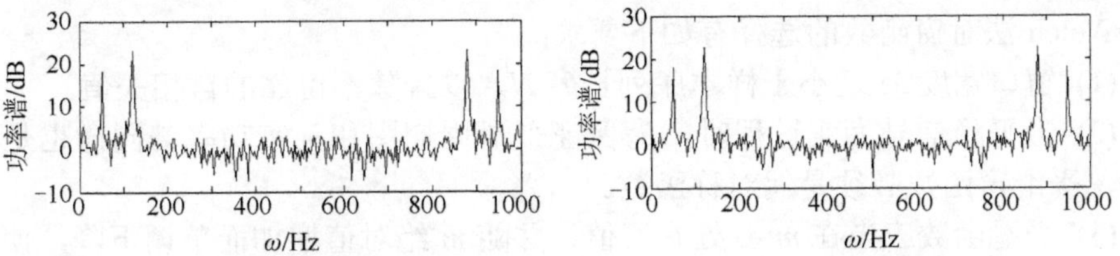

(a) 分段互不重叠 N=256×4　　(b) 分段重叠 N=1024

图 7.7　平均周期法的功率谱估计

3. 平滑周期图的平均法(Welch 法)

Welch 法又称加权交叠平均法，吸收了平滑法的特点，也是对平均周期法的改进。主要体现在以下两个方面。

(1) 在对 $x_N(n)$ 分段时，允许每一段的数据有所交叠。

(2) 每一段的数据窗口可以不是矩形窗口，例如，使用汉宁窗或汉明窗，记为 $d_2(n)$ 。这样可以改善由于矩形窗边瓣较大产生的谱失真。然后用 Bartlett 法求每一段的功率谱，记为 $\hat{p}_{\text{per}}^i(\omega)$，即

$$\hat{p}_{\text{per}}^i(\omega)=\frac{1}{MU}\left|\sum_{n=0}^{M-1}\left[x_N^i(n)d_2(n)\mathrm{e}^{-\mathrm{j}\omega n}\right]\right|^2$$

式中

$$U=\frac{1}{M}\sum_{n=0}^{M-1}d_2^2(n)$$

是归一化因子，它保证了所得到的谱是渐近无估计的。如果 $d_2(n)$ 是一矩形窗口，平均后的功率谱是

$$\tilde{p}_{\text{per}}(\omega)=\frac{1}{L}\sum_{i=1}^{L}\hat{p}_{\text{per}}^i(\omega)=\frac{1}{MUL}\sum_{i=1}^{L}\left|\sum_{n=0}^{M-1}\left[x_N^i(n)d_2(n)\mathrm{e}^{-\mathrm{j}\omega n}\right]\right|^2$$

其均值为

$$E\left[\tilde{p}_{\text{per}}(\omega)\right]=\frac{1}{L}\sum_{i=1}^{L}E\left[\hat{p}_{\text{per}}^i(\omega)\right]=E\left[\hat{P}_{\text{per}}^i(\omega)\right]$$

记 $D_2(\omega)$ 是 $d_2(n)$ 的频谱，即

$$D_2(\omega)=\sum_{n=0}^{M-1}\left[d_2(n)\mathrm{e}^{-\mathrm{j}\omega n}\right]$$

又记

$$W_2(\omega)=\frac{1}{MU}\left|D_2(\omega)\right|^2$$

则

$$E\left[\tilde{p}_{\text{per}}(\omega)\right]=p(\omega)*\frac{1}{MU}\left|D_2(\omega)\right|^2=p(\omega)*W_2(\omega)$$

Welch 法对窗函数的选择有如下要求：

(1) 窗口宽度 M 远小于样本序列长度 N，以排除不可靠的自相关值。

(2) 当平稳信号为实过程时，为保证平滑周期图和真实功率谱同样也是实偶函数，平滑窗函数必须是偶对称函数。

(3) 平滑函数应当在 $m=0$ 处有峰值，并随 m 绝对值增加而单调下降，使可靠的自相关值有较大的权值。

(4) 功率谱是频率的非负函数，由于周期图是非负的，因此要求窗函数的傅里叶变换是非负的。

由于 Welch 法允许分段时交叠，这样就增加了段数 L，当然也就增加了作 FFT 的次数。如果用的数据窗是非矩形窗，这又大大增加了作乘法的次数。因此，Welch 法的计算量比较大。

例 7.6 待估计的信号是受高斯白噪声污染的两个正弦波，其频率分别为 100Hz 和 200Hz，功率分别为 0.5 和 2，即相差 6dB。

本例采用汉宁窗。分段参数取 $L=256$ 以满足 FFT 的要求，$X=6$，重叠 50%一共用了 896 个数据：运行程序得到的结果如图 7.8(b)所示。同时，给出了 1000 个点的数据直接采用周期图法仿真的结果，见图 7.8(a)。可见周期图法起伏很大，即方差用周期图法仿真结果则较大。采用平滑法方差小，两个谱峰相差 6dB，但谱峰有所展宽，即牺牲了一定的分辨力。实际应用中分段数 K 及每段数据长度 L 应按需要折中考虑。

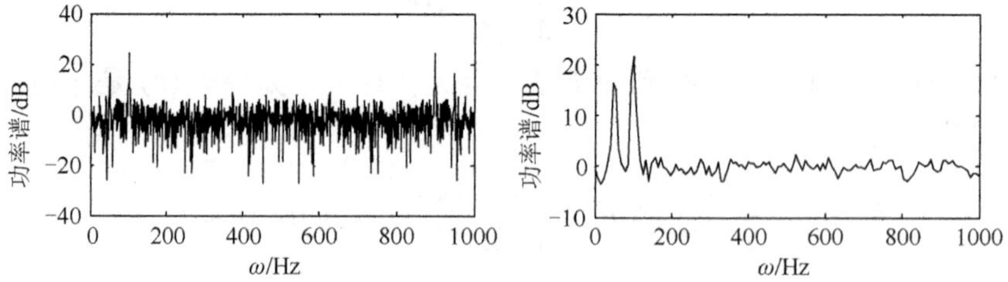

(a) 谱估计的周期图法　　(b) 谱估计的Welch法 (k=6，M=256)

图 7.8　周期图法和 Welch 法的谱估计比较

4. Nuttall 法

Nuttall 等提出了一种 5 步结合算法，其具体的步骤如下。

(1) 和(2)与 Bartlett 法相同，即对 $x_N(n)$ 自然分段(加矩形窗)，且不交叠，得到平均后的功率谱 $\overline{P}_{\text{per}}(\omega)$。

(3) 由 $\overline{P}_{\text{per}}(\omega)$ 作反变换，得到该平均功率谱对应的自相关函数，记为 $\overline{r}(m)$，其最大宽度是 $2M-1$，$M=N/L$。

(4) 此步如同间接法，对 $\overline{r}(m)$ 加延迟窗 $\omega_2(m)$，$\omega_2(m)$ 最大单边宽度为 M_1，这样得到 $\overline{r}_{M1}(m)$，即

$$\bar{r}_{M1}(m)=\bar{r}(m)\omega_2(m),\quad |m|\leqslant M_1<M$$

(5) 由 $\bar{r}_{M1}(m)$ 作正变换，得到对 $x(n)$ 功率谱的估计，记为 $\bar{P}_{\mathrm{PBT}}(m)$：

$$\bar{P}_{\mathrm{PBT}}(m)=\sum_{m=-M_1}^{M_1}\left[\bar{r}_{M1}(m)\mathrm{e}^{-\mathrm{j}\omega m}\right]$$

显然，此方法是把直接法和间接法结合起来，同时把平滑和平均结合起来。这样就保持了平滑和平均减小方差的优点，而且计算量也小于 Welch 法。上述各种方法可看做该方法的特例。上述改进方法如图 7.9 所示。

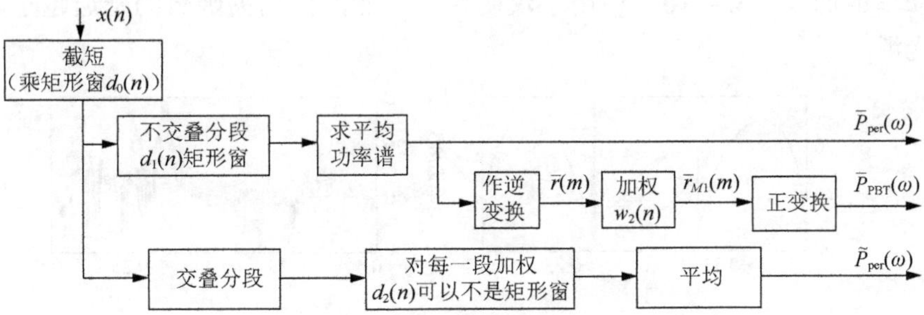

图 7.9　改进方法的框图

7.2　经典频谱估计算法性能比较

首先产生两个互不相关的[0,0.01]白噪声序列 $u_1(n)$ 和 $u_2(n)$，将其分别通过一个 4 阶的 FIR 系统，分别输出 $v_1(n)$ 和 $v_2(n)$，令

$$y(n)=v_1(n)+\mathrm{j}v_2(n)$$

则 $y(n)$ 是一个复值的噪声序列，其实部和虚部也互不相关，则

$$P_y(\omega)=2\sigma^2\left|1+\sum_{k=1}^{4}\left[b(k)\mathrm{e}^{\mathrm{j}\omega k}\right]\right|^2$$

式中，$\sigma^2=0.01$；$b(k)$ 是模型系数。

在 $y(n)$ 的基础上加上四个复正弦，其归一化频率分别是 $f_1=0.15$，$f_2=0.16$，$f_3=0.252$，$f_4=-0.16$，即

$$x(n)=y(n)+\sum_{k=1}^{4}\left[A(k)\mathrm{e}^{\mathrm{j}2\pi f_k n}\right]$$

式中，$A(k)$ 对应不同的系数，可得到不同的信噪比，本数据在 f_1 处的信噪比为 64dB，在 f_2 处的信噪比为 54dB，f_3 处的信噪比为 2dB，f_4 处的信噪比为 30dB。

$x(n)$ 的真实功率谱如图 7.10 所示，其频率范围为−0.5~0.5，即−π~π。令归一化频率 f_1 和 f_2 相差 0.01，目的是检验算法的分辨能力，f_3 的信噪比很低，目的是检验算法对弱信号的检测能力。

取 N=128，图 7.10(b)给出了该数据段直接求出的周期图，所用数据窗为矩形

窗，由于主瓣的宽度 B=2/128=0.015625>0.01，所以 f_1 和 f_2 不能完全分开，只是在波形的顶部能看出两个频率分量。

图(c)是利用 Welch 法求出的周期图，共分四段，每段 32 点，没有重叠，使用汉明窗，这时谱变得平滑，但分辨率降低。

图(d)也是用 Welch 平均法求出的周期图，共分七段，每段 32 点，重叠 16 点，使用汉明窗。谱变得更加平滑，分辨能力和图(c)大体一致。

图(e)是用 BT 法求出的功率谱曲线，M＝32，没有加窗；图(f)也是用 BT 法求出的功率谱曲线，M＝16，使用了汉明窗。显然，自相关函数的延迟越小，谱变得越光滑。

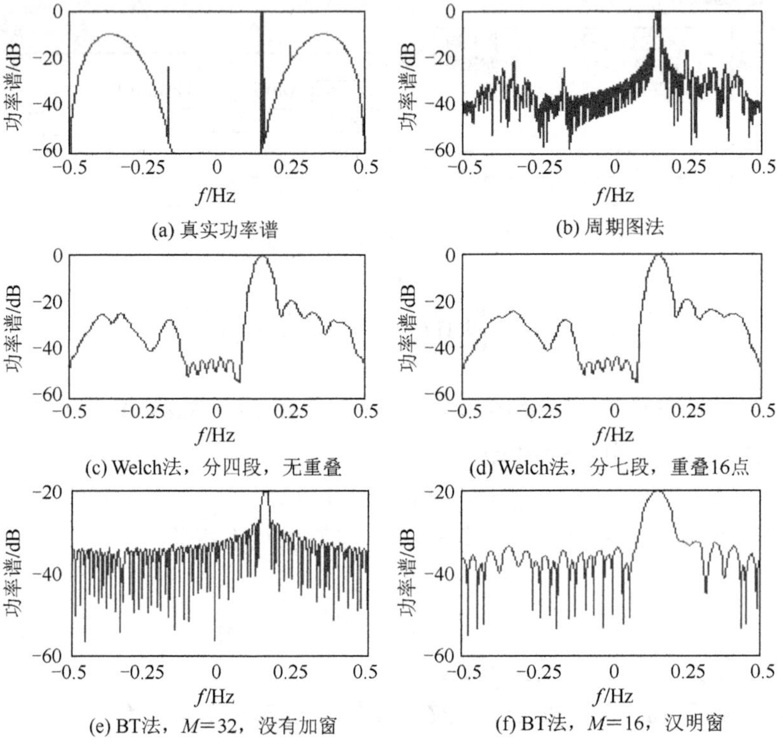

图 7.10　经典谱估计算法性能比较

综合上述讨论，对经典谱估计的总结如下：

(1) 经典谱估计，无论直接法还是间接法都可用 FFT 快速计算，且物理概念明确，因而仍是目前较常用的谱估计方法。

(2) 谱的分辨率较低，它正比于 $2\pi/N$，N 是所使用的数据长度。

(3) 由于不可避免地受到窗函数的影响，真正功率谱 $P_x(\omega)$ 在窗口主瓣的功率向旁瓣部分泄漏，降低了分辨率，另外，较大的旁瓣也有可能掩盖 $P_x(\omega)$ 中较弱的部分，或是产生假的峰值，当分析数据较短时，这些影响更为突出。

(4) 方差性能不好，不是 $P_x(\omega)$ 的一致估计，且 N 增大时功率谱起伏加剧。

(5) 周期图的平滑和平均是和窗函数的使用紧紧相关联的，平滑和平均主要是用来改善周期图的方差性能，但往往又减小了分辨率和增加了偏差，没有一个窗函数能使估计的功率谱在方差、偏差和分辨率各个方面部得到改善，因此，使用窗函数只是改进估计质量的一个技巧问题，而不是根本的解决办法。

7.3　基于参数模型的频谱估计

经典谱估计的改进方法仍存在频率分辨率与谱估计稳定性之间的矛盾，特别是当数据段长度 N 很短时，这种矛盾更加突出。现代谱估计是为解决这一矛盾而提出来的。

参数模型法以预测理论为基础，是现代谱估计的主要内容。参数模型法的思路如下。

(1) 假设所研究的信号 $x(n)$ 是由一个输入序列 $u(n)$ 激励一个线性系统 $H(z)$ 的输出，如图 7.11 所示。

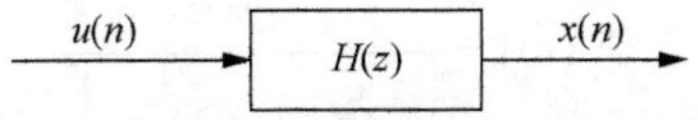

图 7.11　参数模型

某时刻 n 的输出值 $x(n)$ 值既与输入信号 $u(n)$ 有关，也与 n 时刻前的几个 $x(n)$ 有关。则 $u(n)$ 和 $x(n)$ 之间有如下的输入、输出关系：

$$x(n) = -\sum_{k=1}^{p}\left[a_k x(n-k)\right] + \sum_{k=0}^{q}\left[b_k u(n-k)\right], \quad b_0 = 1 \tag{7.6}$$

改写式(7.6)：

$$\sum_{k=0}^{p}\left[a_k x(n-k)\right] = \sum_{k=0}^{q}\left[b_k u(n-k)\right]$$

(2) 由 $x(n)$ 或其自相关函数 $r_x(m)$ 估计 $H(z)$ 的参数。即对上述两式两边取 z 变换，得

$$H(z) = \frac{B(z)}{A(z)}$$

式中

$$A(z) = 1 + \sum_{k=1}^{p}\left(a_k z^{-k}\right)$$

$$B(z) = 1 + \sum_{k=1}^{q}\left(b_k z^{-k}\right) \tag{7.7}$$

$$H(z) = \sum_{k=0}^{\infty}\left[h(k) z^{-k}\right]$$

(3) 由$H(z)$的参数来估计$x(n)$的功率谱。为了保证$H(z)$是一个稳定的且是最小相位的系统，$A(z)$和$B(z)$的零点都应在单位圆内。假定$u(n)$是一个方差为σ^2的白噪声序列，输出序列$x(n)$的功率谱为

$$P_x(\omega)=\frac{\sigma^2 B(\omega)B^*(\omega)}{A^*(\omega)A(\omega)}=\frac{\sigma^2\left|B(\omega)\right|^2}{\left|A(\omega)\right|^2} \tag{7.8}$$

如果激励白噪声的方差σ^2以及模型的参数$a_1,a_2,\cdots,a_p$，$b_1,b_2,\cdots,b_q$已知，由式(7.8)可求出输出序列$x(n)$的功率谱。

在式(7.6)中，如果：

(1) $b_1,b_2,\cdots,b_q$全为零，则式(7.6)、式(7.7)、式(7.8)分别变成

$$x(n)=-\sum_{k=1}^{p}\left[a_k x(n-k)+u(n)\right]$$

$$H(z)=\frac{1}{A(z)}=\frac{1}{1+\sum\limits_{k=1}^{p}\left(a_k z^{-k}\right)}$$

$$P_x(\omega)=\frac{\sigma^2}{\left|1+\sum\limits_{k=1}^{p}\left(a_k \mathrm{e}^{-\mathrm{j}\omega k}\right)\right|^2}$$

上述三个式子给出的模型称为自回归(auto-regressive)模型，简称 AR 模型，它是一个全极点的模型。“自回归”的含义是：该模型现在的输出是现在输入和过去p个输出的加权和。

(2) $a_1,a_2,\cdots,a_p$全为零，则式(7.6)、式(7.7)、式(7.8)分别变成

$$x(n)=\sum_{k=1}^{q}\left[b_k u(n-k)\right]=u(n)+\sum_{k=1}^{q}\left[b_k u(n-k)\right],\quad b_0=1$$

$$H(z)=B(z)=1+\sum_{k=1}^{q}\left(b_k z^{-k}\right)$$

$$P_x(\omega)=\sigma^2\left|1+\sum_{k=1}^{q}\left(b_k \mathrm{e}^{-\mathrm{j}\omega k}\right)\right|^2$$

上述三个式子给出的模型称为移动平均(moving-average)模型，简称 MA 模型，它是一个全零点的模型。

(3) 若$a_1,a_2,\cdots,a_p$，$b_1,b_2,\cdots,b_q$不全为零，则式(7.6)给出的模型为自回归-移动平均模型，简称 ARMA 模型。显然 ARMA 模型是一个既有极点，又有零点的模型。

7.3.1 AR 模型

1. AR 模型谱估计的性质

1) AR 谱的平滑特性和分辨率

由于 AR 模型是一个有理分式，因此估计出的谱要比经典法的谱平滑。图 7.12 显示了 AR 谱与周期图谱起伏特性比较。显然，AR 谱比周期图谱平滑得多。

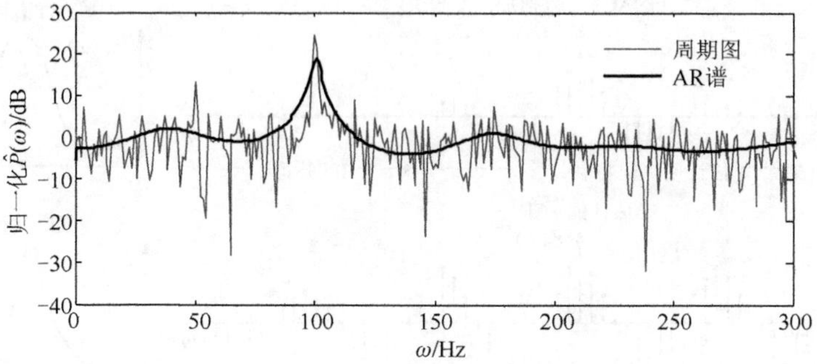

图 7.12　AR 谱与周期图谱起伏特性比较

长度为 N 的信号，若采样间隔为 T，那么由 DFT 作谱分析时，其分辨率粗略为 f_s / N。在讨论经典谱估计时的分辨率时，经典谱估计的分辨率反比于使用的信号的长度。现代谱估计的分辨率可以不受此限制。这是因为现代谱估计的一些方法隐含着数据和自相关函数的外推，使其可能的长度超过给定的长度。

2) 隐含的自相关函数延拓的特性

AR 模型是在最小均方意义上对给定的数据的拟合，即

$$\hat{x}(n) = -\sum_{k=1}^{p}\left[a_k x(n-k)\right]$$

这样，$\hat{x}(n)$ 可能达到的长度是从 1 至 $N-1+p$。在此之外，若用 $\hat{x}(n)$ 代替 $x(n)$，还可以继续外推。

AR 谱 $P_{\mathrm{AR}}(\omega)$ 对应一个无穷长的自相关函数，记为 $r_a(m)$，即

$$P_{\mathrm{AR}}(\omega) = \frac{\rho_p}{\left|1+\sum_{k=1}^{p}\left(a_k \mathrm{e}^{-\mathrm{j}\omega k}\right)\right|^2} = \sum_{m=-\infty}^{\infty}\left[r_a(m)\mathrm{e}^{-\mathrm{j}\omega m}\right]$$

可以证明，$r_a(m)$ 和真实自相关函数 $r_x(m)$ 有如下关系：

$$r_a(m) = \begin{cases} r_x(m), & |m| \leqslant p \\ -\sum_{k=1}^{p}\left[a_k r_a(m-k)\right], & |m| > p \end{cases}$$

AR 模型法避免了窗函数的影响，因此它可得到高的谱分辨率，同时它所得

到的功率谱 $\hat{P}_x(\omega)$ 与真实的功率谱 $P_x(\omega)$ 偏差较小，图 7.13 给出了 AR 模型与 BT 谱估计的比较。

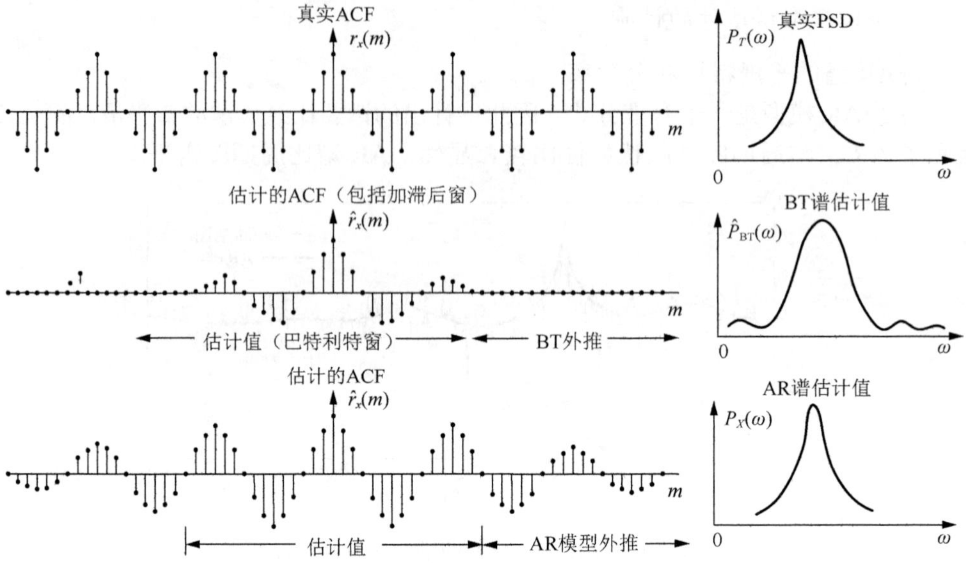

图 7.13　AR 模型谱估计与 BT 谱估计的比较

2. 模型参数的估计

1) 自相关法

为求 $a_1,a_2,\cdots,a_p,\sigma^2$ 与自相关 $R_{xx}(m)$ 的关系，由自相关定义有

$$R_{xx}(m)=E\left[x(n)x(n+m)\right]$$

把 AR(n)模型代入上式得

$$\begin{aligned}R_{xx}(m)&=E\left\{x(n)\left[-\sum_{k=1}^{p}\left[a_k x(n-k+m)\right]+u(n+m)\right]\right\}\\&=-\sum_{k=1}^{p}\left[a_k R_{xx}(m-k)\right]+E\left[x(n)u(n+m)\right]\end{aligned}\tag{7.9}$$

由于 AR(n)模型中 $x(n)$ 与 $u(n)$ 有关，而与 $u(n+m)$ ($m>1$)无关，故

$$E\left[x(n)u(n+m)\right]=\begin{cases}0, & m>0\\ \sigma^2, & m=0\end{cases}$$

代入式(7.9)得

$$R_{xx}(m)=\begin{cases}-\sum\limits_{k=1}^{p}\left[a_k R_{xx}(m-k)\right], & m>0\\ -\sum\limits_{k=1}^{p}\left[a_k R_{xx}(-k)\right]+\sigma^2, & m=0\end{cases}$$

$$\begin{cases} R_{xx}(m)+\sum_{k=1}^{p}\left[a_k R_{xx}(m-k)\right]=0, & m>0 \\ R_{xx}(m)+\sum_{k=1}^{p}\left[a_k R_{xx}(-k)\right]=\sigma^2, & m=0 \end{cases} \tag{7.10}$$

当 $m=1,2,\cdots,p$ 时，其矩阵为

$$\begin{bmatrix} R_{xx}(0) & R_{xx}(-1) & \cdots & R_{xx}(-p) \\ R_{xx}(1) & R_{xx}(0) & \cdots & R_{xx}[-(p-1)] \\ \vdots & \vdots & & \vdots \\ R_{xx}(p) & R_{xx}(p-1) & \cdots & R_{xx}(0) \end{bmatrix}\begin{bmatrix} 1 \\ a_1 \\ \vdots \\ a_p \end{bmatrix}=\begin{bmatrix} \sigma^2 \\ 0 \\ \vdots \\ 0 \end{bmatrix} \tag{7.11}$$

式(7.10)和式(7.11)称为 Yule-Walker 方程。方程左端各个 $R_{xx}(p)$ 值是离散序列 $x(n)$ 的自相关函数，可由已知序列估计出。解这个方程组，便可得信号模型参数 a_k 和 σ^2，然后代入式(7.8)，就得信号的谱估计。

例 7.7　设序列 $x(n)=\cos(200\pi n)+\sin(400\pi n)+e(n)$ 为一周期正弦加高斯白噪声平稳随机过程，试用 Yule-Walker 方法估计其功率谱，如图 7.14 所示。

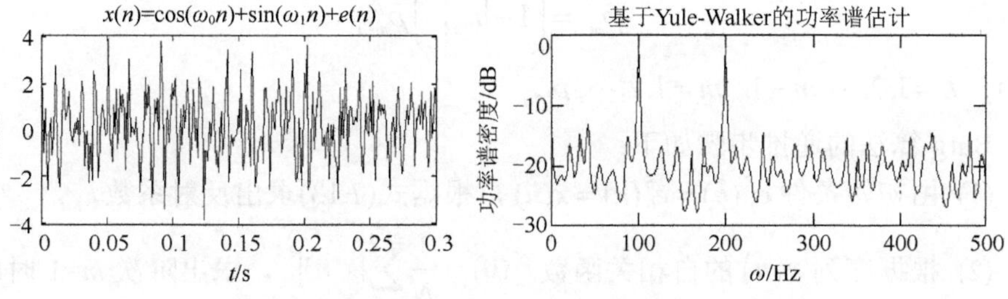

(a)　　　　　　　　　　　　(b)

图 7.14　Yule-Walker 方法的功率谱估计曲线

2) Burg 算法

Burg 法是一种在 Levinson-Durbin 递归约束的前提下，使前向和后向预测误差能量之和为最小的自回归功率谱估计的方法。

令序列 $x(n)$ 的前后向预测误差功率之和 $\rho_p^{fb}=[\rho_p^f+\rho_p^b]/2$ 为最小，其中

$$\rho_p^f=\frac{1}{N-p}\sum_{n=p}^{N-1}\left|e_p^f(n)\right|^2$$

$$\rho_p^b=\frac{1}{N-p}\sum_{n=p}^{N-1}\left|e_p^b(n)\right|^2$$

当 AR 模型的阶次 m 由 $1\sim p$ 取值时，前向预测误差 $e^f(n)$ 和后向预测误差 $e^b(n)$ 有如下递推关系：

$$e_m^f(n) = e_{m-1}^f(n) + k_m e_{m-1}^b(n-1)$$
$$e_m^b(n) = e_{m-1}^b(n-1) + k_m^* e_{m-1}^f(n) \tag{7.12}$$
$$e_0^f(n) = e_0^b(n) = x(n)$$

式中，k_m 为反射系数，且 $k_m = a_m(m), m = 1,2,\cdots,p$。

当 AR 模型阶次为 m 时，令 $\dfrac{\partial \rho^{fb}}{\partial k_m} = 0$，即可得到使 $\partial \rho^{fb}$ 最小的反射系数 $\hat{k}_m$：

$$\hat{k}_m = -2\frac{\sum_{n=m}^{N-1}\left[e_{m-1}^f(n)e_{m-1}^{b^*}(n-1)\right]}{\sum_{n=m}^{N-1}\left[\left|e_{m-1}^f(n)\right|^2 + \left|e_{m-1}^{b^*}(n-1)\right|^2\right]} \tag{7.13}$$

式中，$m = 1,2,\cdots,p$。

估计出 $\hat{k}_m$ 后，在阶次为 m 时的 AR 模型系数仍然由 Levinson 算法递推求出：

$$\hat{a}_m(k) = \hat{a}_{m-1}(k) + \hat{k}_m \hat{a}_{m-1}^*(m-k)$$
$$\hat{a}_m(m) = \hat{k}_m \tag{7.14}$$
$$\hat{\rho}_m^{fb} = \left(1 - \left|\hat{k}_m\right|^2\right)\hat{\rho}_{m-1}^{fb}$$

式中，$k = 1,2,\cdots,m-1$，$m = 1,2,\cdots,p$。

Burg 算法的递推步骤如下：

(1) 由初始条件 $e_0^f(n) = e_0^b(n) = x(n)$，根据式(7.13)求出反射系数 $\hat{k}_1$。

(2) 根据序列 $x(n)$ 的自相关函数 $\hat{r}_x(0) = \dfrac{1}{N}\sum_{n=0}^{N-1}\left|x(n)\right|^2$，求出阶次 m=1 时的 AR 模型参数 $\hat{a}_1(1) = \hat{k}_1$ 与前后向预测误差功率之和 $\rho_1^{fb} = \left(1 - \left|\hat{k}_1\right|^2\right)\hat{r}_x(0)$。

(3) 根据 $\hat{k}_1$ 和式(7.12)求出前向预测误差 $e_1^f(n)$ 和后向预测误差 $e_1^b(n)$，然后再利用式(7.13)估计反射系数 $\hat{k}_2$。

(4) 按照式(7.14)所示 Levinson 递推关系，求出阶次 m＝2 时 AR 模型参数 $\hat{a}_2(1)$ 和 $\hat{a}_2(2)$，以及 $\hat{\rho}_2^{fb}$。

(5) 重复上述过程，直到阶次 m=p，求出所有阶次的 AR 模型参数。

Burg 算法的递推过程是建立在数据序列基础上，避开了序列 $x(n)$ 自相关函数的估计，所以与自相关法相比，具有较好的频率分辨率。但对有白噪声干扰的正弦信号，有可能会出现谱线分裂的现象，且谱峰的位置与相位密切相关。

例 7.8　设序列 $x(n) = \cos(200\pi n) + \sin(400\pi n) + e(n)$ 为一周期正弦加高斯白噪声平稳随机过程，试用 Burg 算法估计其功率谱，如图 7.15 所示。

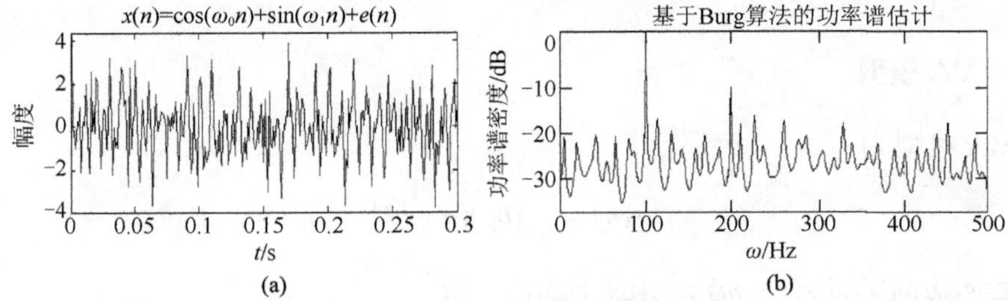

图 7.15 Burg 算法的功率谱估计曲线

3) 改进的协方差方法

令序列 $x(n)$ 的前后向预测误差功率之和 $\rho_p^{fb}=\frac{1}{2}\left[\rho_p^f+\rho_p^b\right]$ 为最小，ρ_p^{fb} 不仅相对于反射系数 k_m 最小，而且还相对于 AR 模型参数 a_m 也最小，即

$$\frac{\partial\rho^{fb}}{\partial k_m}=0,\quad \frac{\partial\rho^{fb}}{\partial\hat{a}(i)}=0$$

则改进协方差的正则方程为

$$\begin{bmatrix} c_x(1,1) & c_x(1,2) & \cdots & c_x(1,p) \\ c_x(2,1) & c_x(2,2) & \cdots & c_x(2,p) \\ \vdots & \vdots & & \vdots \\ c_x(p,1) & c_x(p,2) & \cdots & c_x(p,p) \end{bmatrix}\begin{bmatrix} \hat{a}_1 \\ \hat{a}_2 \\ \vdots \\ \hat{a}_p \end{bmatrix}=-\begin{bmatrix} c_x(1,0) \\ c_x(2,0) \\ \vdots \\ c_x(p,0) \end{bmatrix}$$

$$\rho_{\min}=c_x(0,0)+\sum_{m=1}^{p}\left[\hat{a}_m c_x(0,m)\right]$$

式中，$\rho_{\min}$ 为最小预测误差功率；$c_x(i,k)$ 为协方差，即

$$c_x(i,k)=\frac{1}{2(N-p)}\left\{\sum_{n=p}^{N-1}\left[x^*(n-i)x(n-k)\right]+\sum_{n=0}^{N-1-p}\left[x^*(n+k)x(n+i)\right]\right\}$$

例 7.9 设序列 $x(n)=\cos(200\pi n)+\sin(400\pi n)+e(n)$ 为一周期正弦加高斯白噪声平稳随机过程，试用改进的协方差方法估计其功率谱，如图 7.16 所示。

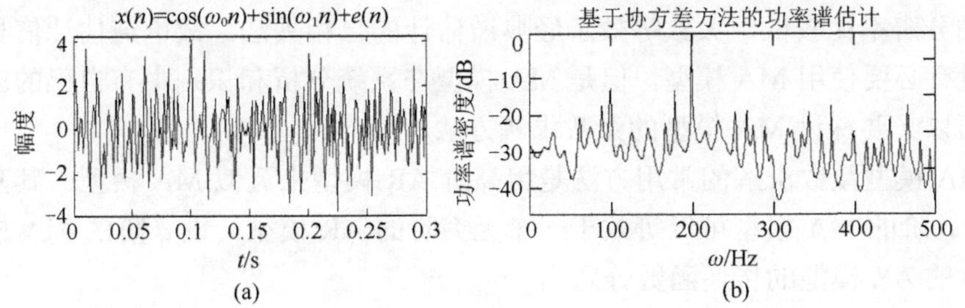

图 7.16 改进的协方差方法的功率谱估计曲线

7.3.2 MA 模型

MA 模型为

$$s(n)=\sum_{k=0}^{q}\left[b_k n(n-k)\right]$$

将上式两边同乘以 $s(n-m)$，并求平均值，得

$$r_s(m)=E\left[s(n-m)s(n)\right]=\sum_{k=0}^{q}\left\{b_k E\left[s(n-m)n(n-k)\right]\right\}=\sum_{k=0}^{q}\left[b_k r_{sn}(m-k)\right]$$

而输入输出的互相关函数为

$$\begin{aligned}r_{sn}(m-k)&=E\left[s(n)n(n+m-k)\right]=E\left\{n(n+m-k)\sum_{i=0}^{\infty}\left[h(i)n(n-i)\right]\right\}\\&=\sum_{i=0}^{\infty}\left\{h(i)nE\left[n(n-i)n(n+m-k)\right]\right\}=\sum_{i=0}^{\infty}\left[h(i)r_n(i+m-k)\right]\\&=\sum_{i=0}^{\infty}\left[h(i)\sigma_n^2\delta(i+m-k)\right]\end{aligned}$$

即

$$r_{sn}(m-k)=\sigma_n^2 h(k-m)$$

对于 q 阶的 MA 模型，根据 $H(z)=B(z)=\sum_{k=0}^{q}\left(b_k z^{-k}\right)$，有 $h(k)=b_k(k=0,\cdots,q)$，因此得到 q 阶的 MA 模型的方程为

$$r_s(m)=\begin{cases}\sigma_n^2\sum_{k=m}^{q}\left(b_k b_{k-m}\right)=\sigma_n^2\sum_{k=0}^{q-m}\left(b_k b_{k+m}\right), & m=0,\cdots,q\\0, & m>q\end{cases}$$

该方程为一个非线性方程组，因此 MA 模型系数的求解比 AR 模型要复杂得多。

由于 MA 模型是全零点模型，因此不易体现频谱中的峰值。一般地，MA 谱估计的分辨率比较低，大致等效于经典谱估计的自相关法。故单纯估计信号的频谱，没有必要使用 MA 模型。但是 MA 模型在系统分析和识别中有自己的应用场合，所以必要探讨 MA 模型的系数求解方法。

MA 模型系数求解的常用方法是用高阶 AR 模型来近似 MA 模型。其基本思想是：q 阶的 MA 模型可以等效于一个无穷阶的 AR 模型。设 q 阶的 MA 模型和无穷阶的 AR 模型的传递函数分别为

$$H(z)=1+\sum_{k=1}^{q}\left(b_k z^{-k}\right),\quad b_0=1$$

$$H(z)=\frac{1}{1+\sum_{k=1}^{\infty}\left(a_k z^{-k}\right)}$$

因为两者相等，故

$$\left[1+\sum_{k=1}^{q}\left(b_k z^{-k}\right)\right]\left[1+\sum_{k=1}^{\infty}\left(a_k z^{-k}\right)\right]=1$$

令 $a_0=1$，对上式两边求 z 反变换，左边是 $b_k(k=0,\cdots,q)$ 和 $a_k(k=0,\cdots,\infty)$ 的卷积。

$$\sum_{k=0}^{q}(b_k a_{m-k})=a_m+\sum_{k=1}^{q}(b_k a_{m-k})=\delta(m)$$

在实际应用中，AR 模型不可能是无穷阶，而是有限阶。故问题就变为从有限个 AR 模型参数 $a_k^{(p)}(k=1,\cdots,q)$ 来近似 MA 模型，此时，上式中的右边在 $m>0$ 时不一定等于 0，而是有一个误差 $e(m)$，即

$$a_m^{(p)}+\sum_{k=1}^{q}\left(b_k a_{m-k}^{(p)}\right)=e(m) \tag{7.15}$$

令 $\sum_m |e(m)|^2$ 对 $b_k(k=1,\cdots,q)$ 最小，就可以通过 $a_k^{(p)}(k=1,\cdots,q)$ 求出 MA 模型的系数 $b_k(k=1,\cdots,q)$。这相当于一个 q 阶的线性预测器，只是用 $a_k^{(p)}(k=1,\cdots,q)$ 代替信号 $s(n)$，$b_k(k=1,\cdots,q)$ 相当于预测器的系数。由于预测器和 AR 模型的等效性，式(7.15)的求解可以通过 AR 模型系数求解的方法进行。

7.3.3 ARMA 模型

ARMA 模型为

$$s(n)=\sum_{k=0}^{q}\left[b_k n(n-k)\right]-\sum_{k=1}^{p}\left[a_k s(n-k)\right]$$

将上式两边同乘以 $s(n-m)$，并求平均值，结合 AR 模型和 MA 模型的方程推导，得到 ARMA 模型的正则方程为

$$r_s(m)=\begin{cases}-\sum_{k=1}^{q}\left[a_k r_s(m-k)\right]+\sigma_n^2\sum_{k=0}^{q-m}\left[h(k)b_{k+m}\right], & m=0,\cdots,q\\ -\sum_{k=1}^{q}\left[a_k r_s(m-k)\right], & m>q\end{cases}$$

式中，$h(k)$ 为 ARMA 模型系数 a_k 和 b_k 的函数。

ARMA 模型的正则方程也称为扩展的 Yule-Walker 方程，显然，它是一个非线性方程组。

一般而言，采用 ARMA 模型来拟合同一随机过程，所用的阶次可以比较低。ARMA 模型中既有零点，又有极点，因此它比 AR 模型的性质更加全面，可以同时体现信号频谱的峰值和谷值。

但是非线性的 ARMA 方程的求解比较困难。如果要同时求解分子和分母系

数，往往会遇到非线性规划或非线性方程的问题。实际应用时，可以采用一种次优的方案，两步法和迭代逼近法就是其中的两种次优方案。

在两步法中，可以先估计模型分母的参数，再在分母参数固定的情况下估计最优的分子参数。迭代逼近法则利用迭代运算来逐渐逼近最优解。

根据 AR 模型和 ARMA 模型的等效性，可以用一个阶次较高(阶次大于 $p+q$)的 AR 模型的系数来反推 ARMA 模型的系数。

设需要估计的 ARMA 模型的系数为 $a_k(k=1,\cdots,q)$ 和 $b_k(k=1,\cdots,q)$，则它的传递函数为

$$H_1(z)=\frac{1+\sum\limits_{k=1}^{\infty}\left(b_k z^{-k}\right)}{1+\sum\limits_{k=1}^{\infty}\left(a_k z^{-k}\right)}=\frac{B(z)}{A(z)}$$

当估计出一个 $m(m>p+q)$ 阶的 AR 模型的系数为 $c_k(k=1,\cdots,m)$ 以后，根据 AR 模型的传递函数：

$$H_2(z)=\frac{1}{1+\sum\limits_{k=1}^{\infty}\left(c_k z^{-k}\right)}=\frac{1}{C(z)}$$

以及系统的等效性：

$$H_1(z)=H_2(z)$$

可以得到 $B(z)C(z)=A(z)$。

通过比较上式左、右两边的系数，就可以根据系数 $c_k(k=1,\cdots,m)$ 来确定系数 $a_k(k=1,\cdots,q)$ 和 $b_k(k=1,\cdots,q)$。

例 7.10　$x(n)=\cos(100\pi n)+e(n)$ 为周期正弦信号加高斯噪声序列，试建立该时间序列的 ARMA(5,3)模型。

解　利用 MATLAB 进行求解。

模型表达式为

$$A(q)y(t) = C(q)e(t)$$

式中

$$A(q)=1-1.366q^{-1}+0.5252q^{-2}+0.03682q^{-3}+0.03569q^{-4}+0.0237q^{-5}$$
$$C(q)=1+0.3188q^{-1}+0.06914q^{-2}-0.07231q^{-3}$$

7.4　最大熵谱估计

最大熵谱估计(maximum entropy spectral estimation，MESE)是 Burg 于 1967 年提出的。其基本思想是：将一段已知 $p+1$ 个自相关函数序列 $r_x(0),r_x(1),\cdots,r_x(p)$ 进行外推，以得到未知的自相关函数值，从而避免因对自相关函数序列加窗而导致

的频谱估计性能变坏。Burg 证明了一种合理的外推方式，即外推后的自相关函数所对应的时间序列应当具有最大熵，也就是说，在已知 $p+1$ 个自相关函数值 $r_x(0),r_x(1),\cdots,r_x(p)$ 的前提下，外推的序列应该是最随机或最不可预测的，或者说它的频谱是最平坦的。通过这种外推方式先得到自相关函数序列再估计信号的频谱的方法，称为最大熵谱估计方法。

设信源由属于集合 $X=\{x_1,x_2,\cdots,x_m\}$ 的 M 个事件所组成，信源产生事件 x_j 的概率为 $p(x_j)$，则

$$\sum_{j=1}^{M}p(x_j)=1$$

定义在集合 X 中事件 x_j 的信息量为

$$I(x_j)=-\ln p(x_j)$$

若式中对数以 e 为底，则 $I(x_j)$ 的单位为奈特(nat)；若以 2 为底，则单位为比特(bit)。

定义整个信源 M 个事件的平均信息量为

$$H(X)=-\sum_{j=1}^{M}\left[p(x_j)\ln p(x_j)\right]$$

设连续随机变量 x 的概率密度函数 $p(x)$，其熵 $H(x)$ 可定义为

$$H(x)=-\int_{-\infty}^{\infty}p(x)\ln p(x)\mathrm{d}x=-E\left[\ln p(x)\right]$$

设 $x_i(1,2,\cdots,N\to\infty)$ 是连续的无限长的随机序列，其联合概率密度函数为 $p(x_1,x_2,\cdots,x_N)$，则其熵率 h 定义为

$$\begin{aligned}h&=\lim_{N\to\infty}\frac{H(x_1,x_2,\cdots,x_N)}{N}\\&=\lim_{N\to\infty}\frac{1}{N}\int_{-\infty}^{\infty}\cdots\int_{-\infty}^{\infty}p(x_1,x_2,\cdots,x_N)\ln p(x_1,x_2,\cdots,x_N)\mathrm{d}x_1\mathrm{d}x_2\cdots\mathrm{d}x_N\end{aligned}$$

可以证明信号 $s(n)$ 的熵率 h_s 和其功率谱密度函数 $s(\mathrm{e}^{\mathrm{j}\omega})$ 有如下关系：

$$h_s=\frac{1}{2}\ln(2\pi\mathrm{e})+\frac{1}{4\pi}\int_{-\pi}^{\pi}\ln\left[s(\mathrm{e}^{\mathrm{j}\omega})\right]\mathrm{d}\omega=\frac{1}{2}\ln(2\pi\mathrm{e})+\frac{1}{2}H[S(\mathrm{e}^{\mathrm{j}\omega})]$$

因此，要使熵率 h_s 最大，也就是使谱熵 $H\left[s(\mathrm{e}^{\mathrm{j}\omega})\right]$ 最大，此时，信号的频谱估计问题就变为：在已知信号的自相关函数 $r_s(m)=\frac{1}{2\pi}\int_{-\pi}^{\pi}s(\mathrm{e}^{\mathrm{j}\omega})\mathrm{e}^{\mathrm{j}\omega}\mathrm{d}\omega(|m\leqslant p|)$ 的前提下，使谱熵最大，从而估计出信号的功率谱密度函数 $s(\mathrm{e}^{\mathrm{j}\omega})$。

应用 Lagrange 乘法，构造一个函数 $J\left[s(\mathrm{e}^{\mathrm{j}\omega})\right]$：

$$J\left[s(\mathrm{e}^{\mathrm{j}\omega})\right]=\frac{1}{2\pi}\int_{-\pi}^{\pi}s(\mathrm{e}^{\mathrm{j}\omega})\mathrm{d}\omega+\sum_{m=-p}^{p}\lambda_m\left[r_s(m)-\frac{1}{2\pi}\int_{-\pi}^{\pi}s(\mathrm{e}^{\mathrm{j}\omega})\mathrm{e}^{\mathrm{j}m\omega}\mathrm{d}\omega\right]$$

式中，λ_m 为 Lagrange 乘数。

由$\dfrac{\partial J\left[s(\mathrm{e}^{\mathrm{j}\omega})\right]}{\partial s(\mathrm{e}^{\mathrm{j}\omega})}=0$，可以得到

$$s(\mathrm{e}^{\mathrm{j}\omega})=\frac{1}{\sum\limits_{m=-p}^{p}(\lambda_m \mathrm{e}^{\mathrm{j}m\omega})}$$

若令$c_m=\lambda_{-m}$，则

$$s(\mathrm{e}^{\mathrm{j}\omega})=\frac{1}{\sum\limits_{m=-p}^{p}(c_m \mathrm{e}^{-\mathrm{j}m\omega})}$$

因此可以证明，信号的功率谱密度函数$s(\mathrm{e}^{\mathrm{j}\omega})$为

$$s(\mathrm{e}^{\mathrm{j}\omega})=\frac{\sigma^2}{\left|1+\sum\limits_{m=1}^{p}(a_m \mathrm{e}^{-\mathrm{j}m\omega})\right|^2}$$

可见，最大熵估计出的功率谱密度函数就是 AR 模型的功率谱密度函数。

上述基于熵率最大化的方法，通常称为第一种最大熵法，记为 MEM1。若使用不同的谱熵定义构型熵，则可以得到另一种最大熵法，记为 MEM2。

MEM2 的基本思想为：在已知信号自相关函数$r_s(m)=\dfrac{1}{2\pi}\int_{-\pi}^{\pi}s(\mathrm{e}^{\mathrm{j}\omega})\mathrm{e}^{\mathrm{j}\omega}\mathrm{d}\omega\left(|m\leqslant p|\right)$的前提下，使

$$H_2\left[s(\mathrm{e}^{\mathrm{j}\omega})\right]=-\frac{1}{2\pi}\int_{-\pi}^{\pi}s(\mathrm{e}^{\mathrm{j}\omega})\ln s(\mathrm{e}^{\mathrm{j}\omega})\mathrm{d}\omega。$$

定义的构型熵最大，从而估计出信号的功率谱密度函数$s(\mathrm{e}^{\mathrm{j}\omega})$。

应用 Lagrange 乘法，构造一个函数$J\left[s(\mathrm{e}^{\mathrm{j}\omega})\right]$：

$$J\left[s(\mathrm{e}^{\mathrm{j}\omega})\right]=-\frac{1}{2\pi}\int_{-\pi}^{\pi}s(\mathrm{e}^{\mathrm{j}\omega})\ln s(\mathrm{e}^{\mathrm{j}\omega})\mathrm{d}\omega+\sum_{m=-p}^{p}\lambda_m\left[\frac{1}{2\pi}\int_{-\pi}^{\pi}s(\mathrm{e}^{\mathrm{j}\omega})\mathrm{e}^{\mathrm{j}m\omega}\mathrm{d}\omega-r_s(m)\right]$$

式中，λ_m为 Lagrange 乘数。

由$\dfrac{\partial J\left[s(\mathrm{e}^{\mathrm{j}\omega})\right]}{\partial s(\mathrm{e}^{\mathrm{j}\omega})}=0$，可以得到

$$\ln s(\mathrm{e}^{\mathrm{j}\omega})=-1+\sum_{m=-p}^{p}(\lambda_m \mathrm{e}^{\mathrm{j}m\omega})$$

设

$$\ln s(\mathrm{e}^{\mathrm{j}\omega})=\sum_{m=-p}^{p}(c_m \mathrm{e}^{-\mathrm{j}m\omega})$$

即

$$s(e^{j\omega}) = \exp\left[\sum_{m=-p}^{p}(c_m e^{-jm\omega})\right]$$

这样最大熵频谱估计变为求解系数 c_m 的问题。

例 7.11　设序列 $x(n)=\cos(200\pi n)+\sin(400\pi n)+e(n)$ 为一周期正弦加高斯白噪声平稳随机过程，试用最大熵方法估计其功率谱，如图 7.17 所示。

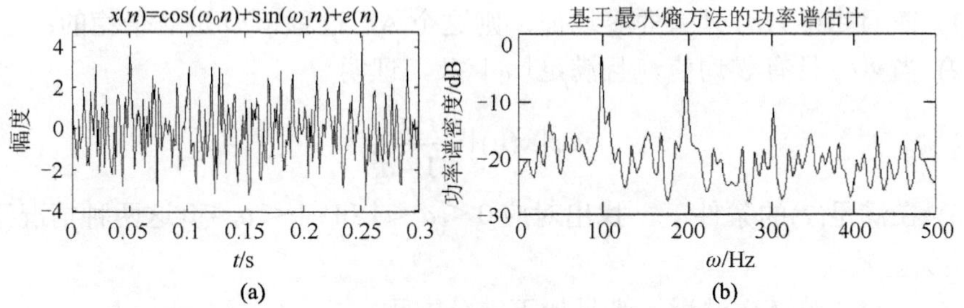

图 7.17　基于最大熵方法的功率谱估计曲线

7.5　本 章 小 结

频谱是信号在频率域上的重要特征，它反映了信号的频率成分以及分布情况。信号频谱的估计是信号分析的重要手段，也是信号综合的前提。就目前的方法而言，信号频谱估计的方法通常被分为经典频谱估计和现代频谱估计两大类。经典频谱估计实质上是传统的傅里叶分析法，属于线性估计，其物理概念明确，计算方法比较简单，但是大多数存在着频率分辨率低和频谱旁瓣泄漏严重的缺点。现代频谱估计属于非线性估计，具有较高的频率分辨率,是线性预测分析使用的主要方法。

习　题

7.1 功率谱如何定义？谱估计的任务是什么？经典谱估计和现代谱估计的主要区别有哪些？经典谱估计方法有哪些优缺点？

7.2 功率谱估计有哪些方法？阐述各种估计方法的原理，并定性比较各种方法的估计质量。

7.3 已知信号有 140Hz 和 150Hz 两个频率分量，其幅度分别为 2 和 1，该信号被标准差为 0.1 的白噪声污染后，以采样频率 1000Hz 得到 1s 数据。试用周期图法估计该信号的谱和平均功率，并比较数据长度、信噪比和窗函数对谱估计的影响。

7.4 假设习题 7.3 中的白噪声的标准差为 5，试比较周期法和 Welch 法的谱估计效果。

7.5 一个一阶 AR 过程，满足如下方差方程：

$$x(n) + a_1 x(n-1) = v(n)$$

式中，a_1 为实常数；$v(n)$ 是一个方差为 σ_v^2 的白噪声。

(1) 证明如果 $v(n)$ 具有非零均值，则这个 AR 过程 $x(n)$ 是非平稳的；

(2) 当 $v(n)$ 具有零均值，且满足 $|a_1|<1$，证明

$$\text{var}\left[x(n)\right] = \frac{\sigma_v^2}{1-a_1^2}$$

(3) 在满足(2)的条件下，找出对应 $0<a_1<1$ 和 $-1<a_1<0$ 这两种情况下 $x(n)$ 的自相关函数。

7.6 一个二阶 AR 过程，满足如下差分方程：

$$x(n) = x(n-1) - 0.5x(n-2) + v(n)$$

式中，$v(n)$ 为一个均值为 0，方差为 0.5 的白噪声。

(1) 写出这个方程的 Yule-Walker 方程；

(2) 求解自相关函数值 $r_x(1)$ 和 $r_x(2)$；

(3) 求出 $x(n)$ 的方差。

7.7 一段记录包含 N 点采样，采样率为 f_s=1000Hz，用平均法改进周期图估计时，将数据分成互不交叠的 K 段，每段数据长度 $M=N/K$。假定在频谱中有两个相距为 0.04π(rad)的谱峰，为要分辨它们，M 应取多大？

7.8 序列 $x(n)$ 是由两个频率相距 Δf 的模拟信号采样得来的，即

$$x(n) = \sin\left[2\pi(0.135)n\right] + \cos\left[2\pi(0.135+\Delta f)n\right],\quad n = 0,1,\cdots,15$$

已知序列长度 N=16，采用周期图法，应用 DFT 分别计算当 Δf=0.06 及 Δf=0.01 时的功率谱估计，并通过作图说明从功率谱估计的分布是否能分辨出这两个正弦信号的真实频谱？若 N=64 又有什么变化？

7.9 已知一个随机过程的 N=10000 个观测数据，由于一些原因(如内存容量很有限)，只允许计算 l024 点 DFT。现要求利用这 10000 个数据来计算周期图，并使频率分辨率不低于 $\Delta\omega = 0.89(2\pi/10000)$，你能想出一个比较好的办法吗？

7.10 有一连续时间信号 $x(t)$，其频谱不超过 5kHz。现已记录下该信号 5s 的波形。要求根据该波形来估计信号的功率谱：利用基−2FFT 算法．采用 Bartlett 周期图法，得到的周期图的频率分辨率不低于 10Hz。

(1) 若数据以奈奎斯特率取样，为达到上面要求的 10Hz 分辨率，数据的最小分段长度应为多少？

(2) 使用(1)算出的最小段长，利用题给 10s 的已知数据，有多少段可用来平均？

(3) 取样率的选取怎样影响周期图的分辨率和方差？如果用高于奈奎斯特率的速率取样，会有好处吗？

7.11 有一随机过程，已采集到它的 N=2000 个取样值，用 Bartlett 法根据这些数据来估计该随机过程的功率谱。

(1) 为得到 Δf=0.005Hz 的分辨率，子序列的长度 L 最短为多少？

(2) 将 L 取为超过(1)计算的最短长度会有好处吗？为什么？

第 8 章　现代信号分析方法

8.1　二维傅里叶变换

1. 二维情况下的重要序列

(1) 单位采样序列：

$$\delta(n_1,n_2)=\begin{cases}1, & n_1=n_2=0\\ 0, & 其他\end{cases}$$

记 $\delta(n)$ 为一维的单位采样序列，则

$$\delta(n_1,n_2)=\delta(n_1)\delta(n_2)$$

若 $x(n_1,n_2)$ 写成

$$x(n_1,n_2)=x(n_1)x(n_2)$$

则称 $x(n_1,n_2)$ 是可分离的二维序列。

(2) 单位阶跃序列：

$$u(n_1,n_2)=\begin{cases}1, & n_1\geqslant ;\ n_2\geqslant 0\\ 0, & 其他\end{cases}$$

又

$$u(n_1,n_2)=u(n_1)u(n_2)$$

二维单位阶跃序列是可分离的。$u(n_1,n_2)$ 在 n_1,n_2 平面上的第一象限全不为零，而在第二象限、第三象限和第四象限上全为零。

(3) 指数序列：

$$x(n_1,n_2)=\alpha^{n_1}\beta^{n_2}\ ,\quad n_1:[-\infty,+\infty]\ ;\ n_2:[-\infty,+\infty]$$

显然，指数是可分离的。若 $\alpha=\mathrm{e}^{\mathrm{j}\omega_1},\beta=\mathrm{e}^{\mathrm{j}\omega_2}$，则

$$x(n_1,n_2)=\mathrm{e}^{\mathrm{j}\omega_1 n_1}\mathrm{e}^{\mathrm{j}\omega_2 n_2}=\mathrm{e}^{\mathrm{j}(\omega_1 n_1+\omega_2 n_2)}=\cos(\omega_1 n_1+\omega_2 n_2)+\mathrm{j}\sin(\omega_1 n_1+\omega_2 n_2)$$

此为二维复正弦序列。并将上式称为二维系统的特征函数。

$x(n_1,n_2)$ 的 z 变换定义为

$$X(z_1,z_2)=\sum_{n_1=-\infty}^{\infty}\sum_{n_2=-\infty}^{\infty}\left[x(n_1,n_2)z_1^{-n_1}z_2^{-n_2}\right]$$

其反变换为

$$x(n_1,n_2)=\frac{1}{(2\pi\mathrm{j})^2}\oint_{c_1}\oint_{c_2}X(\mathrm{e}^{\mathrm{j}\omega_1},\mathrm{e}^{\mathrm{j}\omega_2})\mathrm{e}^{-\mathrm{j}\omega_1 n_1}\mathrm{e}^{-\mathrm{j}\omega_2 n_2}\mathrm{d}\omega_1\mathrm{d}\omega_2$$

将 $X(z_1,z_2)$ 收敛的 z_1,z_2 的取值范围称为 $X(z_1,z_2)$ 的收敛域，即 ROC。

令 z_1, z_2 都在单位圆上取值，即 $z_1 = \mathrm{e}^{\mathrm{j}\omega_1}$，$z_2 = \mathrm{e}^{\mathrm{j}\omega_2}$，由上述的 z 变换可得到二维序列的傅里叶变换，即

$$X(\mathrm{e}^{\mathrm{j}\omega_1}, \mathrm{e}^{\mathrm{j}\omega_2}) = \sum_{n_1=-\infty}^{\infty} \sum_{n_2=-\infty}^{\infty} \left[x(n_1, n_2) \mathrm{e}^{-\mathrm{j}\omega_1 n_1} \mathrm{e}^{-\mathrm{j}\omega_2 n_2} \right] \tag{8.1}$$

$$x(n_1, n_2) = \frac{1}{(2\pi \mathrm{j})^2} \oint_{c_1} \oint_{c_2} X(\mathrm{e}^{\mathrm{j}\omega_1}, \mathrm{e}^{\mathrm{j}\omega_2}) \mathrm{e}^{-\mathrm{j}\omega_1 n_1} \mathrm{e}^{-\mathrm{j}\omega_2 n_2} \mathrm{d}\omega_1 \mathrm{d}\omega_2$$

将式(8.1)的复正弦输入到一个二维系统 $h(n_1, n_2)$，其输出为

$$\begin{aligned} y(n_1, n_2) = x(n_1, n_2) * h(n_1, n_2) &= \sum_{k_1=-\infty}^{\infty} \sum_{k_2=-\infty}^{\infty} \left[x(k_1, k_2) h(n_1 - k_1, n_2 - k_2) \right] \\ &= \mathrm{e}^{\mathrm{j}\omega_1 n_1} \mathrm{e}^{\mathrm{j}\omega_2 n_2} \sum_{k_1=-\infty}^{\infty} \sum_{k_2=-\infty}^{\infty} \left[h(k_1, k_2) \mathrm{e}^{-\mathrm{j}\omega_1 k_1} \mathrm{e}^{-\mathrm{j}\omega_2 k_2} \right] \end{aligned} \tag{8.2}$$

令

$$H(\mathrm{e}^{\mathrm{j}\omega_1}, \mathrm{e}^{\mathrm{j}\omega_2}) = \sum_{n_1=-\infty}^{\infty} \sum_{n_2=-\infty}^{\infty} \left[h(n_1, n_2) \mathrm{e}^{-\mathrm{j}\omega_1 n_1} \mathrm{e}^{-\mathrm{j}\omega_2 n_2} \right] \tag{8.3}$$

则

$$y(n_1, n_2) = \mathrm{e}^{-\mathrm{j}(\omega_1 n_1 + \omega_2 n_2)} H(\mathrm{e}^{\mathrm{j}\omega_1}, \mathrm{e}^{\mathrm{j}\omega_2})$$

式(8.2)为二维信号的卷积公式，式(8.3)为二维系统的频率响应。

2. 二维傅里叶变换的性质

二维傅里叶变换的性质如表 8.1 所示。

表 8.1 二维傅里叶变换的性质

性质	数学定义表达式
线性	$F[\alpha x(n_1,n_2)+\beta y(n_1,n_2)] = \alpha X\left(\mathrm{e}^{\mathrm{j}\omega_1},\mathrm{e}^{\mathrm{j}\omega_2}\right)+\beta Y\left(\mathrm{e}^{\mathrm{j}\omega_1},\mathrm{e}^{\mathrm{j}\omega_2}\right)$
时域卷积	$F[x(n_1,n_2) * y(n_1,n_2)] = X\left(\mathrm{e}^{\mathrm{j}\omega_1},\mathrm{e}^{\mathrm{j}\omega_2}\right)Y\left(\mathrm{e}^{\mathrm{j}\omega_1},\mathrm{e}^{\mathrm{j}\omega_2}\right)$
时域相乘	$F[x(n_1,n_2)y(n_1,n_2)] = \frac{1}{4\pi^2}\int_{-\pi}^{\pi}\int_{-\pi}^{\pi} X\left(\mathrm{e}^{\mathrm{j}\theta_1},\mathrm{e}^{\mathrm{j}\theta_2}\right)Y\left(\mathrm{e}^{\mathrm{j}(\omega_1-\theta_1)},\mathrm{e}^{\mathrm{j}(\omega_2-\theta_2)}\right)\mathrm{d}\theta_1\mathrm{d}\theta_2$
移位	$F[x(n_1-m_1,n_2-m_2)] = X\left(\mathrm{e}^{\mathrm{j}\omega_1},\mathrm{e}^{\mathrm{j}\omega 2}\right)\mathrm{e}^{-\mathrm{j}\omega_1 m_1}\mathrm{e}^{-\mathrm{j}\omega_2 m_2}$ $F\left[\mathrm{e}^{\mathrm{j}\theta_1 n_1}\mathrm{e}^{\mathrm{j}\theta_2 n_2}x(n_1,n_2)\right] = X\left(\mathrm{e}^{\mathrm{j}(\omega_1-\theta_1)},\mathrm{e}^{\mathrm{j}(\omega_2-\theta_2)}\right)$
微分	$F[-\mathrm{j}n_1 x(n_1,n_2)] = \frac{\partial X\left(\mathrm{e}^{\mathrm{j}\omega_1},\mathrm{e}^{\mathrm{j}\omega_2}\right)}{\partial\omega_1}$，$F[-\mathrm{j}n_2 x(n_1,n_2)] = \frac{\partial X\left(\mathrm{e}^{\mathrm{j}\omega_1},\mathrm{e}^{\mathrm{j}\omega_2}\right)}{\partial\omega_2}$
Parseval 定理	$\sum_{n_1=-\infty}^{\infty}\sum_{n_2=-\infty}^{\infty}\lvert x(n_1,n_2)\rvert^2 = \frac{1}{4\pi^2}\int_{-\pi}^{\pi}\int_{-\pi}^{\pi}\left\lvert X\left(\mathrm{e}^{\mathrm{j}\omega_1},\mathrm{e}^{\mathrm{j}\omega_2}\right)\right\rvert^2\mathrm{d}\omega_1\mathrm{d}\omega_2$
可分离性	$F[x_1(n_1)x_2(n_2)] = X_1\left(\mathrm{e}^{\mathrm{j}\omega_1}\right)X_2\left(\mathrm{e}^{\mathrm{j}\omega_2}\right)$

例 8.1　令 $x(n_1,n_2)=\begin{cases}1, & 0\leqslant n_1\leqslant N_1-1;\ 0\leqslant n_2\leqslant N_2-1\\ 0, & \text{其他}\end{cases}$，求$X\left(e^{j\omega_1},e^{j\omega_2}\right)$。

解　由式(8.1)得

$$X\left(e^{j\omega_1},e^{j\omega_2}\right)=\sum_{n_1=0}^{N_1-1}\sum_{n_2=0}^{N_2-1}e^{-j\omega_1 n_1}e^{-j\omega_2 n_2}=\frac{1-e^{-j\omega_1 N_1}}{1-e^{-j\omega_1}}\frac{1-e^{-j\omega_2 N_2}}{1-e^{-j\omega_2}}$$

$$=e^{-j[\omega_1(N_1-1)+\omega_2(N_2-1)]/2}\frac{\sin\left(\dfrac{\omega_1 N_1}{2}\right)\sin\left(\dfrac{\omega_2 N_2}{2}\right)}{\sin\left(\dfrac{\omega_1}{2}\right)\sin\left(\dfrac{\omega_2}{2}\right)}$$

从而得

$$\phi(\omega_1,\omega_2)=-\left[\omega_1(N_1-1)+\omega_2(N_2-1)\right]/2$$

$$X_g\left(e^{j\omega_1},e^{j\omega_2}\right)=\frac{\sin\left(\dfrac{\omega_1 N_1}{2}\right)\sin\left(\dfrac{\omega_2 N_2}{2}\right)}{\sin\left(\dfrac{\omega_1}{2}\right)\sin\left(\dfrac{\omega_2}{2}\right)}$$

$X_g\left(e^{j\omega_1},e^{j\omega_2}\right)$表示了$X\left(e^{j\omega_1},e^{j\omega_2}\right)$的“增益”，有正有负。

8.2　离散余弦变换

离散余弦变换(discrete cosine transform，DCT)的核函数为余弦函数。DCT 除了具有一般的正交变换性质外，它的变换阵的基向量能很好地描述人类语音信号和图像信号的相关特征。因此，在对语音信号、图像信号的变换中，DCT 被认为是一种准最佳变换。近年颁布的一系列视频压缩编码的国际标准建议中，都把 DCT 作为其中的一个基本处理模块。除此之外， DCT 还是一种可分离的变换。

给定序列 $x(n)(n=0,1,\cdots,N-1)$，其离散余弦变换定义为

$$\begin{aligned}&X_c(0)=\frac{1}{\sqrt{N}}\sum_{n=0}^{N-1}x(n)\\&X_c(k)=\sqrt{\frac{2}{N}}\sum_{n=0}^{N-1}\left[x(n)\cos\frac{(2n+1)k\pi}{2N}\right],\quad k=1,2,\cdots,N-1\end{aligned}\tag{8.4}$$

显然，其变换的核函数为

$$C_{k,n}=\sqrt{\frac{2}{N}}g_k\cos\frac{(2n+1)k\pi}{2N},\quad k,n=0,1,\cdots,N-1$$

式中，系数 g_k 是实数：

$$g_k=\begin{cases}1/\sqrt{2}, & k=0\\ 1, & k\neq 0\end{cases}$$

DCT 避免了复数运算，将式(8.4)写成矩阵形式，有

$$X_c = C_N x \tag{8.5}$$

式中，X_c、x 都是 $N\times 1$ 的向量；C_N 是 $N\times N$ 变换矩阵。当 N=8 时，有

$$\begin{bmatrix} 1 & 1 & \cdots & 1 \\ \sqrt{2}\cos\dfrac{\pi}{16} & \sqrt{2}\cos\dfrac{3\pi}{16} & \cdots & \sqrt{2}\cos\dfrac{15\pi}{16} \\ \vdots & \vdots & & \vdots \\ \sqrt{2}\cos\dfrac{7\pi}{16} & \sqrt{2}\cos\dfrac{21\pi}{16} & \cdots & \sqrt{2}\cos\dfrac{105\pi}{16} \end{bmatrix} = \begin{bmatrix} c_0 \\ c_1 \\ \vdots \\ c_7 \end{bmatrix}$$

可以证明，C_x 的行、列向量均有如下的正交关系：

$$\langle c_k, c_n \rangle = \begin{cases} 0, & k \neq n \\ 1, & k = n \end{cases}$$

可见变换矩阵 C_N 时归一化的正交阵，DCT 是正交变换，由此立即得到 DCT 的反变换关系：

$$x = C_N^{-1} X_c = C_N^{\mathrm{T}} X_c$$

即

$$x(n) = \frac{1}{\sqrt{N}} X_c(0) + \sqrt{\frac{2}{N}} \sum_{k=0}^{N-1} \left[X_c(k) \cos\frac{(2n+1)k\pi}{2N} \right], \quad n = 0,1,\cdots,N-1$$

8.3　信号的时频表示

在自然界以及大多数实际应用场合中(如雷达、地震、生物工程以及声呐等领域)，最常见的信号都是非平稳信号(即时变信号)，其频谱特性(特别是谱峰值频率)大都随时间而改变。非平稳信号处理的一个重要分支——时频表示，是一种有效的时变谱分析工具。本节着重介绍时频分析的基本概念和基本理论，重点讨论短时傅里叶变换、Gabor 展开式以及 Wigner-Ville 分布等。

8.3.1　时频分析的基本概念

1. 傅里叶变换到时频分析

对于一个能量有限的信号 $x(t)$，其傅里叶变换 $F(\omega)$ 可定义为

$$F(\omega) = \int_{-\infty}^{\infty} x(t)\,\mathrm{e}^{-\mathrm{j}\omega t}\mathrm{d}t \tag{8.6}$$

其逆变换为

$$x(t) = \frac{1}{2\pi}\int_{-\infty}^{\infty} F(\omega)\,\mathrm{e}^{\mathrm{j}\omega t}\mathrm{d}\omega \tag{8.7}$$

虽然上述变换作为信号表示的一种重要工具，在信号的分析与处理中起了重要的作用，但上述两式都是一种全局性的变换式，即每一时刻 t 的信号值 $x(t)$，是全部频率分量共同贡献的结果；同样每一频率分量的信号 $F(\omega)$ 也是全部时间范围内 $x(t)$共同贡献的结果。而对于实际信号 $x(t)$，得到的仅是一个有限时间段内的信号，例如，在$[-T，T]$内的信号，因此在求信号频谱时，只能作如下近似，即

$$F(\omega)=\int_{-\infty}^{\infty}x(t)\,\mathrm{e}^{-\mathrm{j}\omega t}\mathrm{d}t\approx\int_{-T}^{T}x(t)\,\mathrm{e}^{-\mathrm{j}\omega t}\mathrm{d}t=F'(\omega)$$

也就是说，在实际计算中，只能得到 $x(t)$加时窗后的近似频谱 $F'(\omega)$，而无法知道严格准确的频谱。其次，对于非平稳信号(含时变的确定性信号)，要了解在任意时间段内信号频谱的变化情况或某一频率段所对应的时间信息，傅里叶变换将无法满足这一要求。

为克服传统傅里叶变换的这种全局性变换的局限性，对于非平稳信号的分析与处理，必须使用局部变换方法，用时间和频率的联合函数来表示非平稳信号，这就是时频分析法。

2. 时频分析法的分类

时频分析法按所设计的时频联合函数不同可以分为以下几种类型。

1) 线性时频表示

这类时频分析方法由傅里叶变换演化而来，其变换满足线性。

若 $x(t)=ax_1(t)+bx_2(t)$，a，b 为常数，而 $P(t,\omega)$、$P_1(t,\omega)$、$P_2(t,\omega)$ 分别为 $x(t)$、$x_1(t)$、$x_2(t)$ 的线性时频表示，则 $P(t,\omega)=aP_1(t,\omega)+bP_2(t,\omega)$。

线性时频表示主要有短时傅里叶变换(STFT)、Gabor 展开及小波变换等。STFT 实际上是加窗的傅里叶变换，随着窗函数在时间轴上的滑动而形成信号的一种时频表示；Gabor 展开可以看做 STFT 在时间域和频率域进行取样的结果。在上述两种时频表示中，窗函数的宽度是固定的，而小波变换是一种窗函数宽度可以随频率而变化的时频表示。

2) 双线性时频表示

这类时频表示由能量谱或功率谱演化而来，其变换是二次的，所以也称为二次型时频表示。二次型时频表示不满足线性，若 $x(t)=ax_1(t)+bx_2(t)$，$P(t,\omega)$、$P_1(t,\omega)$、$P_2(t,\omega)$ 分别为 $x(t)$、$x_1(t)$、$x_2(t)$ 的线性时频表示，则

$$P(t,\omega)=|a|^2P_1(t,\omega)+|b|^2P_2(t,\omega)+2\mathrm{Re}\left[abP_{12}(t,\omega)\right]$$

式中，最后一项为干扰项，也称互项；$P_{12}(t,\omega)$ 称为 $x_1(t)$、$x_2(t)$ 的互时频表示。

在双线性时频时频表示中，主要有 Cohen 类双线性时频分布和仿射类双线性时频分布等。而著名的 Wigner 分布是连接 Cohen 类分布和仿射类分布的纽带，也是研究较多的一种双线性时频表示。

8.3.2 短时傅里叶变换

1. 基本概念

STFT 是 Gabor 为了研究信号在局部范围的频域特征，于 1946 年提出的加窗傅里叶变换。其基本思想是：用一个随时间平移的窗函数 $\gamma^*(t-\tau)$ 将原来的非平稳信号分为若干平稳或近似平稳段，然后逐段确定其频谱。

定义 8.1　若窗函数 $\gamma(t)\in L^2(\mathbf{R})$，其频谱 $\hat{\gamma}(\omega)\in L^2(\mathbf{R})$ 且满足 $t\gamma(t)\in L^2(\mathbf{R})$，$\omega\hat{\gamma}(\omega)\in L^2(\mathbf{R})$，则函数 $x(t)$ 的短时傅里叶变换 $\mathrm{STFT}_x(t,\omega)$ 为

$$\mathrm{STFT}_x(\tau,\omega)=\int_{-\infty}^{\infty}\left[x(t)\gamma^*(t-\tau)\right]\mathrm{e}^{-\mathrm{j}\omega t}\mathrm{d}t$$

显然，分析窗 $\gamma^*(t-\tau)$ 将信号 $x(t)$ 在某各区域之外的信号抑制掉，$\mathrm{STFT}_x(t,\omega)$ 是 $x(t)$ 的局部段 $x(t)\gamma^*(t-\tau)$ 的局部频谱。图 8.1 说明窗口的应用情况。短时傅里叶变换性质如表 8.2 所示。

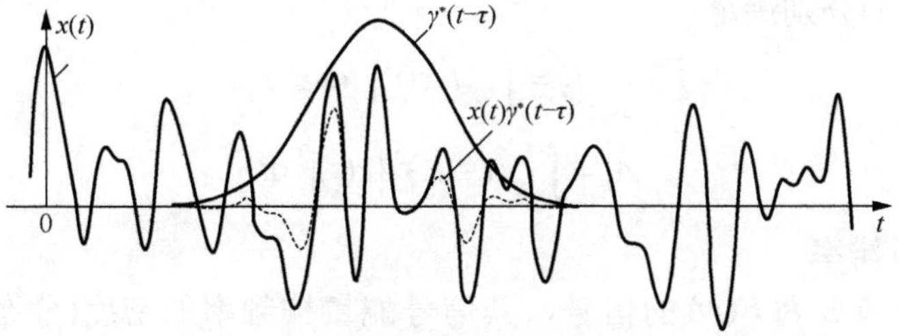

图 8.1　短时傅里叶变换

表 8.2　短时傅里叶变换的性质

线性	若 $x(t)=ax_1(t)+bx_2(t)$，a,b 为常数，则 $\mathrm{STFT}_x(t,f)=a\mathrm{STFT}_{x_1}(t,f)+b\mathrm{STFT}_{x_2}(t,f)$
时移特性	若 $z(t)=x(t-t_0)$，则 $\mathrm{STFT}_x(t,f)=\mathrm{STFT}_x(t-t_0,f)\mathrm{e}^{-\mathrm{j}2\pi f t_0}$
频移特性	若 $z(t)=x(t)\mathrm{e}^{\mathrm{j}2\pi f_0 t}$，则 $\mathrm{STFT}_x(t,f)=\mathrm{STFT}_x(t,f-f_0)$
滤波器实现	$\mathrm{STFT}_x(t,f)=\left[x(t)*\gamma^*(-t)\mathrm{e}^{\mathrm{j}2\pi ft}\right]\mathrm{e}^{-\mathrm{j}2\pi ft}$
STFT 可用信号频谱及窗函数频谱表示	$\mathrm{STFT}_x(t,f)=\mathrm{e}^{-\mathrm{i}2\pi ft}\int_{-\infty}^{\infty}\hat{x}(f')\hat{\gamma}^*(f'-f)\mathrm{e}^{\mathrm{i}2\pi f't}\mathrm{d}f'$
分辨率	STFT 可以认为是 $x(\tau)$ 在 t 附近一段函数的频谱，“附近”的程度决定于窗函数 $\gamma(t)$ 的时窗半径 Δ_γ。Δ_γ 越小．则 STFT 越能准确描述 $x(t)$在 t 时刻的频谱特性，即 STFT 的时间分辨率越高，在极端情况下，若 $\gamma(t)=\delta(t)$，$\Delta_\gamma=0$，则 $\mathrm{STFT}_x(t,\omega)=x(t)\mathrm{e}^{-\mathrm{j}\omega t}$ 为时间函数，具有无限时间分辨率；若 $\gamma(t)=1$，其 Δ_γ 为无限大，则 $\mathrm{STFT}_x(t,\omega)=X(\omega)$ 为 $x(t)$ 的傅里叶变换，其时间分辨率为零

2. 时频分辨率

1) 时间分辨率

对于信号 $x(t)$，其信号能量按时间的密度(分布)函数可记为 $|x(t)|^2$，在 Δt 内的部分能量可记为 $|x(t)|^2 \Delta t$，而其信号总能量可以表示为

$$E = \int_{-\infty}^{\infty} |x(t)|^2 \, \mathrm{d}t \tag{8.8}$$

为简单计，以下均将能量归一化，即令 $E=1$。

由上述表述可以看出，由信号的时间函数表示 $x(t)$，可以确切知道每个时间点(如 $t=t_0$ 点)的能量密度，因此可以说信号的时间函数表示具有无限的时间分辨率。而从 $F(\omega)$ 中不能直接得到任何信号能量随时间分布的性状，因此说，信号的频谱函数表示的时间分辨率为零。

为了进一步描述信号能量随时间分布的性状，可按 $|x(t)|^2$ 来定义信号能量分布的时间中心 $\langle t\rangle = t_0$ 和持续时间 $T = \Delta_x = \Delta t$，Δ_x 称为信号的时窗半径。而 t_0 称为时窗中心，它们分别满足

$$t_0 = \int_{-\infty}^{\infty} t|x(t)|^2 \, \mathrm{d}t \tag{8.9}$$

$$\Delta_x = \int_{-\infty}^{\infty} (t-t_0)^2 |x(t)|^2 \, \mathrm{d}t \tag{8.10}$$

2) 频率分辨率

对于频谱函数为 $F(\omega)$ 的信号，其信号能量按频率的密度(分布)函数可记为 $|F(\omega)|^2$，此即为能量谱密度函数。在 Δ_ω 内的部分能量可记为 $|F(\omega)|^2 \Delta_\omega$，而信号总能量可以表示为

$$E = \frac{1}{2\pi}\int_{-\infty}^{\infty} |F(\omega)|^2 \, \mathrm{d}\omega \tag{8.11}$$

由 $F(\omega)$ 可以确切知道每个频率点(如 $\omega=\omega_0$)的能量密度。因此，可以说信号的频谱函数表示具有无限的频率分辨率。显然，信号的时间函数表示的频率分辨率为零。

为了进一步描述信号能量随频率分布的形状，可按 $|F(\omega)|^2$ 来定义能量分布的频率中心 $<\omega>=\omega_0$ 和均方根宽带 $B=\Delta_F=\Delta\omega$，$\Delta\omega$ 称为信号的频窗半径，ω_0 称为频窗中心，它们分别满足

$$\omega_0 = \frac{1}{2\pi}\int_{-\infty}^{\infty} \omega|F(\omega)|^2 \, \mathrm{d}\omega \tag{8.12}$$

$$\Delta_F^2 = \frac{1}{2\pi}\int_{-\infty}^{\infty} (\omega-\omega_0)^2 |F(\omega)|^2 \, \mathrm{d}\omega \tag{8.13}$$

理想的时频表示方法是希望在时间和频率上都具有无限分辨率，即从信号的

时频表示 $P(t,\omega)$ 中能确切知道信号能量在 (t,ω) 点的分布，测量信号在 (t,ω) 点某一无限小的二维邻域内的能量。这就要求所加的二维窗函数 $x(t)$ 的 Δ_x 和 Δ_F 同时无限小，根据 Heisenberg 不确定原理，这是不可能的。因此，准确表示信号在 (t,ω) 点的能量密度的时频表示是不存在的。所有的时频表示，只能不同程度地近似表示信号在 (t,ω) 处的能量密度，即只同时具有有限的时间分辨率和频率分辨率。

根据定义进行 STFT 时，窗函数的选择是十分重要的，主要是窗口的宽度和形状的选择。因为对应一定时刻，只对其窗口内的信号作分析，若选择的 $\gamma^*(t-\tau)$ 窄(时间分辨率高)，则频率分辨率低，而如果为了提高频率分辨率而加宽 $\gamma^*(t-\tau)$，又有悖于平稳性的假设条件。许多自然界的信号和人工信号，它们的谱分量变化是如此之快和不规则，以至于很难找到一个合适的窗函数，能够使信号在其时间宽度内或多或少满足平稳性的假定，而又不使窗宽过窄。从本质上讲，STFT 是一种单一分辨率的信号分析方法，因为它使用的是一个固定的窗函数，后来，随着自适应窗方法的引入，它也可以对信号作多分辨率分析。

例 8.2　对正弦调频信号 $x(n)=2\sin(10\pi\times10^{-5}\times n^2)$ 进行 STFT 分析。该信号的频率不是常数，随时间 n 呈线性增大，即 $10\pi\times10^{-5}\times n$。

由图 8.2 可知，信号的频率随时间呈线性变化。

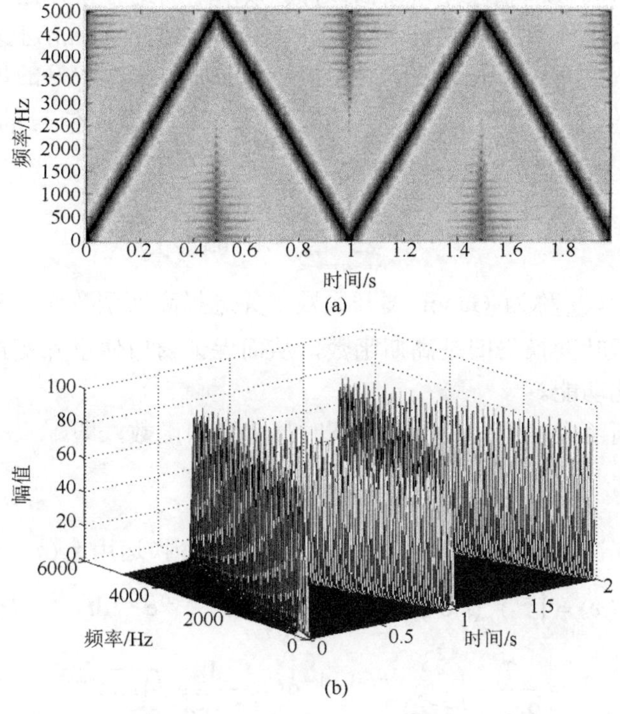

图 8.2　进行 STFT 获得的正弦调频信号时-频图

3. 离散短时傅里叶变换

定义 8.2　离散时间信号 $x(n)$ 的短时傅里叶变换，即离散 STFT 为

$$\mathrm{STFT}_x(n,\omega)=\sum_{m=-\infty}^{\infty}x(m)\gamma(n-m)\mathrm{e}^{-\mathrm{j}\omega m}$$

式中，$\gamma(n)$ 为实窗函数。

离散 STFT 可以看做加窗序列 $x(m)\gamma(n-m)$ 的傅里叶变换，因此

$$\gamma(n-m)x(m)=\frac{1}{2\pi}\int_{-\pi}^{\pi}\mathrm{STFT}_x(n,\omega)\mathrm{e}^{-\mathrm{j}\omega m}\mathrm{d}\omega$$

当 $\gamma(0)\neq 0$ 时，若 $n=m$，有

$$x(n)=\frac{1}{2\pi\gamma(0)}\frac{1}{2\pi}\int_{-\pi}^{\pi}\mathrm{STFT}_x(n,\omega)\mathrm{e}^{-\mathrm{j}\omega m}\mathrm{d}\omega$$

即已知 $\mathrm{STFT}_x(n,\omega)$ 载一个周期类的值时，只要 $\gamma(0)\neq 0$，就可以从 $\mathrm{STFT}_x(n,\omega)$ 精确重构 $x(n)$。

8.3.3 Gabor 展开

类似于 STFT 方法,Gabor 展开通过信号的时间平移和频率调制形式建立非平稳信号的联合时间-频率函数，然后对时间-频率平面进行采样划分，将时频平面转换为两个离散采样网格参数 m 和 n 的平面，在二维平面(m,n)上表征信号，其中 m 为时移因子，n 为频率调制因子，即由一个时频聚集性较好的母函数 $h(t)$ 的时移和频移所产生的函数集 $\left\{h_{m,n}(t)=h(t-mT)\mathrm{e}^{jmnt}\right\}$ 来描述信号的局部性质。用 $h_{m,n}(t)$ 表述信号的结果，Gabor 展开式：

$$x(t)=\sum_{m=-\infty}^{\infty}\sum_{n=-\infty}^{\infty}\left[c_{m,n}h_{m,n}(t)\right]$$

式中，二维序列 $c_{m,n}$ 称为 Gabor 展开系数，并选择高斯函数作为分析窗，是因为高斯函数的傅里叶变换仍旧是高斯函数，从而保证窗口傅里叶变换在时域和频域内均具有局域化功能。

其实，高斯函数在窗口最小意义下时最优窗口函数，即

$$\gamma_a(t)=\frac{1}{2\sqrt{\pi a}}\mathrm{e}^{-t^2/(4a)}$$

式中，正常数 a 决定窗口的宽度；$\gamma_a(t)$ 的傅里叶变换运用 $\hat{\gamma}_a(\omega)$ 记之，则有

$$\hat{\gamma}_a(\omega)=\int_{-\infty}^{\infty}\gamma_a(t)\mathrm{e}^{-\mathrm{j}\omega t}\mathrm{d}t=\int_{-\infty}^{\infty}\frac{1}{2\sqrt{\pi a}}\mathrm{e}^{-t^2/(4a)}\mathrm{e}^{-\mathrm{j}\omega t}\mathrm{d}t$$

$$=\frac{1}{2\sqrt{\pi a}}\int_{-\infty}^{\infty}\mathrm{e}^{-t^2/(4a)}\mathrm{e}^{-\mathrm{j}\omega t}\mathrm{d}t=\frac{1}{2\sqrt{\pi a}}\sqrt{4\pi a}\mathrm{e}^{-a\omega^2}=\mathrm{e}^{-a\omega^2}$$

由此可得

$$\begin{aligned}\int_{-\infty}^{\infty} F_x^{\gamma}(\omega,\tau)\mathrm{d}\tau &= \int_{-\infty}^{\infty}\int_{-\infty}^{\infty} x(t)\gamma_a(t-\tau)\mathrm{e}^{-\mathrm{j}\omega t}\mathrm{d}t\mathrm{d}\tau \\ &= \int_{-\infty}^{\infty} x(t)\mathrm{e}^{-\mathrm{j}\omega t}\int_{-\infty}^{\infty}\gamma_a(t-\tau)\mathrm{d}t\mathrm{d}\tau \\ &= \int_{-\infty}^{\infty} x(t)\mathrm{e}^{-\mathrm{j}\omega t}\left(\int_{-\infty}^{\infty}\frac{1}{2\sqrt{\pi a}}\mathrm{e}^{-(t-\tau)^2/(4a)}\mathrm{d}\tau\right)\mathrm{d}t \\ &= \int_{-\infty}^{\infty} x(t)\mathrm{e}^{-\mathrm{j}\omega t}\left(\int_{-\infty}^{\infty}\frac{1}{2\sqrt{\pi a}}\mathrm{e}^{-u^2/(4a)}\mathrm{d}u\right)\mathrm{d}t \\ &= \int_{-\infty}^{\infty} x(t)\mathrm{e}^{-\mathrm{j}\omega t}\left(\frac{1}{2\sqrt{\pi a}}\sqrt{4\pi a}\right)\mathrm{d}t \\ &= \int_{-\infty}^{\infty} x(t)\mathrm{e}^{-\mathrm{j}\omega t}\mathrm{d}t = X(\omega)\end{aligned}$$

显然，信号 $x(t)$ 的 Gabor 变换精确地按窗口宽度分解了 $x(t)$ 的频谱 $X(\omega)$，提取出它的局部谱信息，当 τ 在整个时间轴 t 上平移时，就给出了 $x(t)$ 的完整的傅里叶变换。因此，并没有损失 $x(t)$ 在频域上的任何信息。

8.3.4 Wigner 分布

Wigner 分布(Wigner distribution，WD)的概念是 1932 年 Wigner 从量子力学的角度提出来的，并于 1948 年由 Ville 引入信号分析领域。WD 是将一维时域信号或频域信号映射成为时间-频率平面上的二维信号，从而具有很多有用的属性，尤其对非平稳信号，它显示出比谱图或 STFT 更为优越的分析结果。当用谱图研究非平稳信号时，必须假定信号在短时间间隔内是平稳的，这就存在一个很大的缺陷，使时间分辨率和频率分辨率不能同时兼顾。WD 则是能克服这种缺陷的一种用时间-频率混合表示信号的方法，因而成为进行时频分析比较理想的工具。

1. Wigner 分布的定义

对连续时间的复信号 $x(t)$，其 WD 定义为

$$\mathrm{WD}_x(t,f) = \int_{-\infty}^{\infty} x\left(t+\frac{\tau}{2}\right)x^*\left(t-\frac{\tau}{2}\right)\exp(-\mathrm{j}2\pi f\tau)\mathrm{d}\tau \tag{8.14}$$

它可看做函数 $r_{xx}(t,\tau)$对 τ 的傅里叶变换：

$$r_{xx}(t,\tau) = x\left(t+\frac{\tau}{2}\right)x^*\left(t-\frac{\tau}{2}\right)$$

两个连续时间信号 $x(t)$ 和 $y(t)$ 的互 WD 定义为

$$\mathrm{WD}_{xy}(t,f) = \int_{-\infty}^{\infty} x\left(t+\frac{\tau}{2}\right)y^*\left(t-\frac{\tau}{2}\right)\exp(-\mathrm{j}2\pi f\tau)\mathrm{d}\tau \tag{8.15}$$

另外，$x(t)$ 傅里叶变换 $X(f)$ 的 WD 定义为

$$\mathrm{WD}_X(t,f)=\int_{-\infty}^{\infty}X\left(f+\frac{\theta}{2}\right)X^*\left(f-\frac{\theta}{2}\right)\exp\left(\mathrm{j}2\pi\theta t\right)\mathrm{d}\theta \tag{8.16}$$

式(8.20)与式(8.18)是恒等关系。由此可见，WD 在时域和频域存在对称性。

2. Wigner 分布的性质

1) 对称性

复信号 $x(t)$ 的 WD 是实函数，即

$$\mathrm{WD}(t,f)=\mathrm{WD}^*(t,f)$$

实信号 $x(t)$ 的 WD 是频率的偶函数，即

$$\mathrm{WD}(t,f)=\mathrm{WD}(t,-f)$$

2) 移位性

$x(t)$ 时移 τ，其 WD 也时移 τ：

$$x(t-\tau)\Rightarrow \mathrm{WD}(t-\tau,f)$$

$x(t)$ 为 $\mathrm{e}^{\mathrm{j}2\pi\Omega t}$ 调制，其 WD 频移 Ω：

$$x(t)\mathrm{e}^{\mathrm{j}2\pi\Omega t}\Rightarrow \mathrm{WD}(t,f-\Omega)$$

3) 定义域同一性

若 $x(t)$ 限制在 $t_1\leqslant t\leqslant t_2$，则 WD 也限制在同一时域范围内；若 $X(f)$ 限制在 $f_1\leqslant f\leqslant f_2$，则 WD 也限制在同一频域范围内。

4) 反演性

某一时刻 t 的 $x(t)$ 值可以通过时刻等于 $t/2$ 处将 $\mathrm{WD}(t/2,f)$ 对频率作傅里叶逆变换得到，其中只差一比例系数 $x^*(0)$：

$$x^*(0)x(t)=\int_f \mathrm{WD}\left(\frac{t}{2},f\right)\exp\left(\mathrm{j}2\pi ft\right)\mathrm{d}f$$

类似地，某一频率 f 的 $X(f)$ 值可以通过频率等于 $f/2$ 处将 $\mathrm{WD}(t,f/2)$ 对时间作傅里叶变换得到，其中只差一比例系数 $X^*(0)$:

$$X^*(0)X(f)=\int_t \mathrm{WD}\left(t,\frac{f}{2}\right)\exp\left(-\mathrm{j}2\pi ft\right)\mathrm{d}t$$

5) 边缘条件

在固定时刻 t 对 $\mathrm{WD}(t,f)$ 沿整个频率轴积分等于该时刻 $x(t)$ 的瞬时功率：

$$\int_f \mathrm{WD}(t,f)\mathrm{d}f=\left|x(t)\right|^2$$

在固定频率 f 对 $\mathrm{WD}(t,f)$ 沿整个时间轴积分等于该频率的能谱密度：

$$\int_t \mathrm{WD}(t,f)\mathrm{d}t=\left|X(f)\right|^2$$

易知，对 WD 沿整个时频平面积分结果等于信号的能量。因此，Wigner 分布在某种意义上也可以看做一种能量分布函数。

6) 运算性质

(1) 加法运算。

若 $x(t) = x_1(t) + x_2(t)$，则

$$\mathrm{WD}_x(t,f) = \mathrm{WD}_{x_1}(t,f) + \mathrm{WD}_{x_2}(t,f) + 2\mathrm{Re}\left[\mathrm{WD}_{x_1x_2}(t,f)\right]$$

与傅里叶变换不同，WD 是一种二次分布，不支持线性运算，因此会引入交叉项干扰，使对多分量信号的分析产生困难。

(2) 卷积运算。

若 $x(t) = x_1(t) \otimes x_2(t)$，则

$$\mathrm{WD}_x(t,f) = \int_\tau \mathrm{WD}_{x_1}(t,f)\,\mathrm{WD}_{x_2}(t-\tau,f)\,\mathrm{d}\tau$$

(3) 乘法运算。

若 $x(t) = x_1(t)\,x_2(t)$，则

$$\mathrm{WD}_x(t,f) = \int_\eta \mathrm{WD}_{x_1}(t,f)\,\mathrm{WD}_{x_2}(t,f-\eta)\,\mathrm{d}\eta$$

7) 一阶矩特性

(1) WD 在频域的一阶矩反映信号的瞬时频率，如定义瞬时频率为

$$\hat{f}_i = \frac{1}{2\pi}\mathrm{Im}\left[\frac{\mathrm{d}}{\mathrm{d}t}\ln x(t)\right]$$

则

$$\hat{f}_i = \frac{\int_f f\,\mathrm{WD}_x(t,f)\mathrm{d}f}{\int_f \mathrm{WD}_x(t,f)\mathrm{d}f}$$

由此可见，利用 WD 可用来估计信号的瞬时频率。

(2) WD 在时域的一阶矩反映信号的群延迟，如定义群延迟为

$$\hat{t}_d = -\mathrm{Im}\left[\frac{\mathrm{d}}{\mathrm{d}f}\ln X(f)\right]$$

则

$$\hat{t}_d = \frac{\int_t t\,\mathrm{WD}_x(t,f)\mathrm{d}t}{\int_f \mathrm{WD}_x(t,f)\mathrm{d}t}$$

关于以上所有性质的证明，已有文献作了详细叙述，不再赘述。

3. Wigner 分布的离散化

在实际应用时，由于要对信号作离散化处理，因此，选择合适的 DTWD(离散

时间 WD)计算表达式就显得十分重要。在定义离散时间信号的 WD 时，应考虑以下几点：①尽可能保持连续时间信号 WD 的属性；②在满足采样定理的条件下，离散时间信号的离散 WD 应与模拟信号的连续 WD 在奈奎斯特频率范围内($|f|<1/(2T)$)保持一致，即不出现混叠现象。

离散时间 WD 引起混叠现象导致信号在时频平面结果失真，使测量结果与真实的信号结构存在较大差异，它主要体现在以下几个方面：①信号分量(同一时间点的频率分量)加倍；②交叉项增多。这些都对有用信号的提取产生重大干扰。目前，离散时间 WD 比较经典的定义方法有两个：一个是 Classen 定义的；另一个是 Peyrin 提出的。

Classen 方法是式(8.14)的直接引申，将它写为离散形式：

$$\mathrm{WD}_C(n,f)=2\sum_{m=-\infty}^{\infty}\left[x\left(n+\frac{m}{2}\right)x^*\left(n-\frac{m}{2}\right)\exp(-\mathrm{j}2\pi mf)\right] \tag{8.17}$$

令 $m=2k$，得

$$\mathrm{WD}_C(n,f)=2\sum_{k=-\infty}^{\infty}\left[x(n+k)x^*(n-k)\exp(-\mathrm{j}4\pi kf)\right]$$

由上式可见，当对采样周期归一化时，Classen 方法在频率的重复周期为 1/2，而不是 1，即

$$\mathrm{WD}_C(n,f)=\mathrm{WD}_C\left(n,f+\frac{1}{2}\right)$$

这个定义保留了连续时间 WD 定义中有关时间上的一些特性，但频率上的一些特性却被破坏，图 8.3 描述了 Classen 方法频域定义域同一性与连续时间之间的关系，其中图(a)为 $X(f)$ 的定义域，图(b)为连续 WD 的定义域，图(c)为 Classen 方法的定义域，进一步，由图 8.3 可得出其频域求和特性如下：

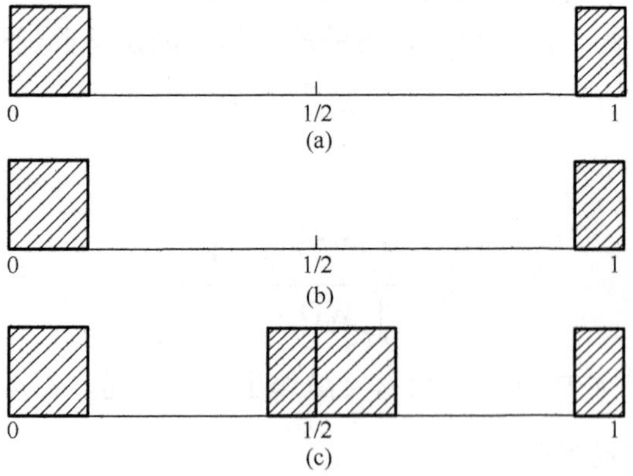

图 8.3　WD 的频域同一性比较

$$\sum_{n=-\infty}^{\infty} \mathrm{WD}_C(n,f) = \left|X(f)\right|^2 + \left|X\left(f+\frac{1}{2}\right)\right|^2$$

与连续时间 WD 的频域反演公式相比较，Classen 方法也存在很大的不同之处：

$$\sum_{n=-\infty}^{\infty}\left\{\mathrm{WD}_C\left(n,\frac{f_1+f_2}{2}\right)\exp\left[-\mathrm{j}2\pi n(f_1-f_2)\right]\right\} = X(f_1)X^*(f_2)+X(f_1+\pi)X^*(f_2+\pi)$$

可以看出，这种定义方法不但在频域上引起严重的混叠现象，同时导致一系列有关频域的重要特性被破坏。

与 Classen 方法的推导过程完全不同，Peyrin 方法则直接从采样信号序列入手。考虑一个对连续时间信号 $x(t)$ 进行周期为 T 的采样过程：

$$x(n) = \sum_{n=-\infty}^{\infty}\left[x(t)\delta(t-nT)\right] \tag{8.18}$$

则

$$\mathrm{WD}_n(t,f) = \int_\tau \sum_{k=-\infty}^{\infty}\left[x(kT)\delta\left(t-kT+\frac{\tau}{2}\right)\right]\sum_{n=-\infty}^{\infty}\left[x^*(nT)\delta\left(t-nT-\frac{\tau}{2}\right)\right]\exp(-\mathrm{j}2\pi f\tau)\mathrm{d}\tau$$

计算上式并化简后得

$$\begin{aligned}\mathrm{WD}_n(t,f) &= \sum_{k=-\infty}^{\infty}\sum_{n=-\infty}^{\infty}\left\{x(kT)x^*(nT)\delta\left[t-(k+n)\frac{T}{2}\right]\exp\left[-\mathrm{j}2\pi f(k-n)T\right]\right\}\\ &= \sum_{k=-\infty}^{\infty}\sum_{n=-\infty}^{\infty}\left\{x(kT)x^*\left[(n-k)T\right]\exp\left[-\mathrm{j}2\pi f(2k-n)T\right]\delta\left(t-\frac{nT}{2}\right)\right\}\end{aligned}$$

可以看出，离散时间信号 WD 在时间轴上的采样频率是信号采样频率的两倍。根据离散时间傅里叶变换的推导过程，Peyrin 将上式中冲激函数的权值定义为离散时间 WD，并对采样周期作归一化处理，即

$$\mathrm{WD}_P(n,f) = \sum_{k=-\infty}^{\infty}\left\{x(k)x^*(n-k)\exp\left[-\mathrm{j}2\pi f(2k-n)\right]\right\}$$

根据连续 WD 的乘法运算属性以及式(8.18)，连续时间信号 $x(t)$的 WD_t 和采样后的离散时间信号 $x(n)$ 的 WD_n 存在如下关系：

$$\mathrm{WD}_n(n,f) = \mathrm{WD}_t(n,f)\underset{f}{\otimes}\mathrm{WD}_\delta(n,f) \tag{8.19}$$

式中，WD_δ 表示周期冲激序列 $\sum_n \delta(t-nT)$ 的 Wigner 分布，将它代入式(8.17)，同时利用 Poisson 公式可得

$$\mathrm{WD}_\delta(n,f) = \frac{1}{2T}\sum_{n=-\infty}^{\infty}\sum_{k=-\infty}^{\infty}\left[(-1)^{nk}\delta\left(t-\frac{nT}{2}\right)\delta\left(f-\frac{k}{2T}\right)\right]$$

将上式代入式(8.19)得

$$\mathrm{WD}_n(n,f) = \frac{1}{2T}\sum_{n=-\infty}^{\infty}\sum_{k=-\infty}^{\infty}\left[(-1)^{nk}\delta\left(t-\frac{nT}{2}\right)\mathrm{WD}_t\left(t,f-\frac{k}{2T}\right)\right] \tag{8.20}$$

从这个等式可明显看出离散时间 WD 在频域的重复周期为信号采样频率的一半，即 $1/(2T)$，这样，如果信号不是带限的，或者虽然是带限的但采样频率为奈奎斯特频率，离散时间 WD 会产生混叠现象，这个现象与 Classen 方法完全相同，但另外，还应该注意到，当 n 为奇数时，各周期分量的符号交替变化，这又是 Classen 方法所不曾具备的，如图 8.4 所示，因此，这两个定义方法虽然都会产生混叠现象，但混叠方式完全不同，其中 Classen 方法仅在 n 为偶数时取值。因此，Peyrin 方法与连续时间 WD 之间的关系如下：

$$\mathrm{WD}_P(n,f)=\frac{1}{2T}\sum_{k=-\infty}^{\infty}\left[(-1)^{nk}\,\mathrm{WD}_t\left(\frac{nT}{2},f-\frac{k}{2T}\right)\right]$$

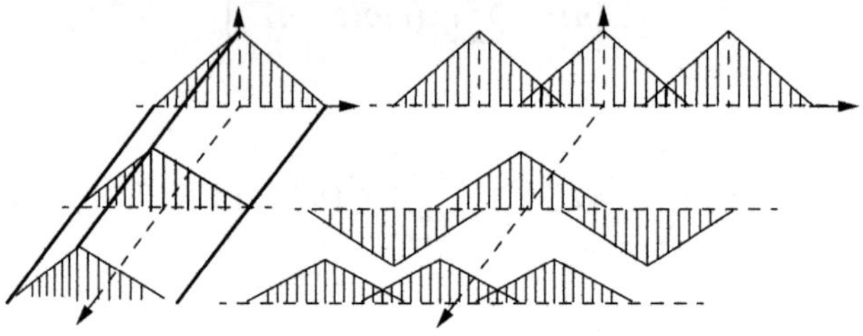

图 8.4　离散时间 WD 与连续时间 WD 的关系

此时，如果信号 $x(t)$ 为带限信号，且采样率为奈奎斯特速率，则有

$$\mathrm{WD}_P(n,f)=\frac{1}{2T}\left[\mathrm{WD}_t\left(\frac{nT}{2},f\right)+(-1)^n\,\mathrm{WD}_t\left(\frac{nT}{2},f-\frac{\mathrm{sgn}(f)}{2T}\right)\right],\qquad |f|<\frac{1}{2T}$$

可见，混叠现象是由相邻两个周期的 WD 在频域上的重叠而引起的。

另外，与 Classen 方法相比较，易知两者有如下关系：

$$\mathrm{WD}_C(n,f)=2\,\mathrm{WD}_P(2n,f)$$

前者的值相当于后者中时间变量为偶数点时的结果，只是比例尺差一倍，因此 Peyrin 方法含有更多的信息，其中时间变量为奇数点是 Classen 方法没有包括的。分别对 Peyrin 方法的偶数时间点和奇数时间点求和：

$$\sum_{n=-\infty}^{\infty}\mathrm{WD}_P(2n,f)=\frac{1}{2}\sum_{n=-\infty}^{\infty}\mathrm{WD}_C(n,f)=\frac{1}{2}\left[\left|X(f)\right|^2+\left|X\left(f+\frac{1}{2}\right)\right|^2\right]$$

$$\sum_{n=-\infty}^{\infty}\mathrm{WD}_P(2n+1,f)=\frac{1}{2}\left[\left|X(f)\right|^2-\left|X\left(f+\frac{1}{2}\right)\right|^2\right]$$

相加后得

$$\sum_{n=-\infty}^{\infty}\mathrm{WD}_P(n,f)=\left|X(f)\right|^2$$

进一步计算可知其频率轴积分特性如下：

$$\int_{-\frac{1}{2}}^{\frac{1}{2}} \mathrm{WD}_P(n,f)\mathrm{d}f = \begin{cases} \left|x\left(\dfrac{n}{2}\right)\right|^2, & n\text{为偶数} \\ 0, & n\text{为奇数} \end{cases}$$

因此，尽管 Peyrin 方法也存在混叠现象，但由于它利用了更多的信息，使连续时间 WD 在频域上的一些特性得以保存。

例 8.3　对于具有归一化频率的线性调频信号 $x(t)=\cos(at^2+bt)$；其频率范围从起始时刻的 0.1Hz 线性增加到 0.5Hz。整个采样序列长度为 128，采样周期为奈奎斯特采样速率，即 1s。

图 8.5 分别展示了此信号采用 Classen 方法定义得到的离散时间 WD(图(a))、采用 Peyrin 方法定义得到的离散时间 WD(图(b))，从图 8.5(a)、(b)可以看出，Classen 方法和 Peyrin 方法不仅会引起显著的混叠现象，它在频域的重复周期是信号采样频率的一半，而且各周期之间还产生明显的交叉项干扰。

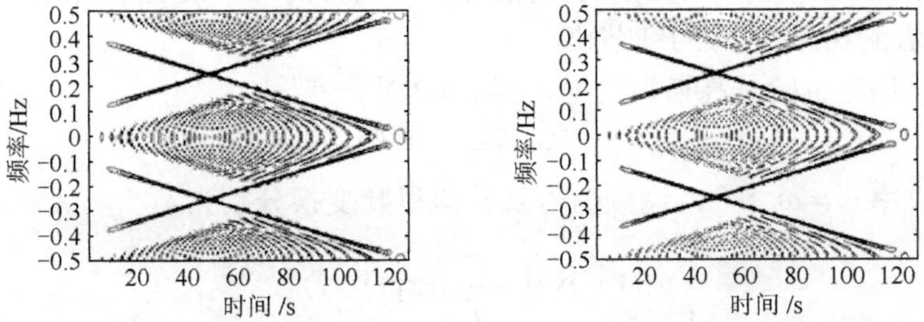

(a) Classen方法定义的WD　　　(b) Peyrin方法定义的WD

图 8.5　不同定义的离散时间 WD 时频展示图

例 8.4　对于具有归一化频率的复合信号 $x(t)=\cos(at^2+bt)+\cos(ct^2+dt)$，它的两个分量均为线性调频信号，前一个的频率范围从起始时刻的 0.05Hz 线性增加到 0.2Hz，另一个的频率范围起始值为 0.25 ~ 0.4Hz。整个采样序列长度为 128，采样周期为奈奎斯特采样速率，即 1s。

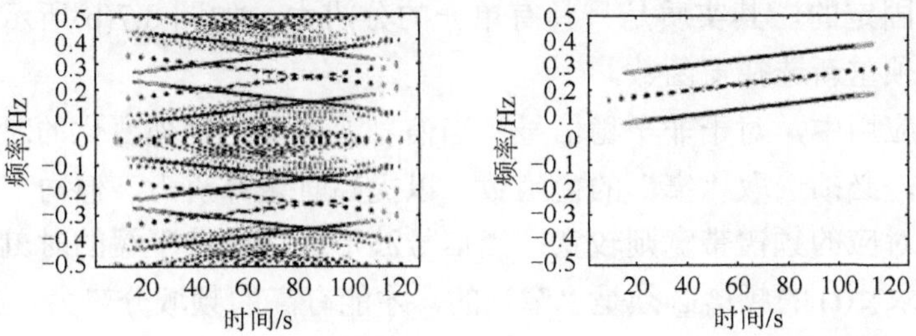

(a) Classen方法定义的WD　　　(b) 无混叠离散时间WD

图 8.6　Classen 方法定义的离散时间 WD 时频展示图

图 8.6 分别展示了此信号采用 Classen 方法定义得到的离散时间 WD(图(a))、无混叠离散时间 WD(图(b))以及伪 WD(图(c)、(d))。

8.4　小 波 分 析

小波分析与傅里叶分析的本质区别是：傅里叶分析只是考虑时域和频域之间的一一映射，它以单个变量来表示信号(时间或频率)，小波分析则是利用联合时间-尺度函数分析非平稳信号。

STFT 窗函数的大小和形状与时间和频率无关，并且保持固定不变，这与期望对高频信号分析时，采用小时间窗；对低频信号则采用大时间窗进行分析的要求不一致，因此，这种变时间窗的要求同 STFT 的固定时窗的特性相矛盾，故使其应用受到限制；另外，傅里叶变换是对时间 t 的积分，去掉了非平稳信号中的时变信息。这表明加窗傅里叶变换也只适用于确定性的平稳信号。在小波分析中，人们可以不同的分辨率(尺度)来观测信号的，其目的是“既要看到森林(信号的概貌)，又要看到树木(信号的细节)”。

例如，假定 $w(t)$是高斯型信号，当 $\tau=0$ 时，有

$$w(t)=\mathrm{e}^{-(-t^2/T)}$$

对于固定频率 $\omega=\omega_0>0$，调频信号及其傅里叶变换分别为

$$\begin{cases} g(t)=\exp\left(-\dfrac{t^2}{T}\right)\exp(\mathrm{j}\omega_0 t) \\ G(\omega)=\sqrt{\pi T}\exp\left[-\dfrac{T}{4}(\omega-\omega_0)^2\right] \end{cases}$$

由于 ω_0 只影响 $g(t)$中的复指数因子，因此，从时域上看，当 ω_0 变为 $2\omega_0$ 时，$g(t)$ 的包络不变，只是包络线下的谐波频率发生变化，如图 8.7(a)所示；从频域上看当 ω_0 变为 $2\omega_0$ 时，$g(\omega)$ 的中心频率变成 $2\omega_0$，但带宽仍保持不变。由此可见，当窗函数 $\omega(t)$ 选定后，时频分辨力也就随之确定了，也就是说 STFT 的时窗宽度与频窗宽度是固定的，其实质是只具有单一的分辨力，如图 8.7(b)所示。若要改变分辨力则必须重新选择窗函数。

在实际应用中，对于非平稳信号。当信号波形发生剧烈变化的时刻，主频是高频，因此，必须选取“窄”的窗函数，以提高时域分辨力，但与“窄”的调频函数 $g(t)$ 相对应的频谱带宽则较宽；当信号波形变化比较平缓的时刻，主频是低频。故又要求 $g(t)$ 的频谱必须是“窄”的，才能有高的频域分辨力。显然，STFT 不能兼顾二者。这就提出了能根据非平稳信号主频的变化而“自适应”改变窗函数的数学变换一小波变换。

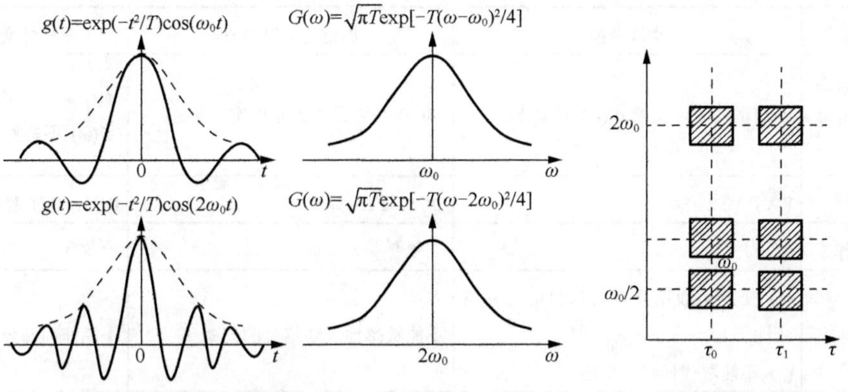

(a) 频率变化的影响　　(b) 基本分析单元的特点

图 8.7　STFT 的分析特点

信号分析是为了获得时间和频率间的相互关系。傅里叶变换提供了有关频率域的信息，但有关时间的局部化信息却基本丢失。与傅里叶变换不同，小波变换是通过缩放母小波(mother wavelet)的宽度来获得信号的频率特征，通过平移母小波来获得信号的时间信息。对母小波的缩放和平移操作是为了计算小波系数，这些小波系数反映了小波和局部信号之间的相关程度。小波变换与加窗傅里叶变换、傅里叶变换的性能比较，如表 8.3 所示。

表 8.3　小波变换与加窗傅里叶变换、傅里叶变换的性能比较

变换形式	小波变换	加窗傅里叶变换	傅里叶变换
连续变换	$\int \lvert a\rvert^{-\frac{j}{2}}\phi\left(\frac{t-b}{a}\right)f(t)\mathrm{d}t$	$\int \mathrm{e}^{-\mathrm{j}\omega t}g_a(t-b)f(t)\mathrm{d}t$	$\int f(t)\mathrm{e}^{-\mathrm{j}\omega t}\mathrm{d}t$
离散变换	$\int 2^{\frac{j}{2}}\phi(2^j-k)f(t)\mathrm{d}t$	$\int \mathrm{e}^{-\mathrm{j}\omega t}g_a(t-nb)f(t)\mathrm{d}t$	$\sum_{t\in Z}\left(C_\phi \mathrm{e}^{-\mathrm{j}\omega t}\right)$
问题特征	(1) 处理突变信号或具有孤立奇异性的函数 (2) 自适应信号处理	(1) 处理渐变信号 (2) 实时信号处理	(1) 处理渐变信号 (2) 实时信号处理
时-频窗特征	$\left[b+at-a\Delta_\phi, b+at+a\Delta_\phi\right]\times\left[\frac{\omega}{a}-\frac{\Delta_\phi}{a},\frac{\omega}{a}+\frac{\Delta_\phi}{a}\right]$	$\left[b-\sqrt{a},b+\sqrt{a}\right]\times\left[\omega-\frac{1}{2\sqrt{a}},\omega+\frac{1}{2\sqrt{a}}\right]$	
局部化特征	时-频同时局部化，具有自适应性	时-频局部化，格式固定不变	不具有局部化性质
性质	(1) 线性变换 (2) 稳定的 (3) 表征化函数的局部规则 (4) 统一性和相似性	(1) 线性变换 (2) 稳定的 (3) 统一性和相似性	(1) 线性变换 (2) 统一性和相似性

续表

变换形式	小波变换	加窗傅里叶变换	傅里叶变换
从连续变换到离散变换的比较分析	$\phi(t)$ 的傅里叶变换 $\Phi(\omega)$ 是紧支的	$G(\omega)$ 是否紧支的不确定	$\phi(t)$ 的傅里叶变换 $\Phi(\omega)$ 不是紧支的
算法	FWT(Mallat)算法	DFT，FFT 算法	DFT，FFT 算法
计算工作量	$O(N)$	$N\lg N$	$N\lg N$
缺点分析	(1) 变换系数不具有对信号的平移不变性 (2) 不能取代傅里叶变换	不能敏感地反映信号的突变	不能作局部分析
结论	(1) 特别适合处理突变信号 (2) 实际应用时，可将傅里叶变换与小波变换结合起来使用	(1) 有一定的应用场合 (2) 适当选择窗口函数，可取得较好的效果	特别适合处理长时间内较稳定的信号

图 8.8 表示了正弦波和小波的区别，由此可以看出，正弦波从负无穷一直延续到正无穷，正弦波是平滑而且是可预测的，而小波是一类在有限区间内快速衰减到 0 的函数，其平均值为 0，小波趋于不规则、不对称。从小波和正弦波的形状可以看出，变化剧烈的信号，用不规则的小波分析比用平滑的正弦波更好，即用小波更能描述信号的局部特征。

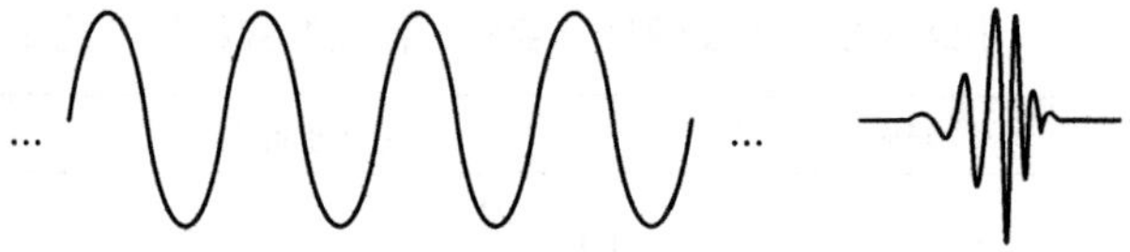

(a) 正弦波曲线　　(b) 小波曲线

图 8.8　正弦波和小波

1. 小波变换的几种类型

非平稳信号除了可以利用 STFT 方法在联合时频平面上表征信号特性外，也可以将频率域的表征改为另一个域，如尺度域，而用联合的时间和尺度平面来描述信号，这就是小波分析的基本思想。

小波变换的基本含义为：将一个基本小波(母小波)作尺度变换和时移后，与待分析的信号进行内积，即将信号向一系列小波基上进行投影。因此，小波变换可以理解为用经过缩放和平移的一系列小波函数代替傅里叶变换的正弦波和余弦波进行傅里叶变换的结果。小波分析与时频分析之间的关系：时频分析中的时频平面在小波分析中变成了时间-尺度平面。

2. 连续小波变换(continuous wavelet transform，CWT)

信号 $f(t)$ 的连续小波变换 $\mathrm{CWT}_x(a,b)$ 可表示为

$$\mathrm{CWT}_x(a,b)=\frac{1}{\sqrt{a}}\int_{-\infty}^{\infty}f(t)\phi\left(\frac{t-b}{a}\right)\mathrm{d}t$$

上式表示小波变换是信号 $f(t)$ 与被缩放和平移的小波函数 $\phi((t-b)/a)$ 之积在信号存在的整个期间里求和的结果。

CWT 的变换结果是许多小波系数 C，这些系数是缩放因子(a)和平移(b)的函数。基本小波函数 $\phi((t-b)/a)$ 的缩放和平移操作含义如下。

1) 缩放

缩放就是压缩或伸展基本小波，缩放系数越小，则小波越窄，如图 8.9 所示。

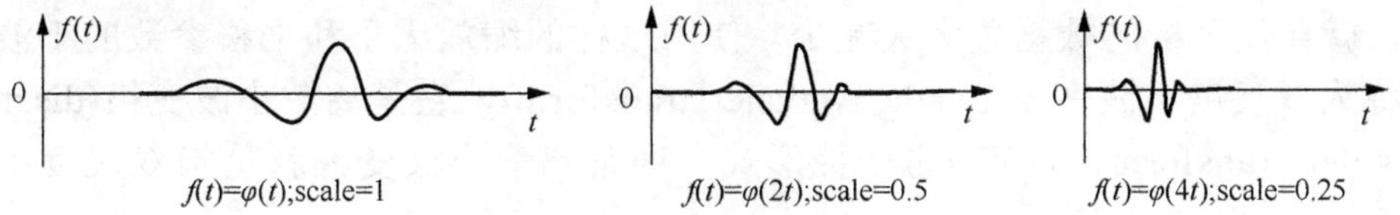

图 8.9　小波的缩放操作

2) 平移

平移就是小波的延迟或超前。在数学上，函数 $f(t)$ 延迟 k 的表达式为 $f(t-k)$，如图 8.10 所示。

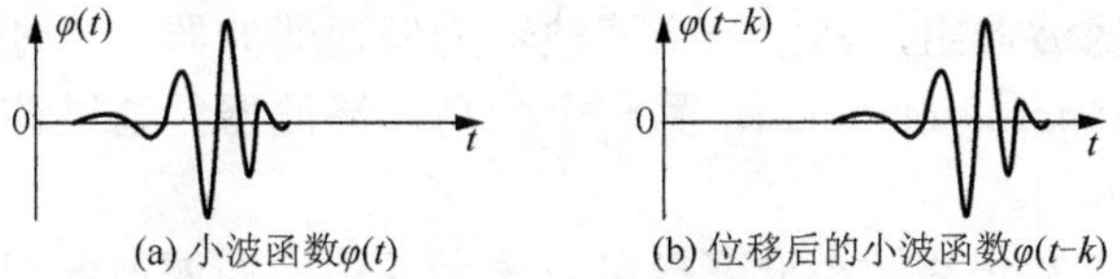

图 8.10　小波的平移操作

CWT 计算主要有如下五个步骤。

(1) 取一个小波，将其与原始信号的开始一节进行比较。

(2) 计算数值 C，C 表示小波与所取一节信号的相似程度，计算结果取决于所选小波的形状，如图 8.11(a)所示。

(3) 向右移动小波，重复步骤(1)和(2)，直至覆盖整个信号，如图 8.11(b)所示。

(4) 伸展小波，重复步骤(1)~(3)，如图 8.11(c)所示。

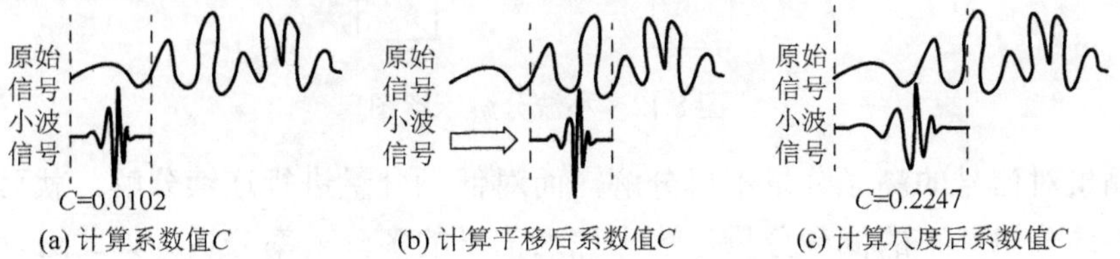

图 8.11　CWT 计算中的系数值 C

(5) 对于所有缩放，重复步骤(1)～(4)。

小波的缩放因子与信号频率之间的关系是：缩放因子 scale 越小，表示小波越窄，度量的是信号的细节变化，表示信号频率越高；缩放因子 scale 越大，表示小波越宽，度量的是信号的粗糙程度，表示信号频率越低。

小波基函数决定了小波变换的效率和效果。小波基函数可以灵活选择，并且可以根据所面对的问题构造基函数。有关小波基函数请查阅相关书籍。

3. 离散小波变换

在每个可能的缩放因子和平移参数下计算小波系数，其计算量相当大，将产生惊人的数据量，而且有许多数据是无用的。如果缩放因子和平移参数都选择为 $2j$($j>0$ 且为整数)的倍数，即只选择部分缩放因子和平移参数来进行计算，就会使分析的数据量大大减少。使用这样的缩放因子和平移参数的小波变换称为双尺度小波变换(dyadic wavelet transform)，它是离散小波变换(discrete wavelet transform，DWT)的一种形式。通常离散小波变换就是指双尺度小波变换。

执行离散小波变换的有效方法是使用滤波器，该方法称为 Mallat 算法。这种方法实际上是一种信号分解的方法， 在数字信号处理中常称为双通道子带编码。

用滤波器执行离散小波变换的概念如图 8.12 所示。S 表示原始的输入信号，通过两个互补的滤波器组，其中一个滤波器为低通滤波器，通过该滤波器可得到信号的近似值 A(approximations)，另一个为高通滤波器，通过该滤波器可得到信号的细节值 D(detail)。

由图 8.12 可以看出离散小波变换可以表示成由低通滤波器和高通滤波器组成的一棵树。原始信号经过一对互补的滤波器组进行的分解称为一级分解，信号的分解过程也可以不断进行下去，也就是说可以进行多级分解。

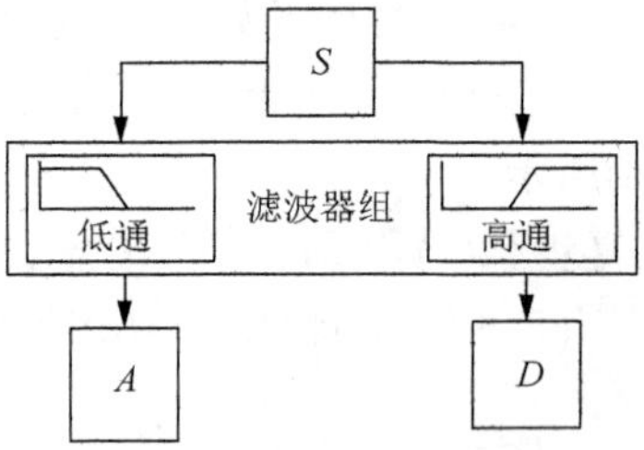

图 8.12　小波分解示意图

如果对信号的高频分量不再分解，而对低频分量进行连续分解，就可以得到信号不同分辨率下的低频分量，这也称为信号的多分辨率分析。如此进行下去，就会形成图 8.13 所示的一棵比较大的分解树，称其为信号的小波分解树(wavelet decomposition tree)。实际中，分解的级数取决于要分析的信号数据特征及用户的具体需要。

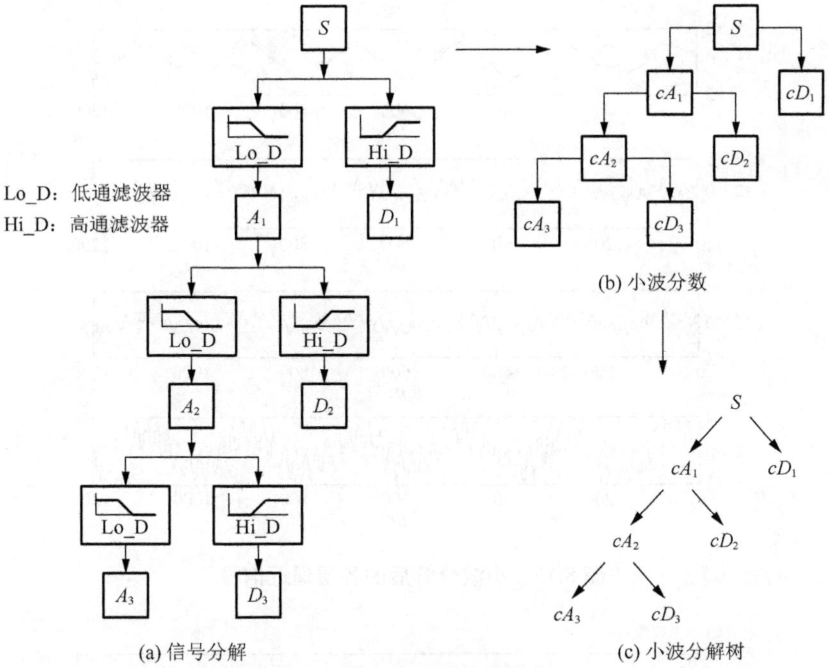

图 8.13　多级信号分解示意图

对于一个信号，如采用图 8.12 所示的方法，理论上产生的数据量将是原始数据的两倍。于是，根据奈奎斯特采样定理，可用下采样的方法来减少数据量，即在每个通道内(高通和低通通道)每两个样本数据取一个，便可得到离散小波变换的系数(coefficient)，分别用 *cA* 和 *cD* 表示，如图 8.14 所示。图中⊕表示下采样。

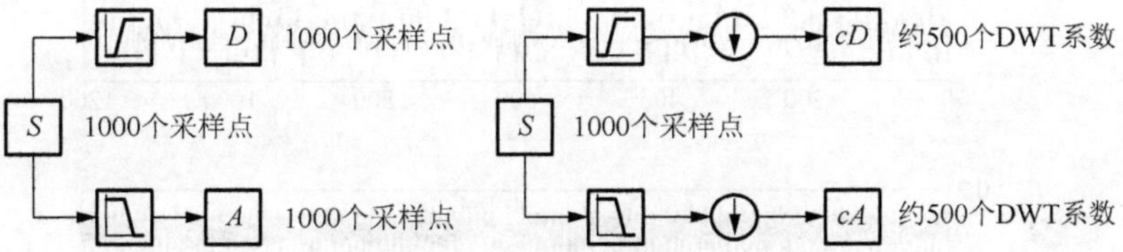

图 8.14　小波分解下采样示意图

例 8.5　设一信号为 $s(t)=\sin(3t)+\sin(0.3t)+\sin(0.03t)$，其周期大约为 2，20 和 200，且幅值为 1，其采样周期为 1。试利用小波进行分析。

从图 8.15 和图 8.16 看出：细节信号 a1 显示了周期最小的正弦波，细节信号 d4 显示了周期为 20 的正弦波，而周期为 200 的周期信号出现在近似信号 a4 中，这是因为利用小波对信号进行分解时，它将信号分解为低频信号和高频信号。

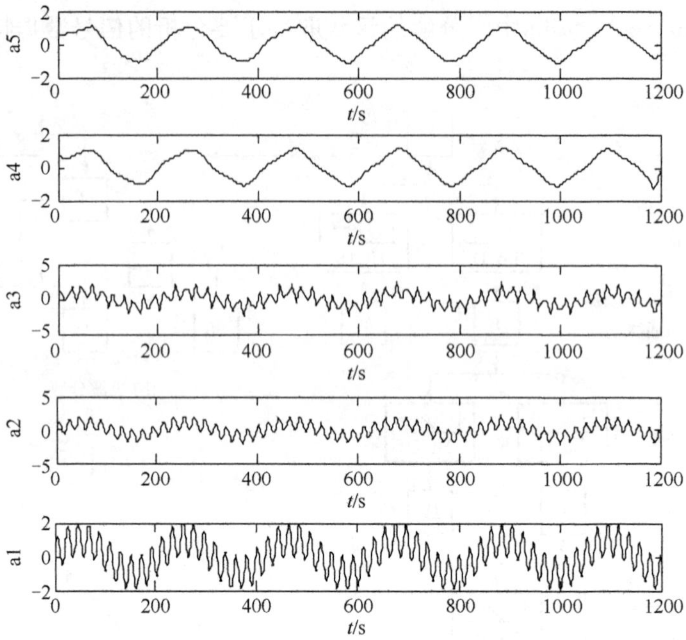

图 8.15　小波分解后的各层逼近信号

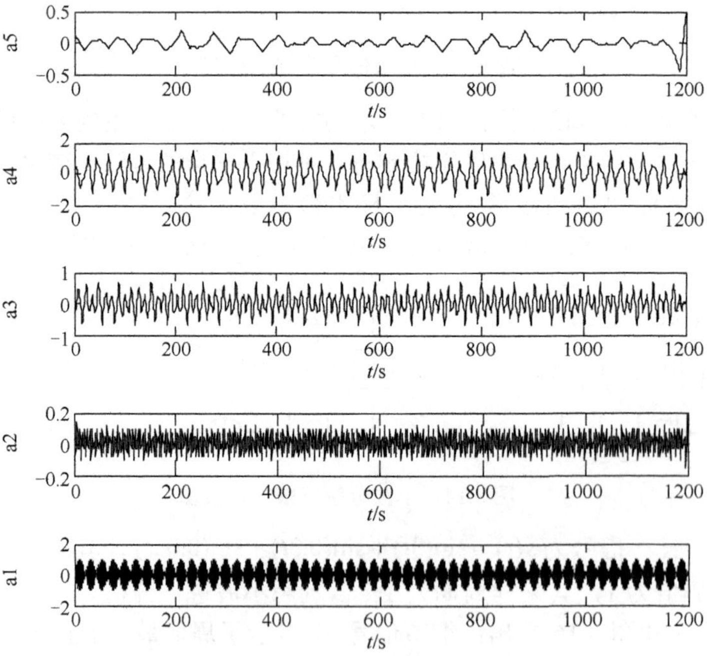

图 8.16　小波分解后的各层细节信号

4. 小波去噪方法

小波的多分辨率分析特性，能将信号在不同尺度下进行多分辨率的分解，并将交织在一起的各种频率组成的混合信号分解成不同频段的子信号，因而对信号具有按频带处理的能力。然而，小波变换的频带划分不是均匀划分，而是具有高频频带宽而低频频带窄的特点，导致了对高频信号的检测精度降低。作为多分辨率分析的进一步推广，小波包能够为信号提供一种更为精确的分析方法。它将频带进行多层次划分，对多分辨率没有细分的高频部分进一步分解，并能够根据被分析信号的特征，自适应地选择相应频带，使之与信号频谱相匹配，从而提高时频分辨率，因此具有广泛的应用价值。

通俗地说，多分辨率分析仅对信号的近似部分作分解，其细节部分保留作为分解结果，不再参与分解；而小波包分解则对两者同时分解，使得分解序列在整个时域内都有较高的分辨率且有相同的带宽。

应用小波分解与重构的方法进行去噪的主要步骤为：根据需要，将含有噪声信号在某一尺度下分解到不同的频段内，再将噪声所处的频带置零(对小波分解各层的高频系数，选择一个合适的阈值进行阈值量化处理)，进行小波重构，从而达到去噪的目的。其关键是如何选取阈值及如何进行阈值的量化，从某种意义上来说，它直接关系到信号去噪后的质量。

设小波系数为 w_i，经阈值 t 处理后的小波系数为 $\hat{w}_i$，阈值处理的方法有两种。

(1) 硬阈值法：

$$\hat{w}_i=\begin{cases}w_i, & |w_i|\geqslant t\\0, & |w_i|<t\end{cases}$$

(2) 软阈值法：

$$\hat{w}_i=\begin{cases}\operatorname{sgn}(w_i)(|w_i|-t), & |w_i|\geqslant t\\0; & |w_i|<t\end{cases}$$

噪声信号的常用属性为：

(1) 如果所分析的信号是平稳、零均值的白噪声，则其小波分解系数是不相关的。

(2) 如果所分析的信号是高斯噪声，则其小波分解系数是独立的和服从高斯分布的。

(3) 如果所分析的信号是有色、平稳、零均值的高斯噪声序列，则其小波分解系数是高斯序列。

(4) 如果所分析的信号是一个固定的零均值 ARMA 模型，则对每一个小波分解尺度的小波系数也是固定的、零均值的 ARMA 模型。

8.5 倒频谱技术

倒频谱(cepstrum)技术是由于语音分析的需要，将语音生成模型的声源特性和声道特性分别以语音倒谱的高次项和低次项进行分离来表示的分析技术。该技术是在常规频谱分析的基础上发展起来的，是一种非线性信号处理技术。它可用来分析频谱图上的周期结构，分离和提取在密集泛频信号中的周期成分。近年来，倒频谱技术在噪声与振动源识别、地震回波分析以及故障诊断等领域已得到越来越多的应用。

1. 倒频谱的定义

倒频谱的定义主要分为两类：一是功率倒频谱；二是复倒频谱。

1) 功率倒频谱

设一时域信号 $x(t)$的自功率谱密度函数为$S_x(f)$，则其功率倒频谱定义为“对数功率谱的功率谱”，即

$$C(q)=\left\{F^{-1}\left[\lg S_x(f)\right]\right\}^2$$

即是将自功率谱密度函数$S_x(f)$进行对数转换，再进行傅里叶逆变换并取平方。由于$S_x(f)$为一偶函数，其对数也是一个偶函数，故其傅里叶逆变换与正变换相等，且也是一个实函数，即有

$$C(q)=\left\{F^{-1}\left[\lg S_x\right]\right\}^2=\left\{F\left[\lg S_x(f)\right]\right\}^2$$

工程上常取其平方根值作为信号 $x(t)$的有效幅值倒频谱，即

$$C_x(q)=\sqrt{C(q)}=F^{-1}\left[\lg S_x(f)\right]=F\left[\lg S_x(f)\right]$$

2) 复倒频谱

设一时域信号 $x(t)$ 的自功率谱密度函数为$S_x(f)$，则其复倒频谱定义为

$$C_c(q)=F^{-1}\left[\lg S_x(f)\right]$$

说明：①倒频谱的不同定义方法可根据不同的应用场合来选取；②倒频谱的自变量量纲问题。由于相关函数$R_x(\tau)=F^{-1}\left[S_x(f)\right]$，可以推断出 q 与 τ 具有相同的量纲单位，即时间量纲，因此，在倒频谱中称此自变量为“倒频率”。q 值大者称为高倒频谱，表示频谱图的快速波动和密集谐频。q 值小者为低倒频谱，表示频谱图上的缓慢波动和疏散谐频。

2. 倒频谱分析的意义

由倒频谱公式可知，倒频谱是功率谱对数的频谱，对功率作对数处理，相当于对其作对数加权处理，其结果是对低频分量有较高的加权，这样做的意义为：

①变换后的信号能量集中，易于对信号识别；②易于解析卷积积分；③有利于判别谱的周期性。

因此，作信号的倒频谱变换，其目的是较容易地识别信号的组成分量，便于从中提取有用信号成分。

3. 倒频谱技术的应用

1) 信号功率谱中周期成分的识别

根据信号在时域的周期，可由其频谱是否离散来识别的观点推广。由于对功率谱取对数处理，相当于对其作对数加权处理，其结果是对低幅值分量有较高的加权，这样更有利于判别谱的周期性。这对于识别混在其他信号谱中的具有无限等距边带的调频信号频谱是很有用的。

2) 分离信息通道对信号的影响

设一系统的冲激响应为 $h(t)$，信号 $x(t)$通过该系统，其输出 $y(t)$在时域上有

$$y(t) = x(t) * h(t)$$

而在频域上为

$$Y(f) = X(f)H(f)$$

或为

$$S_y(f) = S_x(f)\left|H(f)\right|^2$$

由于频响函数是一瞬态性质的非周期频域函数，所以可用功率谱形式表示 $S_k(f) = \left|H(f)\right|^2$，故

$$S_y(f) = S_x(f)\, S_k(f)$$

对上式两边取对数得

$$\lg S_y(f) = \lg S_x(f) + \lg S_k(f)$$

作傅里叶逆变换：

$$F^{-1}\left[\lg S_y(f)\right] = F^{-1}\left[\lg S_x(f)\right] + F^{-1}\left[\lg S_k(f)\right]$$

即

$$C_y(q) = C_x(q) + C_h(q) \tag{8.21}$$

所以，信号通过系统时域上的卷积、频域上的相乘，在倒频域上成为相加的处理，从而使信号与系统特性区别开来就更为容易了。

图 8.17 为输入、输出和系统响应的功率谱以及倒频谱，在图(a)中，功率谱由带有明显周期性的 $\lg S_k(f)$ (输入信号的谱，其频率间隔为 $1/\Delta f$)和系统的影响 $\lg S_k(f)$ (缓变的中线)组成；图(b)倒频谱中有表示输入信号特性的高倒频谱 q_2 和表示系统影响的低倒频谱 q_1。因此，在倒频谱图中可将两种效应完全分开。

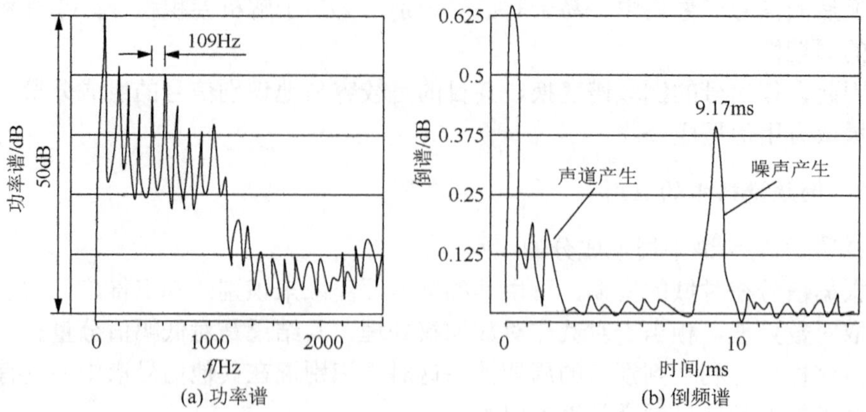

图 8.17　输入、输出和系统响应的功率谱以及倒频谱

同样，倒频谱分析可用于对机器内部声源或振动源和它们向外传送通道的频响函数之间作用的分析。只要通过对外部点信号的测量，把声、振源的倒频率成分与频响函数的倒频率成分分开，就可以了解到真正声、振源的信号和传递通道作用的影响。

3) 剔除信号传输中回声的影响

图 8.18 为关于传递通道中具有回波影响的分析示意图。图 8.18(a)中 A 点有一声源产生信号 $x(t)$，在测量点 B 处测得信号 $y(t)$，其所测得的 $y(t)$中包含有信号源直接传来的真实信号 $x(t)$和经反射面 C 反射出的回波。

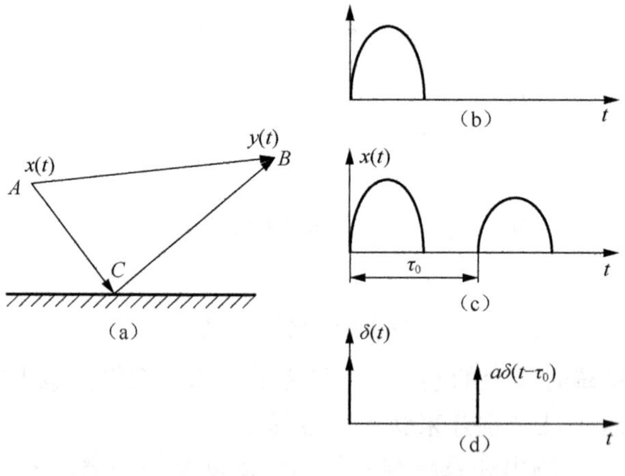

图 8.18　传递通道中具有回波影响的分析示意图

假设 $x(t)$是一半正弦脉冲(图 8.18(b))，而 C 是一理想平坦反射表面。则在 B 点所测的信号是原始信号与原始信号反射后滞后一时间 τ_0，并有所减弱信号的混合(图 8.18(c))，即

$$y(t)=x(t)+ax(t-\tau_0)$$

它相当于原始信号与其相距τ_0的单位脉冲函数的卷积：

$$y(t)=x(t)*\left[\delta(t)+a\delta(t-\tau_0)\right]$$

所以所测信号就不能真正反映信号源的信号，需要设法去除回声介入的部分。

根据倒频谱的计算公式，对上式两边取傅里叶变换，有

$$F[y(t)]=F[x(t)]F\left[\delta(t)+a\delta(t-\tau_0)\right]$$

即

$$Y(f)=X(f)\left[1+a\mathrm{e}^{-\mathrm{j}2\pi f\tau_0}\right]$$

设系统的频响函数为$H(f)$，则

$$Y(f)=X(f)H(f)$$

将此式与式(8.21)相比可见，在具有回波的信号测试中，所测得的信号相当于原始信号通过一系统，该系统的频响函数为$H(f)=1+a\mathrm{e}^{-\mathrm{j}2\pi f\tau_0}$，若以功率谱表达：

$$\begin{aligned}S_y(f)&=S_x(f)\left|H(f)\right|^2\\&=S_x(f)\left|1+a\mathrm{e}^{-\mathrm{j}2\pi f\tau_0}\right|^2\\&=S_x(f)\left[1+a\mathrm{e}^{-\mathrm{j}2\pi f\tau_0}\right]\left[1+a\mathrm{e}^{-\mathrm{j}2\pi f\tau_0}\right]^*\\&=S_x(f)\left[1+a\mathrm{e}^{-\mathrm{j}2\pi f\tau_0}\right]\left[1+a\mathrm{e}^{\mathrm{j}2\pi f\tau_0}\right]\end{aligned}$$

对此式两边取对数：

$$\lg S_y(f)=\lg S_x(f)+\lg\left(1+a\mathrm{e}^{-\mathrm{j}2\pi f\tau_0}\right)+\lg\left(1+a\mathrm{e}^{\mathrm{j}2\pi f\tau_0}\right)$$

以级数展开式：

$$\lg(1+x)=x-\frac{x^2}{2}+\frac{x^3}{3}-\cdots,\quad 0<x\leqslant 1$$

将上式展开得

$$\begin{aligned}\lg S_y(f)=\lg S_x(f)&+a\mathrm{e}^{-\mathrm{j}2\pi f\tau_0}-\frac{a^2}{2}\mathrm{e}^{-\mathrm{j}4\pi f\tau_0}+\frac{a^3}{3}\mathrm{e}^{-\mathrm{j}6\pi f\tau_0}-\cdots\\&+a\mathrm{e}^{\mathrm{j}2\pi f\tau_0}-\frac{a^2}{2}\mathrm{e}^{\mathrm{j}4\pi f\tau_0}+\frac{a^3}{3}\mathrm{e}^{\mathrm{j}6\pi f\tau_0}-\cdots\end{aligned}$$

对此式取傅里叶逆变换，得倒频谱：

$$\begin{aligned}C_{ay}(\tau)=C_{ax}(\tau)&+a\delta(t-\tau_0)-\frac{a^2}{2}\delta(t-2\tau_0)+\frac{a^3}{3}\delta(t-3\tau_0)-\cdots\\&+a\delta(t+\tau_0)-\frac{a^2}{2}\delta(t+2\tau_0)+\frac{a^3}{3}\delta(t+3\tau_0)-\cdots\end{aligned}$$

这样，回声部分的影响在倒频谱中就变成一系列等距的逐渐衰减的δ函数，如设法将此部分滤除，则可以得到纯原始信号的倒频谱，再按倒频谱公式进行反向运算，就可得到原始信号的功率谱。

例 8.6　设正弦信号 $x=\sin(60\pi t)$ 叠加了回声，回声的幅度为原信号幅度的1/2，回声比原信号延迟了 0.5s，并设信号在前 0.5s 没有回声的影响，对这一信号进行倒谱分析。

由图 8.19 可以看出，信号的倒谱在延迟 0.5s 的地方出现尖峰，正好是回声相对原信号的延迟时间。倒谱分析在这时是很有效的。

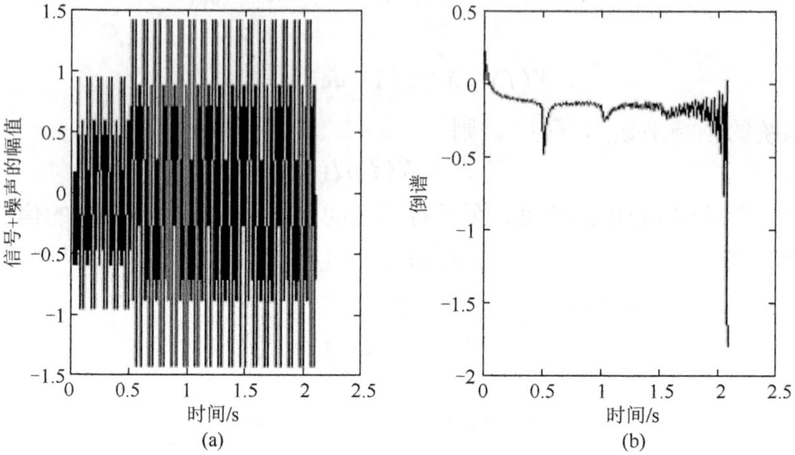

图 8.19　信号的倒谱图

8.6　本 章 小 结

随着自动化测试与控制技术的发展，许多现代信号处理理论和技术得到了越来越广泛的应用，这方面的内容极其丰富，发展非常迅速，本章仅对常用现代信号处理的基本概念作了简要的介绍。

习　　题

8.1 令

$$x(n_1,n_2)=\begin{cases}0.8, & n_1=n_2=0\\ 0.4, & n_1=\pm1; n_2=0\\ 0.4, & n_1=0; n_2=\pm1\\ 0, & \text{其他}\end{cases}$$

求 $x(n_1,n_2)$ 的傅里叶变换 $X\left(\mathrm{e}^{\mathrm{j}\omega_1},\mathrm{e}^{\mathrm{j}\omega_2}\right)$。

8.2 试比较傅里叶变换、短时傅里叶变换与小波变换在信号分析中的特点。

8.3 利用 MATLAB 软件，编程分析下列频率随时间线性增大的信号。

$$x(n) = A\cos(\omega_0 n \cdot n) = 2\cos(10\pi \times 10^{-5} n \cdot n)$$

8.4 利用 MATLAB 中的 chirp.m 文件生成两个 chirp 信号，一个频率由小到大，另一个由大到小，将两者相加，求 STFT 时频谱。

8.5 设 $x(t) = \sin\left[2\pi\left(100 - 400(t-0.5)^2\right)\right]$，以 $T_s = 2\text{ms}$ 对其采样得到 $\{x(n)\}$，取窗函数 $w(n) = (n+1)(n+2)\beta^n / 2$，其中，$n = 0,1\cdots,+\infty$，$\beta = \exp\left(-\dfrac{3+2L}{2+3L+L^2}\right)$，$L$=20；选择一合适的频率采样点数 N，求 $\{x(n)\}$ 在时间段 0~1s 的离散 STFT。

8.6 如何求短时傅里叶变换中的时间分辨率和频率分辨率？

8.7 怎样通过短时傅里叶变换构造线性调频信号？

8.8 利用小波分析信号 $s(t)=\sin(0.03t)+b(t)$，其中 $b(t)$为白噪声。

8.9 试根据“多分辨率分析”的方法，总结出对受噪声污染的低频信号进行消噪以提高信噪比的思路。

8.10 试在计算机上编写一段程序：①实现一段语音数据或一幅图像的离散小波分解和重构，验证能否完全重构原始数据；②分析小波分解数据的统计特性，如均值、方差、分布等，和原始数据的统计特性相比，有何特点？

参 考 文 献

陈后金，胡健，薛健．2007．信号与系统．北京：高等教育出版社．

陈怀琛．2004．数字信处理教程——MATLAB 释义与实现．北京：电子工业出版社．

董长虹．2005．MATLAB 信号处理与应用．北京：国防工业出版社．

高枚．2005．信号处理与系统分析．北京：中国水利水电出版社．

关肇直．1986．信号分析与处理．北京：科学出版社．

何正嘉，誉艳阳，张西宁．2007．现代信号处理及工程应用．西安：西安交通大学出版社．

胡光书．2001．数字信号处理——理论、算法与实现．北京：清华大学出版社．

户文祥，杜润生．1999．机械工程测试·信息·信号分析．武汉：华中科技大学出版社．

康宜华．2005．工程测试技术．北京：机械工业出版社．

孔德仁，朱蕴璞，狄长安．2009．工程测试技术．2 版．北京：科学出版社．

雷霖．2003．微机自动检测与系统设计．北京：电子工业出版社．

李华．1993．MCS-51 系列单片机实用接口技术．北京：北京航空航天大学出版社．

刘卫东．2008．信号与系统．北京：清华大学出版社．

刘习军，贾启芳．2004．工程振动理论与测试技术．北京：高等教育出版社．

卢文祥，杜润生．2014．机械工程测试·信息·信号分析．3 版．武汉：华中科技大学出版社．

钱裕禄．2013．传感器技术及应用电路项目化教程．北京：北京大学出版社．

宋爱国，刘文波，王爱民．2006．测试信号分析与处理．北京：机械工业出版社．

孙传友，孙晓斌，等．2002．测控电路及装置．北京：北京航空航天大学出版社．

王伯雄．2004．测试技术基础．北京：清华大学出版社．

吴丽华．2004．电子测量电路．哈尔滨：哈尔滨工业大学出版社．

吴湘淇．2000．信号、系统与信号处理(上、下)．北京：电子工业出版社．

吴正毅．2001．测试技术与测试信号处理．北京：清华大学出版社．

熊诗波，黄长艺．2006．机械工程测试技术基础．3 版．北京：机械工业出版社．

杨平，廉仲．2001．机械电子工程设计．北京：国防工业出版社．

张国雄．2007．测控电路．北京：机械工业出版社．

赵光宙，舒勤．2003．信号分析与处理．北京：机械工业出版社．

周浩敏，等．2004．测试信号处理技术．北京：北京航空航天大学出版社．

Doebelin E O. 2004. Measurement Systems Application and Design. 5th ed．北京：机械工业出版社．

Thomas G B, Roy O M, John H J. 2004．机械量测量．5 版．王伯雄，译．北京：电子工业出版社．